Report of International Science and Technology Development

2019
国际科学技术发展报告

中华人民共和国科学技术部

科学技术文献出版社
SCIENTIFIC AND TECHNICAL DOCUMENTATION PRESS
·北京·

图书在版编目（CIP）数据

国际科学技术发展报告. 2019 / 中华人民共和国科学技术部编著. —北京：科学技术文献出版社，2019. 7

ISBN 978-7-5189-5916-7

Ⅰ.①国… Ⅱ.①中… Ⅲ.①科技发展—研究报告—世界—2019 Ⅳ.①N11

中国版本图书馆 CIP 数据核字（2019）第 173782 号

国际科学技术发展报告·2019

策划编辑：周国臻 张 丹　责任编辑：赵 斌　责任校对：文 浩　责任出版：张志平

出 版 者　科学技术文献出版社
地　　址　北京市复兴路15号　邮编　100038
编 务 部　（010）58882938，58882087（传真）
发 行 部　（010）58882868，58882870（传真）
邮 购 部　（010）58882873
官方网址　www.stdp.com.cn
发 行 者　科学技术文献出版社发行　全国各地新华书店经销
印 刷 者　北京时尚印佳彩色印刷有限公司
版　　次　2019 年 7 月第 1 版　2019 年 7 月第 1 次印刷
开　　本　710×1000　1/16
字　　数　440千
印　　张　24
书　　号　ISBN 978-7-5189-5916-7
定　　价　98.00元

《国际科学技术发展报告·2019》编辑委员会

《国际科学技术发展报告·2019》课题组成员

前　言

《国际科学技术发展报告》从20世纪80年代开始发布延续至今，已经有30多年的历史了。报告由科学技术部国际合作司与中国科学技术信息研究所共同组成专题研究组，在我国驻外使领馆科技处（组）的配合下，对当年世界各国科技发展的最新趋势和动向进行全面调研和分析，是国内介绍世界科技新发展的重要报告之一。

《国际科学技术发展报告·2019》共分4个部分。第一部分主要对2018年的国际科学技术发展动向进行综述，包括世界科技创新的新格局和科技竞争合作新态势，政府在数字化时代的科技创新政策及对颠覆性技术、使命导向型研究与创新计划的部署，政府的科技投入及科技创新人员培养和使用政策等。第二部分主要选择一些重点科技领域的国际发展状况进行较深入的分析，包括气候变化、清洁能源、生命科学和生物技术、信息通信技术、人工智能、航天、先进制造及基因编辑等。第三部分介绍了美国、加拿大、巴西、欧盟、英国、法国、爱尔兰、瑞典、丹麦、德国、瑞士、意大利、奥地利、塞尔维亚、匈牙利、保加利亚、俄罗斯、乌克兰、日本、韩国、朝鲜、印度尼西亚、泰国、缅甸、印度、以色列、哈萨克斯坦、澳大利亚、埃及等国家和地区 2018 年的科技发展概况。第四部分提供了最新的科技统计数据。

全书第一部分和第二部分由课题组成员撰写，程如烟负责统稿工作。第三部分的素材由驻外使领馆科技处（组）提供，课题组成员对其进行了凝练和整理，乌云其其格等负责第三部分的统稿工作。第四部分由孙浩林负责整理。

在本书的撰写过程中，我们参阅了大量的政府机构、国际组织及知名研究机构的公开报告，也引用了国内外许多期刊的资料。由于涉及资料很多，报告中未能一一列出被引用文献的名称，谨表歉意。

由于时间和编写人员水平所限，本书难免有疏漏之处，敬请读者批评指正。

《国际科学技术发展报告》课题组

目　录

第一部分　国际科学技术发展动向综述

第二部分 国际科技热点追踪与分析

第三部分　主要国家和地区科技发展概况

第四部分　附　录

第一部分

国际科学技术发展动向综述

本部分主要对2018年国际科学技术发展动向进行综述，包括世界科技创新格局的演变、国际科技竞争合作的态势变化、各国科技创新政策调整、全球研发投入不断加强等。

世界科技创新格局继续演变

进入21世纪以来，随着世界各国经济和科技实力的发展，全球科技创新格局开始呈现出一种新的发展态势。传统的“西强东弱”格局逐渐向“东升西降”演变，以中国为代表的发展中国家和经济体，正在以较快的速度追赶美国、西欧等老牌强国和地区，部分领域甚至已经实现了赶超。特别是在2008年金融危机之后，西方发达国家的经济受到重创，在科技创新领域的投入较之以往有所下降，导致其与发展中国家的差距进一步缩小，“东升西降”的态势更加明显。然而，由于西方发达国家科技创新基础较为雄厚，且更具有吸引全球优质创新要素的能力，因此仍然在科技创新的大部分领域占据优势，其实力仍不容小觑；发展中国家由于原本的基础薄弱，虽然发展速度更快，但还处于追赶的过程中，距全面赶超发达国家尚需时日。本章将从综合实力、研发产出、创新主体和全球区域创新高地的分布等领域全面展示当前世界科技创新的格局，以及中国在其中的新位置。

一、综合实力和创新能力：北美、西欧优势仍然明显，东亚、东南亚地区正在快速追赶

综合实力是最能直观反映国家竞争力的参考指标之一。关于世界各国综合实力的评估，主要可以参考3份每年都会发布的实力排名报告，分别为瑞士洛桑国际管理学院的《世界竞争力年鉴》、世界经济论坛的《全球竞争力报告》及世界知识产权组织、美国康奈尔大学和欧洲工商管理学院的《全球创新指数》。这3份报告均是综合考虑了与国家综合实力相关的多种因素，并根据相应的算法和权重得出的结果，在全球具有很高的权威性。其中，前两份报告所参考的因素更为全面，更能表现一个国家的综合实力，第三份报告则是偏重创新角度，更为贴

近科技创新实力。

从综合实力上看，在2018年的《世界竞争力年鉴》中排名前10位的经济体分别为美国、中国香港、新加坡、荷兰、瑞士、丹麦、阿联酋、挪威、瑞典和加拿大；在《全球竞争力报告》中，美国、新加坡、德国、瑞士、日本、荷兰、中国香港、英国、瑞典和丹麦位居前10位。经对比可以看出，美国、中国香港、新加坡、荷兰、瑞士、丹麦、瑞典7个经济体在两个榜单中均名列前茅，美国更是在双榜中都位列榜首。若观察排名前20位的经济体所属区域，在《世界竞争力年鉴》和《全球竞争力报告》中则各有14个来自欧美、6个来自亚洲。

从创新能力上看，在《2018年全球创新指数》中排名前10位的经济体分别为瑞士、荷兰、瑞典、英国、新加坡、美国、芬兰、丹麦、德国和爱尔兰，欧美经济体占据了9席。然而，第11至第20位的排名情况则有所变化，欧美经济体和亚洲经济体各占5席。

总体来看，无论是综合实力还是创新能力，欧美国家都处在明显的领先地位，北美、西欧两大区域是全球平均创新实力最强的地区。然而，近几年越来越多的亚洲经济体开始崭露头角，特别是在东亚和东南亚地区，除了中国香港、中国台湾、新加坡、日本、韩国等传统亚洲发达经济体仍然名列前茅外，一些新兴经济体也正在不断崛起，进入世界前30名的数量逐年增加。其中，中国大陆在3个报告中的排名依次为第13、第28和第17位，且名次不断上升，特别是在《全球创新指数》中，中国大陆在2018年的名次比前一年上升了5位，成为唯一一个进入榜单前20名的中等收入经济体。这一排名情况说明亚洲正在逐渐追赶欧美的步伐，发展十分迅速。

二、研发产出：发达国家优势明显，中国表现亮眼

创新领域人、财、物的投入，最终目的都是获得多种多样的创新产品，如知识产权、科技论文等。这些创新产品数量和质量的高低是对各国创新实力最直观的反映。

（一）科技论文和引文数量美国位居榜首，中国第二

以美国为首的发达经济体仍为科技论文发表和引用的主要来源。SCI数据库2017年世界科技论文总数为193.83万篇，比2016年增加了2.2%。排在世界前5位的为美国、中国、英国、德国和日本。排在第1位的美国，其论文数量为52.40万篇，占世界份额达27.0%。从2008—2018年世界各国（地区）论文发表数量上看（附表10-2），美国以近400万篇的发表数量位列榜首，前5位中有4个国家属于发达经济体；从被引用次数上看，美国的优势更为明显，数量是

第 2 名中国被引用次数的 3.09 倍，前 5 位中仍有 4 个国家属于发达经济体。从 2008—2018 年发表 SCI 科技论文数 20 万篇以上的国家（地区）分布来看，22 个国家（地区）中有 12 个来自欧美、9 个来自亚洲、1 个来自大洋洲，其中有 14 个国家（地区）属于发达国家（地区）、8 个为发展中国家（地区）。

篇均被引次数发达国家（地区）优势更加明显。在 2008—2018 年发表 SCI 科技论文累计超过 20 万篇的 22 个国家（地区）中，篇均被引用次数大于世界整体水平（12.61 次 / 篇）的国家有 12 个，瑞士、荷兰、英国、比利时、美国、瑞典、德国、加拿大、法国、澳大利亚、意大利的论文篇均被引用次数超过 15 次 / 篇，排名第 1 位的瑞士篇均被引用次数甚至达到了 20.99 次 / 篇。

高被引论文等高质量成果仍以美国等发达国家（地区）主导。高被引论文是指被引用次数进入世界前 1% 的科技论文，能够反映一个国家科技论文的质量和学术影响。从 2008—2018 年累计被引用次数的情况来看，美国的高被引论文数排在世界第 1 位，共 72 156 篇，占世界份额达 49.5%，几乎占据了半壁江山；英国排名第 2 位，高被引论文数为 26 540 篇；德国和加拿大分别排在第 4 位和第 5 位，高被引论文数分别为 17 972 篇和 12 156 篇。值得一提的是，中国在 2008—2018 年的高被引论文数为 24 852 篇，占世界份额达 17.0%，数量比 2007—2017 年增加了 23.3%，排在世界第 3 位，位次与上一年度区间持平，是前 5 名中唯一的发展中国家。

中国科技论文发表和被引用数量上升较快，但在平均指标上仍有上升空间。虽然发达经济体在科技论文发表和引用方面占据主导地位，但中国在近年来的快速发展也同样不容忽视。中国在近十年中发表的科技论文数及占世界论文总数的比例呈波动上升趋势。2017 年，SCI 收录中国科技论文为 36.12 万篇，连续第 9 年排在世界第 2 位，占世界份额达 18.6%，所占份额比 2016 年提升了 1.5 个百分点。2008—2018 年，中国科技人员共发表论文 227.22 万篇，仅落后于美国位列世界第 2 位。从论文被引用数量上看，2008—2018 年（截至 2018 年 10 月）中国科技人员发表的国际论文共被引用 2272.40 万次，增加了 17.4%，排在世界第 2 位。从中国各十年段科技论文被引用次数世界排位的变化上看，中国的排位有了大幅跃升，从 1996—2006 年的世界第 13 位上升到了如今的世界第 2 位。然而，虽然中国科技论文的发表和被引用数量发展迅速，但论文篇均被引用次数与世界水平还有一定的差距。2008—2018 年，中国科技论文篇均被引用次数为 10.00 次 / 篇，仅排在第 16 位，且低于世界整体水平，不到第 1 名瑞士的一半。

（二）亚洲专利申请量占全球近 2/3

全球专利申请量持续增长，区域集聚化趋势明显。根据世界知识产权组织（WIPO）的数据，2017 年全球共接受专利申请 317 万件，申请数量比 2016

年增加 5.8%，连续第 8 年实现增长。按国别（地区、组织）来看，接受专利申请较多的 10 个国家（地区、组织）依次是中国、美国、日本、韩国、欧洲专利局、德国、印度、俄罗斯、加拿大和澳大利亚。中国国家知识产权局在 2016 年一共接受了 138 万份专利申请，比上一年增长了 14.2%，超过了美国专利申请量（606 956 件）的两倍，同时也超过了美国、日本（318 479 件）、韩国（204 775 件）和欧洲专利局（166 585 件）专利申请量的总和。同时，当前世界专利申请的区域分布仍明显集中在中国、美国、日本、韩国和欧洲 5 个国家（地区）。2017 年，在这些区域申请的专利总数占全球专利总申请量的 84.5%，仅中国的申请量就占到了 43.5%。而从全球各区域的分布上看，亚洲的专利申请数量最多，占到了全球的 65.1%，之后是北美（20.3%）和欧洲（11.2%），而拉美和加勒比地区、大洋洲和非洲的专利申请量总和仅占全球的 3.4% 左右，区域间的差距十分明显。

PCT（专利合作条约）国际专利申请以发达经济体主导，中国企业表现亮眼。2017 年，通过 PCT 申请的国际专利共 243 500 件，比 2016 年增长了 4.5%，实现了连续 8 年的增长。从申请国别上看，在专利申请总量上占绝对优势的中国在 PCT 国际专利申请方面位列第 2 位，申请量为 48 882 件，不敌美国的 56 624 件；排在第 3 至第 10 位的国家依次是日本、德国、韩国、法国、英国、瑞士、荷兰和瑞典，前 10 位国家中除中国外全部属于发达国家，主导地位非常突出。此外，与专利申请总量的趋势不同，前 10 位国家中只有两个国家的 PCT 国际专利申请量相比上年有所下降，其他国家均呈上升态势，其中，中国的 PCT 国际专利申请量增长了 13.4%，发展十分迅速。从企业申请主体来看，2017 年 PCT 国际专利申请量最多的前 10 位企业中，中国企业占据了 3 个位置，分别是华为（4024 件，第 1 位）、中兴（2965 件，第 2 位）和京东方（1818 件，第 7 位），表现十分亮眼。美国、日本和韩国各拥有 2 家 PCT 国际专利申请量前 10 位企业，瑞典的爱立信以 1564 件排在第 10 位。另外，从这些企业所从事的主要业务中也可以看出，PCT 国际专利申请量最多的 10 家企业几乎全部来自 ICT 领域，这体现出当前该领域创新在全球的活跃度很高。

三、优质研发主体仍主要集中在欧美地区

研发主体是从事研发工作的人和组织，包括不同领域的专业人才、企业、高等院校、科研院所等。一个国家只有拥有充足且高质量的研发主体，才能为吸引更多创新资源、实现高水平创新成果奠定基础。关于人才部分的内容将在后续章节中详细介绍，本部分主要关注企业、高等院校和科研院所在世界范围内的分布情况。

（一）创新型企业集中于发达国家，但中国创业活力强劲

企业是进行创新的重要主体，能够决定一个国家的创新能力，反映经济的繁荣程度。对全球各国企业研发投入、企业创新能力、初创企业数量和质量、企业创新生态环境进行对比，是对全球科技创新格局研判的重要补充。

从企业研发投入上看，发达国家占据领导地位，ICT 产业成为企业创新热门领域。《2018 年欧盟产业研发投入记分牌》对全球 46 个国家和地区的 2500 家企业在 2017—2018 年度的研发投入情况进行了汇总，这基本包括了 90% 以上的全球企业研发投入。结果显示：研发投入前 2500 强的企业共投入了 7364 亿欧元，其中有 37.2% 的投入来自美国企业（778 家）、27.2% 来自欧盟企业（577 家）、13.6% 来自日本企业（339 家）、9.7% 来自中国企业（438 家，不包括我国台湾地区企业）。而在研发投入排名前 100 位的企业中，美国占了 35 家，德国和日本各有 13 家，中国以 8 家（不包括我国台湾地区企业）的数量排名第 4 位。排名前 10 位的企业中，美国企业占据了半壁江山，德国有两家，韩国、中国和瑞典则各有 1 家在榜。总体上看，以美国为首的发达国家企业依然是全球企业创新投入的主要来源，虽然近年来中国企业进入前 100 强的数量逐年增加，具有巨大的增长潜力，但在前 50 位中仅有华为一家企业在榜，与发达国家存在较大差距，研发投入仍然偏低。从企业研发投入的重点领域来看，中、美、日、欧四大地区的侧重各有不同：ICT 产业是美国和中国企业研发投入最多的领域，分别占 51.4% 和 44.7%；欧盟和日本企业则将更多的经费投入到汽车制造业上（30.5% 和 30.8%）。但总体而言，ICT 产业对全球企业研发投入增长的贡献是最高的，达到 13%，且仍将保持快速增长势头。

从企业创新实力上看，虽然不同机构使用的评价方法及最终的评价结果有所不同，但大体上是美国拥有的高创新能力企业的数量最多。表 1–1 列出了 6 家机构在 2018 年对全球企业创新能力的评估结果，除科睿唯安的评估认为日本拥有全球最多的高创新能力企业外，其余评估皆由美国拔得头筹，且进入榜单的企业数量要远远超过排名第 2 位和第 3 位的国家。中国在大多数榜单中都处在第 2 位或第 3 位的位置，腾讯更是几乎在全部评估结果中名列前茅。

表 1–1　六大机构对全球企业创新能力的评估结果

单位：家

榜单名称	发布机构	第一名		第二名		第三名	
		国家	企业数量	国家	企业数量	国家	企业数量
全球最具创新力企业百强榜	福布斯	美国	51	日本	7	中国	7
全球科技领导者前 100 强	汤森路透	美国	45	中国	17	日本	13
2011—2017 年全球 50 家最聪明公司	麻省理工学院	美国	31	中国	9	英国 / 德国	2

续表

榜单名称	发布机构	第一名		第二名		第三名	
		国家	企业数量	国家	企业数量	国家	企业数量
德文特全球创新者 100 强	科睿唯安	日本	43	美国	36	法国	7
2018 年全球最具创新力公司 50 强	快公司	美国	33	中国	4	印度	2
2018 年最具创新力企业 50 强	波士顿咨询公司	美国	28	德国	9	法国	4

从创业活力和创业质量的角度看，美国仍然是全球创业活动最频繁且最有价值的地区，但主导地位有所下降；中国紧随其后，成为全球创业生态新热土。在初创企业风险投资流向方面，据 Startup Genome 的《全球创业生态报告 2018》统计，2012—2017 年，全球流向亚太地区的初创企业风险投资不断增长，而流向美国的投资比例不断下降，到 2017 年二者的份额基本持平，各占全球总风险投资额的 42%。在初创企业质量方面，独角兽企业数量是一项较为直观的统计指标。独角兽企业的概念于 2013 年提出，是指在私募和公开市场估值超过 10 亿美元的创业公司，这些企业具有巨大的发展潜力，同时也代表了时下最热门的新兴行业。据 CB Insights 对主要国家近年来独角兽企业数量的统计数据，截至 2018 年 12 月 31 日，全球共有独角兽企业 311 家，其中，美国 151 家，中国 85 家，分列第 1 位和第 2 位。从 2018 年的情况来看，全球新晋独角兽企业 112 家，其中，美国最多为 47 家，中国 29 家。中美两国仍是独角兽企业的聚集中心，独角兽企业数量合计达到全球总量的 76%。但值得注意的是，美国独角兽企业数量占全球独角兽企业的比例一直呈下降趋势，从 2013 年的 77% 下降至 2018 年的 49%，而中国独角兽企业数量占全球比例从 2013 年的 15% 上升至 2018 年的 27%。

（二）高水平科研机构主要集中在发达经济体

科研机构，包括研究型高等院校，同样是从事研发活动的重要主体之一，同时也是培养和吸引优质人才的关键。近年来，世界主要国家纷纷加强对高等院校和科研院所建设的支持力度，希望打造全球人才和科研的集中地，吸引更多的创新资源。但总体来说，目前全球高质量的高等院校和科研院所仍主要集中在欧美等传统发达国家和地区，发展中国家和新兴经济体与其存在较大差距。

从全球高水平研究型高等院校的分布上看，虽然中国等新兴经济体近年来的高等院校学术水平提升速度较快，但在顶尖高等院校数量方面仍无法与发达经济体抗衡，美国在这一领域具有绝对优势。根据上海交通大学发布的 2018 年《世界大学学术排名》（ARWU），2018 年全球学术排名前 1000 位的高等院校中，来自美国的有 217 所，中国大陆 123 所，英国 60 所，德国 50 所，日本 45 所，法国 34 所，澳大利亚 31 所；若只看排名前 100 位的高等院校，则美国拥有 46 所，将近半数，在前 20 位中更是占据了 16 个位置；发展中经济体的高等院校中中国大陆的清华大学名次最高，位列第 45 位，此外就只有中国大陆的北京大学（第 57 位）、浙江大学（第 67 位）和俄罗斯的莫斯科国立大学（第 86 位）进入前 100 位，其余全部来自发达经济体。从区域分布上看（表 1–2），在全球学术排名前 1000 位的高等院校中，来自美洲的有 280 所，欧洲 366 所，亚太地区 338 所，非洲仅有 16 所；前 100 位的高等院校中更是有 84% 位于美欧，非洲甚至没有进入前 200 位的高等院校，展现出区域间的较大差距。

表 1–2　全球各地区进入 2018 年《世界大学学术排名》前 1000 位的高等院校数量

单位：所

区域	前 20 位	前 100 位	前 200 位	前 300 位	前 400 位	前 500 位	第 501 位至第 1000 位	合计
美洲	16	50	79	110	142	167	113	280
欧洲	4	34	80	120	157	195	171	366
亚太		16	41	69	99	133	205	338
非洲				1	2	5	11	16
合计	20	100	200	300	400	500	500	1000

从全球科研机构分布上看，发展中国家和新兴经济体拥有的科研机构数量增长较快，但在顶尖机构方面发达国家依然占据优势。自然指数在 2018 年发布了全球科研机构的排名情况（其中也包括从事科研活动的高等院校）：2017 年，全球排名前 500 位的科研机构中，美国拥有 149 家，中国有 80 家，德国有 53 家。中国共有 16 个机构进入前 100 位，比 2016 年增加 2 家，中国科学院更是连续多年被评为全球排名第一的科研机构。但需注意的是，相比世界其他科研机构，中国科学院的体量十分巨大，截至 2018 年，拥有在职人员已超过 7.1 万人，因此在总体学术成果的统计和排名上具有相对优势，但从人均来看其排名不一定位于前列。

四、区域创新高地美国、中国和西欧表现突出

近年来，随着不同科技领域的融合程度不断加深，创新活动变得愈发复杂，仅靠某一个主体很难获得高质量的创新成果。此外，同一创新领域的不同主体也

更加倾向于在某一区域集聚，以享受其带来的规模效应。因此，当前在全球形成了多个不同领域的创新集群及以创新闻名世界的创新城市，一个国家拥有的创新集群和创新城市数量越多，自身的创新实力就越强，也就越能吸引全球的创新资源。

从创新集群数量上看，根据 2018 年《全球创新指数》对 2018 年世界前 100 位科技集群进行的统计和介绍，拥有这些集群数量较多的前 3 位国家分别是美国（26 个）、中国（18 个）和德国（8 个）；若按这些集群所处的区域划分，其中 33 个位于欧洲、32 个位于亚洲、30 个位于北美，其他地区只有 5 个百强科技集群。在排名前 10 位的集群中，日本的东京 – 横滨集群、中国的深圳 – 香港集群和韩国的首尔集群分列前三甲，美国拥有其中的 4 个集群，日本和中国各有 2 个在内。

从创新城市和科技中心的数量上看，根据《2018 年自然指数世界科学城市》的统计数据，美国、中国和德国同样是拥有科学城市数量较多的前 3 位国家，分别拥有 61 个、23 个和 23 个城市。在排名前 10 位的城市中，中国北京位列榜首，上海排名第 7 位；美国城市包揽了其中的 6 个位置；另外还有日本和法国各有 1 个城市榜上有名。CB Insights 2018 年 6 月发布的《全球科技中心》报告，则是对全球 25 个科技中心了进行分析，硅谷、北京、纽约和上海分列前 4 位。报告指出，自 2012 年以来，硅谷的科技公司共获得 1400 亿美元投资，北京获得 720 亿美元，超过了硅谷的一半，位列全球第 2 位，上海以 230 亿美元位居第 4 位。北京、上海在独角兽企业、百万级交易等方面呈高速增长趋势，有望成为未来主要的科技中心。

这些数据表明，当前全球创新集群和创新城市呈现出一种集聚化的特点，西欧、北美和东亚是创新活动最为活跃的区域，其中，东亚地区发展最为迅速，且集群创新能力已经超越欧美包揽前三。从单个国家的角度看，美国仍然是世界上创新资源最为集中的热土，无论是创新集群还是科学城市都是最多的，但其高质量创新集群的数量却比前一年有所下降，从 30 个降为 26 个；中国虽然相比美国有一定差距，但创新集群数量增长迅速，一年之内从 7 个增加到了 18 个，深圳 – 香港集群已连续 2 年位居世界第 2 位，另一个进入前 10 位的集群——北京的位次上升了 2 位，在科学城市的排名中甚至摘得桂冠，展现出了较强的发展态势。

（执笔人：孙浩林　赵俊杰）

国际科技竞争合作呈现新态势

科技尽管具有中立性的特征，但随着其对于国家经济、社会及安全的作用日益重要，各国政府日渐把其作为国家战略的核心要素，不可避免地受到各国政治的影响。2018 年，全球国际政治向右转的倾向明显，发达国家保守势力对政坛影响力度进一步加大，中美、美欧等经济体之间纷争不断，国际合作友好氛围显著下降，科技竞争和遏制的苗头和潜流日益显现。同时，随着全球性挑战问题的日益突出，各国携手合作的步伐并未停止，利用国际科技合作来应对全球性挑战。当前，国际科技竞争合作交织，呈现出“合作中有竞争、竞争中有合作”的复杂态势。

一、国际科技合作持续开展

近年来，数字技术快速发展和突破，人才跨国流动进一步增强，跨国公司加大了全球研发布局，全球性挑战和问题日益突出，这些都推动了国际科技合作的持续开展。

（一）数字技术为国际科技合作提供了便利条件

随着数字技术的快速发展，数据检索、共享和分析的成本日益降低，数据的流动性大大加强，数字化的知识和数据能够同时被全球无限多的行为主体来共享，这大大促进了国际科技合作。基于研究数据在科研中的重要作用，以及科技合作对数据需求的不断增长，2013 年由欧盟委员会、美国国家科学基金会和国家标准与技术研究所，以及澳大利亚政府创新部共同发起并成立了研究数据联盟（RDA）。RAD 通过建立社交和技术桥梁实现数据的开放共享和重用，目前，RAD 已经在生物多样性、农业数据等科学领域和降低数据共享壁垒等公共技术领域开展了多项活动。英国 Digital Science 公司是一家致力于通过数字科学共享资源，全面提高科学研究效率的科技公司，目前旗下有 Altmetric、ÜberResearch、FigShare 等 14 个产品，可以为全球的研究人员、组织机构、出版商和资助者提供基于数据收集、检索、储存、分析、共享等全方位的服务。例如，Altmetric 数据库可以追踪并分析围绕学术文章的在线活动，从而全面评估学术工作的影响；ÜberResearch 数据库主要通过分析收集各相关机构活动、资金数据为国际组织和政府机构在科学资助项目、投资分析和研究报告方面进行决策支持；FigShare 资源库则是利用数字技术为研究人员提供了一个储存、分享、管理、发现科学研究成果的自由共享平台。另外，数据共享和数据交流使科技合作的范围更加广泛，有助于更好地解决全球性问题，尤其是在医疗健康领域。例如，全球共享流感数据倡议组织（GISAID）的成立有效促进了全球流感病毒序列数据、与人类病毒有关的临床和流行病学数据，以及与禽类和其他动物病毒有关的地理和物种特异性数据的国际共享，帮助研究人员了解流感病毒的演变、传播和成为流行病的全过程。自 2008 年推出以来，该组织为世界卫生组织全球流感监测和应对系统（GISRS）预测性推荐每年度流感疫苗候选株提供了重要的数据支持。

（二）人才的跨国流动也进一步推动了国际科技合作

随着经济全球化的不断深入，科技人员的全球流动也日益增加。从论文发表者所属研究机构的变迁可以看出，近年来科研人员呈现大规模流动的状态。2006—2016 年，在英美之间流动的科研人员有 77 883 人，中美之间有 63 330 人，美加之间有 56 212 人，美德之间有 45 412 人，美印之间有 38 332 人。当前，全球顶尖科研机构中，外籍专家学者的数量占到了相当大的比例，如德国马普学会全部员工中有 29.8% 来自国外，科研人员中则有 50.9% 的人拥有外国国籍。不仅如此，各国最高端的科技人员——院士中也有很多为外籍人士，如美国科学院外籍院士为 484 人，所占比例为 20%；美国工程院外籍院士为 262 人，所占比例为 11%（2018 年新增外籍院士 16 人，占全部新增院士的比例为 19%），英国皇家学会 2017 年新增外籍院士 10 人，占全部新增院士的比例为 20%。中国科学院 2017 年新增外籍院士 16 人，占全部新增院士的比例为 26%。外籍科研人员的增加，必然促使国际科技合作的不断深入。

（三）跨国公司的全球研发布局推动国际科技合作进一步增强

近年来，随着跨国公司全球化进程的不断推进，跨国公司在国外也加大研发布局，以便利用当地科技人员、科研机构等的科研力量，并根据当地客户的需求进行定制化研发。当前，跨国公司把相当多的研发资金放到了国外，在驻在国的研发资金中已经占据相当大的份额。经合组织《科学技术和工业记分牌 2017》报告显示，从来自世界其他地区的研发资金占企业研发资金的份额来看，欧盟 28 个成员国的平均值为 10.5%（2014 年数据），英国为 27.1%（2014 年数据），法国为 9.2%（2014 年数据），以色列为 27.4%（2014 年数据）。值得关注的是，全球化的参与者越来越广泛。最初的全球化的主要参与者是跨国公司，随着电子商务和数字化的发展，来自全球各个角落的中小企业也都能利用互联网技术联结它们的供应商和顾客，为更多的人提供了不计其数的机遇。

（四）全球化挑战日益严峻，国际科技合作成为解决全球性挑战的重要推手

当前，气候变化、能源环境、人口健康等全球性挑战和问题日益突出，这些问题事关各国发展。全球性挑战问题的幅度和跨越国界的范围，以及攻克这些问题所需要的投资规模都需要国际协调合作的研究工作。当前，各国在合作解决这些全球性挑战上已经达成了共识，2015 年 9 月，联合国 193 个国家一致通过了《2030 年可持续发展议程》，承诺要解决气候变化、健康福祉、清洁能源、生态环境等全球性问题，为实现可持续发展目标而努力。为此，各国在全球性挑战领域加强了国际科技合作，其合作的主要方式包括以下几种：一是启动国际大科学计划和工程。当前，国际上启动了很多大科学计划和工程，以便通过国际合作找到解决全球性挑战的科学方案。例如，国际热核聚变实验堆（ITER）计划的目标是通过可控的核聚变反应造出一个“人造太阳”，以解决人类面临的能源危机；全球变化研究计划包括生物多样性计划、国际地圈生物圈计划、全球环境变化人文因素计划，其目标是预测陆地生态系统的结构和功能及其对全球变化的反应和反馈作用；人类基因组计划、人类肝脏蛋白质组计划、人类脑计划是对全球人类的基因、蛋白质及大脑开展研究，从而揭示人类生命的规律，以提高人类健康福祉；地球生物基因组计划的目标是绘制地球上所有 150 万种已知复杂生命物种的遗传密码图谱，以便“最终将为生物学推进保护生物多样性和维持人类社会的解决方案创造一个新的基础”。二是国家科技计划对外开放合作。经合组织基于 ÜberResearch 数据库的分析收集了各国资助机构的数据，数据表明，在 2015 年涉及 17 项可持续发展目标的研究项目中，约有 2% 涉及国际科技合作。而欧盟科技计划的开放程度更高，“地平线 2020”计划中七大挑战（人民健康与福祉、粮食安全与农林渔业可持续发展、清洁能源、智能绿色交通、气候变化等）占了总预算的 38.5%，这些重大挑战领域的项目均对全世界的研究人员开放。三是加强双边科技合作。很多国家通过双边科技合作的方式来应对和解决全球性挑战。2016 年，美国、加拿大和墨西哥三国共同签署了关于气候变化与能源合作谅解备忘录，同时开启了北美第一个关于能源生产和基础设施建设的网络信息平台，

加强彼此间关于低碳电力、清洁能源技术、能源效益、适应气候变化等重点领域的合作和信息共享，以促进北美地区环境和经济可持续发展。全球清洁能源部长级会议自 2010 年起每年召开一次，旨在促进全球清洁能源技术上的多方合作，共同解决全球环境问题。2018 年，美国、加拿大和日本在会议上启动了“核能创新：清洁能源未来”合作关系倡议，重点关注先进核能系统的创新应用，改善未来清洁能源系统。此外，欧盟近年来也不断增加与第三国之间的科技合作，积极参与到解决极端贫困问题和应对全球性挑战中。例如，欧洲和发展中国家临床试验伙伴关系（EDCTP）是欧洲 14 国和南撒哈拉非洲 16 国之间建立的公共伙伴关系，旨在通过支持合作研究，加速开发新药或改良药物，以预防或治疗艾滋病、肺结核、疟疾等与贫穷相关的传染病；2018 年欧盟启动为期 10 年的地中海科技创新伙伴关系计划（PRIMA），以帮助地中海地区解决日益严峻的水资源和粮食短缺问题。

（五）国际科技合作产出不断增加，技术合作产出呈现不同景象

科技与创新方面的国际合作让各方都能获取知识和专长，也让成本得到分担，与此同时，还能避免研究工作中的重复劳动。从国际合著论文的情况来看，全球科技合作不断强化；但从国际合作专利的情况来看，不同领域和不同国家呈现出不同的景象。

国际合著论文不断增加。随着科研机构和科研人员之间合作的不断增加，国际合著论文的数量也在不断增加。2005—2015 年，美国的国际合著论文占美国论文总量的比例从 13% 提高到 19%，英国从 21.6% 提高至 30.8%，法国从 24.1% 提高至 32.1%，德国从 22.8% 提高至 29.1%，中国则从 7.4% 提高至 12.2%。

国际合作专利在不同领域、不同国家呈现不同的景象。当前，国际合作专利在全部专利中占有很大的比例，2012—2015 年，经合组织国际合作专利整体所占的比例为 6.8%，但在不同领域和不同国家却呈现出不同的景象。在信息技术领域，大多数国家的国际合作专利所占比例越来越高，经合组织整体从 2002—2005 年的 5.8% 增至 2012—2015 年的 7.0%，美国从 7.8% 增至 11.3%，德国从 9.0% 增至 10.4%。在健康技术领域，国际合作专利则呈现下降趋势，经合组织整体从 14.0% 降至 12.7%，英国从 24.8% 降至 19.9%，德国从 14.9% 降至 14.7%，法国从 22.2% 降至 15.9%，中国从 14.8% 降至 12.4%，美国显示出不同的趋势，从 11.8% 略升至 12.3%。

二、技术领域的竞争和遏制不断加强

随着国际竞争的不断加剧，各国对于技术的竞争日益加强：一是各国都在加

大对前沿技术的部署和研发，并促使技术在本国的应用和产业化；二是各国以国家安全名义为由，限制外国企业对本国关键技术领域进行投资；三是以美国为首的发达国家加强了对技术出口的限制，在确保本国优先地位的同时，能从技术及其应用中获得最大利益。

（一）重视对新兴技术和前沿技术的布局，并推进技术在本国应用和落地

当前，新兴技术和前沿技术快速发展，颠覆性技术不断出现，有望对未来的产业、经济和社会产生重要甚至革命性影响。德勤报告指出，增材制造、先进分析技术、先进材料、先进机器人、人工智能、生物技术 / 生物制造、区块链、网络安全、数字设计、高性能计算、人机交互、物联网等技术属于指数型技术，它们有望引发新的生产革命，给社会、经济、行业带来非线性、指数级变化。在此背景下，各国政府高度重视在新兴技术和前沿技术领域的布局，塑造技术优势，以抢占未来制高点。

人工智能领域的部署。人工智能作为最具颠覆性和变革性的技术，为国家政治、经济、科技、文化、安全等方面带来极为深远的影响。目前，人工智能已上升到国家层面的激烈博弈，越来越多的国家争相制定发展战略与规划，主要国家已进入全面推进人工智能发展的全新战略时代，人工智能竞争趋向白热化。自 2013 年起，世界主要国家开始对人工智能进行系统性布局。但在初期阶段（2013—2016 年），各国普遍对人工智能的重视度不足，与人工智能技术相关的政策主要集中于机器人、脑科学及其他高新技术领域。2016 年，谷歌人工智能程序 AlphaGo 战胜韩国围棋名手李世石后，世界各国政府纷纷认识到人工智能技术真正的潜力，密集出台相关战略规划。美国 2016 年 11 月出台了《为人工智能的未来做准备》报告及《国家人工智能研发战略》，2018 年 5 月成立人工智能专责委员会，为美国人工智能研发优先事项提供建议；日本 2017 年 3 月出台《人工智能技术战略》；欧盟 2018 年 4 月出台《欧盟人工智能战略》，并成立人工智能高级专家组；同月，英国宣布向人工智能投资 10 亿英镑，以保证英国人工智能行业的领先地位；韩国 2018 年 5 月通过《人工智能研发战略》，未来 5 年将向人工智能领域投入 2.2 万亿韩元，同时，韩国科技信息通信部还将组建由产业、社会福利、国防等相关部门和民间产学研专家组成的“人工智能战略联盟”；印度 2018 年 6 月出台《国家人工智能战略》（讨论稿），研究印度如何利用人工智能来促进经济增长和提升社会包容性；德国内阁 2018 年 11 月通过《人工智能战略》，德国联邦政府到 2025 年将投入约 30 亿欧元用于该战略的实施。

5G 领域的部署。相较 3G 和 4G 技术，5G 技术的数据传输能力大大提升。

作为一种通用技术，5G 技术能够支撑自动驾驶汽车、人工智能和机器对机器通信等，改变从家庭、医院到工厂等的运行方式，对科技及经济社会发展和转型具有重大的促进作用。在一个由计算机网络控制着经济社会活动的时代，任何主导 5G 技术的国家，都将在 21 世纪的大部分时间拥有经济、情报和军事上的优势。为此，主要国家都加大了对 5G 技术的部署，以便占据先机。全球移动供应商协会（GSA）2018 年 11 月发布的报告显示，全球 81 个国家的 192 家移动运营商正在投资 5G 网络。美国在 2012 年就设立了无线研究中心，专注研发 5G。AT&T 和 Verizon 等美国本土运营商 2017 年 10 月开始参与研发 5G，取得了多项 5G 核心技术。2016 年 7 月，美国成为全球首个为 5G 开放高频频谱的国家。AT&T、Verizon 也率先开展了 5G 商用试验。日本 2013 年 9 月设立了“2020 and Beyond AdHoc”项目，支持 5G 技术在未来 10 年的发展。日本三大无线通信运营商 NTT DoCoMo、Softbank 及 KDDI 计划在东京都中心等区域率先推出 5G 服务，用 3 年时间逐步推广到全国。韩国 2015 年推出了以 5G 发展总体规划为主要内容的《未来移动通信产业发展战略》，决定在 2020 年全面推出 5G 商用服务，并将为此投资 1.6 万亿韩元。2018 年 12 月，韩国三大运营商同时宣布，正式开启商用 5G 网络，全球首个基于 3GPP 标准的 5G 网络正式向用户提供商用服务。

量子技术领域的部署。量子作为最小的、不可再分的物理量基本单元，本身具有测不准、不可克隆、不可分割等特性，在量子计算、量子通信、量子测量、量子成像等很多领域具有巨大的应用前景，能带来新型的量子处理器、传感器，导航工具和安全系统。当前，主要国家围绕量子技术的竞争愈演愈烈。欧盟 2016 年宣布发起量子旗舰计划，未来 10 年间投资 10 亿欧元，重点研发通信、计算、传感和仿真 4 种量子技术。2018 年 10 月，欧盟投资 1.32 亿欧元启动首批 20 个量子科技项目。2018 年 9 月，德国联邦政府宣布 2018—2022 年向量子技术领域投入 6.5 亿欧元，支持基础研发及商业化。同年 9 月，美国白宫科技政策办公室（OSTP）下的国家科学技术委员会（NSTC）发布《量子信息科学国家战略概述》，之后，主要联邦政府机构纷纷发布具体措施支持该战略，如国家科学基金会宣布拨款 3100 万美元用于通用量子计算机、安全量子通信技术等基础量子研究；能源部宣布提供 2.18 亿美元的资助，涵盖开发新一代量子计算机的软硬件、具有特殊量子的新材料合成，以及利用量子计算分析暗物质和黑洞等研究项目。同年 12 月，美国国会通过《国家量子技术法案》，未来 5 年内将斥资 12.75 亿美元开展量子技术研究。

在脑科学、微电子、区块链、生物医药、新能源等前沿领域，各国也加大了研发部署。2018 年 12 月，欧盟委员会批准了由法国、德国、意大利和英国提出的“微电子联合研究和创新项目”，在 2024 年前向该项目投资 17.5 亿欧元，重点研究节能芯片、功率半导体、智能传感器、先进光学设备和复合材料等。2018

年 6 月，韩国科技信息通信部发布《区块链技术发展战略》，通过技术研发与应用搞活区块链，创造新价值并构建数字信用社会。

值得注意的是，各国不仅重视对新兴技术和前沿技术的研发工作，而且高度重视这些技术在本国的应用和商业化，以便在本国形成产业和市场，把技术优势转化为产业优势。随着全球化进程的不断推进，技术出现了“墙内开花墙外香”的现象，也就是说，一个国家开发的技术没有在本国应用和商业化，而是在他国应用和商业化，本国的技术优势转化为他国的产业优势。这个问题已经引起了很多国家的关注，为此，其采取了多种措施，加快技术在本国的应用和商业化，如在法律上把技术研发成果的所有权授予研发人员，以激发研发成果所有者转化技术的积极性；建立技术许可办公室、创新中心、创新有限责任公司等形式多样的技术转移机构，加快高等院校、科研院所等已有技术的转移转化；借助互联网平台弥补现有技术转移部门的功能缺位，解决技术供需双方信息不对称等问题，以求实现精准对接。

近年来，很多国家更加重视技术在本国的应用和商业化，其主要举措包括以下几个方面：一是国家出钱设立技术创新中心，如英国的弹射中心，美国的能源创新中心、先进制造创新中心等。这些中心通过将科研院所、高等院校和企业的创新活动集中在一起，有助于有效解决技术创新难题，交流隐性知识，从而使科技成果更加切合实际使用需求。技术创新中心关注的领域都是那些最前沿、风险高但商业潜力巨大的技术领域。二是设立公私合作创新计划，即让企业等私营部门参与到科技计划项目中，使得研发工作及未来的研究成果一开始就有最终用户，研发以后不需要成果转化，如欧盟“地平线 2020”计划中提出了一批调动公私合作的产业重大科技专项，其中最具代表性的是联合技术计划［JTI，通过与私营部门联合设立“联合执行体”（JU）来保障重大专项实施］和契约型公私合作专项（通过与私营部门签订执行协议来促进重大专项的实施）。三是通过对于研究成果转移转化收入给予税收优惠等措施来促进研究成果在本国的应用和商业化。当前，一些国家针对技术使用、许可等产生的收入实行税收减免，如英国、荷兰、法国、卢森堡、西班牙等一些欧盟国家实行的“专利盒”制度，允许企业从专利或包含专利的产品中取得的收入可以减免部分税收，以吸引企业在本国开展专利研发活动并将专利成果商业化。这种措施有助于研发成果在本国落地，帮助完成从知识生产到商业化的创新链。

（二）在涉及国家安全的领域确保技术的自主可控

随着全球竞争态势的日趋激烈，各国对于国家安全面临威胁的担忧日益强烈。鉴于技术在国家安全中的作用日益突出，各国在涉及国家安全的领域一般采取技术自主可控的原则。

一是加强技术研发，确保网络安全。互联网在给人们生活带来便利的同时，也带来了无所不在的安全问题，任何一个地方发起的网络攻击都能引起另外一个地方的网络瘫痪。随着信息技术和网络技术在经济社会生活中应用的日益广泛，国家的基础设施等的数字化程度日益提高，一旦怀有敌意的机构或组织对基础设施成功发动网络攻击，将对国家的经济社会安全带来重大的影响。为此，各国政府高度重视信息技术安全和网络安全的部署，进入2018年以来，网络安全更是成为各国政策的重中之重。美国自2016年发布《网络安全国家行动计划》和《联邦网络安全研究和发展战略计划》后，2018年多个部门密集出台了网络安全计划，4月，美国商务部国家标准与技术研究院发布《提升关键基础设施网络安全的框架》，5月，美国能源部发布《能源行业网络安全多年计划》，以降低网络事件给美国能源带来的风险，美国国土安全部发布《网络安全战略》，以保护关键基础设施免于遭受网络攻击。德国国防部长和内政部长2018年8月宣布将在未来5年投入2亿欧元组建网络安全研究机构，以便让德国在网络安全技术方面独立于其他国际势力。英国继2016年11月开启新一轮的5年《国家网络安全战略》（投入约19亿英镑，用于提升网络防御技术水平，加强网络空间建设）后，于2017年2月成立了英国国家网络安全中心，以抵御网络不良攻击等。此外，一些国家还采取了一系列措施来应对来自国外的网络攻击，如美国国土安全部2018年10月成立了一个工作组，负责防范及规避美国计算机和通信系统方面的风险，国防部同年11月成立“核心技术护卫小组”（PCTTF）以保护美国核心技术，特别强调网络窃取行为的应对。

二是确保重要产业“供应链”可控。对于一些重要的产业，尤其是涉及军事安全、国家安全的产业，很多国家采取“供应链”可控的原则，即重要的原材料和元器件能够确保供给，关键核心技术能够自主开发，以便确保本国对于重要产业的自主可控。美国商务部产业安全局的技术评估办公室每年都会出台产业研究报告，对美国的产业技术进行分析和研判，具体内容包括：识别有哪些关键原材料是依赖于外国的，就由于对外国的依赖造成的潜在安全威胁进行评价，发现国内供应链中的薄弱环节，测度美国在紧急状况下增加产量的能力等。欧盟和美国都出台了《关键矿产原材料》，从经济意义、供应风险、国家风险等角度对矿产原材料进行评估，遴选出关键矿产原材料，并采取多种措施，包括进行研发替代进口等来保障其供给。此外，对于关键核心技术，即会制约本国重要产业领域发展的技术短板，很多国家都采取集中攻关的方式加以发展，以免被竞争对手国家“卡住脖子”。例如，航空发动机技术是制霸航空工业的核心技术，苏联解体后，俄罗斯的航空发动机行业遭受了沉重打击。为提高军用和民用航空发动机等产品在全球市场上的竞争力，在尽可能短的时间内赶上欧美的竞争对手，俄罗斯成立了燃气涡轮制造科研生产中心，整合强化了设计、生产、销售、维护等产品全生命周期内各个环节的业务能力，为研制出有竞争力的产品，在国际竞争中立足奠定了基础。通过整合，俄罗斯很多军用和民用发动机又重新亮相国际市场。

（三）“技术主权”意识加强，通过投资监管限制外国染指本国技术，通过技术出口管制防止本国技术流向国外

为保持本国的技术优势，发达国家一方面通过投资监管来限制外国资本接触和购买本国技术；另一方面还通过技术出口管制来防止先进技术流向国外。

一是加强对外国投资关键技术行业和敏感技术领域的监管。近年来，主要国家都加强了对外国投资本国关键技术行业和敏感技术领域的监管，其目的主要有两个：第一，通过限制外国投资来确保本国对关键技术行业和敏感技术领域的自主可控；第二，通过限制外资进入而为本国关键技术行业的发展提供空间。2017年10月，法国提出，欧盟需要防止“围猎性投资”——即仅攫取最尖端、最具战略性的技术，却不能帮助企业和经济发展的投资，为此，欧盟需要制定相关政策。在法国的推动下，2018年11月，欧盟通过了关于审评海外直接投资对于国家安全威胁的法律提案，把芯片、通信、人工智能、医疗服务、生命科学等领域放到投资核查的范围中。同年12月，法国公布了《有关需要事先审批的外国投资的共和国总理令》，规定需要接受事先审批的企业包括航空航天与民用防卫领域的企业，在网络安全、人工智能、机器人、增材制造、半导体领域从事研发活动的企业，以及存储某些敏感信息的企业。2018年8月，美国总统特朗普签署《外国投资风险审查现代化法案》，大幅扩大了美国外国投资委员会（CFIUS）权力范围。在法案生效前，虽然CFIUS会以国家安全考量为由审查那些可能导致美国公司被外国人掌控的交易，但少数股权（10%以下）投资不在其列，即便有些少数股权转让能使外国人具有接触公司敏感科技的权限。法案出台后，只要涉及关键设施、关键科技和敏感数据，无论任何级别或百分比股权的投资，都将属于CFIUS审核范围。同年10月，美国提出要对外国投资美国关键科技行业加强监管，外国投资者今后在美国投资半导体、电信、航空、计算机、电池等27个关键技术产业时，须通知CFIUS。德国内阁会议2018年12月通过《对外贸易条例》修正草案，该草案规定，欧盟以外的投资者并购德国企业的审查门槛将从目前的25%股权比例下调至10%。这意味着，当外国公司收购德国企业的股份比例超过10%的门槛时，德国联邦政府就可对并购案进行审查，并在必要时禁止并购。韩国2019年1月公布了《根除产业技术泄漏对策》，将对外资并购具备核心技术的韩国企业执行更严格的审查，同时对向海外泄漏技术的行为也将予以更为严厉的处罚。根据该政策，接受韩国国家研发资助，而且具备国家核心技术的韩国国有企业，面临外国投资者并购时，需要获得韩国政府许可，而此前只需要申报即可；而没有接受国家研发资助、自行研发技术的韩国企业，今后面临外资

并购时，需要进行申报，此前也并没有这一义务。对于故意向海外泄漏国家核心技术、经营机密的人员，将处以最高可达损失金额3倍的罚款。泄漏国家核心技术者，或会面临至少3年的有期徒刑。当前，韩国核心技术的名单里，包含12个领域的64种技术。

二是西方发达国家联动合围，限制中国企业产品进入本国。面对中国科技的快速发展，以美国为首的西方国家正在联合起来，以国家安全的名义，限制中国企业尤其是华为、中兴等科技创新能力强的企业的产品进入本国市场。美国多名议员发起议案，指出出于对“潜在间谍行为风险”的考虑，提议禁止美国网络提供商购买华为的技术。美国联邦通信委员会（FCC）正在考虑采取更多类似的措施，禁止政府项目采购对美国电信网络构成安全威胁的公司生产的设备，这项规定可能对华为和中兴产品在美国的销售带来进一步威胁。2018年8月，美国总统特朗普签署《国防授权法案》，禁止联邦资金的受助者使用华为或中兴生产的电信设备、录像服务及网络组件，海康威视、大华等其他中国音像设备供应商也被其列入“黑名单”。同年12月27日路透社报道，美国总统特朗普考虑在2019年发布一项行政令，宣布国家紧急状态，从而禁止美国公司使用华为和中兴生产的电信设备。同时，美国还一直通过“五眼联盟”（美国、英国、加拿大、澳大利亚、新西兰5个国家组成的情报同盟，合作领域覆盖信号情报、军事情报、人员情报及地理信息情报等各领域）施加压力，敦促这些国家及美国盟友禁止华为参与各自的5G网络建设。当前，很多国家已不同程度地禁止华为参与5G建设。英国电信2018年12月宣布，将在未来两年内从其核心4G网络中彻底移除华为设备，同时禁止华为参与竞标公司核心5G网络设备的供应合同。日本《电子设备采购指南》规定，出于对信息泄露等安全保障方面的担忧，来自中国的个人电脑、服务器、电信设备等相关电子设备都会被加入到不能采购的清单当中。澳大利亚安全机构提出，华为的通信设备有可能成为中国的网络间谍，需要将华为排除到5G供应商的名单之外。新西兰政府通信安全局认为，使用华为5G设备将对国家安全构成重大风险，禁止本国运营商使用华为5G设备。华为在韩国SK电讯的5G设备遴选中受冷落，SK电讯把三星电子、爱立信和诺基亚作为其5G设备的首选竞标者。印度电信部（DoT）已经禁止华为和中兴参与该国的5G试验合作。

三是发达国家加强技术出口管制。为维持自身的技术优势和世界领先地位，自20世纪50年代起，美国、日本、欧洲等发达国家和地区就通过《瓦森纳协定》等多边出口管制渠道及国内立法、制订政策等单边出口管制渠道，对中国等发展中国家采取技术出口审查和管制措施。近年来，随着中国等发展中国家的快速崛起，以美国为首的发达国家加强了技术出口管制。美国一直把技术作为本国最重要的资产，加强技术出口管制，尤其是先进技术的出口。美国军民两用技术的出口管制一直是通过美国商务部的《技术出口管制清单》来进行的，该清单分为十大类，覆盖内容全面，而且会根据竞争对手的技术发展情况每年对其进行更新。2018 年 8 月，美国出台了《出口管制改革法》，授权美国商务部对美国国家安全至关重要但未被原有出口管理条例涵盖的新兴和基础技术的出口、再出口或国内技术转移进行适当管制，使出口管制关口扩大和进一步前移。美国商务部拟认定为对美国国家安全至关重要的具有代表性的新兴技术涉及 14 类共 47 项，包括人工智能、机器人技术、合成生物学、量子计算、量子传感、大数据自动分析算法、增材制造、分子机器人、智能微尘、脑机接口、高超音速飞行器专用材料等。为使出口管制产生最佳效果，美国还希望与多边出口管制体系加强协同，尽量把依法确定的新兴与基础技术纳入多边出口管制体系。

当前，尽管出现了以美国为首的保护主义的苗头，然而，这股逆流不会改变全球科技合作的大局，涉及国家安全的技术领域在未来合作中的重要性也许会有所下降，而基础研究、全球性挑战等领域的内容将会继续推进和加强。总之，未来国际科技将呈现竞争合作交织的复杂局面。

（执笔人：程如烟　杨　杨）

各国政府适应数字化时代调整创新政策

当前，数字技术在经济社会中的应用日益广泛和深入，全球进入数字化时代。数字技术改变了知识创造和传播的方式，大大影响和改变了创新过程。在此背景下，各国政府对创新政策做出相应的调整，包括加大数据访问权，提高政策敏捷度，促进开放科学、数据共享和创新者的合作等，以便最大限度地促进数字化时代的创新。

一、数字化时代创新的特征

近年来，全球已经由工业化时代进入数字化时代。近年来最成功的创新并不是由 20 世纪的大企业实现的，而是由新一代的数据驱动型科技公司创造。这些公司的规模和覆盖面都呈指数级增长，迅速壮大成为全球前 10 名精英企业。在 2006 年，全球市值十大公司里只有微软一家数据驱动型企业，而到了 2018 年，已经有 7 家数据驱动型企业[①]。按照此趋势预计，基于数字技术的平台企业将成为未来经济发展的主角，能够孕育出大型数字企业的国家将在未来发展中占据优势。

当前，数字技术已成为创新过程中不可或缺的条件，大多数创新活动都涉及数字技术。这种巨变先是发生在软件等数字行业中，如今则已扩散到各行各业。数字技术极大地降低了数据检索、共享和分析的成本，也增强了知识和数据的流动性，科研机构和人员不管相距多远，都可以同时共享相同的数字化知识和数据。数字化改变了知识创造和传播的方式，使得创新活动发生了巨大的变化。数

① 分别为亚马逊、微软、阿尔法贝塔、苹果、脸书、腾讯、阿里巴巴。

字化时代，创新活动呈现出以下几个特征。

一是数据成为创新活动的核心投入品。数字技术的发展使得收集和分析信息 / 知识的成本大大降低，而物联网的发展使得连接到网络中的装置越来越多，这意味着将会出现日益稳定的数据生成活动，其领域范围涉及公共交通、人类健康、能源环境、生产活动等。同时，创新活动对数据的需求也日益增加，有些甚至要使用巨量数据。基于人工智能的创新成果就源于某种算法的实施，而算法往往需要通过真实世界数据或仿真数据来进行学习。基于机器学习的创新成果更是需要大量的观察结果来训练，之后软件才有可能执行预定的任务。随着数据重要性的日益增加，其蕴含的价值也与日俱增。为此，许多企业为获取和分析数据而投入巨资，如建立数据收集系统、收购数据富集公司［微软收购领英（LinkedIn）明显就是为了获取后者的数据］或是与合作伙伴签订合约［深思公司（DeepMind）与伦敦的多家医院签订了这类合约］。同时，一些公司已经在运用大数据来开展全新服务，如亚马逊根据用户的消费习惯进行产品精准推送，优步（Uber）依靠交通运输供需方面的即时信息来提供服务等。

二是创新周期缩短，版本化创新表现突出。数字技术降低了投放新型商品和服务的成本，从而缩短了创新周期。创新速度的加快突出体现在软件的更新速度上，即版本化创新，如汽车公司每年只上市一种新车型，但却可能多次对汽车的软件进行更新，更新后的软件功能也相当于投放了新的车型。需要说明的是，加快版本化创新活动的速度不一定就意味着进步更快和生产力增速，频繁的版本化创新的技术改良幅度较小，连续性和渐进性增强，但创新速度不一定更快。

三是创新活动的协作程度和多元程度提高。通信成本降低让科研实体之间增强了交互，互联网和数据库为多个科研实体远距离合作提供了条件和保障。众多企业目前都在开展开放性创新活动，它们不仅加强了与科研机构和科研人员的合作，而且还与众多消费者群体开展了密切的合作。当前，很多大企业采取了多种方式汇集众多力量来解决创新挑战问题，包括举办竞赛、开展协作、公开发布项目征集通知及众包等。宝马公司（BMW）的创新实验室（Innovation Lab）、标致公司（Peugeot）的设计竞赛、国际商用机器公司（IMB）的创新障碍赛（InnovationJam）、戴尔公司（Dell）的创意风暴（IdeaStorm）、宝洁公司（Proctor & Gamble）的联络 + 开发（Connect + Develop）及通用电气公司（GE）的保险丝计划（Fuse）都属于这类例子。

四是制造创新与服务创新趋向于融合。产品的数字转型尤其为服务创新提供了机遇，因为数据和软件正在取代许多有形的组件和产品。数字化为服务创新带来了机遇，包括租赁服务、定制服务及全新服务，如使用物联网来提供的预见性维护服务等。同时，数字技术使得制造创新与服务创新趋向于融合，一方面，制造企业正在进军服务业，大批制造业公司如今的创新活动都依循“三 S”原则，也就是传感器（sensors）、软件（software）和服务（service），如西门子在许多产品中安装了传感器以监控产品的运行情况，从而为客户提供更好的维护服务；另一方面，服务企业也在进军制造业（自主车、家用电器、手机、计算机芯片、数据中心等），如亚马逊、腾讯、谷歌、百度等，这让制造业与服务之间的界限进一步模糊。

数字化时代创新所呈现的新特征也对经济产生了很大影响。一方面，由于数据具有流动性，任何人都能以相当低的边际成本来使用它们，使得创新的泛在化特征更加显现。每一个具有科学思维和创新能力的人都可参与创新，新企业进入市场并实现扩张的成本也就更低，这些使得一系列市场上都出现了蓬勃的创业活动。数字平台（阿里巴巴、亚马逊和易贝）也方便了创业活动，创业公司可以通过这些电商平台向市场提供产品，而毋须另外的营销开支。另一方面，多种因素为集中化创造了有利条件。一是平台企业在提高市场效率方面的天然优势，其掌握的数据日益增加；二是数据带来的“无量规模”，无形成分越多就越容易把生产扩大到整个市场上，而且成本极低，甚至可以为零；三是数据技术人才的稀缺性，这促使人才集中于某些地方。

二、各国政府如何调整创新政策

为适应数字化时代创新的特点，很多国家都对创新政策进行了调整，以便更好地激励创新。

（一）制定数据开放共享政策

鉴于数据已经成为创新活动的核心投入品，主要国家都出台了数据相关政策，对其所有权、使用权等进行了规范，以便促进数据的开放共享，从而更好地促进创新。

美国自 2000 年颁布《联邦政府信息资源管理通告》以来，一直致力于将一切由联邦政府创造、收集、处理、处置的信息免费开放给所有人使用及再利用。2009 年，美国发布了《政府数据开放倡议》，要求政府各部门发布可机读的标准化高价值数据。同时，美国政府组织创建了 data.gov 网站，该网站于 2009 年 5 月 21 日上线，是全球首个可自由获取数据的、用户与政府互动的、应用程序接口（application programming interface，APIS）的开放网络数据共享平台。2013 年，美国政府发布了《开放数据政策》行政命令，要求公开教育、健康、财政、农业等七大关键领域数据，并对各政府机构数据开放时间做出了明确要求[①]。2018 年

① 蔡婧璇，黄如花．美国政府数据开放的政策法规保障及对我国的启示［J］．图书与情报，2017（1）：10-17.

12 月，美国国会正式投票通过《开放政府数据法案》，将向公众开放“非敏感”政府数据。该法案要求联邦机构必须以“机器可读”格式，即以方便公众在智能手机或电脑上阅读的数据格式，发布任何不涉及公众隐私或国家安全的“非敏感”信息。该法案还要求各联邦机构任命一名首席数据官来监督所有开放数据的工作[①]。

从 2014 年开始，欧盟委员会在“地平线 2020”计划启动之际就推出了科研数据开放试点（ORP）。2016 年 2 月，欧盟委员会发布《科学数据管理指南》和《科学文献与科学数据开放存取指南》，对“地平线 2020”计划中的科学数据开放存取提出进一步的规定。2016 年 3 月，欧盟研究与创新部长“竞争力会议”明确提出，到 2020 年，欧盟各国公共资金资助的所有科技论文应该立即开放获取。随后，欧盟“地平线 2020”项目在 2017 年 5 月发布了相关资助政策。2018 年 9 月，由欧洲科研资助机构联盟（Science Europe）牵头组织，欧洲 11 个国家的科研资助机构和欧洲研究理事会发布了开放获取“S 计划”，明确要求 2020 年 1 月 1 日起所资助项目的论文必须在合规的开放出版期刊或开放发布平台上以立即开放获取形式发布。经过几年的运行，欧盟委员会评估认为，科研数据开放有利于欧盟创新和科研合作，对于科研管理公开透明具有重要意义，是减少和避免科研重复劳动的一个有效手段[②]。在加强政府资助科研数据开放共享的同时，欧盟还加强了对个人数据的保护。2018 年 5 月，欧盟《通用数据保护条例》在欧盟全体成员国正式生效。这一新条例被认为是“世界史上最严格的个人数据保护条例”，未来大企业尤其是互联网公司在使用用户个人数据和隐私前必须先征得用户的同意。

日本于 2012 年 7 月发起电子政务开放数据战略，并于 2013 年 6 月构建政府开放数据推动蓝图。2014 年，日本进一步完成开放数据网站（data.go.jp），开放包括人口统计、地理统计、灾害防治、政府程序等各方面数据，让民众可基于政府开放数据进行创新应用。2015 年 6 月，日本发布新的开放数据方案，并于 2016 年 5 月实施开放数据 2.0 政策[③]。

澳大利亚 2013 年 6 月发布《公共服务大数据战略》，提出要加强开放数据：在适当的地方，任何政府大数据项目的结果要公之于众，而且数据分析过程中使用或创建的数据集要发布到网站 data. gov. au 上。2015 年 12 月，澳大利亚总

---

① 美国国会通过《开放政府数据法案》，将向公众开放“非敏感”政府数据［EB/OL］.（2018-12-25）. http://www.sohu.com/a/284457482_120024449.

② 欧盟全面实施科研数据开放制度［EB/OL］.（2016-07-28）. http://www.chinamission.be/chn/kjhz/t1385213.htm.

③ 陈美 . 日本开放政府数据分析及对我国的启示［J］. 图书馆，2018（6）：8-14.

理发布《澳大利亚政府公共数据政策声明》，强调在默认情况下非敏感数据都是开放的，使得数据可免费使用、易用并具有高质量和可靠的应用程序编程接口（API）。

韩国于 2013 年 6 月积极推动以政府 3.0 为主的政府组织再造与创新改革活动，旨在向外界公开政府和公共机构所拥有的数据，在消除公共部门之间隔阂的同时，向需求者提供针对性服务，从而创造具有新价值的政府运作模式。同年 10 月，韩国开放数据的专门法律《公共数据供给与利用促进法》也正式生效，要求所有政府部门在 2016 年以前要开始积极主动开放，达到开放 60% 政府数据的目标①。

从主要国家近年来的动作可以看出，它们都出台了一系列数据开放共享政策，以便更好地抓住数字化时代的发展机遇，更好地促进创新。数据开放共享政策议题也引起了经合组织的高度关注，经合组织在 2018 年 11 月出台的报告中指出：由于数据的流动性和非排他性，数据具备公共物品的许多属性，因此，政府需要制定适当的数据政策。

第一，政府要制定适当的数据政策，包括通过激励措施促进数据共享等，确保最大限度扩大获取数据和知识的渠道；同时，政府也要考虑数据的多样性、信任（隐私权、伦理道德等）、经济性（对生产数据的激励、竞争）及数据保护等方面的问题。开放存取应当始终是数据政策的核心，因为它能促进竞争、重复使用和透明性。公共研究或服务活动产生的数据，如气象观测、城市交通等尤其如此。

第二，在私营部门数据方面，政府要考虑采取不同的政策，因为至关重要的数据属于企业的商业机密。开放数据还能让数据处理技能更高超的竞争对手成为企业与客户之间的中介，而这对行业部门的创新不一定都有益。例如，互联网平台现在成了报纸与读者之间不可缺少的中介，它们攫取了相当大一部分广告收入，这使得内容生产者的收入大幅减少，以至于不得不限制产量。

第三，政府应当为数据市场的开辟和发展创造合适的条件。数据交易不仅能激励数据交换从而促进创新，而且还能确定数据创造和保管的价格以便于将来使用。政府要采取措施促进数据市场的发展，如完善知识产权制度、处理隐私和诚信等问题。

第四，政府还要考虑个人数据的所有权问题。当前，个人用户往往以个人数据和在平台上的行为信息来换取在线服务商的免费服务。当前，人们已经在质疑这种安排的公平性和效率，并提议个人数据归个人所有并有权出售。

---

① 陈美，江易华．韩国开放政府数据分析及其借鉴［J］．现代情报．2017（11）：28-33.

（二）提高创新政策的敏捷性和灵活性

数字技术使得创新周期大大缩短，许多新的发展变化都是无间断连续进行的，这需要政府提高对快速变化的响应程度和政策的敏捷性。当前，各国确保政策响应性和敏捷性的办法主要包括以下几个方面。

1. 开展创新政策试验

按照现有的政策体系，创新产品和创新服务的审批周期通常会很长，在创新周期不断缩短的数字化时代，这将错过最佳发展时机。为了有效解决这个矛盾，许多国家都推出了“试验”模式，在一定范围内实施新的创新政策，让创新在特定的范围内及时开展，以推动创新速进，这既提高了创新的速度，又将风险控制在了一定范围内。当前，比较典型的做法包括英国的“监管沙盒”、法国的“法国试点”及德国的“现实实验室”。

英国的“监管沙盒 ”制度主要针对金融科技的创新，政府给予试验区内的创新企业特许经营权，在保障消费者权益的前提下，放松对参与试验的创新产品和服务的监管，使其不受现有法律的约束，以激发市场的创新活力，达到创新与监管的动态平衡。试验期一般为 3~6 个月，政府将根据试验结果对监管政策进行修改或完善。鉴于该制度的有效性，澳大利亚、新加坡、韩国、泰国等也都实行了该制度，并且领域从金融科技拓展到更广泛的科技领域。

法国的“法国试点”项目是 2016 年启动的，该项目是一个电子行政平台：各类经济主体可以将自己认为不合理的法律与行政规定提交到这个平台上，并附上相关修改建议。经过相关人员的分析研究，真正具有价值的建议方案将在一定地域和时间范围内进行试点，通过分析试点效果决定是否按照该方案修改法律与行政规定。

德国的“现实实验室”是 2017 年 4 月启动的，旨在探索数字化进程中的创新监管方式。“现实实验室”是指在有限的时间和空间内获得法律保障的试验区域，在现实条件下对主要数字化创新和监管方式相结合的效果进行试验。“现实实验室”的建设分为 3 个阶段：第一阶段是在有限的时间和空间内对数字创新进行实地测试；第二阶段是在试验区内对相关法律进行符合规定的调整（如引入试验条款）；第三阶段是有目的地对相关管理制度的创新进行测试。只有达到了第二阶段的条件，“现实实验室”才能真正算作创新和管理的测试区。

2. 使用数字工具支撑科技决策

随着创新过程产生数据的日益增多，以及数据分析和挖掘工具的日益完善，很多研究机构采用数字工具来对创新活动进行分析、监测和评价，包括技术趋势的预测、国家创新实力的对比和优劣势分析、国际科技合作趋势、高端人才分布情况，这些分析结果成为科技管理部门进行科技决策和调整的重要支撑，确保了创新政策的科学性和针对性。为预测未来技术发展趋势，很多国家和国际组织对论文、专利等信息进行数据挖掘，利用论文的高被引和共被引对科学前沿和热点进行分析，利用专利计量工具对技术趋势进行分析。为分析不同国家的创新能力和优劣势，一些机构基于主要创新指标建立了评价分析模型，对主要国家的创新能力和优劣势进行了对比分析，如世界经济论坛发布的《全球竞争力报告》，瑞士洛桑国际管理学院发布的《世界竞争力年鉴》，世界知识产权组织、美国康奈尔大学、欧洲工商管理学院联合发布的《全球创新指数》，欧盟发布的《欧洲创新记分牌》等。为分析国际科技合作趋势，经合组织在每两年发布一次的《科学技术和工业记分牌》中利用合著论文来分析主要国家的国际科学合作领域等，用社会网络分析方法来分析不同国家在国际科技合作中的地位等，用论文作者所属单位的变化情况来分析科学家的国际流动情况。鉴于数字工具在支撑科技决策方面有重要的作用，一些国家已经开始加大对此类研究的支持，以美国为例，美国国家科学基金会设立了“科学与创新政策研究计划”（SciSIP），拨付专门的资金支持相关研究。

3. 采取普惠、快捷、灵活的创新政策

此外，面对创新周期的缩短、技术路线的多种选择等形势，各国政府对以往的政策工具进行了完善，以更好地适应数字化时代的创新特点。一是更多地采用研发税收减免、知识产权等普惠性的政策工具来支持企业创新，而不是针对特定行业和产业给予补贴，采用这种方式的好处是既支持了企业进行创新的积极性，又避免了针对特定行业给予补贴可能导致的技术选择错误。当前，采取研发税收优惠措施的国家越来越多，2000—2015 年，有 12 个经合组织国家新推出了研发税收优惠政策，同时，给予企业的研发税收减免总额也日益增加，2006—2015 年，经合组织地区减免税优惠在政府为企业研发提供的支持总额中所占比例平均从 36% 上升到 46%[①]。二是加快手续办理速度，促进创新活动的应用和推广。面对创新速度日益加快的趋势，主要国家的政府都在简化程序、加快手续办理，从而促进创新活动更快地应用。法国为促进高技术企业的发展，启动了“高技术企业优先服务计划”，该计划旨在让超快增长阶段的初创企业能够简便快速地获取融资、进入新市场等服务，以帮助它们实现扩张。三是在设定标准等规制时采取“创新原则”，欧盟在《优化规制指南》中提供专门的“研究与创新工具”，指导

① OECD《科学技术与创新展望 2018》。

如何评估新的立法议案对创新的正负面影响。“研究与创新工具”提出要从对研究和创新投资的影响、对人力资源等创新资源的影响及对知识创造和扩散的影响3个方面来研究规制对创新的影响。而且，规制往往更多地采用灵活的注重结果的非命令型规制。如果规制是注重过程的命令型规制，那么它会详细规定该采用什么具体方法，包括各种使用的技术、允许采用的业务流程等，这会阻碍创新，因为企业无法探索和尝试新的技术、业务流程、做法和模式。如果规制注重结果，那么它只会在较高层面上规定企业可以做什么和不能做什么，从而给予企业更大的灵活性，让市场力量自行运转，找到最有效的创新解决方案。

（三）支持竞争和合作

1. 对互联网行业采取必要的竞争监管

相较工业化时代，数字化时代的竞争和垄断呈现出新的特点。一方面，数字市场上创新速度飞快，从而促进了竞争。由于数字创新的边际成本大幅降低，数字知识在市场上的应用比原来范围更大、速度更快，而且能更迅速进入某个大市场，这对社会和投资者来说都是好事。但随着创新速度的不断加快及创新周期的不断缩短，创新者独占回报的时间却有可能更短，无法收获回报的风险则会提高。另一方面，数字平台企业掌握的数据日益增加，从而促进了集中和垄断。互联网企业依靠技术创新和用户规模，容易实现较高的用户黏性，形成高度集中的市场竞争格局。《日本经济新闻》称：世界的信息和知识集中于少数IT大型企业的“新垄断”已经出现。欧盟竞争事务专员玛格丽特·维斯塔格（Margrethe Vestager）表示，数据主导地位已成为一个令人担忧的问题。“当只有少数几家公司持有大量数据时，其他人可能很难与它们竞争。”

针对数字化时代新的竞争特点，为规范互联网行业的竞争秩序，各国对互联网行业均采取了必要的竞争监管措施。美国、欧盟近年来先后对谷歌、苹果、亚马逊、脸书等公司启动反垄断调查。然而，针对数字化时代的创新更容易带来数据的集中，而只有集中了大量数据和资源的企业才具有更强的竞争力。各国政府一方面控制大型数据平台企业的过分垄断；另一方面也批准了一些以创新为导向的并购行为，以培育出竞争能力强的互联网企业。近年来，很多大型互联网公司都完成了多起收购，如谷歌2011年收购了ITA软件公司，2012年收购了摩托罗拉移动公司，2013年收购了Waze，2014年收购了Nest Labs和DeepMind，2016年收购了Apigee，2017年收购了HTC-Pixel智能手机部门。

与此同时，一些机构呼吁政府规定大型数据平台公司要共享其非敏感、不涉及个人隐私的数据，以便其他创新主体基于这些数据开展创新。例如，英国开放数据研究所呼吁英国政府应该迫使谷歌、苹果、优步等公司共享地图数据，以便其他公司能够开发自动驾驶汽车、无人机和交通应用。该组织表示，英国地理空间委员会（Geospatial Commission）应该要求这些公司与竞争对手和公共部门在一个协作数据库中共享地图数据，或者通过立法强制它们这么做。

2. 支持中小企业采用数字技术

当前，尽管几乎所有企业都连上了互联网，但真正开展大数据分析的公司却不多，大公司的该比例为33%，小公司的该比例仅为11%。实际上，对于公司而言，顺应数字化远不止是购买新的计算机、软件和连上互联网，而是要改变商务流程，往往还要改变商业模式。改变商业模式相当困难，新商业模式的尝试完全有可能失败。这对大企业来说或许问题不大，但对小企业来说，任何尝试都攸关存亡，因而很多中小企业不敢迈步向数字化过渡。根据德国商业银行发布的一份报告，尽管有86%的德国中小企业认为数字化会给企业带来巨大机遇，但仅有1/6的企业采取了实际行动。

为此，很多国家政府采取了一系列措施，推动中小企业的数字化转型，具体措施包括为它们提供专门知识，包括建立能力中心支持数字技术的采用和扩散，提供融资便利条件。以德国为例，德国针对中小企业数字化转型制定了一系列支持措施。在2016年出台的《数字化战略2025》，德国政府提出要针对“中小企业数字化投资项目”进行资助，至2018年资助总额将达到10亿欧元。在同年出台的《未来中小企业行动方案》中，德国政府则提出了一系列举措推动中小企业数字化转型，包括打造“经济数字化创新”平台；成立10多家中小企业数字化能力中心，让中小企业主体验数字化带来的技术和经济潜力；设立“走向数字化”咨询项目，为中小企业提供咨询；“中小企业标准化中央联络点”让中小企业更多参与数字化标准化活动；等等。

中小企业的数字化转型对于推动国家经济发展将发挥重要作用。麦肯锡咨询公司曾预估，如果德国中小企业彻底贯彻数字化转型策略，并实施相应的数字化解决方案，可为德国经济带来每年约0.3%的增长。

三、数字化时代创新政策需要关注的几个问题

尽管各国针对数字化时代的创新特点对创新政策进行了调整和完善，但由于数字化创新的复杂性，还有一些问题虽然已经引起了各界的关注，但政府尚未出台明确的政策措施。随着数字化时代的深入发展，各国科技决策部门需要关注这些问题并不断调整和完善相关政策，才能更好地促进创新，进而推动经济社会发展。

（一）调整知识产权制度

当前各国的知识产权制度是针对体现为实物产品和工艺过程的有形发明成果来设计的，随着数字化的普及，这种制度面临着新的挑战：①数据是数字创新的主要投入产出，无阻碍的数据开放存取往往对社会来说是最有益的，因此要考虑如何调整知识产权制度来适应这种情况。②人工智能也能创造可以申请专利的发明成果，这些成果应当归属于谁，是最早编写相关程序的人，还是产生发明成果的软件用户，或者是人工智能所使用的数据的所有权人？未来的知识产权制度要考虑这个问题。③数字产品扩散的便利性方便了其无形成分的赝品制作，如增材制造，这样就削弱了知识产权的保护作用。然而，区块链等数字技术可以追踪具体数据文件的使用情况，有助于知识产权方面的执法工作，从而限制在线赝品制作。④在数字创新中，重要的是对标准和数据的控制权。专利等知识产权在数字化时代有可能会失去效用，因为在新环境中它们所提供的激励也会减弱。

（二）支持运用数字技术的服务创新

当前，许多创新政策都是针对制造业创新来设计的，而制造业活动具有研发密集的特点，往往会产生专利等成果。服务创新（如新的商业模式）则甚少依靠研发，因而无法享受研发税务优惠等政策支持。此外，服务创新成果的独占性也受到限制，因为这类成果几乎不能申请知识产权。因此，服务创新应该得到一定的支持。

（三）政策制定需要放眼全球

流动性使得数据无所不在，就如同地理距离和国家疆界全然不存在一样。正因如此，数字创新达及的范围和产生的影响都是全球性的。这种变化对政策制定者带来了挑战：包括如何确保本国公民和纳税人受益于国家政策，而且大多数益处都不会流入外国？以往政府在为基础研究提供资金或支持企业研发活动时也出现过这种担心，即本国益处（就业机会、知识、收益、税款等）有可能流入其他国家，包括有些初创公司凭借政府支持而取得成功，之后却被外国的跨国企业收购。如今人们也提出了同样的问题：让外国跨国公司来利用本国数据，益处究竟如何分享？无形的数字产品可以跨境交易，而电子系统也成了普遍的工具，这一切都让收益更容易流转，结果就有可能造成“避税港”。这方面需要采用合作性的解决办法，以使各国能够分享数据和知识国际流动而产生的益处。

（四）加强与公众沟通

数字转型引起了媒体和公众的大量关注，如个人数据泄露、机器人会夺走工作岗位等担忧。仅2018年，脸书就发生了3起信息泄露事件，包括3月“剑桥分析”公司擅自利用经由脸书获取5000万用户的个人资料，9月因安全系统漏洞而遭受黑客攻击导致3000万用户信息泄露，以及12月因软件漏洞可能导致6800万用户的私人照片泄露。根据欧盟委员会针对机器人和人工智能对就业影响的一项调查结果，37%的公众认为机器人和人工智能替代的工作岗位高于新创造的工作岗位。为免除公众的担心，政府部门及相关行业部门需要与所有利益相关者沟通，让公众看到数字技术有益的方面，并消除人们的顾虑，否则将来某个时候就有可能遭遇强烈的抵制情绪，随之就有可能对这些技术的发展和部署造成不利影响。

（五）确保政府能够获得人才和数据

人工智能专家的薪资非常高，政府和高等院校都负担不起，顶尖科学家都在企业工作。这导致包括政府部门无法雇用一流专家，从而无法开发事关公众利益的数字技术或应用，也无法制定人工智能领域的法规政策（包括伦理道德、责任问题等）并监督其落实情况，因为政策的制定和落实需要相关人员掌握所涉技术方面的精深知识。此外，政府访问数据的权限和能力也堪忧，大部分数据都掌握在私人手里，如科学出版物数据库。这些数据库对于制定创新政策和监督政策的实施情况非常重要，如果不能访问这些数据，政府将无法制定适当的创新政策，也无法监测和评估政策的实施落实情况。为此，政府需要采取措施，确保数字技术（尤其是人工智能）领域顶尖人才数量充足，这样，他们的薪资才不会高到让公共部门负担不起的程度；同时，政府还要确保访问相关数据的权限，以保持自己的行为能力和独立性。

（执笔人：程如烟）

使命导向型研究与创新计划受到各国高度关注

研究与创新的重要性日益增强。各国都在寻找一种方法，把科技创新与经济增长和社会可持续性发展等多重目标结合起来。使命导向型研究与创新计划正是这样的方法，通过设置远大的目标，实行可衡量的分段管理，将科技创新政策与其他多种政策工具紧密结合，以此实现对创新方向的控制。当前，使命导向型研究与创新计划受到各国高度关注。

一、使命导向型研究与创新计划兴起

（一）使命导向型研究与创新的基本概念在不断发展中

一直以来，以使命为导向的研究与创新计划主要应用于国防、农业和空间等领域中。最经典的概念由 Henri Ergas 提出，他把技术政策分为使命导向和技术扩散导向两类，以使命为导向能创造市场、解决社会挑战，以技术扩散为导向能打造企业能力、提高企业生产力，这两种技术政策都十分必要。

随着当今的经济和社会面临愈加复杂和难测的重大挑战，以使命为导向的研究与创新计划正在以欧盟为代表的主要国家和地区广泛兴起。

欧盟报告《使命导向型研究与创新计划：清单与特征》系统地阐述了使命导向型研究与创新计划的定义和内涵分析，将其定义为“旨在实现明确使命（即目标或解决方案）的大规模干预举措”。同时，根据使命的性质不同，将这些研究与创新计划分为两类：狭义的使命导向型研究与创新计划旨在实现单个明确的目标，通常为科学和/或技术目标，又称为加速计划；广义的使命导向型研究与创新计划旨在实现体系变革，以在经济和社会层面应对严峻挑战，如气候变化和人口老龄化等，又称为转型计划。

通常意义上来说，大多数的使命导向型研究与创新计划都介于狭义和广义的概念之间，是加速计划和转型计划的混合产物。例如，以欧洲的积极和辅助生活（AAL）计划为例，总体上是一种转型计划，旨在改造老年人护理系统。但为了实现这个目标，需要从范围较小的 ICT 研发方案着手，这就相当于一个小的加速计划。

（二）使命导向型研究与创新的内涵丰富

1.“颗粒度”介于宏观挑战和具体项目之间

当前的科技创新管理模式下，管理者通常会为了解决某项挑战设立一个项目。

当前，联合国 17 项可持续发展目标（SDG）展示了各类全球挑战。同时，各个国家和地区在科研创新的基础上，设定了所面临的社会挑战及相关重点领域。如欧盟“地平线 2020”明确了 7 项社会挑战，其涉及的重点领域包括循环经济、数字化等。

SDG、社会挑战能确保目标明确，但过于宏观、难以落地。另外，科研创新项目可操作性强，但如果不与解决全球挑战、实现社会影响建立明显联系，其产生的影响也有限。

而科研创新使命的“颗粒度”介于宏观挑战和具体项目之间。使命可以制定明确的远大目标，然后通过多项科研创新项目和支持措施的组合（如政策干预、部署行动、最终用户的参与）加以实现。例如，SDG 第 14 项：“保护和可持续利用海洋和海洋资源以促进可持续发展”可分解成多项使命，以其中使命之一——“实现海洋无塑料”为例，其科研创新和支持措施包括：通过研究创新清除海洋中的塑料垃圾、减少塑料的使用、创新新材料、研究微塑料的健康影响、通过行为研究和创新提高回收利用水平、推动公众参与清理海滩等。

2. 所能发挥的作用突出

使命导向的“颗粒度”介于宏观挑战和具体项目之间，它提供了一种控制和引导研究和创新力量的方式，不仅可以刺激社会活动和经济增长，而且可以找到创新的解决方案来应对最紧迫的挑战。具体来说：

使命可以提供有效手段，使科研、创新和投资聚焦于解决关键问题。一个国家各个地区的经济和科技发展常处于不同的水平，但多具备解决当今挑战所需的专业知识或独特资源，使命导向型研究与创新计划将把这些分散的、待开发的专长和资源集合起来并充分发掘。对于一些创新系统相对分散的国家和区域来说，这将有利于形成创新规模，专注于数项关键领域。

使命可以产生积极的溢出效应。一个国家在确立科研创新使命时，将优先考虑能够产生最大附加值的领域。当今一些重大突破如互联网①和GPS②，都是以往使命的跨部门溢出成果。

使命可以有效推动未来增长。通过在新的战略领域牵头推进公共研究和创新投资，科研创新使命将有可能吸引不同方面（公共部门、私人部门和第三方部门）对创新进行投资，促进跨行业（如运输、数字化、营养）合作，还可能激活目前仍然滞后的私营部门投资。事实上，推动私人投资就是对未来增长机遇的预期。

二、各主要国家纷纷出台使命导向型研究与创新计划

（一）使命导向型研究与创新计划全球图谱

根据欧盟报告《使命导向型研究与创新计划：清单与特征》的统计，截至2018年4月共有137项使命导向型研究与创新计划（包括欧盟和全球计划）在32个国家开展，主要包括：美国20个，欧盟17个，日本9个，荷兰8个，法国7个，中国6个，德国、英国和巴西各5个。

欧盟把使命导向型研究与创新计划上升到新的研究与创新政策高度，并作为新的研发框架计划"地平线欧洲"的着力点之一。实行使命导向型研究与创新政策，将改变欧盟以往纵向主题过于宽泛、资助项目量大分散、筒仓效应明显的局面。为支持使命导向型研究与创新政策设计工作，欧盟已委托两支高级专家顾问组、欧盟创新政策联合研究所和著名科技政策专家玛丽安娜·马祖卡托开展了研究，发布了3份重要研究报告和15份案例分析报告。

澳大利亚在《澳大利亚2030——创新促进繁荣》中指出，未来几十年，国家将面临经济、地缘政治、环境和社会上的重大挑战。为此，澳大利亚政府应启动一系列"国家使命"计划，由政府推动大规模举措以应对重大挑战。澳大利亚创新和科学理事会建议：设立"基因组学与精准医疗国家使命"计划，推动澳大利亚成为世界上最健康的国家；继续遴选和执行其他"国家使命"计划，潜在计划包括恢复珊瑚礁——保卫大堡礁2030、氢能城市等。

---

① 互联网问世不是事前计划的结果，而是20世纪60年代末为解决科学家用多台计算机在一个网络中进行沟通的问题而产生的解决方案。

② GPS的前身是美国军方研制的子午仪卫星定位系统（Transit）。

其他国家也开展了使命导向型研究与创新计划，如表 1-3 所示。

表 1-3 典型案例介绍

名称	国家 / 地区	领域	基本内容	层级	实施时间
积极和辅助生活（AAL）计划	欧洲	健康	计划目标是确保积极和健康的老年生活，应对人口老龄化的紧迫挑战，同时支持欧洲数字产业的发展	国际级	2013—2020 年
抗癌登月计划	美国	健康	该项联邦计划旨在加速癌症研究，为更多患者提供更多治疗机会，提高早期预防和发现癌症的能力	国家级	2016—2023 年
弗兰德斯循环经济计划	比利时	循环经济	该计划是弗兰德斯“愿景 2050”的一部分。愿景的总体目标是建立一个开放、富有活力、国际化的弗兰德斯，以智能、创新和可持续的方式创造繁荣和福祉。“循环经济”是实现这一愿景的先期过渡目标，由环境部和经济与创新部共同负责	地方级	2012—2020 年
伦敦清洁空气计划	英国	气候变化 / 健康	计划的总体目标是减少污染、确保公众健康。《大伦敦市政府法案（1999）》规定伦敦市长有义务制定空气质量战略。2010 年，《市长空气质量战略：清洁空气》发布，针对建筑、交通、城市规划等问题提出了系列措施。2016 年，新任伦敦市长将空气污染治理资金翻了一番，并出台强制性措施减少伦敦致命的空气污染	城市级	1999 年 — 正在进行
高技术战略（HTS）计划	德国	再工业化	该战略由德国联邦政府在 2006 年提出，旨在把德国建设成为世界领先的创新国家，并在国际市场保持领先地位。2010 年《高技术战略 2020》、2014 年《新高技术战略——创新为德国》、2018 年《高技术战略 2025》相继发布	国家级	2006 年 — 正在进行
氢能社会计划	日本	能源与交通运输	该计划旨在推动日本建设氢能社会的长远愿景，包括三个阶段：第一阶段是当前燃料电池计划的延伸，包括将燃料电池扩散到更广泛的全球市场，同时显著降低氢能和燃料电池成本；第二阶段将大规模引入氢能发电，建立广泛的氢能供应基础设施；第三阶段将在整个制造过程中建立零碳排放氢供应系统	国家级	1991—2040 年
安全研究计划（KIRAS）	奥地利	安全	该计划旨在实现所有社会成员安全	国家级	2005—2020 年

（二）使命导向型研究与创新计划的主要特点

对全球图谱特别是典型案例的研究分析表明，使命导向型研究与创新计划通常具有以下特点。

1. 使命计划的背景一般源于两类

有些使命起源于具体的社会或经济问题，如污染、不安全的能源或供水、安全风险（恐怖主义、技术风险、自然灾害）等。例如，伦敦清洁空气计划是由于伦敦的空气污染对公民健康产生了相当不利的影响。伦敦最近宣布，不仅要成为空气污染较低的城市，而且要成长为领先的智慧城市，为此发布了一系列新的尖端技术来应对种种社会、经济和环境挑战。

一些计划的推出则常常遵循既有计划的历史轨迹，或者是由于此前开展的计划缺乏进展，或者是建立在现有国家优势的基础之上。例如，抗癌登月计划是美国“抗癌战争”计划的直接延续，旨在加速癌症研究，在 5 年内取得科研成果（否则研究突破可能需要至少 10 年的时间）。

从性质上来说，使命导向型研究与创新计划的目标范围各有不同。美国抗癌登月计划、奥地利 KIRAS 计划和德国 HTS 计划属于加速计划；而日本氢能社会计划、伦敦清洁空气计划、欧洲 AAL 计划则属于转型计划。

2. 使命计划的管理层级多样

在 137 个计划中，75 个是由地方（包括城市一级）、国家或国际政府机构发起的公共计划。需要指出的是，虽然公共计划的启动、协调属于公共事务，但在运行中通常包含了商业伙伴和其他公共研究机构参与者。例如，伦敦清洁空气计划由大伦敦市负责管理，同时与社区有着密切合作，对于计划的一些措施，社区会提供相应的配套资金。此外，该计划还包括政府和社会的资本合作，如“Clean Air Better Business”任务，正在推出的新兴及可用技术需要市场的推动。

私营计划有 22 项，基本都是由大企业（如谷歌、阿尔法贝塔、微软、特斯拉）和基金会（如克林顿基金会或比尔及梅琳达·盖茨基金会）发起，也有由个人发起的，如博扬·斯拉特（海洋清理项目）或伯特兰·皮卡德（阳光动力号）。其余 40 项为混合型计划。

3. 使命计划的预算规模差异较大

由于这些计划多数都是公共计划，因此，公共资金是主要来源，预算规模与计划的期限、政府干预水平及其范围直接相关（表 1–4）。预算规模小至有地方层面的数百万欧元，大到有国家层面的数十亿欧元。其中，美国抗癌登月计划如果追溯到最初的“抗癌战争”计划，从 1971 年到 2016 年的计划预算则高达 1180 亿美元。

表 1–4 典型案例计划经费预算

计划	预算
欧洲 AAL 计划	7 亿欧元
美国抗癌登月计划	18 亿美元（未追溯至“抗癌战争”计划）
弗兰德斯循环经济计划	550 万欧元（2012—2015 年），另有 600 万欧元用于循环经济创新创业补助，3000 万欧元用于投资
伦敦清洁空气计划	约 10 亿欧元
德国高技术战略计划	该战略主要是各种政府举措和计划的总称，难以估计总预算
日本氢能社会计划	2017 财年年度公共预算为 3.1 亿欧元。到 2040 年，预计支出将达数十亿欧元
奥地利 KIRAS 计划	第一阶段：2005—2013 年，总支出 1.1 亿欧元，年均支出约为 1200 万欧元。该计划已延长至 2020 年，至 2016 年为符合条件的研究项目共提供 6500 万欧元资金支持

尽管主要资金来源是公共资金，私人投资在一些计划中也同样发挥着重要作用。例如，日本氢能社会计划是一项典型的公私合作计划。关于其私人投资尚无准确的公开信息，但可以根据总研发投资的情况进行估计——日本的研发支出有 77% 是由私人公司贡献的。该计划 2017 财年的政府预算是 3.1 亿欧元（390 亿日元），包括研究和开发补助金，以及对燃料电池和氢基础设施部署的支持。由于政府研发资助通常提供 50% 的联合资助资金，因此，私营部门将投资等量的金额。此外，据估计，针对燃料电池和氢技术，产业界每年还会额外投资 3 亿欧元。例如，丰田汽车公司宣布，截至 2015 年已经为燃料电池车的研发投资 40 亿欧元。

4. 使命计划主题广泛且跨领域交叉

一方面，许多使命导向型研究与创新计划与一个国家特定的地理、社会经济背景或是谋划的技术发展路径有关。一些计划也同区域、国家特定的环境问题或新兴风险相关，如中国的水污染危机。另一方面，几乎 2/3 的国家将改善气候变化作为使命导向型研究与创新计划的目标。在地方层面的“鹿特丹气候倡议”，在国家层面的瑞士、挪威的“气候计划”，在地区层面的欧盟低排放移动战略等。各主题领域的计划数量如图 1–1 所示。

许多使命导向型研究与创新计划涉及多主题交叉。特别是能源、气候和交通运输等主题相互紧密关联，如循环经济同许多其他领域（食品、能源、气候和安全）等相关，而健康主题计划是个例外：在 30 项健康使命中，26 项计划完全聚焦在本领域。

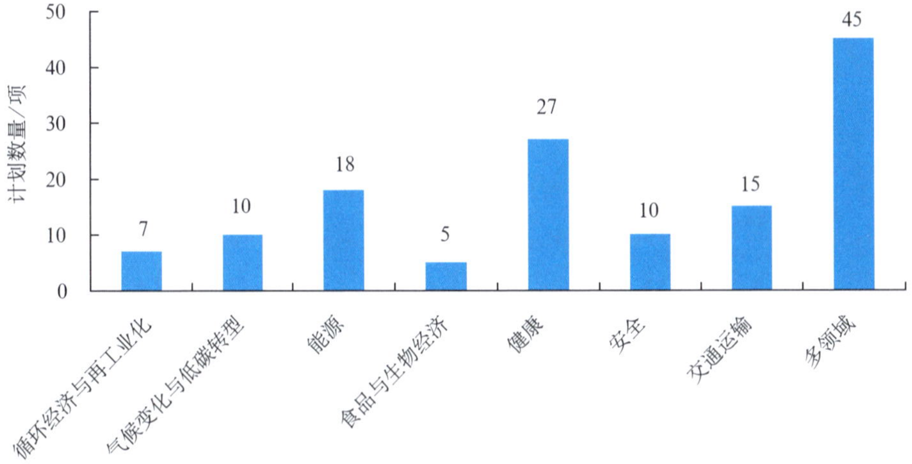

图 1-1 各主题领域的使命导向型研究与创新计划数量

数据来源：欧盟报告《使命导向型研究与创新计划：清单与特征》

三、使命导向型研究与创新计划的成功需要多要素综合作用

判断当前的使命导向型研究与创新计划是否能够成功还为时尚早，但针对案例研究的经验表明，计划的成功离不开以下多方面要素的综合作用。

（一）需要以推动经济与社会发展为首要标准选择使命计划

使命导向型研究与创新计划的选择是一项非常复杂的工作。欧盟提出了五大标准[①]，其中首要标准是：大胆且具有鼓舞性，社会意义广泛。结合现有计划的发起大都源于实际经济或社会问题来看，未来使命导向型研究与创新计划将推动科技创新与经济社会进一步深度融合。

使命应向公众明确表明，通过开展雄心勃勃、大胆果敢的行动，能探索出解决人们日常生活挑战的方案。使命必须与社会关键挑战，如可持续性、不平等、健康、气候变化、提高国家福利质量等问题相关。

① 大胆且具有鼓舞性，社会意义广泛；雄心勃勃，但要有切实的研究和创新行动；促进跨学科、跨部门和跨主体的创新；设定明确目标：有针对性、可测量、有时间限制；需要多种的自下而上的解决方案。

以日本氢能社会计划为例，这是一个典型的使命导向型研究与创新计划，具有具体的政治、经济和社会意义。

政治上，2011 年日本大地震和海啸导致福岛第一核电站核反应堆熔毁，日本随即发生能源危机。日本政府面临了能源多样化和提高能源供应安全的压力，同时还要在没有核能选项的情况下履行国际气候承诺。

经济上，日本于 20 世纪 90 年代和 21 世纪初在燃料电池技术领域建立了领先地位，工业界迫切希望利用这一优势发展国内市场并占领国际市场。

社会上，日本作为自然灾害多发国，在灾害发生时，需要提供备用电源以防断电。燃料电池电动汽车可以提供一个电源输出口，用来维持一个标准家庭数天的供电。

但是，氢能社会计划作为使命导向型研究与创新计划，终极目标旨在改变日本的能源生产和消费系统，相比原始要解决的问题，其使命更加雄心勃勃，涉及范围更加广泛。

（二）需要明确分阶段计划目标

从长远来看，使命需要设定特定目标，可用定性方式（如人类是否已经到达月球并安全返回）或量化方式（如制造业碳排放相对基线是否已经减少了一定百分比）进行表述。对使命进行长期投资是必需的。

使用中间里程碑也具有重要意义。一是中间里程碑是跟踪使命目标进展的手段，让相关方面在掌握情况的前提下根据需要灵活地采用干预措施。使用公开可用的实时数据展示里程碑的进展，也能使各方保持紧迫感、成就感和干劲。二是中间里程碑对使命的灵活性和可适性也非常重要，可以保持使命与时俱进。中间里程碑提供的信息可能表明，由于某种原因导致使命出现了问题，需要调整。必须有魄力停止前景不佳的活动、重新分配资源。

因此，对于使命导向型研究与创新政策来说，严格的监督体系将是其成功的要素之一。在长远目标的基础上，建立问责制和评估框架，监督活动应借助明确的标准，对里程碑和关键节点的进展进行定期评估，以此推进或调整计划，并据此对战略愿景目标给予或确认执行，或部分调整，或终止的决定。

来看日本氢能社会计划，其终极使命是“减少碳排放”“提高日本国家能源安全和促进能源多样化”。

该计划同时设立了 3 个里程碑目标：第 1 个目标是继续推进早期燃料电池计划，实现燃料电池在全球市场的广泛扩散，以及氢和燃料电池成本的大幅降低。该目标的早期影响已部分显现，如住宅燃料电池在 2009 年投入使用，实现了热电联供，燃料电池汽车在2009年和2014年投入使用。第2个目标是大规模引进氢气发电并建立广泛的氢供应基础设施。到2020年中期预计将获得廉价的氢来源，2030年左右应建立成熟的氢制造、运输和储存系统。第3个目标是在整个生产过程中建立零碳排放的氢供应系统。2015—2030年实现相关技术和系统的开发与示范，在2040年左右投入使用。

日本政府还设置了用于监控里程碑目标的关键指标：（住宅、车辆）燃料电池的数量和价格、氢气站的数量、氢气成本（应降至每标准立方米约30日元）、氢供应链的开发、示范无碳制氢方法的开发等。

（三）需要科技创新政策与其他多种政策工具的结合

使命导向型研究与创新计划的重要组成部分为研究与创新，但所指范围更广，有时远在研究与创新之外，需要借助其他措施来实现总体目标。计划通常涉及多种不同技术，包含多样化的参与者（政府、研究部门、企业、用户及公民等），其解决方案应适用于多个社会环境和产业部门，其发展需要能够跨越不同治理层面的横向政策支持。

因此，实现使命导向型研究与创新计划，首先以研究与创新政策工具为主，特别是对于加速计划（如美国抗癌登月计划、奥地利KIRAS计划或德国HTS计划）更是如此。但是，要真正确保使命成功，还需要更为广泛、相互协调的政策工具组合，出台相应的政策法令，实现对使命目标和责任的坚定承诺。

一般来说，其他政策举措包括针对需求方的相应措施，如投资补贴、税收措施或低成本贷款。典型的政策工具包括行业投资补贴、消费者税收优惠、公共采购措施、基础设施投资补贴和公众意识提高措施等。一些与安全相关的政策举措将出台为使命提供法律框架的系列法律。

在日本氢能社会计划中，日本政府采用的是广泛的创新政策，将研发推动和市场拉动政策工具相结合，促进面向氢能社会的系统创新和转型。

其中，供给侧的工具包括日本常规的研发资助和贷款、跨部门战略创新促进项目（SIP）在2014—2018年资助的能源载体旗舰计划、JST-CREST下[①]的“可再生能源载体制造和利用的核心创新技术”等；需求侧工具包括建设氢燃料补给站的公共补贴。日本经济产业省根据氢燃料补给站的类型，补贴其安装成本的50%或67%；中央政府为燃料电池车辆提供购买补贴，一些地方政府（如东京政

---

① JST（日本科学技术振兴机构）在2002年设立基于国家财政的竞争性资金制度——战略性创造研究推进事业，旗下资助计划分为三大类：创造新技术萌芽、开发尖端低碳技术及研究开发社会技术。在“创造新技术萌芽”类目中，主要有“CREST”和“PRESTO”两大核心计划，其中，“CREST”资助团队型研究，研究周期通常不超过5年半，经费总额为每个团队1.5亿～5亿日元。

府）提供额外的资金支持；氢燃料补贴；政府支持开发和修订燃料电池和氢基础设施的各种规范和标准；利用监管手段消除氢能利用和基础设施建设的障碍；利用政府采购创造对燃料电池汽车的初步需求等。

氢能社会计划由于高度系统化的性质，触及社会各行各业，因此与其他多项政策规划都存在着紧密的联系和协同效应，主要包括日本更广泛的能源政策计划、智慧社会政策、福岛新能源社会系统、超智能社会 5.0 等。以超智能社会 5.0 战略为例，日本政府在 2016 年《第五期科学技术基本计划》中提出，要率先在全世界范围内建成超智能社会，通过促进人工智能、大数据和机器人等数字系统与物理系统整合，从而形成信息物理系统。在这个数字化连通空间中，由智能技术管理的分布式能源系统作为优先领域之一，氢能社会计划将在其中发挥重要作用。

（四）需要供给侧和需求侧的良好互动

一方面，使命渗透到主导创新的供给侧十分关键，推动知识和技术的重大突破；另一方面，创新也掌握在需求侧，公众能够使用技术解决他们所面临的问题。在供给侧和需求侧之间良好的互动过程中，能够确认技术创新到底需要实现什么、能够实现什么及到何种程度。

公民参与对于许多使命导向型研究与创新计划来说都是一个挑战。当前，公民参与仅限于提高公众对于计划的接受度和认同度。未来使命导向型研究与创新计划将在自上而下的方向性决策与自下而上的贯彻实施间找到适当的平衡，既实现公民意识又确保政策干预。一方面是公民应该参与使命的选择过程，共同设计或共同提出使命的解决方案，使得公民能够理解科研创新的发展对社会的贡献度，以及科研创新如何以多种形式为实现一个更好的社会而做出贡献；另一方面公民应该参与到使命的实施中，通过社交媒体或社区研讨会等手段让公民了解使命的进展与成就，可以保持大众对使命的关心和热情，益于使命向前推进。具体参与程度将因使命性质不同而各有差异，如可动员公民积极参与类似清理海滩塑料垃圾、提供实时监测数据、就预期结果和解决方案的实际应用开展公开对话等社会创新工作。

日本氢能社会计划在一定程度上实现了公民参与。氢能的安全性一直是公众争论的话题。日本政府推出各种措施，通过示范、监管手段和信息传播等验证其安全性。在 2015 年进行的公共调查显示，基本上日本人对氢能基础设施的态度变得更为积极，但是对其可能带来的风险则更加谨慎。一般来说，公民对相关技术的接受，如燃料电池汽车等，主要是积极的。但对氢燃料补给站的选址则变得更为谨慎，部分原因是他们意识到氢转移和存储过程中所存在的风险。

（执笔人：张翼燕）

全球研发投入不断加强

当前，社会与经济挑战更加严峻，数字化变革日益深入，新一轮生产革命技术与新兴技术层出不穷，颠覆性变化更趋明显。国家的核心竞争力日益聚焦到决定着科技创新能力的研发活动上。根据国内外权威机构发布的研究报告及相关数据①，全球每年研发投入超过2000万美元的国家至少有116个，很多国家更是不断增加巨额投入研发新技术和新产品，以创造更高的价值，全球研发竞争日趋激烈，并出现以下几个显著趋势。

一、各国努力提高研发投入强度

为确保科技创新有足够的资金保障，世界主要国家都设定了未来10年的研发投入目标，努力提高政府和全社会研发投入。欧盟及其成员国一直致力于实现3%的研发投入强度目标，将于2021—2027年实施的欧盟第九研发框架计划——“地平线欧洲”计划总预算为976亿欧元，是欧盟最具雄心的研发创新资助方案。其总体目标是，通过研发创新投入产生科学、经济和社会影响，进而加强欧盟科技基础，培育欧盟竞争力，落实欧盟战略要务，为应对全球性挑战献力。德国在2015年率先实现研发投入达到GDP 3%的目标基础上，又提出到2025年将这一比例提高至3.5%。法国政府也提出10年内（到2027年）要将法国研发投入强度从2.2%提高到3%。英国政府承诺力争10年内使英国全社会研发投入增加800亿英镑，到2027年将其占GDP的比例提高到2.4%，并最终实现3%的长期目标。研发投入规模（研发投入总量）和强度（研发投入与GDP之比）均位居世界第三的日本在其《第五期科学技术基本计划》中进一步提出，2016—2020

① 美国《研发杂志》最新发布的《2019年全球研发资金预测》、欧盟联合研究中心的《2018年欧盟产业研发投入记分牌》、经合组织《科学技术与创新展望2018》等报告及各国政府发布的战略报告。

年要使日本全社会研发投入达到 GDP 的 4% 以上，其中，政府研发总投入为 26 万亿日，达到 GDP 的 1%。俄罗斯提出到 2024 年将全社会研发投入提高至 1.8 万亿卢布（2016 年为 9438 亿卢布），并确保研发投入强度增速比 GDP 增速快 2%，为此，俄罗斯联邦政府将累计投入 6360 亿卢布（2018 年 10 月至 2024 年 12 月）。澳大利亚在其《2030 年计划》中提出，政府要加大研发投入，到 2030 年使政府研发投入占 GDP 的比例达到 0.69%，并以此撬动其他部门的研发投入，特别是要使企业研发投入占 GDP 的比例由目前的 1% 提高至 1.7% 左右，并最终使澳大利亚全社会研发投入占 GDP 的比例达到 2.7%，理想状态则要达到 3.1%。

二、中国研发投入规模预计 2024 年超过美国

据美国《研发杂志》发布的《2019 年全球研发资金预测》报告，2009—2019 年世界经济大衰退之后的 10 年间，得益于全球经济的持续增长，全球研发资金翻了一番，2019 年总额将达到 2.3 万亿美元（购买力平价，下同）。全球研发活动主要由三大巨头主宰——美国（25%）、中国（22%）和欧洲（20%），如表 1–5 所示。美国几乎每年失去全球研发投入 1% 的份额，从 2009 年的 34% 下降至 2019 年的 25%；中国则每年增加 1% 的份额，由 12.5% 上升至 22%；欧洲所占份额也呈下降趋势，每年大约减少 0.5% 的份额；其他国家和地区的所占份额大多停滞不前，预计今后 5 年也不会有大的变化。全球前 5 位研发领先国家依次是美国、中国、日本、德国和印度，与 2009 年排名（美国、日本、中国、德国和法国）相比，中国和印度的名次均显著上升。

中国研发投入总额已达美国的 89%，预计最迟将于 2024 年超过美国，并将在可预见的未来进一步拉开与美国的距离。

表 1–5　全球主要地区和国家在全球研发投入中所占份额

地区 / 国家	2017 年	2018 年	2019 年
北美	27.72%	27.29%	27.07%
南美	2.36%	2.27%	2.22%
亚洲	42.67%	43.53%	44.24%
欧洲	20.98%	20.64%	20.31%
俄罗斯	2.87%	2.87%	2.79%
中东	2.50%	2.52%	2.50%
非洲	0.90%	0.88%	0.87%
合计	100.0%	100.0%	100.0%

续表

地区 / 国家	2017 年	2018 年	2019 年
美国	25.57%	25.18%	24.98%
中国	21.16%	21.61%	22.32%
日本	8.82%	8.52%	8.30%
德国	5.46%	5.38%	5.30%
韩国	4.06%	4.01%	4.02%
印度	3.66%	3.84%	4.04%
合计	68.73%	68.54%	68.96%

三、创新大国加强基础研究投入

随着新一轮科技革命加速演进，国际科技竞争日益加剧并已前移到基础研究。美国国会和研究界均认为，近年来美国联邦政府研发预算中基础研究的占比已为第二次世界大战以来的最低水平，为确保美国在超级计算机、数据盗窃防范、量子计算、机器人和网络安防等领域保持领先地位，防止特朗普政府的财政减支措施对基础研究造成长久损害，美国亟须开展更多的基础研究。根据已获国会批准并经特朗普总统签署的《2019 财年综合拨款法》，美国联邦政府 2019 财年研发预算投入总额为 1544 亿美元，较 2018 财年增加 96 亿美元，再创新高。其中，基础研究经费增幅近 5%。美国国家科学基金会、国立卫生研究院、能源部科学办公室、国家航空航天局科学任务理事会和国防部 5 个主要基础研究资助机构都获得了至少 2.9% 的基础研究增长，国防部（主要是国防高级研究计划局）基础研究经费增幅更是高达 19.4%（4.55 亿美元）。加拿大联邦政府秉持“加强基础研究”就是“投资加拿大未来”的理念，其 2018 年财政科技预算中基础研究投入增幅高达 25%，从多维度一改加拿大 10 年来基础研究投入不足的局面，被称为“亲科学”预算。俄罗斯将支持基础科学发展视为俄罗斯的首要任务和保障民族长远发展的系统措施，其目标是到 2020 年使俄罗斯研发能力达到国际一流水平，重返世界基础研究大国行列。预计 2018—2020 年将有超过 40% 的俄罗斯政府研发经费用于基础研究。韩国政府发布的《第四期科学技术基本计划（2018—2022）》进一步提出加强各领域的基础研究，特别是具有独创性的基础科学研究，其中，以研究人员为中心的基础研究投入计划将从 2019 年的 1.71 万亿韩元增加到 2022 年的 2.52 万亿韩元。

四、美中欧继续主宰世界具体技术创新

根据《2019年全球研发资金预测》报告，当前全球最大的产业研发组织是信息通信技术企业，不过随着生命科学领域创新步伐的迅猛发展，预计2020年生命科学产业研发投入就将超过信息通信技术产业而位居第一。

信息通信技术产业研发投入2019年将保持4.7%的增速，达到2390亿美元。全球研发投入最多的五大企业均为美国信息通信技术企业，分别是亚马逊、阿尔法贝塔/谷歌、苹果、英特尔、微软，其研发投入总额预计高达956亿美元（其中，单个企业的研发投入至少是中国企业的5倍以上）。汽车产业由人工驾驶向自动驾驶的转型为信息技术提供了巨大的用武之地，上述五大企业除了亚马逊，其余4家均已进军到这场研发革命中。预计人工智能和超级计算将是未来信息通信技术领域影响最大也最持久的技术，几乎会渗透到每个行业的研发活动。俄罗斯总统普京认为，人工智能领域的领袖将是世界的统治者，俄罗斯的目标是到2030年使其超过1/3的军力由人工智能驱动的自主机器人平台来承载。美国、中国、法国、韩国等很多国家政府和产业界都在积极开展人工智能的研究和应用。

生命科学研发包括制药、生物技术产品、农业产品、医学仪器及动物实验和研究。2019年该领域全球产业研发投入预计将增加4.7%，达到1930亿美元，2020年将超过其他行业。研发投入增长强劲的领域包括精确医疗、医疗卫生机器人、机器学习、人工智能和大数据分析。今后10年人工智能和机器学习将成为“原研药的发现工具”，提高新药研发速度、降低成本并增强效果，开启药品研发的新纪元。辉瑞、罗氏等很多生物制药公司都在开展与人工智能、机器学习相结合的（合作）研发活动。2019财年美国国立卫生研究院获批的预算增加了很多备受关注的领域的研发投入，包括阿尔兹海默病治疗、癌症治疗、“全民受益”的精确医疗研究等。

汽车产业研发活动正在经历规模罕见的重大技术转型：一是内燃驱动向电力驱动的转型；二是人工驾驶向自动驾驶的转型。这次技术转型的复杂程度之深、研发成本之高、启用推行所需资源之多不是单独一家汽车企业能够应付的，这导致汽车行业出现了大规模的收购活动，或者建立各种联盟和合作关系以进行联合投入。2019年汽车企业全球研发投入水平创下了历史纪录，预计增加3.3%，是2018年增幅1.6%的2倍，达到1031亿美元，其中2/3用于自主驾驶技术研发。

先进材料及化工对于信息通信技术、航空航天/国防、生命科学、能源和汽车等产业来说是一种使能技术。如果没有新材料，这些产业的创新将无法实现。新型半导体材料、具有广泛用途的聚合物材料都是当前产业研发的热点。随着经典摩尔定律越来越难以实现，美国应用材料公司宣布设立材料工程技术加速中

心，目标是在新型半导体材料和工艺研发上取得突破性进展。中国是材料领域研发实力较强大的国家之一（在先进材料技术领域中的论文数量远超其他国家），而且同时拥有庞大的制造业基地和全球最大的化工产品市场，越来越多的跨国公司将其卓越研发中心和决策部门迁往中国［如德国巴斯夫公司（BASF）和瓦克化学集团（Wacker Chemie）］。2019 年，先进材料及化工产业全球研发投入预计达 410 亿美元，较 2018 年提高 0.2%。

能源产业 2019 年研发投入预计将达 225 亿美元，较 2018 年增加 5.1%。能源主要包括化石燃料（煤炭和石油）、太阳能、风能、水电、核能及地热能。能源研发主要集中在两大方面：一是为应对气候变化而致力于减少碳排放量；二是开发能够最大限度降低能源成本的产品、工艺和系统，即发展可持续的能源。

航空航天产业的研发格局在过去 20 年发生了巨大的变化。这个在新型产品和系统开发方面曾经由政府主导的产业，如今，反应迅速、风起云涌的产业界开发商和供应商成为新的主导力量，而且成本更低、能力更强。2019 年，全球航空航天产业研发投入预计 320 亿美元（其中近 50% 来自美国），增速高达 4.9%。美国计划尽快在 2020 年组建太空军，这为航天研发提供了契机，因为需要开发新的卫星和技术帮助军方在太空冲突中获胜。俄罗斯宣布到 2040 年建立有人驻守的月球基地，到 2025 年完成首批建筑。

主要技术产业研发投入排名前 5 位企业如表 1–6 所示。

表 1–6 主要技术产业研发投入排名前 5 位企业

单位：亿美元

	2017 年	2018 年	2019 年
信息通信技术产业			
亚马逊	226.20	267.50	305.00
阿尔法贝塔 / 谷歌	166.25	187.96	210.04
苹果	121.85	140.37	158.90
英特尔	130.98	137.01	142.34
微软	131.76	135.58	139.40
生命科学产业			
罗氏控股	115.96	122.84	129.62
美国默克	102.08	113.23	122.73
强生	109.62	114.93	121.11
诺华	89.72	89.34	89.05
辉瑞	76.57	79.42	81.14

续表

	2017 年	2018 年	2019 年
汽车产业			
丰田	103.69	108.48	113.27
大众	115.72	109.15	102.58
本田	75.41	81.80	88.18
福特汽车	80.00	83.05	86.47
通用汽车	73.00	72.78	72.57
先进材料及化工产业			
拜耳	54.15	57.43	60.83
道氏杜邦	21.10	22.63	24.48
巴斯夫	22.70	22.68	22.67
3M	18.50	18.79	19.13
孟山都	15.84	15.56	15.28
能源产业			
通用电气公司	48.03	50.53	52.56
中石油	30.85	32.79	35.06
埃克森美孚	10.63	11.02	11.32
皇家荷兰壳牌集团	9.22	8.24	7.28
道达尔	9.30	8.12	6.96
航空航天产业			
波音	31.79	31.80	31.80
BAE 系统公司	17.13	16.32	15.50
洛克希德・马丁	12.00	13.39	14.85
雷神	7.34	8.30	8.91
诺思罗普・格鲁曼	6.39	6.73	7.00

五、主要技术产业研发投入再创新高

美国、中国和欧洲（主要是德法英三国）三大巨头主宰着并将继续主宰世界具体技术的创新。今后 5 年内，三大巨头之间的排名可能会交替升降（其他国家排名则不太可能有明显变化）。在具体技术领域和总体研发投入方面，美国依旧是全球领先国家，在计算和信息技术、通信技术、国防、航空航天、医疗卫生、农业食品、先进材料等绝大多数技术类别中仍然傲视群雄，而且至少能在今后5年继续保持这种领先优势。中国则正在快速超越其他国家，并缩小与美国的差距，已在计算和信息技术、通信技术、先进材料、国防、能源、农业食品6个技术领域位居世界第二。以德法英为首的欧洲也在汽车、航空航天、医疗卫生、能源等领域积累自己的技术专长。未来5年将对三大巨头研发投入和技术增长产生重大影响的重大技术变革包括：①人工智能和先进自动化技术应用将进入社会各个领域，出现爆炸式增长；②电动自主驾驶汽车的推出将使汽车研发活动格局发生剧变；③面向月球和火星的航天技术研发将呈现爆炸式增长，地球、空间、月球和火星都会成为研发投入和实验活动的场所。

（执笔人：姜桂兴）

各国重视对科技人力资源的培育与挖掘

近年来，伴随着全球人口增长开始放缓，以及发达经济体生育率下降和社会老龄化程度上升，数字化、大数据和人工智能不断发展，使各国都面临着如何发展人力资源的问题。

按照联合国预测结果的中位数，到 2035 年，全球人口将增至 87 亿，随后会以每年 1% 的速度继续增长，但这种增长却表现出极端的不均衡：非洲的人口增长会带来显著的青年人口膨胀，而在世界其他地区，包括许多发展中国家，如中国，其人口将出现显著老龄化。人口的老龄化就意味着就业人口总数的减少，这会加重社会养老系统承担的压力。老龄化国家将面临一场维持其较高生活标准的艰苦斗争。人口趋于年轻化的国家的国际移民可以抵消人口老龄化国家就业人口比例的缩小。同时，提升体能和认知能力的科技可使老年人工作更长时间，而日渐增长的自动化可降低对劳动力的需求，成为全球经济新的生产力引擎。

为提升自身竞争力，发动新的生产力引擎，各国都在不断调整科技人力资源政策，加强对人力资本的投资，加强科技人力资源的培育与挖掘，以满足国家和社会的需求。综观近年来全球科技人力资源发展状况，可以总结出以下一些基本特点。

一、STEM 教育备受关注，全球科技人力资源储备丰富

第二次世界大战结束以后，美国对高等教育的扩张和对科学技术教育的关注，使其在高素质人力资源，特别是科技人力资源方面拥有了绝对优势。大约从 20 世纪 90 年代开始，许多欧亚国家也开始关注高等教育的扩张与改革，特别

是随着亚洲地区经济的快速增长，其高等教育得到了显著的扩张，受过良好教育的人力资源队伍不断扩大。根据经合组织（OECD）的统计数据，2017 年，在 25 ～ 64 岁群体中，挪威、比利时、芬兰的第一大学学位[①]或以上学位持有者比例为 40%，美国为 36%，英国也为 36%，这些国家的高素质人口比例远高于大多数国家。在 25 ～ 34 岁群体中（2015 年），第一大学学位或以上学位持有者比例较高的国家有韩国、卢森堡、荷兰、比利时、英国、芬兰、爱尔兰等，这些国家的比例都高于 40%；日本、澳大利亚、美国虽不到 40%；但都在 39% 左右，高于 OECD 国家的平均水平（36%）；德国、法国都在 25% 以上，但没有超过 30%；中国虽然近年来通过扩招扩大了高素质人口比例，但这一比例却只有 8%。

有很多研究显示，科学、技术、工程和数学（STEM）是科学发现与技术创新的基础，因此，STEM 相关领域的人才是全球创新的关键。美国 10 余年来的科技预算中一直对从小学到大学、研究生阶段的 STEM 教育给予强力支持。2018 年 12 月，美国政府公布了第二个联邦 STEM 教育 5 年战略，指出将致力于让所有的美国人终生获得高质量的 STEM 教育，并使美国成为全球 STEM 素养、创新和创造就业的领先者。除美国外，许多国家如英国、法国、德国、日本、韩国、澳大利亚等也都在极力加强 STEM 教育，而其直接结果是科学与工程（S&E）领域人才的增长。

根据美国国家科学基金会《科学与工程指标 2018》的数据，2014 年全球授予的第一大学学位总数大约是 2200 万个，其中超过 750 万个是 S&E 领域的学位，印度授予的学位占其中的 25%，中国占其中的 22%，欧盟占 12%，美国占 10%。不少亚洲国家授予的第一大学学位中 S&E 领域的学位比例都在 50% 以上，这使得亚洲成为授予 S&E 领域第一大学学位最多的洲，其总量达到了 400 多万个，其中，印度授予了 190 万个，中国授予了 170 万个，日本授予了 31.6 万个；欧洲授予的 S&E 领域的第一大学学位数量为 150 万个，其中，英国授予了 18 万个，德国授予了 15.7 万个，法国授予了 11.5 万个，波兰授予了 9.3 万个，意大利授予了 8.6 万个；北美为 100 万个，其中，美国授予了 74.2 万个，墨西哥授予了 18.1 万个，加拿大授予了近 8 万个。

从中长时段来看，很多国家授予的S&E领域第一大学学位数量呈增长态势。2000—2014 年，中国、德国、土耳其、罗马尼亚等国授予的 S&E 领域第一大学学位至少都增长了 1 倍；但还有一些国家，如澳大利亚、墨西哥、英国和美国，

---

① 按照《联合国国际教育标准 2011》，第一大学学位相当于高等教育 6 级或 7 级，在不同国家情况略有不同。例如，在德国相当于“diplom”，即学士加硕士（因为德国有些学校不分学士和硕士，直接发“diplom”）；在法国相当于“licence”，即学士；在美国和亚洲国家相当于“bachelor’s degree”，即基本可认为是学士学位。

虽然都在增长，但增速却变得缓慢；当然，如法国、日本等国家受到人口出生率下降等因素的影响而呈现出下降趋势（分别下降了 5% 和 11%）。主要国家 S&E 领域第一大学学位授予情况如图 1–2 所示。

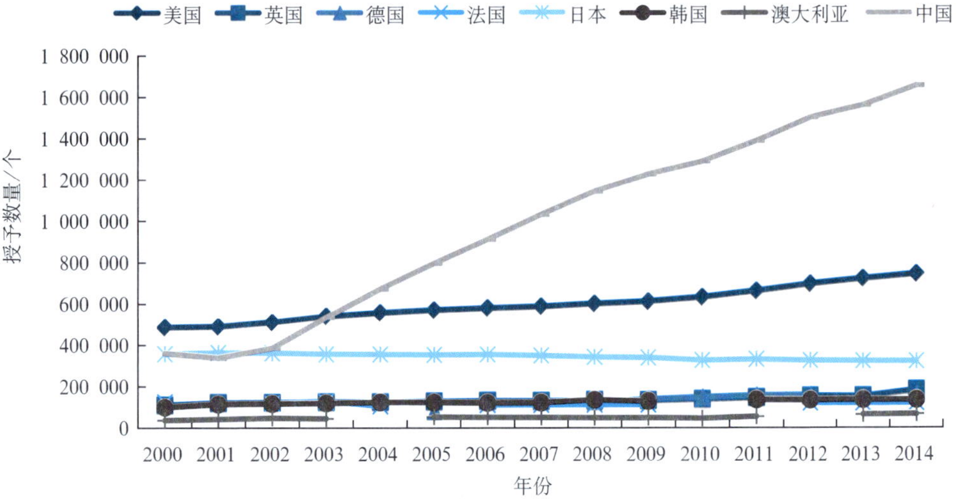

图 1–2　2000—2014 年 S&E 领域第一大学学位授予情况

虽然获得 S&E 领域第一大学学位的人不一定从事科研活动或科学技术相关职业，但这些人却可以视为一个国家的科技人力资源储备，因为他们是已经具备一定的运用科学与工程相关技能专长的劳动者。从当前全球的科技人力资源储备状况来看，发达国家具有显著优势，但是，随着一些发展中国家教育投入的不断提高，这些国家的科技人力资源发展带动了全球科技人力资源储备数量的大幅提升。

另外，从近年来的自然科学、工程、信息通信技术领域高等教育毕业生在全体毕业生中所占比例情况来看，不少国家学习自然科学、工程、信息通信技术的学生比例都在提高，在这些领域也呈现出比较好的人才培养态势（图 1–3），表明科技人力资源正在得到充实。

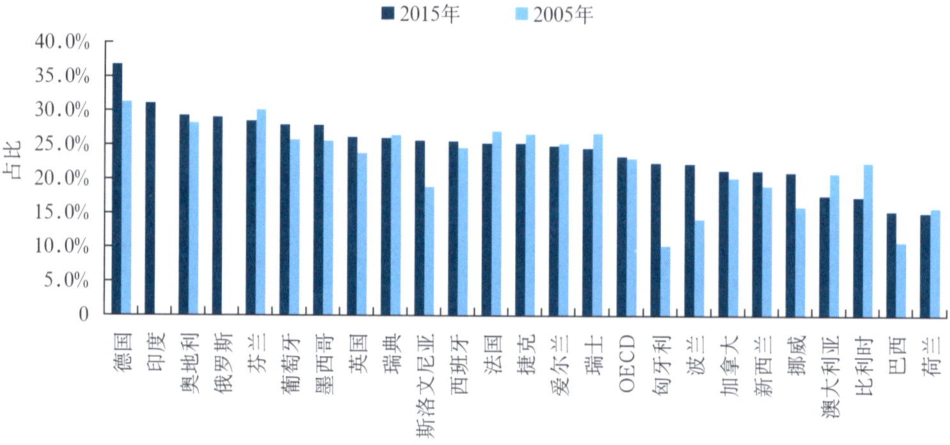

图 1-3 部分国家或地区自然科学、工程、信息通信技术领域高等教育毕业生占比

二、S&E 类高层次人才培养成效显著，但发达经济体的研究职业前景黯淡

各国通过博士培训培育高层次科研人才，将科研经验传递下去并生产新知识，因此，博士人才的培养关系到一个国家在全球知识经济中的竞争力。博士教育为学术界、工业领域、政府和非营利机构等培育具备高度技能的劳动力，因此，获得 S&E 博士学位的人员被视为各国从事科学研究和开发活动的主力。

世界范围内新授予博士学位的数量在最近 20 年经历了巨大的增长，这种增长在新兴经济体表现尤为突出。

2014 年，全球授予的 S&E 博士学位数超过了 23 万个（图 1-4），美国授予的 S&E 博士学位最多，约 40 000 个，其次是中国约 34 000 个，俄罗斯授予了约 19 000 个，德国授予了约 15 000 个，英国授予了约 14 000 个，印度授予了约约 13 000 个，欧盟共授予了约 73 000 个。

中国授予 S&E 博士学位的数量在 2000—2009 年经历了快速的增长，2010 年之后增长有所放缓，中国教育部开始更多关注博士质量。

美国授予学位数量的增长虽然没有中国那么快，但却保持了持续增长。美国授予的这些 S&E 博士学位中有 37% 是授予临时签证持有者的，但是这些人获得学位后大多留在美国就业。根据美国国家科学基金会关于博士学位获得者的调查，2010 年在美国获得 S&E 博士学位的临时签证持有者在 2015 年的滞留率为 70%，即获得学位 5 年后仍有 70% 的人留在美国工作；2005 年获得美国 S&E 博士学位的临时签证持有者的 10 年滞留率为 70%，这样高的滞留率表明大量的获

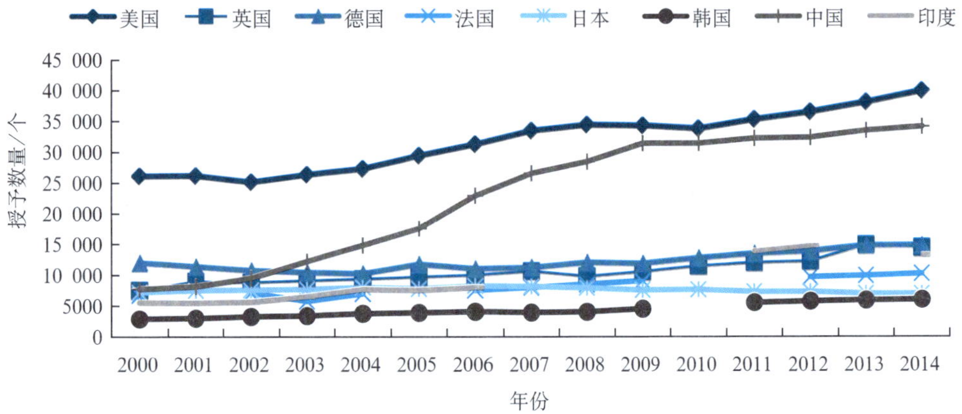

图 1-4 2000—2014 年部分国家 S&E 博士学位授予数量

得美国S&E博士学位的外国人最终留在美国，为美国的科技和经济发展做贡献。

2000—2014 年，印度和韩国的 S&E 博士学位授予数量都增长了 1 倍；日本在 2006 年之前一直保持增长，但之后开始下降；英国、德国、法国则在整体上保持了增长态势。

尽管 S&E 博士学位授予数量不断增加，高层次人才培养成效显著，然而这种增长却充满了不确定性，并且这种增长的步伐似乎正在放缓。目前，国际上的大学和公共研究机构中已经形成了“双重劳动力市场”：其中既包含有相对高薪的拥有永久职位的著名研究人员，又包含被著名研究人员以项目经费雇佣的、数量越来越多的拥有博士学位的、廉价的临时工作人员。可以认为，在美国、欧洲或日本这样的发达国家或经济体，大量的博士研究人员为进入大学或公共研究机构而处于不稳定的工作状态中，他们要么没有合约，要么合约期限很短。这种情况使青年人感觉缺少安全感且获得长期或终身研究职位的机会渺茫，研究职业前景黯淡。总之，对研究人员来说，在他们近 40 岁获得一个长期职位以前经历两三个博士后职位的情况十分普遍；而且做了几个博士后也并不能保证他们获得终身职位。事实上，越来越多的研究人员被挤出了研究职业生涯，不得不进入企业。博士培养周期在许多国家仍然相当长，这意味着生产新毕业生的社会和私人成本很高；另外，长周期还降低了研究体系响应需求变化的速度。不过，现在越来越多的国家正在千方百计促进博士进企业，一方面可以促进博士就业；另一方面可以促进更多的创新成果在劳动一线产生。

三、科技人力资源的全球流动更加积极，新的国际学生接收中心正在形成

从 20 世纪 90 年代开始，许多国家开始认识到，受到良好教育的人口和劳动

力是知识经济时代国家经济发展的关键；因此，越来越多的国家政府开始投资于本国高等教育体系的改革和扩展，力求使更多的人能够参与到高等教育学习中。一些国家输送学生到海外学习，以增强本国的劳动力技能，进而促进本国经济发展，学生的全球流动开始活跃；另外，近年来还有一些国家则采取一些措施鼓励那些在海外受过教育的人才回国。

巴西在 2011 年 6 月推出了科学无国界计划，为青年人提供奖学金去美国大学学习 STEM。2013 年，墨西哥政府宣布了 Project100000 计划，计划到 2018 年输送 10 万名学生赴美国大学学习。中国政府则建立了政府奖学金，根据中国政府与外国政府或国际组织达成的协议或计划招收留学生，并委托国家留学基金管理委员会负责来中国留学的外国学生的招生及日常管理工作。沙特从 2005 年开始，计划花费 50 亿美元输送 10 万名学生赴海外留学。欧盟的目标是到 2020 年使其 20% 的高等教育学生获得赴其他国家学习的机会。

还有一些国家确立了接收国际学生的目标，如约旦计划到 2020 年接收 10 万名国际学生，日本计划到 2025 年接收 30 万名，加拿大计划到 2022 年接收 45 万名，德国计划到 2020 年接收 35 万名（不过在 2017 年已经达成了目标），中国的目标是到 2020 年接收 50 万名国际学生。

总之，过去 20 年中，学生的国际流动正变得越来越频繁，国际学生也成为各国竞争的对象。根据联合国教科文组织的数据，2000—2014 年，在海外获得高等教育学位的学生数量增长了 1 倍还多，达到了 430 万名。通常学生从发展中国家流向更为发达的国家或经济体，以及从欧洲和亚洲流向美国。不过几个新的区域性留学中心也已经形成，如澳大利亚、中国、韩国、南非。在亚洲，尽管有东盟国际学生流动项目（ASEAN International Mobility for Students）和进入东盟（Passage to ASEAN）两个项目鼓励学生在东盟的国际流动，但实际上除了在马来西亚和印度尼西亚之间的学生互换以外，区域内的学生流动性仍然很低，不够活跃。

一个学生决定去哪个国家学习的考虑因素是复杂的。一些学生主要是为了获取更好的教育，还有一些则希望留在福利和环境更好的国家生活。此外，还受到其他一些因素的影响，如生源国的留学政策、接收国的学费情况和是否予以经济支持、当地的生活成本、教育项目的质量和文凭的认可度等。国际教育投资的长期回报有赖于生源国及其他地区劳动力市场对国际学位的认可程度。对于接收国来说，国际学生的到来，不仅能增加来自高等教育的收入，还可在一定程度上扩展吸引具有高度技能的劳动力，特别是对于一些已经处于人口老龄化、高等教育人口开始减少的发达国家。

流向美国的国际学生数量最多，2014 年，美国接收的国际学生占全球流动学生的 19%，其他的流动目的国包括英国（10%）、澳大利亚（6%）、法国（5%）、俄罗斯（5%）、德国（5%），这些国家接收的国际学生占到了全球流动学生的一半。尽管美国是全球最大的国际学生接收国，但其接收份额在不断下降，2000年时其接收的国际学生份额是25%，2014年已经降到了19%。

根据OECD的数据，2000年时全球流动的学生数量是210万名，2017年时全球流动学生数量已达500万名，其中350万名在OECD国家，150万名在非OECD国家，而到2025年在全球流动的学生的数量可能达到800万名。英语国家是全球学生流动的主要目的国，流向美国的学生数量最多，2017/2018学年美国大约接收了全球流动学生的24%，达到了1 094 792名；英国是第二大国际学生接收国，接收了全球流动学生的11%，数量却远少于美国，为506 480名。在2017/2018学年，5个英语国家：美国、英国、澳大利亚、加拿大、新西兰接收了全球一半的流动学生。中国是全球第三大国际学生接收国，大约接收了全球流动学生的10%，数量为489 200名；澳大利亚接收了7%，数量为371 885名；加拿大接收了7%；法国接收了7%；俄罗斯接收了6%；德国接收了5%；日本接收了4%。就与上一年相比的增长情况而言，增长最快的是加拿大，增长了18.8%；其次是西班牙，从上一年的94 962名增长至了109 522名，增长了15.3%；其他增长较快的国家还包括澳大利亚（13.5%）、荷兰（11.7%）、中国（10.5%）、日本（10.1%）。

从接收国际学生的层次来看，各国也呈现不同情形（图1–5）。根据OECD的统计，在OECD国家流动的国际学生占高等教育学生总量的6%，而其中以博士课程注册的比例最高，占博士课程注册学生总数的26%，而且他们更喜欢学习

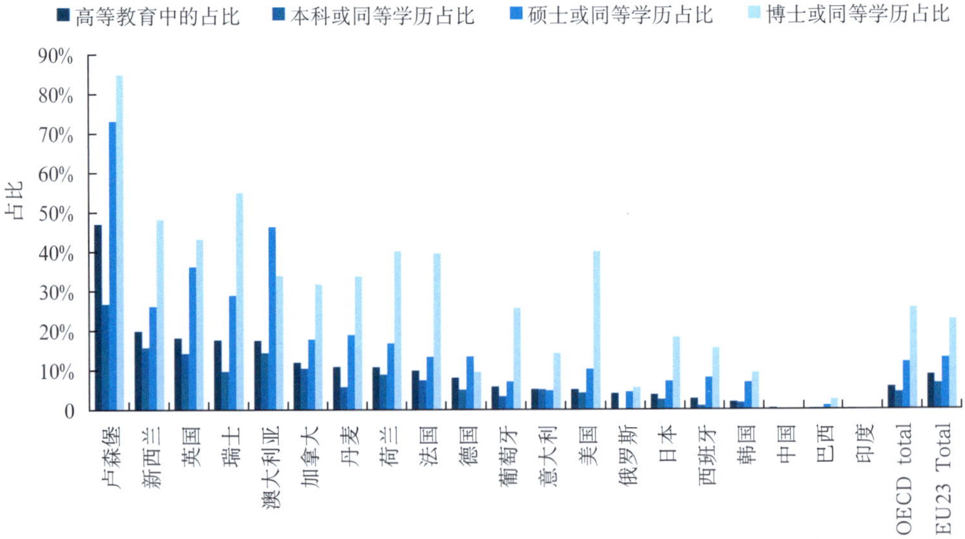

图1–5　2016年各国家或地区国际学生在高等教育各层级中的占比

自然科学、工程和信息通信技术相关专业，特别是在加拿大、美国、瑞士注册的国际学生。

四、高技能人才是各国争夺的焦点，大国间的人才流动更为频繁

具有高度技能人口的国际流动性比较强，这类人才也是各国竞相争夺的焦点。很多国家都通过移民政策来吸引受过高等教育、具有高度技能的人才，以弥补本国高度技能人才的不足。

在卢森堡，2015 年 15 ～ 64 岁劳动年龄人口中，外国出生者所占比例达到了 59%，瑞士达到了 32%，澳大利亚达到了 30%，新西兰为 29%，加拿大为 23%，爱尔兰为 22%，瑞典为 21%。美国（18%）、德国（18%）、英国（17%）的外国出生者在劳动年龄人口中所占比例虽然低于这些国家，但也均高于 OECD 国家的平均水平（15%）。

移民政策的作用使得在很多发达国家，外国出生的人口受教育水平都高于本国出生者的受教育水平。大量的具有高度技能的外国出生者移民发达国家后为这些国家的经济、科技和社会发展做出了巨大贡献。根据 OECD 的数据，2015 年，在加拿大 15 ～ 64 岁劳动年龄人口中，外国出生者中的 60% 都受过高等教育[①]及以上的教育，而本国出生者的这一比例为 45%；英国的劳动年龄人口中的外国出生者具有高等教育及以上学历的比例为 45%，本国出生者为 34%；瑞士的这两个比例分别为 38% 和 35%；美国为 37% 和 39%；OECD 国家的平均水平为 32% 和 28%（图 1–6）。

图 1–6　劳动年龄人口（15~64 岁）中接受过高等教育的人口比例

① 按《国际教育分类标准 2011》中标准的第 5 级教育。

除了移民以外，科学家们往往会在国家间环流，即在某一时态他们会在某个国家从事研究活动，下一个时态他们有可能回到本国。这种流动也叫作人才环流，它不会造成人才的流失与获得，但对科学的发展却有重要意义，能够更好地促进知识的循环。追踪科学家流动情况的方法是追踪他们所发表学术论文所属机构的变化情况。根据 Scopus 和爱思唯尔的数据，2006—2016 年学术论文作者最活跃的双向流动基本都与美国有关。与美国具有密切双向互动的有 9 个国家，分别是英国、中国、加拿大、德国、印度、日本、法国、澳大利亚和韩国。如图 1–7 所示，最多的一组双向流动发生在英国和美国之间，英国流向美国的科学家有 39 645 人，同期，美国流向英国的科学家有 38 238 人；其次的一组是美国和中国，从美国流向中国的有 31 997 人，从中国流向美国的有 31 333 人；第三多的一组是加拿大和美国，从加拿大流向美国的有 29 097 人，从美国流向加拿大的有 27 115 人。总之，大国间的科学家流动似乎更为活跃。

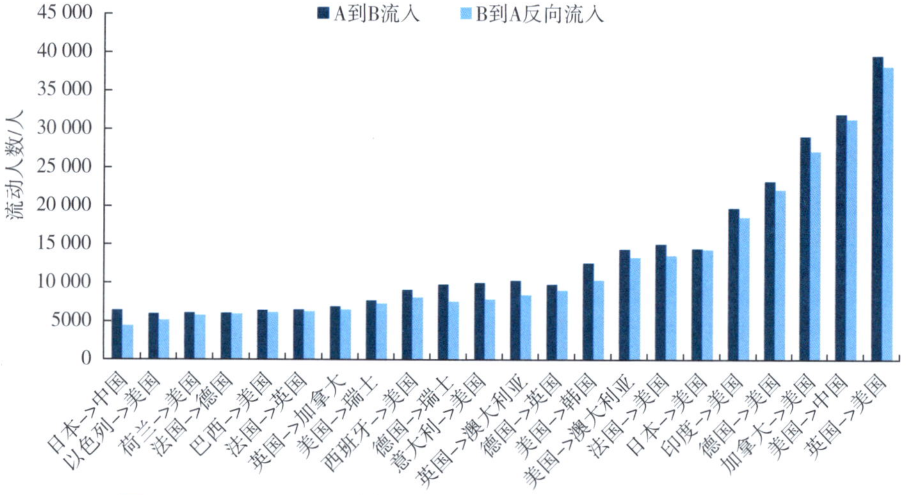

图 1–7 2006—2016 科学家双向流动较为活跃的国家与流动数量

五、研究人员数量稳步增长，逐步向企业转移

以 S&E 研发活动为基础的创新是一个国家实现经济增长、提高国际竞争力的重要手段。因此，具有 S&E 专长的研究人员是国家创新能力中不可或缺的部分，因为他们拥有高超的技能水平和创造性思维，不仅能够推进基础科学知识的研究，而且有能力将基础知识方面的进步成果转化为有形、有用的产品和服务。各国都通过稳定性和竞争性的资金来支持研究人员的发展，并通过一些特殊政策

促进更多的人进入科学研究和技术开发领域。一些国家确定了研究人员发展目标，以满足国家发展的需要。还有一些国家则实施新的博士计划和提高博士培训质量的相关计划，在增加研究人员数量的同时，提升研究人员的质量。

现有的最新数据显示，2000—2016年，欧盟28个成员国的研究人员数量（全时当量，下同）从111.8万人年增长到了188.9万人年，增长了68.9%；OECD国家的研究人员总量在2000年时为313.7万人年，到2015年达到了477.1万人年。从国别来看（图1–8），同期主要国家的研究人员数量也都保持了增长的态势。美国的研究人员数量在2000年时为98.3万人，2015年增长到了138.0万人，增长了40.4%；中国从2000年的69.5万人增长到了2016年的169.2万人，增长了143.5%；韩国从2000年的10.84万人增长到了36.13万人，增长了233.3%；同期增长较快的国家还包括英国，增长了70.9%，法国增长了61.3%，德国增长了55.4%。也有一些国家，如俄罗斯，由于人才外流严重，其研究人员数量呈现下降趋势，在2000年时俄罗斯有研究人员50.64万人，2016年下降到了42.84万人。同期，墨西哥、芬兰、冰岛、卢森堡的研究人员数量在达到一个高点后也开始呈现下降的趋势。

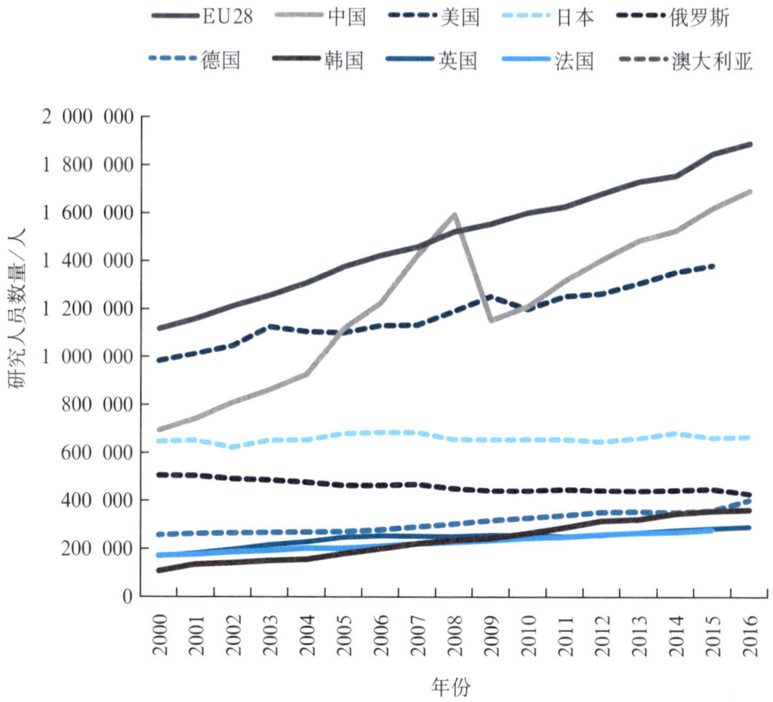

图1–8　部分国家或地区研究人员数量的变化

每万名受雇人口中的研究人员数量在过去20年中也呈现出增长的态势（图1–9）。欧盟28个成员国在1996年时每万名受雇人口中的研究人员数量是45.3人，2006年达到了60.2人，2016年达到了77.0人；OECD的整体状况是，在1996年为57.1人，2006年为71.0人，2016年为82.9人。从主要国家的情况来看，韩国虽然在1996年时仅为46.7人，但是2017年达到了144.3人；日本的增长虽然缓慢，但在2017年这一数据也达到了100.1人；美国、英国、德国、法国的这一数据差不多，分别为89.3人（2016年）、90.4人（2017年）、93.4人（2017年）、103.4人（2017年）；中国的研究人员总量虽然多，但每万名受雇人口中的研究人员数量在2017年却只有22.4人。俄罗斯在2006年时每万名受雇人口中的研究人员数量是71.0人，2017年下降到了56.9人；芬兰在2004年时的这一数据为172.7人，2016年下降到了153.3人；其他下降的国家还有卢森堡、冰岛和墨西哥。

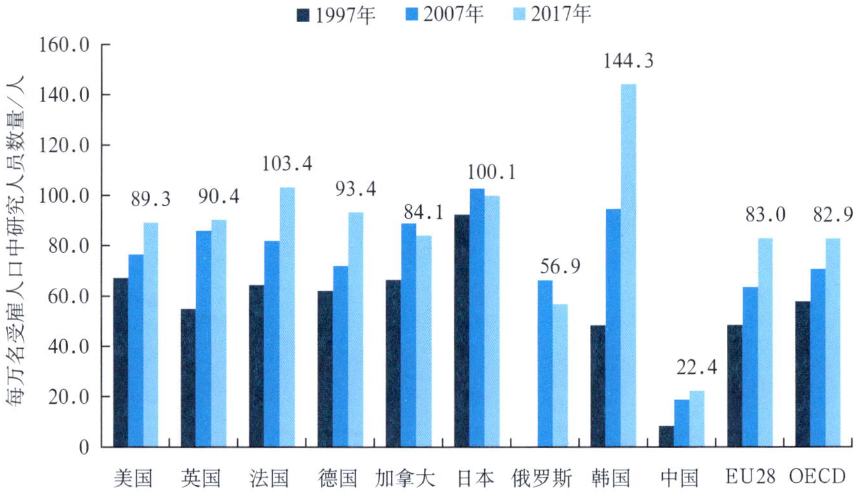

图1–9　部分国家或地区每万名受雇人口中的研究人员数量变化

注：美国、加拿大、OECD没有2017年的数据，以2016年的数据代替，俄罗斯缺1997年的数据

从研究人员的分布情况来看，不同的国家差别较大（图1–10）。以英国来说，2016年有60%多的研究人员分布在大学和公共研究机构，但还有一些国家，如韩国、日本、美国，分别有79.7%、73.4%（2017年）、71.1%（2015年）的研究人员分布在企业。近年来，由于许多国家培养了大量的博士，而大学和公共研究机构又很难吸收这些人才，使他们逐步转向企业就业。

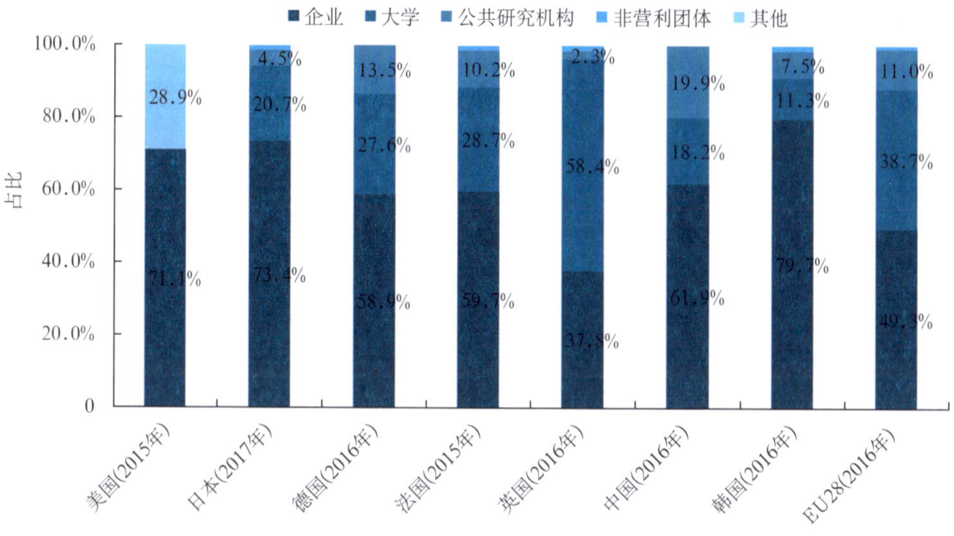

图 1-10 部分国家或地区研究人员分布情况

六、研究职业中的性别鸿沟依然严重，女性职业天花板依旧存在

近一二十年中，许多国家和地区都在极力促进科学、技术和创新活动中的性别平等，主要的政策工具是利用竞争性资金，以奖学金或项目津贴等方式针对女性职业道路发展的需求给予支持。此外，有些国家甚至还把性别平等作为向机构发放资金的条件；还有些国家发起了提高公众对女性进入科学的意识宣传等；也有国家更明确地关注影响学术机构性别平衡的系统性事项，如同行审查、奖励和晋升机制。

澳大利亚在其 2015 年的《国家创新和科学议程》中突出强调了男女平等，并发起一系列倡议，支持女性学习科学、技术、工程与数学和从事这类职业。澳大利亚研究理事会（ARC）为促进性别平等还专门为女性设立了一些资助项目，如澳大利亚荣誉研究员计划中就为女性设立了 2 个名额。另外 7 个研究出资机构还实施了推动性别平等和多样性的机制，包括调整授予支持博士培训的机构整体补助款的原则；成立专门的妇女健康工作委员会监测性别平衡问题；数学领域的针对性培训倡议。2016 年，归国领导倡议的就职计划在迄今为止最大的南极洲女子探险队中达到高潮。

2015 年德国大学讲师中女性占比是 24%，全国 3.8 万名终身教授中，女性只占 15%。为了提高女性所占的比例，德国教育部出台了一个女性教授计划，由教研部支付资金使那些性别严重失衡的大学矫正性别不平等问题，如雇用女性教授。德国政府还把大量资金用于大学平等机会计划，目的是为高素质女学者创造200个新增职位。每个职位将接受5年资助，联邦政府和各个州分摊费用。为了争取这笔资金，大学必须提交承诺聘用更多女性担任顶级学术职务且持续重组大学及院校的计划。

从2013年开始，爱尔兰研究理事会、高等教育局和爱尔兰科学基金会一直强调需要以连续一致的方法解决性别平等问题。这方面的具体行动包括：改变初级研究人员国家补贴计划的标准，以增加女性申请人数量；指示各个机构将认可雅典娜科学妇女学术网络（SWAN）奖励视为接受研究经费的强制性要求。

日本女性研究人员还不到全体研究人员的15%。日本政府已经采取了一些政策措施来解决导致整个不平衡的文化规范和做法。2005年《男女共同参划基本计划》和2006年《第三期科学技术基本计划》中都提出了最大限度发挥女性研究人员的作用，鼓励各机构积极录用女性研究人员。随后，政府推出了支持女性研究人员育儿后重返科研职业的计划，帮助女性研究人员重回因育儿终止的科研活动；推出女性研究人员支持模式培育计划，支持高等院校和科研院所等，构筑起女性能够最大限度发挥作用的科研环境，充分发挥女性研究人员的作用。

总之，很多国家都在极力促进科研活动中的性别平等。不过，尽管受到持续的政策关注，这种变化仍旧十分缓慢，女性参与科学，或者说进入研究职业的障碍仍旧存在，女性研究人员在研究人员总量中的占比达到一半的国家很少（图1-11）。即便当前许多国家完成高等教育的女性人数增加速度比男性快得多：在欧洲，2002年30~34岁人口中完成高等教育的人口比例为24%，2016年已经增

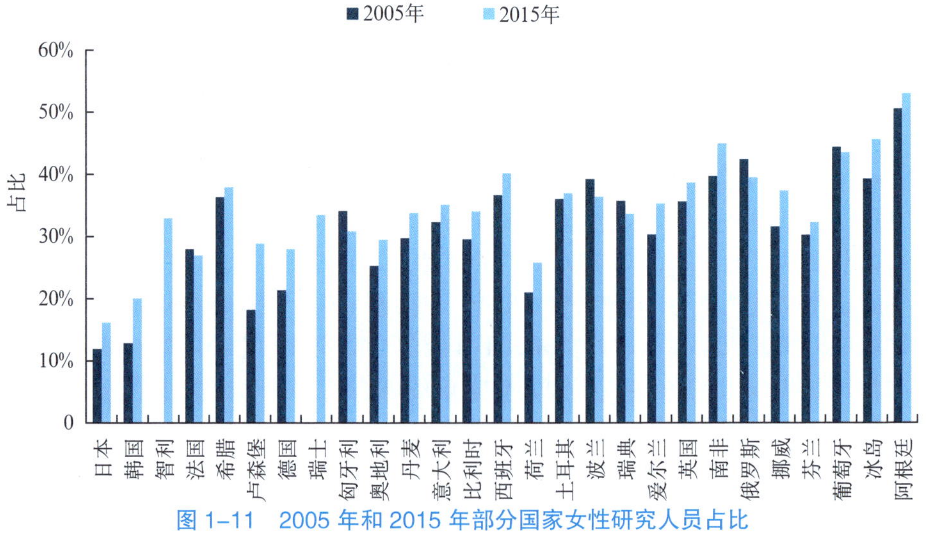

图1-11　2005年和2015年部分国家女性研究人员占比

长到 39%；女性的增速比男性快得多，2016 年时这个比例为 44%，而男性比例为 34%。但这些完成高等教育的女性进入高级科学课程学习的人数仍旧低于男性（如图 1-12），并且追求高级学术职位的人也不多，追求领导职位的就更是少之又少了。总之，女性在科研职业中的代表性虽然有所提高，但性别鸿沟依然严重。

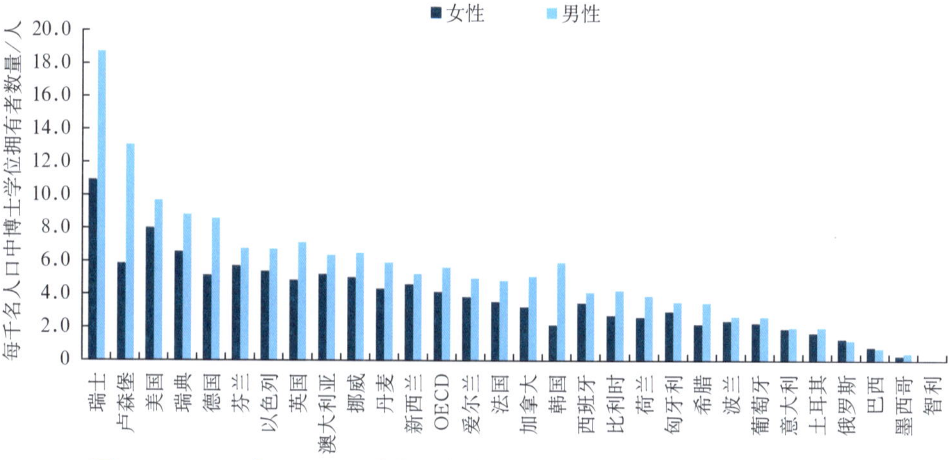

图 1-12　2016 年 25 ~ 64 岁每千名人口中男性和女性博士学位拥有者数量

（执笔人：乌云其其格）

第二部分

国际科技热点追踪与分析

本部分主要选择一些重点科技领域近几年尤其是2018年的国际发展状况进行较深入的综合分析与阐述，包括气候变化、能源、生命科学与生物技术、信息通信技术、人工智能、航天、先进制造和基因编辑。

应对全球气候变化亟待科技支撑引领

一、全球气候变化继续发展，多项指数再达极值

（一）全球气候变化最新观测事实凸显气候变化挑战愈发严峻

2018 年全球平均地表温度比工业化前高 1.0 ± 0.13 ℃，是有记录以来全球第四暖年份（排名前三的分别为 2016 年、2017 年和 2015 年）。2016 年仍是有记录以来最暖的一年（比工业化前高 1.2 ℃），2017 年和 2015 年的全球平均地表温度均比工业化前高 1.1 ℃。与前 3 年不同的是，2018 年受到拉尼娜现象的影响，全球温度有所下降。2018 年全球大部分地区温度明显高于工业化前平均水平，但也存在部分温度下降地区，如加勒比地区出现 2012 年以来最低温度，大西洋飓风主要发生区域出现 2001 年以来最低温度。

2017 年大气二氧化碳浓度达到 405.5×10^{-6}，是近 300 万年的最高值，2018 年该数值继续升高。大气温室气体浓度反映了人类活动排放量与生物圈和海洋净吸收量之间的平衡状态，其上升是气候变化的关键驱动因素。世界气象组织（WMO）发布《2018 年全球气候状况》临时声明指出，2017 年二氧化碳（CO_2）、甲烷（CH_4）和氧化亚氮（N_2O）等温室气体浓度再创新高，分别为 $405.5\pm0.1\times10^{-6}$，$1859\pm2\times10^{-9}$ 和 $329.9\pm0.1\times10^{-9}$，是工业化前水平的 146%、257% 和 122%。2018 年全球温室气体浓度具体数值尚未公布，但现有观测数据显示，相关数值继续上升。

2018 年全球降水分布呈现较大地域差异，不确定性增大。受拉尼娜现象影响，大部分地区降雨增加，但仍有部分地区降雨较少。南美洲的阿根廷 2018 年 3 月降水量为 1961 年来历史新低，干旱持续长达 6 个月；英格兰和威尔士表现出明显的降雨不足；墨西哥 2018 年 7 月降水量创下历史新低。

2018 年全球海平面继续上升，海水酸化继续恶化。1—7 月海平面与 2017 年同期相比升高 2~3 毫米。温室效应导致未能逃逸的热量中 90% 被海洋吸收，而海洋热含量是衡量海洋上层热量的直接指标。2018 年 0~700 米和 0~2000 米深度层的平均海洋热含量每 3 个月就会再创新高。在过去 10 年中，海洋吸收了大气中人为二氧化碳排放量的 25%，被吸收的二氧化碳在海水中发生相关反应，改变了海水 pH 并造成了海洋的酸化。海洋酸化会影响软体动物、造礁珊瑚等生物的生存，如影响其外壳和骨骼物质的生成和维持等。

2018 年南北极海冰持续维持低位，全球冰川持续退缩。观测显示，北极海冰范围远低于 1981—2010 年均值，于 2018 年 3 月中旬出现年度最大值，平均海冰面积为 1448 万平方千米，是有记录以来的第三低值，比 1981—2010 年均值低约 7%。2018 年 9 月中旬海冰范围达到当年最低值，9 月平均海冰面积为 462 万平方千米，比 1981—2010 年均值低 28%，是有记录以来的第六低值。9 月北极海冰范围最低纪录均出现在 2007 年之后的 12 年中。2018 年南极海冰范围同样远低于常年值，2 月平均海冰面积为 228 万平方千米，比哥白尼气候变化服务（C3S）数据库中平均值低 33%，是美国国家冰雪数据中心（NSDIC）记录数据的第二低值。2—8 月各月均海冰范围皆出现在各月份 10 个最低纪录值中。南极海冰范围在 9 月下旬、10 月上旬出现最大值，9 月平均海冰面积为 1782 万平方千米，比 1981—2010 年均值低 5%，是记录中第五低值。此外，经初步估算，2017/2018 水文年度冰川量下降约 700 毫米水当量，10 个中有 7 个最高冰川损失量皆出现在 2010 年之后。

（二）全球气候变化负面影响不断显现，对人类生存威胁不断加大

气候变化对地球生态系统和生物生存造成了直接负面影响。一是气候变化已对全球多种生物的生存造成影响。全球二氧化碳浓度升高，阻碍了淡水中水蚤的神经元启动子正常工作，导致其丧失了对捕食者的感知和自我保护能力；2016—2017 年大堡礁发生大规模珊瑚白化死亡事件，气候变化导致珊瑚白化事件发生的频率大幅提高；由于不同物种间的相互依赖关系，气候变化将增加物种灭绝多米诺效应的风险。二是气候变化正在改变全球生物的正常节律。随着纬度的增加，北半球生物的物候进程和气候变暖现象有所加速；北美春天植物的展叶期由 1960 年符合霍普金斯生物气候规律的海拔每上升 1 千米延期 34 天，转变为 2016 年的海拔每上升 1 千米延期 22 天，即海拔引起的物候转变显著下降。三是气候变暖已对地球生态系统的结构产生了显著影响，将进一步影响生物多样性和生态系统所提供的服务功能。研究表明，欧洲山顶植物物种数量随着全球变暖有所增加且处于加速状态；全球变暖导致北冰洋沿岸海冰减少，开阔的海面有利于海浪形成并搅动浅层大陆架上的沉积物，释放的大量化学物质被浮游生物吸收，

通过食物链进一步影响着海洋生态系统的构成；气候变化造成的水分胁迫使美国森林物种组成向干旱耐受、生长缓慢型树种转变，进而影响着森林生态系统的固碳能力，有可能会加剧气候变化。

气候变化已对人类健康产生负面影响。2018 年，多篇研究探索了人类健康与各类极端事件的关系，如《柳叶刀》发布了题为《柳叶刀健康与气候变化倒计时 2018 年度报告：塑造未来几个世纪各国健康》的研究报告，指出自 1990 年起全球各地受极端高温影响的脆弱性在逐步增加。气候变化通过直接损害公共卫生基础设施或间接加重疾病负担影响现有服务，对人类健康造成负面影响，气温和降水的变化导致登革热、疟疾、霍乱等疾病传播和食品安全风险逐步攀升。据统计，2007—2017 年气候变化与健康的媒体报道大幅增加，相关学术期刊文章增加了近 2 倍，医疗和健康专业协会积极应对气候变化的活动也大幅增加。2018 年夏季北半球长时间的热浪可能成为公众意识气候变化严重性的转折点，相关研究发现，其将促进社会公众对气候变化负面影响的认识，从而更加积极地应对气候变化。

气候变化引发的环境风险，尤其是极端天气事件和自然灾害带来的影响引起了广泛关注和重视。2017 年，约 712 个与气候相关的极端事件导致了全球 3260 亿美元的经济损失，几乎是 2016 年损失的 2 倍。在低收入国家，99% 的损失都没有保险。环境风险连续 2 年在全球风险评估中位居榜首，极端天气事件频发，民用基础设施和军用基础设施遭到破坏，甚至将对国家安全产生重要影响。美国加州连年的山火肆虐造成了前所未有的重大人员伤亡和财产损失，成为气候变化影响下的“新常态”；全球 49% 的牧场降水量变化显著，影响着植被的生长及其供养牲畜的能力；气候变化引起营养物质和海洋物种向深海与极地转移，将为全球渔业带来严峻挑战；气候变化导致部分水电大坝干涸，严重依赖水电的非洲国家将遭受大规模的用电危机。许多国家就气候变化对本国造成的风险和影响进行了定期评估，如欧洲 33 个国家已将气候变化脆弱性和风险评估作为其适应计划的一部分，以更好应对气候变化的负面影响。

（三）全球气候将继续快速增暖，为加强全球应对行动敲响警钟

全球平均气温升高突破 1.5 ℃可能将在近年成为现实。多篇预测报告显示，未来 5 年全球平均气温可能会短暂超出工业化前水平 1.5 ℃，该现象可能由多种原因导致，如 2018 年拉尼娜现象、太平洋十年涛动、北大西洋年代际振荡等，这一短暂增温不一定会超过《巴黎协定》的控温目标，但向人类发出加速应对气候变化行动的警示。《美国国家科学院院刊》（PNAS）发表题为《人类世地球系统的轨迹》的文章指出，人类的行为可能使地球进入不可逆转的“温室地球”时期，届时全球平均气温将比工业化前水平高 4~5 ℃。

未来气候变化的影响将会更加强烈，多项研究指出，对控温的紧迫性应充分重视。联合国政府间气候变化专门委员会（IPCC）发布的《全球增暖 1.5 ℃》特别报告和其他研究都强调了全球温升 2 ℃情景下将面临更大的气候风险，包括极端天气、旱涝灾害、粮食安全风险、物种灭绝、疾病传播等；《气候行动的无归点：气候不确定性和风险承受能力的影响》甚至指出，2035 年可能是人类实现全球 2 ℃温升目标的最后行动期限。

二、合作应对气候变化政治意愿继续凝聚，各国加紧部署气候行动

（一）卡托维兹大会达成《巴黎协定》实施细则，为全球绿色低碳转型注入政治动力

2018 年 10 月，IPCC 发布了《全球增暖 1.5 ℃》特别报告，再次强调加大全球气候行动力度的紧迫性，即全球温升 2 ℃情景下人类将面临更大的气候风险，全球温室气体排放必须尽早达峰并实现深度减排。报告评估了全球绿色低碳重大转型的现实可行性，提出了 1.5 ℃温升目标的排放路径。

2018 年年底，在波兰卡托维兹召开的《联合国气候变化框架公约》（UNFCCC）第 24 届缔约方大会（COP24）上，通过了《巴黎协定》实施细则一揽子决定，基本落实了《巴黎协定》各项条款要求，就国家自主贡献（NDC）、减缓、适应、资金、技术、能力建设、透明度、全球盘点、遵约等方面做出了相对平衡的安排，重申了实施《巴黎协定》应遵循公平、共同但有区别的责任和各自能力原则，考虑了不同国情，体现了行动和支持相匹配，为 2020 年后落实和履行《巴黎协定》奠定了制度和规则基础。

卡托维兹大会成功地维护了多边主义，彰显了全球绿色低碳转型的大势不可逆转，传递了落实《巴黎协定》，强化应对气候变化行动的积极信号，提振了国际社会合作应对气候变化的信心，强化了各方持续推进全球气候治理的政治意愿。同时，全球应对气候变化合作进程仍面临挑战。一方面，美国特朗普政府宣布退出《巴黎协定》，包括废止 NDC 减排目标，停止向绿色气候资金捐资，并要求就《巴黎协定》中对美国“不公”的条款重新谈判，无疑会影响全球应对气候变化的信心，为全球气候治理体系带来考验；另一方面，欧洲低迷的经济走势将影响其应对气候变化的资源投入，欧洲引领应对气候变化国际合作“有心无力”。

（二）世界各国加紧部署应对气候变化行动，抢占绿色低碳转型先机

总体来看，各主要大国均积极部署和开展应对气候变化行动，主要体现在制定温室气体净零排放计划、逐步淘汰燃油汽车和燃煤电厂、保护森林生态系统、提高 NDC 及按照《巴黎协定》修订国家法律法规等方面。据《全球气候变化立法和诉讼趋势：2018 年》统计，目前签署《巴黎协定》的 197 个国家都采取了国家层面的行动，至少拥有一项应对气候变化相关法律或政策。

1. 美国

特朗普政府宣布退出《巴黎协定》，对全球应对气候变化合作带来一定负面影响，但美国气候变化领域科技创新进程并未因此停滞。特朗普政府支持化石燃料的勘探和生产，要求取消联邦土地煤炭开采租赁禁令并承诺“复兴煤炭工业”，联邦层面应对气候变化政策不断“开倒车”。据统计，美国每年化石燃料补贴超过 1000 亿美元。

但是，美国并未放松在绿色低碳和应对气候变化领域的创新投入，联邦政府大幅提升 45Q 税收抵免政策的补贴标准，鼓励碳捕集利用与封存技术（CCUS）应用；能源部先后宣布投入 1410 万美元资助碳捕集计划，投入 1870 万美元资助煤炭及其他工业行业二氧化碳利用技术研发，投入 8000 万美元资助生物能源技术研发；美国国家海洋和大气管理局（NOAA）发布的 2019 财年计划中包括大量对气候与大气相关项目的资助；美加两国紧密开展科技合作，研讨低成本二氧化碳利用技术发展路径和方案。美国的非政府组织也积极参与，美国环保协会（EDF）评估和披露了美国 65 家公司甲烷排放情况，为降低相应气候风险提出具体建议，并计划于 2020 年年底或 2021 年发射甲烷卫星（MethaneSAT），以精确监测全球甲烷排放情况。

同时，美国自下而上的应对气候变化行动逐渐成为实现 NDC 的重要力量。美国各州、城市、企业和其他参与者正积极利用新的经济机遇和技术实现相关管辖范围内的气候目标和减排行动。2018 年 9 月在美国加州召开的全球气候行动峰会，由加州政府主办，旨在推动各非国家行为体的气候行动。由美国加州州长 Jerry Brown 和前纽约市市长 Michael Bloomberg 发起的“美国倡议”提出了 10 项具有高影响力的自下而上的策略，以帮助美国实现其 NDC 目标。

2. 英国

英国应对气候变化行动取得显著成效。英国 2017 年温室气体排放总量与 1990 年相比下降了 43%，同时，经济增长超过 70%，并在稳步实现其第二个碳预算目标（2013—2017 年碳排放上限为 2782×10^6 吨 CO_{2e}），其中，交通运输部

门减排贡献最大，占比高达 28%，但其他行业减排进展相对缓慢。英国《气候变化法案》自 2008 年出台以来，通过设立气候变化委员会、制定并管理温室气体减排目标、定期编制风险评估报告、建立健全相关机制体制等，有效促进了英国应对气候变化政治共识凝聚和行动力度提升；英国国际气候基金在支持应对气候变化影响、扩大清洁能源使用范围、促进温室气体减排、支持发展中国家开展应对气候变化行动方面发挥了重要作用。

为推动应对气候变化行动进一步开展，英国于 2018 年 7 月发布了《第二次国家适应计划 2018—2023》，设定了不同部门的适应行动；英国将继续加大其在低碳运输方面的优势，于 2018 年 7 月启动零碳道路战略，制定了全国范围内大规模扩展绿色基础设施计划，以减少道路车辆的排放，并不断加强零排放汽车领域的国际科技合作；同时，英国投入 3.43 亿英镑推动航空航天业清洁发展，英国气候变化委员会提出了通过发展氢能、改善土地利用和生物质管理应对气候变化的建议。此外，英国还加入了发电弃用煤炭联盟（Powering Past Coal Alliance，PPCA）并努力发挥其在煤炭淘汰方面的领导作用，尽管并未削减或取消对燃煤电厂的补贴，但根据 Carbon Brief 的评估结果，英国 2013—2018 年碳排放下降 9800 万吨，其中，97% 源自煤炭消费的下降。英国 2018 年碳排放量为 3.61 亿吨，相当于其 1889 年的排放水平，煤炭发电仅占发电总量的 5.0%，可再生能源发电占比达 33.4%，再创新高，并已确定到 2025 年实现完全无煤的目标。

3. 法国

法国 2018 年采取了系列应对气候变化行动。2018 年 1 月，法国总统马克龙在达沃斯论坛上宣布，将在 2021 年关停所有燃煤电厂；上调车用燃油税，计划到 2040 年停止销售燃油汽车；决定停止办理油气勘探许可，计划到 2040 年停止一切油气生产。

法国在核电市场上的地位不容小觑。截至 2018 年年底，法国核电机组数量为欧盟总量的 46.0%，其核电装机容量占全国发电装机总容量的 47.5%，核电发电量占全国发电总量的 71.6%，位居全球第二。除核电外，法国发电总量中，水电、风电、火电、太阳能和生物质发电占比分别为 12.4%、5.1%、1.8%、1.8%。因可再生能源暂时无法弥补核电比例衰减带来的电力缺口，法国 2016 年确立的到 2025 年核电比例从 75% 下降到 50% 的目标将被推迟。

4. 德国

德国是欧盟应对气候变化政策与行动的中坚力量。为致力于实现本国、欧盟和《巴黎协定》中制定的 2050 年气候目标，并在此目标下力求在德国实现全面就业，为国民创造平等的生活条件，2018 年 6 月德国联邦内阁成立“增长、结构变革和就业委员会”，制定了淘汰煤炭的路线图，以确保实现短期、中期和长期气候目标，还将提交受影响地区的结构变革提案，以促进经济增长和就业。同时，德国致力于增加其现有公共事业可再生能源份额，并促进其国内和欧盟低碳能源转型进程。根据德国联邦机动车运输管理局（KBA）最新统计数据，2018 年德国新售乘用车登记量共计 340 余万辆，比 2017 年减少 5800 余辆，其中，混合动力汽车占比 3.8%，纯电动汽车占比 43.9%；德国政府 2018 年确定了具体的去煤时间表，即到 2022 年将煤电装机容量由 42.6 吉瓦减少到 30 吉瓦，到 2030 年降至 17 吉瓦，到 2038 年实现彻底无煤，但该计划仍低于 2 ℃温升目标所需的减排力度。

5. 欧盟

欧盟在应对气候变化行动方面仍处于全球领先地位。2018 年欧盟化石燃料发电比例为 42.1%，可再生能源发电比例为 32.3%，燃煤、燃气发电量的下降完全由可再生能源发电弥补。根据相关评估结果，《欧盟气候变化适应战略》的落实自其 2013 年发布以来取得了实质性进展；为了进一步巩固其在应对气候变化行动中的国际领导地位，欧盟宣布并努力落实《地球行星行动计划》，其中包括面向现代清洁经济与公平社会的 10 项转型措施；欧盟委员会发布的《多年财政框架（2021—2027）》预算提案中将相关应对气候变化支出比例提高至 25%，在 LIFE 资助计划的支持下，批准了 10 个环境与应对气候变化行动领域项目，并于同年批准了 2.43 亿欧元经费用于该领域，助力欧洲绿色低碳转型；2018 年 5 月，欧盟委员会提交《关于设定新重型车辆二氧化碳排放绩效标准条例的提案》，设定了首个欧盟范围内重型车辆的碳排放标准。同时，欧盟部分应对气候变化政策行动仍待进一步完善，如将木材作为低碳可再生燃料推广使用，可能会大大增加欧洲温室气体排放量，并对全球森林造成严重危害。

6. 日本

日本积极推动电动汽车普及，设定了到 2030 年电动汽车销售份额占汽车市场 20% ～ 30% 的目标；根据特斯拉发布的数据，日本电动汽车快速充电桩成本约为 0.15 美元 / 分钟，属于充电成本较低的国家。核电在日本仍被视为满足基本电力负荷不可缺少的能源。2018 年日本通过了第 5 个基本能源计划，预计到 2030 年电力组合包括 20% ～ 22% 的核电、22% ～ 24% 的可再生能源发电，以及 26% 的煤电和 27% 的天然气发电。同年 10 月，日本四国电力公司在日本爱媛县重新启动了 890 兆瓦的 Ikata-3 核电机组，这是自 2013 年福岛核电站事故以来重启的第 9 台核电机组，也是 2018 年重启的第 5 台核电机组。

7. 澳大利亚

澳大利亚积极部署以提升应对气候变化能力。2018 年澳大利亚温室气体排放量下降了 3.9%，其中，发电碳排放强度从 2017 年的 757 克二氧化碳 / 千瓦时下降到 2018 年的 723 克二氧化碳 / 千瓦时，减少了 4.5%，主要是由于可再生能源一定程度上取代了燃煤和燃气发电，但煤电占比仍高达 71%。为应对气候变化风险和影响，澳大利亚应急管理部门加强应对气候变化相关研究，对现行减缓和适应气候变化举措进行评估，并将其纳入应急服务当中；设定到 2020 年可再生能源发电量的目标可促进可再生能源产业发展；澳大利亚联邦科学与工业研究组织（CSIRO）发布了《国家氢能发展路线图：迈向经济可持续发展的氢能产业》，助力澳大利亚实现脱碳目标并促进相关产业发展。

8. 印度

印度可再生能源发电装机容量不断扩增，相关领域投资也显著增加。印度政府设定了提高可再生能源发电容量的目标，预计未来该行业补贴会继续维持甚至增加。但同时，尽管 2014—2016 年印度政府小幅削减了煤炭、石油和天然气补贴，但由于 2017 年商品和服务税新政策的出台，致使印度税收制度发生了重大变革，上述 3 类补贴可能在未来有所增加。

（三）非国家行为体积极参与推动应对气候变化务实行动

非国家行为体指国家以外能够独立参与国际事务的实体，基于以民族国家为中心的国际关系产生，是国际关系发展到一定历史阶段的产物。UNFCCC 下非国家行为体具有广泛的内涵，包括来自工商业、环境团体、农业、原著居民、地方政府和政府当局、研究和学术机构、工会、妇女和青年团体等代表。近年来，非国家行为体作为全球气候治理体系的重要组成部分，在国际应对气候变化合作中的地位不断上升。

1. 国际组织

2018 年 4 月，国际海事组织（IMO）通过了国际海运温室气体减排初步战略，旨在为海运行业应对气候变化行动做出总体安排，推动国际海运行业尽快减排并于 21 世纪内实现温室气体零排放。IMO 将基于实证研究和分析对相关举措及其影响开展评估，并计划于 2023 年达成最终战略。该初步战略向国际社会传递了海运行业加快绿色低碳转型的强有力信号，同时将推动各船运巨头提前布局。

2018 年 6 月，国际民航组织（ICAO）理事会表决通过国际航空碳抵消及减排机制（CORSIA）标准及建议措施，并将其列入《国际民用航空公约》附件 16《航空环保》第四卷。ICAO 将借助 CORSIA 实现国际民航业对温室气体的控制，并试图在全球气候治理中获得更多话语权。因其采用的是自上而下的减排模式和简单多数或 2/3 多数的议事规则，行动进程相对高效，但未能充分考虑各国（特别是发展中国家）的特殊国情和能力建设。

2018 年 10 月，全球气候适应委员会（Global Commission on Adaption）在荷兰海牙正式成立，旨在加强社会各界对气候适应的了解，提高政府对气候适应的重视程度，推动全球气候适应解决方案的应用规模和速度提升。该委员会成员包括联合国前秘书长潘基文、盖茨基金会联席主席比尔·盖茨、世界银行首席执行官 Kristalina Georgieva 等，以及包括中国在内的 17 个发起国的高级代表。

2. 其他多边机制或国际倡议

2018 年，非国家行为体影响力进一步扩大，并通过塔拉诺阿对话（Talanoa Dialogue）、全球气候行动峰会（GCAS）等活动得到充分体现。2017 年，发电弃用煤炭联盟（PPAC）、C40 城市气候领导联盟（C40 Cities）等组织或倡议已发挥了重要作用。2018 年，有超过 60 个国家的 1300 多个企业、城市或地区加入到全球环境信息披露平台（CDP），共同促进全球应对气候变化行动力度和透明度的提升；截至 2018 年 5 月，在 UNFCCC 网站注册的非国家行为体承诺数量高达 12 000 多个，其中包括 2000 多个城市和地区、2500 多个企业和投资者及 200 多个社会团体，分别针对绝对量减排、能效提升、可再生能源发展、韧性社会建设、融资规模扩大等方面做出承诺。

企业是非国家行为体中的重要组成部分，通过市场引导及商业模式推广等手段，促进全球经济绿色低碳转型。能源生产效率提高 100% 倡议（EP100）迅速扩张，全球已有 30 多家大型企业加入，致力于加强其产业能源智能生产和管理，实现能源效率翻倍；来自日本、澳大利亚、墨西哥、土耳其和中国台湾等地的多家大型跨国企业加入了 RE100 行动，超过 75% 的成员承诺至 2030 年将使用 100% 的可再生能源；由 21 家公司组成的新联盟——加大努力宣言（Step Up Declaration）致力于利用新兴技术和第四次工业革命的力量，助力减少所有经济部门的温室气体排放，并确保在 2020 年前到达气候转折点。

城市和区域的气候行动力度同样不容小觑。PPAC 的规模持续扩大，截至 2018 年年底，已有 80 个成员加入，包括 30 个国家政府、22 个次国家政府和 28 个企业或组织，旨在推动未改造燃煤电厂的废止；东盟智慧城市网络新签订多份协议，将在东南亚多国试点建设智慧城市，提高城市管理和服务效率，减少碳排放；25 个城市，代表 1.5 亿居民签署了《C40 迈向零废弃宣言》，推动无废城市建设；26 个城市，代表 1.6 亿城市居民签署《C40 绿色健康街道宣言》，预计到 2025 年实现公共汽车零排放，到 2030 年实现城市大部分区域零排放；38 个城市、地区和企业签署了《净零碳建筑宣言》，旨在实现 2030 年新建建筑净零碳排放。

非国家和次国家行为体具有巨大的减排潜力，通过减少自身温室气体排放、参与跨部门和跨区域的减缓行动、推动知识和最佳实践经验分享、参与国际气候对话、建立健全气候融资模式、以更广泛的角度开展研究等方式，促进《巴黎协定》目标落实。但同时，非国家和次国家行为体影响力仍有限，尽管有着巨大的潜力，但仍需要其他类型主体的广泛参与，以共同应对气候变化挑战。

三、全球应对气候变化目标实现面临挑战，呼唤科技全方位引领支撑

（一）全球应对气候变化目标实现面临巨大缺口

《巴黎协定》提出将全球平均温度升高控制在 2 ℃以内，并为实现控制在 1.5 ℃以内而努力。尽管各国均展现出较高的政治意愿，以及携手共同应对气候变化信心，不仅在波兰卡托维茨大会顺利达成实施细则，而且已有 192 个缔约方提交了 NDC 减排目标，并全面开展应对气候变化的务实行动。但总体而言，各国现有的努力远无法实现《巴黎协定》提出的目标，全球应对气候变化合作在减排、资金、领导力等方面存在巨大缺口。

一是全球温室气体减排与目标存在巨大差距。为落实《巴黎协定》温控目标，多国提出了适合自身国情的 NDC 目标，旨在减少温室气体排放。根据联合国环境规划署（UNEP）发布的《2018 年排放差距报告》最新评估结果，全球温室气体排放没有出现达峰的迹象，经过 3 年稳定期后（2014—2016 年），全球二氧化碳排放量自 2017 年恢复增长。从全球来看，包括土地利用变化在内的年度温室气体排放总量在 2017 年再创新高，达到 535 亿吨 CO_{2e}，比 2016 年增加了 7 亿吨。而按照预测，2030 年的全球温室气体排放量需要在 2017 的水平上分别下降约 25% 和 55%，才有望实现全球温升 2 ℃和 1.5 ℃的目标。与《巴黎协定》的目标相比，各国在应对气候变化方面的承诺仍存在不足，在各国 NDC 均能实现的情况下，2030 年全球温室气体排放仍将达到 530 亿吨 CO_{2e}，距实现 2 ℃目标的最优路径排放差距约为 130 亿吨，距 1.5 ℃目标的差距约为 290 亿吨。

二是全球绿色低碳转型和适应行动面临巨大资金缺口。《巴黎协定》第九条

第一款明确提出："发达国家缔约方应为协助发展中国家缔约方减缓和适应两方面提供资金。"目前，发达国家承诺的1000亿美元资金中绝大部分还没落实，伴随美国特朗普政府停止向绿色气候基金（GCF）捐资，全球气候融资的缺口在进一步扩大。就减缓而言，有关评估显示，目前的NDC目标及各国开展的气候行动并不能为全球能源系统转型所需的投资组合变革提供足够动力。为使全球气温控制在不超过工业化前水平2 ℃或1.5 ℃，低碳能源和能源效率方面的投资需要在2025年前后超过化石燃料，而后继续增加，投资缺口将分别为3200亿美元和4800亿美元。就适应而言，UNEP的评估显示，当前全球投入适应的公共资金基本稳定在每年230亿美元，仅为50个非附件1国家在NDC中提出的年适应资金需求的46%，而预测到2030年相关适应资金需求为1400亿~3000亿美元，到2050年为2800亿~5000亿美元，缺口将越来越大。

三是全球应对气候变化国际合作面临领导力缺口。特朗普政府宣布退出《巴黎协定》，终止履行NDC承诺并停止对GCF的财政支持，为国际社会合作应对气候变化的信心带来负面影响。欧盟虽在应对气候变化领域的技术和政策均处于领先地位，但由于其经济复苏乏力，面临着系列挑战和内部分歧，难以在短时间内成为全球气候治理的领导者。中国是全球最大的温室气体排放国，近年实施了积极应对气候变化的国家战略，可再生能源迅速发展，温室气体排放快速增长的势头也得到初步遏制，但国际社会仍存在部分顾虑，认为尽管中国在努力控制国内碳排放，但有可能通过海外投资向其他国家和地区转移扩大排放。此外，伴随着基础四国实质性共识缩小、发展中国家利益诉求更加多样化的趋势背景，国际合作应对气候变化领导力出现真空。

为推动各国更加重视并加强应对气候变化的努力，联合国秘书长古特雷斯在出席卡托维茨会议期间呼吁各国在排放、减缓、融资、伙伴关系和领导力5个行动领域展现更大的雄心，他还将于2019年9月在纽约召开联合国气候峰会，推动各国进一步提升NDC目标和雄心。

（二）绿色低碳转型大势所趋，应对气候变化亟待科技引领支撑

《巴黎协定》实施细则的达成标志着全球应对气候变化合作逐步由谈判步入务实行动阶段，在《巴黎协定》确定的全球温升控制目标下，以IPCC相关评估不断夯实全球气候治理的科学基础，以"全球盘点"和"透明度"等机制不断强化各国NDC目标，以资金、技术和能力建设等手段不断促进发展中国家应对气候变化能力提升，从而推动全球能源体系不断向绿色、低碳、可持续的方向转型发展。绿色低碳转型成为世界发展的潮流和大势所趋。

但必须正视的是，在当前和可预见的未来，人类的技术水平尚无法支撑《巴黎协定》温升目标的实现。IPCC《全球增暖1.5 ℃》特别报告指出，为实现1.5 ℃

温升目标，2030年全球人为二氧化碳排放量应在2010年基础上降低45%，并在2050年左右达到净零排放。全球实现1.5 ℃温升剩余的二氧化碳排放空间不足4200亿吨，按当前约420亿吨/年的排放速度，排放空间将在10年之内用尽。实现1.5 ℃以内温升需大幅减少温室气体排放，并借助碳移除（CDR）等较为激进的减排技术，在土地利用、能源、工业、建筑、交通和城市方面实现快速、深远的转型，如2050年全球电力供应的70%～85%将来自可再生能源，8%来自配备CCUS装置的天然气发电，而煤电则几乎完全被淘汰。

现有清洁能源技术还远远无法支撑绿色低碳转型的需要。按照国际能源署（IEA）的评估，在支撑2 ℃以内温升目标实现所需的38项关键清洁能源技术中，仅有太阳能电池、生物质能、电动汽车、照明4项技术的发展进度符合需要（on track），海上风电、智能电网、生物能源、核电、氢能、水泥生产等23项技术的发展需要加速（more efforts needed），而CCUS、地热能、海洋能、制冷等11项技术的发展完全无法满足需要（not on track）。

因此，应对气候变化目标的实现，能源、工业、建筑、交通和城市的绿色低碳转型需要各国继续加大投入、创造政策环境并凝聚各界力量，推动应对气候变化减缓和适应技术的研发和应用，加速推动全球向绿色低碳、可持续发展转型。全球应对气候变化行动力度的提升，关键在于以下几个方面。

一是加大研发投入，加快相关领域科技发展和示范应用。绿色低碳科技创新是弥补排放差距的关键手段，应积极加强相关领域技术研发，推动现有技术推广、行为模式创新与对新兴技术的投资、市场创新等举措有机结合，为全球向绿色低碳、可持续发展转型提供科技支撑，切实减少温室气体排放。

二是制定相应支持政策，为气候行动提供保障。为弥补排放差距并确保长期脱碳进程与《巴黎协定》目标一致，各国须积极出台并完善国内政策制度，进一步强化国家自主贡献减缓与适应目标，提升应对气候变化行动开展力度，同时通过财政税收改革等措施推动减排成本降低，提升社会可接受度，促进社会平稳、切实转型。

三是充分发挥社会各界在实现减排目标方面的重要作用。除各国政府外，非国家行为体和次国家行为体减排潜力巨大，但目前影响力有限，且缺乏行动统筹。应进一步加大对全球气候治理多元主体观点和力量的凝聚，与国际气候治理进程结合，成为全球应对气候变化行动更有力的补充。

（撰稿人：汪　航　刘家琰　张　贤　仲　平）

全球能源格局开启转型之路

近年来，可再生能源呈现快速增长态势，全球能源转型速度加快，能源系统正在发生深层次变革，对社会经济发展、环境保护及全球地缘政治格局都将产生复杂而深远的影响。国际能源署（IEA）在其《世界能源展望2018》报告中指出，全球能源结构正在发生重大变化——从电气化不断向可再生能源发展，从石油产量动荡到天然气市场全球化，各国政府做出的政策抉择将决定未来能源系统的形态。英国石油公司（BP）发布《世界能源展望2018》报告预测指出，到2040年，全球能源结构将呈现最为多元化的态势，石油、天然气、煤炭和非化石燃料各占1/4；石油需求在持续增长后趋于平稳；天然气需求增长强劲，超过煤炭成为第二大能源来源；可再生能源将增长近5倍，在一次能源供应量中的占比将增至14%，可再生能源发电量将比2018年增加2倍，占到全球电力消费总量的40%。

一、全球能源需求持续增长

受到发达国家经济复苏、新兴经济体需求旺盛和能效改善速度下滑的影响，全球能源需求持续增长。根据BP 2018年7月发布的《世界能源统计年鉴2018》统计，2017年，全球能源需求增长了2.2%，高于其过去10年的平均值（1.7%）。其中，全球石油需求增长1.8%，但石油产量仅增长60万桶/日，连续第二年低于历史平均增速；天然气强势增长，消费量增长3%，产量增长4%；全球煤炭产量增长3.2%，消费量增长1.0%，是2013年以来首次出现反弹；以风能、太阳能为首的可再生能源发电量增长17%，高于过去10年的平均增速，创下历史最大增幅；全球核电增长1.1%，高于过去10年的平均值，中国大陆和日本的核电增长一定程度上被韩国和中国台湾的下降所抵消。中国连续17年稳居全球能源增长榜首。2017年，中国占全球能源消费量的23.2%和全球能源消费增长的

33.6%。OECD 国家也是全球能源需求增长的主要驱动力，尤其是欧盟（同比增长 1.6%）。虽然可再生能源和低碳燃料（如天然气）快速发展，但 2017 年传统化石燃料（如煤炭）消费市场仍呈现复苏趋势，能源系统绿色低碳转型任重道远。2017 年，煤炭仍是电力主体来源，在全球电力中占比高达 38.1%，相当于天然气发电和水电之和。

BP 的《世界能源展望 2018》报告预测认为，未来 25 年（2016—2040 年），新兴经济体将保持经济强劲增长态势，全球 GDP 翻番，全球能源需求预计增长约 35%，年均增长率达 1.3%；中国和印度将占增长的一半以上。其中，天然气需求持续旺盛，年均增幅为 1.6%，是需求增长最快的化石燃料，到 2025 年将超过煤炭成为第二大燃料来源；石油仍将是主要燃料来源，其需求将持续增加，但年均增幅放缓至 0.5%，到 2035 年石油日均需求量将达到 1.05 亿桶；全球煤炭需求增长将出现停滞，到 2040 年煤炭在一次能源供应中所占份额将降至 21%，为工业革命以来的最低水平，主要原因是中国和 OECD 国家向更清洁、更低碳的燃料转型致使全球煤炭需求大幅下降。

另据 IEA 预测，到 2040 年，全球能源需求将较 2018 年增长 25%。IEA 在其 2018 年 12 月发布的《煤炭 2018—分析预测至 2023 年》报告中指出，2017 年，全球煤炭需求恢复增长，达到 75.85 亿吨，到 2023 年，全球煤炭需求将保持稳定，欧洲和美国煤炭需求的下降将被印度和其他亚洲国家的增长所抵消。IEA 在其 2018 年 7 月发布的《天然气市场 2018》报告中指出，全球天然气市场正在经历深刻变革：未来五年（2018—2023 年），全球天然气需求将快速增长，年均增幅将达到 1.6%；中国将逐步成为全球最大的天然气进口国；工业部门将取代电力行业成为全球天然气需求增长的主要驱动力，美国将引领全球天然气供应和液化天然气出口增长。

伴随着能源需求的持续增长，全球能源研发投资显著增加。根据 IEA 2018 年 8 月发布的《全球能源投资报告 2018》，2017 年全球能源研发投资总额为 1150 亿美元，较 2016 年增长了 2.5%，其中近 3/4 的经费来自私营部门。过去 5 年，私营部门能源研发经费的年均增长率一直维持在 2% 的水平，但 2017 年大幅增长至 8%，预计未来几年，私营部门的能源研发经费投入将持续增长，但增速会有所放缓。另外，政府在能源研发领域扮演的角色越来越重要，尤其是在基础和高风险能源技术研发领域。2017 年，政府能源研发支出增加了约 8%，达到了 270 亿美元的历史最高值，这主要是因为绿色低碳能源研发投入增加。2017 年，政府对绿色低碳能源技术的研发投入上涨了 13%，达到 220 亿美元，约占政府公共能源研发经费总额的 3/4。

二、各国能源政策助推能源转型

近些年，在各国能源政策的激励和推动下，可再生能源在全球得以快速发展，加快从依赖化石能源的传统能源系统向以可再生能源为主体的现代能源系统转型。

（一）美国政府重振和扩张核工业

美国总统特朗普将能源视作为美国提供就业岗位、发展机会和安全保障的开路先锋。重振和扩张美国核工业是特朗普推动美国进入能源主导时代的第一项举措。2018 年 9 月，美国总统特朗普签署了《核能创新能力法案》，要求美国能源部（DOE）修建一座“多功能中子源”，并建立一家国家反应堆创新中心，使得美国创新者能够在本国本土制造商业前反应堆原型。2019 年 1 月 14 日，《核能创新及现代化法案》经美国总统特朗普签署后正式成为法律，简化和加快了美国为先进核反应堆颁发许可证的程序。根据美国《2019 财年联邦政府预算案》，DOE 的预算总额为 306 亿美元，用于保障美国人民获得可负担、可靠能源，促进美国国家安全和经济增长。其中，美国国家核安全局（NNSA）的预算增加了 17.5%，约占 DOE 预算总额的一半。相形之下，DOE 其他部门资金大幅削减，尤其是能源效率与可再生能源办公室（EERE），该部门以先进的运输、风能及太阳能为主。在预算中，该项目只获得 6.96 亿美元，比 2017 年预算减少了 13 亿美元。此外，能源创新研发相关计划的预算为 25 亿美元，也比 2017 财年减少了 19 亿美元。

（二）日本推动太阳能和风能成为主力电源

自 2012 年 7 月推行可再生能源固定价格收购制度以来，日本可再生能源装机容量增长了 2.7 倍，可再生能源发电量占比由 2010 年的 10.0% 升至 2017 年的 15.6%，其中，太阳能光伏发电约占全国总发电量的 5.7%，而风电、地热发电和生物质发电分别占 0.6%、0.2% 和 1.5%。2018 年 7 月 3 日，日本政府公布了《第五期能源基本计划》，首次将可再生能源定位为 2050 年的“主力能源”，坚持继续发展核电，并提出通过淘汰落后低效的火力发电技术装备来发展清洁高效火电。为降低可再生能源发电成本，日本政府将推进技术研发创新，修订现行的可再生能源固定价格收购制度，推广实施可再生能源招标制和领跑者制度，逐步取消可再生能源补贴，实现可再生能源经济自立，以减轻国民过重的可再生能源附加税金负担。日本政府提出的电力结构优化目标是，到 2030 年，日本可再生能源发电量占比提升至 22% ～ 24%，核电占比降至 20% ～ 22%，火电占比降至

56%，能源自给率从2016年的8%提升至24%。为此，日本政府将努力构建多维、多元、柔性的能源供需体系；以发展氢能战略为基础，对制度和基础设施等进行战略性调整，积极构建氢能社会；以安全为前提，推进核电重启工作，强调核电是实现脱碳化目标的重要选择；推进能源系统改革，逐步取消不合理的补贴制度，创设新的绿色电力交易市场。

（三）英国和加拿大发起“发电弃用煤炭联盟”

2018年2月，英国和加拿大在德国波恩《联合国气候变化框架公约》第23届缔约方大会（COP23）上联合发起“发电弃用煤炭联盟”，旨在联合各国政府、企业和民间组织力量共同采取行动，承诺制定各自煤炭淘汰目标，推动世界从依赖煤炭为主体的能源系统向清洁现代能源系统转型。为此，英国制定了清洁能源计划，目标是在2025年前完全淘汰燃煤电厂项目，并且努力将联盟成员扩大至50个，引领其他国家结束煤炭发电。荷兰政府2018年7月宣布将从2030年开始禁止使用煤炭发电，并要求国内两家运营多年的燃煤电厂在2024年年底前关闭，3家全新的燃煤电厂在2029年年底前关闭。以色列政府2018年12月宣布加入该联盟，计划在2030年前停止使用煤炭。截至2018年12月，共有80个成员加入“发电弃用煤炭联盟”，包括30个国家政府、22个地方政府和28个企业或组织。德国是西北欧国家中最后一个将煤电作为主要电力来源的国家，其煤电占比高达40%。德国计划到2022年将煤电从当前的42.6吉瓦减至30吉瓦，到2030年减至17吉瓦。2019年1月，德国煤炭退出委员会宣布将在2038年前关闭所有煤炭火力发电厂。德国将逐步停止以煤炭作为电力来源，并将可再生能源发电占比从现在的38%提高至2030年的65%。智利也表示将逐步关闭现有的燃煤电厂，到2030年，其燃煤电厂将仅占其电力生产的25%，可再生能源发电预计将覆盖剩余的75%。

（四）法国确定未来10年能源发展路线图

2018年11月27日，法国总统马克龙发布了能源发展多年计划，确立了法国未来10年能源发展的路线图。根据该计划，到2035年，法国核电占比将降至50%，发电量900兆瓦的14个反应堆将在2035年停止运行，与此同时，法国将大力发展可再生能源。法国政府计划将风力发电场增至当前的3倍，并将太阳能发电增至当前的5倍。法国还将大力发展水力发电。2018—2028年，法国可再生能源投资总额将达到710亿欧元。

（五）澳大利亚等国积极布局氢能产业

IEA在其《世界能源展望2018》报告中指出，由于性质与天然气类似，而且具有燃烧时能提供更多热量且不产生二氧化碳的双重优势，氢能在未来能源结构中将占有举足轻重的地位。澳大利亚、日本、韩国已开始布局氢能产业。据测算，到 2030 年，中国、日本、韩国及新加坡的氢能市场规模将达到 70 亿美元。

澳大利亚联邦科学与工业组织（CSIRO）2018 年 10 月发布了《国家氢能发展路线图：迈向经济可持续发展的氢能产业》，描绘了澳大利亚氢能产业的未来发展蓝图，将氢气生产、存储和运输技术确定为其研究重点。澳大利亚政府为此成立了“可再生氢能委员会”，其成员包括澳大利亚能源部办公室及相关政府官员，以及澳大利亚能源企业伍德赛德公司、法国 Engie 公司、挪威 Yara 公司等跨国能源企业，将共同制定土地资源利用计划，结合风电与太阳能发电生产氢气。

日本新能源产业技术综合开发机构（NEDO）联合东芝能源公司、日本东北电力株式会社及岩谷产业株式会社在日本福岛县建造全球最大规模的可再生能源电力制氢系统——福岛氢能源研究站。该系统制备的氢能发电功率可达 1 万千瓦，预计 2019 年 10 月前完工试运行，到 2020 年 7 月正式投产，年产氢量将高达 900 吨，用于燃料电池汽车、燃料电池公共汽车、工厂供电等领域，推进日本氢能社会建设。

韩国政府把氢能产业定位为其三大战略投资领域之一，并于 2019 年 1 月发布了《氢能经济发展路线图》，旨在大力发展氢能产业，引领全球氢燃料电池汽车和燃料电池市场发展，力争到 2030 年，韩国在氢燃料电池汽车和燃料电池领域的市场占有率达到世界第一。根据该路线图，韩国政府计划到 2040 年，氢燃料电池汽车累计产量由目前的 2000 余辆增至 620 万辆，氢燃料电池汽车充电站从现有的 14 个增至 1200 个，燃料电池产量扩大至 15 吉瓦，并在公共交通领域普及 4 万辆氢燃料电池公交车。在建设氢燃料汽车充电站方面，韩国政府考虑为建设氢燃料汽车充电站提供补贴，并通过“监管沙盒”等放宽管制措施，积极吸引民间资本的参与。

三、可再生能源发展任重道远

2017 年是可再生能源飞跃发展的一年。成本下降、政策支持、投资增加、商业模式不断创新、能源安全与环境问题受关注度上升及发展中国家和新兴经济体日益增加的能源需求等因素都在推动可再生能源在全球快速发展。UNEP 和彭博新能源财经 2018 年 5 月联合发布的《全球可再生能源投资趋势报告 2018》指出，2017 年全球可再生能源投资总额（不含水电）上涨了 2%，从 2016 年的 2416 亿美元增至 2798 亿美元，其中，中国、澳大利亚、墨西哥、瑞典、埃及、阿联酋等国投资增幅靠前；而美国、德国、英国、日本等国的投资有所下降。根据 BP 发布的《世界能源统计年鉴 2018》，2017 年，可再生能源发电量（不含水电）

约占全球发电量增量的近一半（49%），同比增长17%，略高于过去10年平均值（16.2%）。另根据21世纪可再生能源政策网络（REN21）2018年6月发布的《全球可再生能源现状报告2018》，2017年，全球可再生能源新增装机容量178吉瓦，较2016年增加了约9%，超过化石能源新增装机容量，创历史新高，全球累计装机容量达到2195吉瓦。

IEA分析预测指出，未来5年，可再生能源将延续强劲增势，占全球能源消费增长的40%。可再生能源在电力部门将继续以最快的速度增长，并且到2023年将占到世界发电总量的近1/3。欧盟在2018年年底发布了新的“促进可再生能源使用指令（EU）2018/2001”，将2020年可再生能源在全欧盟能源消耗中的占比目标从20%提高到32%。德国联邦下议院2018年12月批准了德国政府促进绿色能源生产的计划，未来3年，德国将额外增加8吉瓦的风能和太阳能发电量。德国政府计划到2030年，将可再生能源在德国电力结构中的占比从2018年的38%提高到65%；将太阳能发电补贴从每千瓦时11.09欧元降至8.9欧元。丹麦政府提出的可再生能源计划目标是：到2030年可再生资源能够满足其一半能源需求，到2050年彻底摆脱化石燃料。西班牙政府在2018年11月发布了《气候变化和能源转型法草案》，力争到2030年，实现70%的可再生能源发电占比，到2050年实现100%可再生能源发电。

（一）太阳能保持高速发展

2017年，随着成本快速下降，全球太阳能光伏发电保持高速发展态势。根据REN21发布的《全球可再生能源现状报告2018》，太阳能光伏发电新增装机容量98吉瓦，创历史新高，超过燃煤发电、天然气发电和核电新增装机容量之和，在全球新增装机总量中的占比最高，约55%。另据欧洲光伏产业协会（SolarPower Europe）发布的《2018—2022年全球太阳能光伏市场展望》报告，截至2017年年底，全球累计光伏发电装机容量达到404.5吉瓦，同比增长33%。2017年，全球新增光伏发电装机容量99.1吉瓦，比2016年增长了近30%，主要贡献来自亚太市场，新增装机容量73.7吉瓦，累计光伏发电装机容量达到221.3吉瓦，占全球光伏发电装机总容量的一半以上，是全球第一大光伏市场；紧随其后的是欧洲光伏市场，新增装机容量9.2吉瓦，同比增长30%，累计装机容量达到114吉瓦，约占全球光伏装机总容量的28%；美洲地区以59.2吉瓦的累计装机容量位列全球第三大光伏市场，在全球光伏发电装机总容量中的占比约为15%。从国别来看，2017年，中国光伏市场表现最为突出，新增装机容量大幅增长53%，从2016年的34.5吉瓦增至52.8吉瓦，占到全球新增装机容量的一半以上，成为全球光伏发电装机容量增幅最大的国家；美国紧随其后，2017年新增光伏发电装机容量10.6吉瓦；印度和日本分居第三和第四，分别增加了9.6吉瓦和 7.2 吉瓦。截至 2017 年年底，全球累计光伏发电装机前 10 位国家的装机容量均超过 5 吉瓦：其中，中国以 129.4 吉瓦（约占全球总装机的 32%）独占鳌头；美国和日本分别以 51.5 吉瓦（13%）和 49.3 吉瓦（12%）分列第二和第三；德国（42.9 吉瓦，10.6%）、意大利（19.4 吉瓦，5%）、印度（19 吉瓦，4.7%）、英国（12.7 吉瓦，3%）、法国（8 吉瓦，2%）、澳大利亚（7.3 吉瓦，1.8%）和西班牙（5.6 吉瓦，1%）分列第四到第十。欧洲光伏产业协会预测指出，到 2022 年，全球光伏市场新增装机容量将达到 100.6 吉瓦至 232.6 吉瓦，累计装机容量达到 813.3 吉瓦至 1270.5 吉瓦。另据 IEA 预测，到 2025 年，太阳能光伏发电将超过风电；到 21 世纪 30 年代中期，光伏发电将超过燃煤发电，成为仅次于天然气发电的第二大发电技术。

UNEP 和彭博新能源财经在其联合发布的《全球可再生能源投资趋势报告 2018》中指出，2017 年，太阳能发电在全球新能源发电投资中占据主导地位，获得的投资额高达 1608 亿美元。此外，很多国家加大了对太阳能发电技术研发的资金支持力度。DOE 2018 年 4 月宣布资助 1.055 亿美元用于支持 70 个太阳能发电研发新项目，以改进太阳能光伏发电和太阳能热发电技术，提高光电转换效率和降低发电成本，优化太阳能发电并网流程，提升太阳能电力并入电网的稳定性，并为太阳能发电产业数字化发展培育相关专业人才，维持美国在太阳能领域的世界领先地位。2018 年 6 月底，美国国税局（IRS）规定，只要开发商在 2019 年 12 月 31 日前“开始建设”太阳能发电项目并在 2023 年年底完成，就有资格获得全部 30% 的投资税收抵免。欧盟 2018 年 12 月宣布出资 500 万欧元供欧洲的多个研究所、大学和公司共同进行钙钛矿太阳能发电技术的研究。

随着越来越多的欧盟成员国选用太阳能来实现其 2020 年可再生能源目标，未来几年，欧盟光伏发电装机容量预计会出现强劲增长。据欧洲光伏产业协会统计，2017 年，欧洲新增并网光伏发电装机容量大幅增加 28%，从 2016 年的 6.72 吉瓦增至 8.61 吉瓦，其中，欧盟 28 个成员国新增并网光伏发电装机容量增长 6%，达到 6.03 吉瓦。土耳其是全欧洲光伏发电装机容量增幅最大的国家，新增装机容量达 1.79 吉瓦，较 2016 年大幅飙涨了 213%；德国次之，2017 年新增光伏发电装机容量 1.75 吉瓦，同比增长 23%；英国以 912 兆瓦位列第三，较 2016 年下降 45%，这是因为英国缩减了太阳能补贴计划；法国和荷兰分居第四和第五，分别增加了 887 兆瓦和 853 兆瓦，荷兰计划 3 年内建设世界首座大型浮动式海上太阳能发电站；西班牙 2017 年新增装机容量 135 兆瓦，同比增幅达 145%。法国政府计划到 2025 年，动员 2000 公顷土地用于太阳能园区建设，同时负担 40% 的连接太阳能板输电网络的费用，并从 2019 年起提高购买太阳能暖气和太阳能热水器的津贴，其目标是到 2023 年太阳能发电总功率达到 18.2 吉瓦至 20.2 吉瓦。意大利政府在其《2030 年气候与能源国家综合计划》中提出，到 2030 年将太阳能发电量从目前的 72 太瓦时增至 74 太瓦时，太阳能发电装机容量从 54.0 吉瓦增至 93.1 吉瓦，占到该国可再生能源发电量的一半。瑞典能源署为其 2018 年太阳能补贴计划额外拨款 5.25 亿瑞典克朗，为购买和安装太阳能的房主、企业和公共组织提供 30% 的补贴折扣。截至 2017 年年底，瑞典光伏发电装机量累计 231 兆瓦。

从亚洲来看，太阳能发展如火如荼。2017 年日本太阳能发电累计装机容量达到近 50 吉瓦。日本政府决定从 2018 年开始将输出在 10 千瓦以上的产业用太阳能发电收购价格从 21 日元 / 千瓦时降至 18 日元 / 千瓦时，以减轻消费者负担，加快太阳能发电业者的淘汰速度。与德国、法国、美国等国仅 5 ～ 10 日元的太阳能发电收购价格相比，日本收购价仍偏高，今后数年内，日本计划把收购价压低至 10 日元左右。对于 10 千瓦以下的家庭用太阳能发电收购价格部分，日本政府计划 2019 年将收购价降至 24 日元，比 2012 年减少了 40% 以上。韩国政府 2018 年 10 月宣布投资 5690 亿韩元、融资 10 万亿韩元民间资本在全罗北道新万金海堤建设 400 万千瓦规模的超大型太阳能 - 海上风电综合发电项目。该项目全部投产后的发电量相当于 4 台核电机组。印度 2018 年新增太阳能发电装机容量 8.9 吉瓦。印度北方邦政府计划未来 5 年建设 6000 个太阳能发电厂。2018 年 3 月，印度牵头成立了由 121 个国家组成的国际太阳能联盟（ISA），资助 15 个国家的 27 个太阳能项目，总价值 14 亿美元，同时成立太阳能技术委员会负责太阳能技术开发，在会员国建立 500 个训练基地，领导太阳能研发。印度的目标是筹集 1 万亿美元投资，到 2030 年达到 1000 吉瓦太阳能发电装机容量。印度新能源和可再生能源部（MNRE）在 2018 年 5 月出台了风能 - 太阳能混合电力政策，鼓励涉及风能和太阳能光伏电站联合运营的新技术研发，目标是到 2022 年实现 10 吉瓦的风光互补系统容量。印度政府希望到 2020 年，印度太阳能发电累计装机容量达到 225 吉瓦，到 2030 年达到 320 吉瓦。

在非洲，太阳能也得到迅速推广和应用。根据中东太阳能产业协会（MESIA）发布的《2018 年太阳能展望报告》，非洲筹划的太阳能光伏发电装机容量达 11.86 吉瓦，在建大型太阳能光伏发电项目 4.9 吉瓦，其中 1.8 吉瓦位于埃及，约旦和摩洛哥总计近 1 吉瓦。中东和北非运营中的大规模太阳能发电项目约 1.36 吉瓦，其中，约旦 467 兆瓦，阿尔及利亚 353 兆瓦，阿联酋 323 兆瓦。埃及在 2018 年 3 月签署加入了全球太阳能联盟的框架协议。南非能源部 2018 年 8 月发布了新的综合资源计划（IRP）草案，计划到 2030 年新增 5670 兆瓦的太阳能发电装机容量。

（二）全球风电行业不断壮大

当前，伴随着风电技术的快速发展和新商业模式的涌现，风电成本不断下降，风电在很多国家的能源市场已经成为一种完全商业化且不需要补贴的能源，其价格已经可以与重补贴的化石能源和核能在市场上展开竞争。2017 年，摩洛哥、印度、墨西哥和加拿大等国家的风电价格已降至 0.03 美元 / 千瓦时。在德国，全球首个“无补贴”的海上风电项目成功实现招标，荷兰在 2018 年也迎来了“无补贴”海上风电项目。由于德国和英国等主要国家市场开始从基于补贴的市场模式转变为竞争性拍卖模式，风电行业的发展速度有所放缓，但成本下降和优惠政策仍推动风电行业保持快速发展步伐。根据全球风能理事会（GWEC）2018 年 7 月发布的《全球风电市场：2017 现状和 2022 展望》报告，2017 年，全球新增风电装机容量约 52.5 吉瓦，累计装机容量达 539 吉瓦；预计到 2022 年，全球风电累计装机容量将达到 840 吉瓦。2017 年新增风电装机容量排名前五的国家依次为中国、美国、德国、英国和印度。此外，巴基斯坦、泰国、越南等国家的风电装机容量也在快速增长，芬兰、比利时、爱尔兰和克罗地亚等国家实现了大幅增长。截至 2017 年年底，全球有 30 个国家的风电累计装机容量超过 1 吉瓦，其中，18 个在欧洲，5 个在亚洲和大洋洲（中国、印度、日本、韩国、澳大利亚），3 个在北美洲（加拿大、墨西哥、美国），3 个在南美洲（巴西、智利、乌拉圭），1 个在非洲（南非）；9 个国家累计装机容量超过 10 吉瓦，分别是中国、美国、德国、印度、西班牙、英国、法国、巴西和加拿大。

在北美地区，2017 年风电市场持续强劲发展。美国以 7.1 吉瓦的年度新增装机容量再次主导北美市场；加拿大新增风电装机容量 341 兆瓦；墨西哥新增 478 兆瓦；预计未来 5 年，北美地区新增风电装机容量约 53.6 吉瓦，累计装机容量将达 159 吉瓦。

在欧洲地区，风电行业也实现了创纪录增长，2017 年新增装机容量 16.8 吉瓦。其中，德国新增装机容量最多，达 6.6 吉瓦，紧随其后的是英国（4.2 吉瓦）和法国（1.7 吉瓦）。截至 2017 年年底，全欧洲风电累计装机容量达 178 吉瓦，其中，德国、西班牙和英国分别以 56.1 吉瓦、23.2 吉瓦和 18.9 吉瓦位居前三。瑞典、波兰、葡萄牙、丹麦和土耳其 5 个国家的累计装机容量都超过 5 吉瓦；奥地利、比利时、芬兰、希腊、爱尔兰、荷兰和罗马尼亚 7 个国家的累计装机容量都超过 1 吉瓦。预计到 2022 年，欧洲风电装机容量将新增 76 吉瓦，累计装机容量将达到 254 吉瓦。据欧洲风能协会统计，2017 年，欧洲风电行业的总投资额为 522 亿欧元，创下历史新高。欧洲风电行业将在未来 5 年实现稳健增长。奥地利近 5 年投资 24 亿欧元发展风电，超过其对其他工业部门的投资。截至 2017 年年底，奥地利共有 1260 台风力发电设备，累计装机容量达 2844 兆瓦，每年可发电 70 亿千瓦时，占全国电力需求的 11%。预计到 2022 年，风电可满足奥地利 19% 的电力需求，到 2030 年这一比例有望升至 26%。在东欧，风力发电拍卖正变得越来越受欢迎，未来 10 年，该市场预计将比 2017 年的 142 兆瓦增长 2 倍以上。乌克兰将在 2019 年年底前完成上网电价计划向竞争性拍卖的过渡。

亚洲地区仍然是全球风电增长的引擎。2017 年，风电新增装机容量达 24.4 吉瓦，占同期全球新增装机容量的近一半。其中，中国以新增装机容量 19.5 吉瓦继续领跑亚洲排行榜，累计装机容量 188 吉瓦，稳居全球风电市场第一。未来 5 年，随着中国国家电力需求增速放缓及太阳能计划的实施，中国风电增速预计会趋缓。作为亚洲第二大风电市场，印度 2017 年新增装机容量 4.1 吉瓦，累计装机容量 32.8 吉瓦。巴基斯坦（199 兆瓦）、日本（177 兆瓦）、韩国（106 兆瓦）、越南（38 兆瓦）和泰国（24 兆瓦）等亚洲国家的风电装机容量也都有所增长。未来 5 年，亚洲市场风电装机容量预计新增 141.7 吉瓦，到 2022 年年底累计装机容量将达到 370 吉瓦。

在南美地区，巴西表现最佳，以新增风电装机容量 2 吉瓦引领该地区风电市场增长。乌拉圭新增风电装机容量 295 兆瓦，累计装机容量达 1.5 吉瓦，极其接近实现其 100% 可再生能源供电目标。阿根廷风电装机容量从 2018 年开始出现明显增长。预计到 2022 年，南美地区的新增风电装机容量将达到 16 吉瓦，累计装机容量将达到 34 吉瓦。

在非洲地区，南非一枝独秀，2017 年新增风电装机容量 618 兆瓦。根据南非能源部 2018 年 8 月发布的新的综合资源计划（IRP）草案，南非计划到 2030 年新增 8100 兆瓦的风电装机容量，累计装机容量达到 11.4 吉瓦。肯尼亚和摩洛哥的一批新建风电项目在 2018 年完工并投入使用。

与陆上风电相比，海上风电在规模和高度方面的限制较少，因此，近年来相关投资大幅增加。2017 年全球新增海上风电装机容量达创纪录的 4.3 吉瓦，比 2016 年大幅增长了 87%；全球海上风电累计装机容量达 18.8 吉瓦，占全球风电装机总量的 3.5%。全球近 84% 的海上风电装机容量位于 11 个欧洲国家海岸附近的海域，16% 位于中国大陆，其余位于越南、日本、韩国、美国和中国台湾地区。英国是全球最大的海上风电市场，累计装机容量为 6.8 吉瓦，德国次之，中国第三，随后是丹麦、荷兰、比利时和瑞典。波兰政府 2018 年提出，到 2035 年开发 800 万千瓦的海上风电。为此，波兰政府修订了《可再生能源法》，加大了对海上风电和其他清洁能源的投资力度。德国政府承诺到 2030 年将海上风电装机容量目标从 15 吉瓦提升至 20 吉瓦。丹麦政府计划到 2030 年建造 3 座新的海上风电场，总装机容量至少达到 2400 兆瓦，以求实现到 2030 年，可再生能源供应全国 55% 能源的目标。MNRE2018 年 6 月宣布了印度中长期海上风电目标，即到 2022 年达到 5 吉瓦的海上风电装机容量，到 2030 年达到 30 吉瓦的装机容量。

（三）生物质能大有可为

生物质能主要用于电力、交通和供热 3 个方面，被称为继煤炭、石油、天然气后的第四代能源。IEA 和中国发展改革委能源研究所联合发布的《可再生能源市场报告 2018》认为，生物质能是可再生能源中被忽视的巨人。2017 年，在全球消费的可再生能源中，半数来自生物质能，其贡献额是太阳能和风能总和的 4 倍；预计到 2023 年，生物质能将占到全球可再生能源消费增量的 30%。

为了更好地利用生物质能，很多国家增加了生物质能研发和生产投入。DOE 2018 年 5 月宣布投资 7800 万美元用于支持先进生物质能源技术研发项目，使各类生物质能更有效地转化为经济实惠的生物燃料及生物质电力和生物制品。NEDO 2018 年 10 月宣布在“区域性生物质利用系统实证研究计划”框架下资助 23 亿日元，用于支持生物质能研究项目，以便在不同地区发展具有当地特色的生物质利用系统，扩大生物质能在日本能源系统中的占比，应对气候和能源挑战，创造就业和促进经济增长。英国气候变化委员会 2018 年 11 月发布的研究报告认为，生物质原料可在英国经济的脱碳中发挥重要作用，到 2050 年，生物质可以满足英国 15% 的能源需求。该报告建议英国建立其森林和陆地碳储备，增加可持续的生物质供应；加强英国和国际社会对生物质原料的管理；确保生物质以最有效的方式得以利用。瑞士通过征收碳税实施生物质能生产补助计划，加快生物质能的发展。瑞士政府 2018 年将最高碳税从 104 欧元提高到 182 欧元。葡萄牙投资 3.2 亿欧元建设生物质能工厂的计划 2019 年年初获得欧盟批准，实施期限为 15 年。

在各国政府的积极支持和推动下，全球生物质能发电得到了前所未有的发展。据国际可再生能源机构（IRENA）统计，2008 年全球生物质能发电装机容量仅 53.86 吉瓦，到 2017 年增至 109.21 吉瓦，10 年间翻了一番。2018 年，全球生物质能发电装机容量预计增至 117.25 吉瓦，同比增长 7.36%。从区域来看，2017 年，欧洲国家生物质能发电装机容量为 36.44 吉瓦，占全球生物质能发电装机容量的 33.36%；美洲国家的装机容量为 33.15 吉瓦，全球占比为 30.35%；亚洲国家的装机容量为 32.92 吉瓦，全球占比为 30.14%。另据德国咨询公司 Ecoprog 统计，全球生物质能发电厂数量不断增加，截至 2018 年年底，全球共有 3800 个生物质能发电厂，装机容量约 60 吉瓦，预计到 2027 年年底，全球生物质能发电厂将增至 5700 个。2018 年，波兰首次组织了生物质能发电厂拍卖，多数投资者持观望态度。芬兰在 2018 年年底推出了有利于生物质能发电的拍卖系统。日本降低了对生物质能发电项目的补贴。东芝能源系统解决方案集团与日本大田市共同投资约 200 亿日元在大田市建造 2 座 22 兆瓦的生物质能发电厂，预计 2022 年春季投入使用。

从交通运输角度来看，IRENA 的统计数据显示，2017 年，全球生物燃料产量约 8412.1 万吨油当量，其中美洲表现最为抢眼，达到 6085.9 万吨油当量，全球占比高达 72.35%。美国 2017 年生物燃料产量为 3693.6 万吨油当量，全球占比为 43.91%；欧洲国家生物燃料产量为 1416.7 万吨油当量，全球占比为 16.84%；亚太地区为 903.1 万吨油当量，全球占比为 10.74%。IEA 认为，全球生物燃料产量将继续攀升，到 2023 年达到 1650 亿升。全球约 50% 的新增生物燃料将出现在亚洲国家，主要分布在中国、印度和东南亚国家联盟。作为生物燃料大国，巴西加大了对现有生物燃料工厂的扶持力度。巴西国家能源政策委员会 2018 年 11 月提出，到 2023 年将在巴西销售的生物柴油与常规柴油的混合比例从目前的 10% 逐步增至 15%，预计巴西生物柴油年产量将从 54 亿升跃升至 100 亿升以上。中国正在全国范围内有序推广车用乙醇汽油。印度出台的生物燃料政策预计到 2020 年也将推动生物燃料产量增加。相形之下，欧盟对传统生物燃料的政策支持力度有所减弱。

生物质能供热在欧洲发展较好，主要分为三大类：一是分散式民用供热，德国、意大利、法国、奥地利应用较多；二是集中式区域供热，代表国家有丹麦、瑞典、立陶宛、芬兰；三是工业供热，典型国家有比利时、芬兰、爱尔兰、葡萄牙、瑞典、斯洛文尼亚。据统计，欧盟 28 个成员国中，使用生物质能供热排名前五的国家分别是德国、法国、瑞典、意大利和芬兰。

四、核电复苏步伐放缓

核能作为一种低排放、高效率的清洁能源，如能得到安全、高效开发和利用，不仅有利于应对全球气候变化挑战，还有助于解决日益严峻的能源需求问题，保障能源安全。当前，受投资减少、融资困难、政策指向分化、电力市场竞争激烈和公众接受度不高等多重因素影响，全球核电发展处于放缓状态。据国际原子能机构（IAEA）统计，截至 2018 年 12 月 28 日，全球共有在运核电机组 454 台，总装机容量 400 吉瓦；在建核电机组 54 台，总装机容量 55 吉瓦；2018 年，全球共有 9 台核电机组新并入网，3 台核电反应堆被永久关闭，1 台开工建造。在运核电机组数量排名前三的国家分别是美国（98 台）、法国（58 台）和中国（46 台）。IAEA 下调了核电未来发展预期，在其发布的《至 2050 年间能源、电力和核电预测报告（2018 年版）》中指出，随着老化反应堆的退役和行业竞争能力的下降，核电在未来几十年内有可能萎缩，难以维持其目前在世界能源结构中的地位。长期来看，全球核电装机容量在 2040 年之前将呈现下降趋势。

IEA 在其 2018 年 8 月发布的《全球能源投资报告 2018》中指出，受新建核电项目投资急剧下滑影响，2017 年全球核电投资为 170 亿美元，大幅下降了 45%，创下 5 年来最低水平。IEA 认为，到 2040 年，核电投资将达到 1.1 万亿美元，核电占比将保持在 10% 左右，中国和印度将引领世界核电生产的增长，中国核电量在 2030 年前将超过美国和欧盟。

2018年，美国核电表现可圈可点，政府支持力度有所加大，但未来数年美国核能发电量预计难有更大增长。2018年6月，DOE宣布投资6400万美元用于支持国家实验室、大学和企业联合开展核能基础研究、交叉技术开发和基础设施领域的创新核能技术研发项目。同年7月，DOE先进能源研究计划署（ARPA-E）宣布资助2400万美元支持“计算机建模助力核能创新和复兴”主题研究计划，利用先进的计算机模拟和仿真技术推动先进核能技术和新型反应堆的研发，降低核电厂建造生产成本和运维投入，提高新型核电技术的经济效益和安全性。DOE还计划到2021年1月底累计将向通用电气、西屋电气和法玛通三大核能企业合作伙伴拨款1.112亿美元，加速推进事故容错型核燃料的研究、开发、测试和商业化，提高核反应堆安全性、可靠性和经济性。据美国能源信息署（EIA）统计，截至2018年年初，美国共有60座核电站、98个核反应堆仍在运行。2018年，美国核能发电量为8.071亿兆瓦时。到2025年，美国核电占比预计将下降17%，而这一份额将被更加廉价的天然气发电、风电及光伏发电所取代。

亚洲是新核电项目建设的重点地区。根据世界核能协会2018年10月发布的《世界核能表现报告2018亚洲版》，2017年，亚洲有480太瓦时的发电量来自核电，比2016年增加了7%。亚洲的核电量占到了全球的19.1%。截至2018年9月底，亚洲共有9个国家37个地区正在建设核电站。其中，中国有13吉瓦的核电站在建，约占全球总产能的1/4。印度有22个可运行的反应堆，总装机容量为6.2吉瓦；7座反应堆在建，总装机容量为4.8吉瓦。印度的核电计划开始对外商开放。印度政府计划到2031年投运21座新核电站，新增总产能将达到15.7吉瓦。印度与法国电力公司2018年3月签订了工业意向书，由法方为印度马哈拉施特拉邦的杰塔普核电站提供6座最新民用压水核反应堆，着力打造年发电量达9.6吉瓦的“世界最大核电站”。日本政府仍将核能作为其重要能源，到2030年，确保核电占日本发电量的20%～22%，以维持日本能源供需结构的长期稳定。2018年9月，日本监管机构批准重启东海2号反应堆，使其反应堆重启总数达到9个。韩国有24个可运行的反应堆，约有1/3的电力来自核电，但韩国政府正在逐步取消核电。2018年6月，韩国水利核电公司（KHNP）宣布取消了4座新反应堆计划；韩国最古老的在运反应堆“Wolsong 1”将在2022年运营许可证结束前退役。孟加拉国、土耳其和阿联酋近两年都开始建造其第一座核电站，沙特阿拉伯和约旦等国家正在考虑核电站建设提案。

欧洲很多国家为了环保正在逐步淘汰火力发电厂与核电站，导致其面临电力供应不足的问题。意大利、芬兰、匈牙利和立陶宛等国从2019年开始依赖电力进口。奥地利、比利时、斯洛伐克和斯洛文尼亚等国在严寒冬季也依赖电力进口。德国计划2022年前关闭10吉瓦的核电装机容量，比利时计划在2025年前关闭6吉瓦的核电装机容量，英国计划在2024—2026年减少4.3吉瓦的核电装机容量。作为核电大国，法国政府也在2018年11月宣布，到2035年将关闭14座核反应堆，装机容量共计900兆瓦，使核电在法国发电结构中的占比从目前的75%降至50%。据法国国家电网统计，截至2018年年底，法国核电累计装机容量63.13吉瓦，约占法国本土发电装机容量的47.5%，2018年法国全年发电总量5490亿千瓦时，其中71.6%来自核电。

（执笔人：王　玲）

生命科学和生物技术创新持续高度活跃

生命科学和生物技术是当前最活跃的前沿科技领域。基于生命科学和生物技术的生物经济是继农业经济、工业经济之后的新一代经济模式，是有望推动、实现可持续发展的重要产业路径。自 20 世纪末，世界主要国家及经济体高度关注生命科学和生物技术的发展，相继通过战略规划、科技计划加强对相关领域的布局和资源配置，大力推进科技研发和产业经济的发展，使之逐渐成为各国科技、产业竞争的焦点领域。2018 年，世界主要国家从战略布局、经费投入、科技监管等多方面持续支持和规范该领域发展；全球生命科学和生物技术研发持续高度活跃，学科间、领域间交叉融合态势进一步凸显，部分领域取得突破性成果。

一、主要国家战略布局持续加强，经费投入稳中有升

2018 年，世界主要国家及经济体持续加强对生命科学和生物技术重点领域的战略布局，在资金配置方面保持稳中有升的态势。

（一）美国

美国持续加强健康领域经费投入，重点推进基因编辑、微生态、生物能源等领域研发布局。自 2015 年，美国连续 4 年增加对国立卫生研究院（NIH）的资助经费；2018 年 NIH 经费达到 370 亿美元，为历史新高（比 2017 年增加 30 亿美元）；2019 年 NIH 经费将持续升高至 391 亿美元（增加 20 亿美元）。2018 年 1 月，NIH 发布《体细胞基因组编辑》，促进基因编辑技术应用于人类疾病治疗，提出将在未来 6 年内投入 1.9 亿美元优化基因编辑技术，推动临床进程。同年

5月，美国国家科学基金会等23个美国政府机构发布成立“微生物组研究跨机构战略计划”（Interagency Strategic Plan for Microbiome Research），以促进微生物组学跨学科、跨领域和跨部门合作研究；同月，美国能源部（DOE）宣布投入0.78亿美元支持早期生物质能源研究和开发，主要包括生物能源工程、藻类系统碳有效利用、先进生物燃料和生物发电工艺开发、可负担和可持续的能源作物四大主题。在生物农业方面，2017年8月美国国家科学院发布的《2030年推进粮食和农业研究的科学突破》提出，将基因编辑、农业微生物等生物技术用于应对未来粮食和农业挑战。

（二）欧盟

2018年4月，欧盟发布《欧洲跨境基因组数据库合作宣言》，推动欧盟在2022年前获得100万个基因组数据，以改善对疾病特别是对罕见疾病、癌症和脑疾病等的理解和预防，推动欧盟精准医疗进程。同年10月，欧盟发布新版生物经济战略——《欧洲可持续发展生物经济：加强经济、社会和环境之间的联系》，新的生物经济战略是2012年生物经济战略的更新升级，旨在发展为欧洲社会、环境和经济服务的可持续和循环型生物经济，设定强化生物产业支持、加快生物经济部署、保护生态系统3项关键目标，并预计在2019年重点部署14项落实措施。

（三）日本

重视推进脑科学、生物技术、智能医疗等领域布局。日本2018年启动“战略性国际脑科学研究推进计划”，通过与既有脑科学计划紧密结合、强化国际合作，重点研究脑功能图像、人类与非人类灵长类比较研究、脑功能机制研究和脑型算法等领域，年度投入17亿日元。6月，日本政府推出了“综合创新战略2018”，将生物技术、健康医疗等纳入需重点加强的主要领域，并提出2019年后将生物产业基础技术、医疗创新技术等纳入官民研究开发投资扩大开放项目（PRISM）予以布局。7月，日本综合科学技术创新会议（CSTI）发布《第二期战略性创新推进计划》（SIP），推进跨领域创新技术研发，并计划2018年度安排325亿日元资助12个为期5年的研发项目，其中包括人工智能医院的先进诊疗系统，重点研发医疗信息数据库、智能医疗信息系统、人工智能诊断/监测和治疗等技术。

（四）英国

2018年，英国政府重点落实2017年发布的《生命科学产业战略》，积极为生物医药产业发展营造环境，促进产业发展战略的落地实施，与产业界合作支持生命科学等重点领域，并通过成立生命科学理事会，协调与监督政府与产业界协议落实。2018 年，生命科学理事会与产业界达成了 2 份合作协议，仿效美国 DARPA（国防部高级研究计划局）机制设立英国的健康先进研究计划，首期从“政府产业挑战基金”投入 2100 万英镑布局数据与早期诊断及精准医疗领域，重点研发基于基因组、人工智能、大数据等技术的早期诊断与精准诊疗技术。此外，英国政府持续重点支持生物医药研发平台建设，设立欧洲最大的生物医药研究所弗朗西斯·克里克研究所，投资 1460 万英镑新建若干医药生产研发中心，并投入 3500 万英镑建设医药技术中心。

（五）德国

德国政府高度重视生命科学研究。2018 年 9 月，德国政府在发布的《高技术战略 2025》中，重点部署国家 10 年抗癌计划、智能医学等 12 项行动计划和重点领域。11 月，联邦内阁发布《联邦政府健康研究框架计划》，提供每年 25 亿欧元的资助，主要用于疾病防治技术研究、医学创新资助、健康领域人才建设等方面，以构建个性化、数字化的健康研究新框架。此外，德国研究基金会 2018 年宣布建立配备有下一代测序技术的西德基因中心、NGS 蒂宾根能力中心、德累斯顿方案基因组中心和基因组分析能力中心 4 个基因技术相关能力中心的建设（总投资 1400 万欧元），并与芬兰、拉脱维亚等 7 个欧洲国家共同筹建欧洲化学生物开放筛选平台，构建欧洲物质库，促进天然药物研发（5 年内拟投入 2000 万欧元）。

（六）俄罗斯

2018 年 2 月，俄罗斯政府发布《2018—2020 年生物技术和基因工程发展措施计划》，旨在通过推动生物技术的应用实现工业现代化，推动生物技术产品开发和出口，并确定生物医药、生物农业、生物工业、生物能源、生物林业、生态生物技术和基因工程等 9 个重点技术领域。5 月，普京总统发布《五月法令》，将卫生保健列入国家工程（纲要），要求在 2024 年前建成国家医学研究中心网络，推广创新型医疗技术，制定并实施防治癌症、心血管疾病计划及儿童健康发展计划。11 月，普京总统签署法令责成政府制定《2019—2027 年遗传技术发展联邦科技计划》，该计划旨在减少俄罗斯科技对外国遗传和生物数据库及外国专业软件和仪器设备的严重依赖性，建立俄罗斯自己的生物信息和遗传数据库，自主研发基本试剂、软件产品及设备原型。俄罗斯科学和高教部建议为此拨款 2205 亿卢布。

（七）其他国家

瑞典政府致力于重视加强生命科学的政策协调和规划设计，2018 年 2 月瑞典成立跨部委生命科学办公室，用于协调政策及优先重点领域发展，编制国家生命科学战略，明确路线图，并做了若干方面的部署：一是提升创新技术在医药卫生服务中的应用；二是整合各方资源开展更多临床试验；三是加强生命科学数据资源共享与利用；四是建设国际化测试平台；五是将数字技术和人工智能用于生命科学研究和医疗服务；六是通过多学科和多资源融合提高新药成本效率。

以色列重点布局数字健康。2018 年，以色列国会通过总投入超过 10 亿谢克尔的《以色列数字健康计划》，旨在支持健康领域的企业、研究机构继续开展医疗健康与数字技术研究。随后，创新署、卫生部、司法部通过 3000 万谢克尔的数字健康试点计划，鼓励以色列企业、科研机构开展更多的创新技术研究和推广。

2018 年，瑞士持续推进国家科研计划，其中，临终医疗研究、抗生素药物耐药性、新型健康护理技术等 11 个科研计划在执行推进中。在基础平台建设方面，瑞士通过国家研究能力中心建设打造国家队的研发平台，当前正在建设的 21 个国家研究能力中心涵盖分子生物化学、大脑及神经机制、肾脏内过程研究等生命科学重点领域。

二、生命科学和生物技术重点领域出现新突破

近年来，生命科学和生物技术重大研发成果不断涌现，加速推动新一轮科技革命和产业变革。2009—2018 年，全球生命科学和生物技术领域发表论文数量占自然科学论文总数的约 40%（不同统计来源数据有差别），在所有领域中稳居第一。当前，生命科学和生物技术发展呈多学科、多领域融合发展态势，诸多领域出现新的突破。

（一）人工智能与生物技术呈融合发展突破

人工智能（AI）技术成为生命科学和生物技术发展的重要助力点，2018 年，AI 与生物技术呈融合发展新突破。

智能诊断技术。AI 与传统诊断技术融合形成的智能诊断技术大幅提升诊断效率和精准度，并推动新诊断方法的建立。2018 年，DeepMind 公司与伦敦 Moorfields 眼科医院研发 AI 眼部诊断工具，可用于快速诊断青光眼、糖尿病视网膜病变和老年性黄斑退化等 50 余种眼科疾病，准确率高达 94%。加拿大等多国学者开发的“AI+ 生物标志物技术”成功用于预测、诊断急性骨髓性白血病，相

比较传统的病理学诊断方法具有无创等优点。此外，多款智能诊断产品上市，如首款糖尿病视网膜病变的智能检测设备 IDx-DR 及实现智能分诊的“AI+CT”组合产品。

AI+ 结构生物学。AI 技术大幅提升了蛋白结构的解析效率。2018 年，DeepMind 公司研发推出“AlphaFold 系统”，用于预测并生成蛋白质的 3D 结构，并在国际蛋白质结构预测竞赛（CASP）上击败了人类参会选手；AlphaFold 在 98 名参赛者中名列榜首，预测了 43 种蛋白质中的 25 种最准确结构，而同一类别的第 2 名参赛队伍只预测出了 43 种中的 3 种。

AI+ 新药研发。AI 技术大幅提升了晶体结构解析和药物合成路径选择的效率。瑞士洛桑联邦理工学院建立的机器学习程序“Shift ML”，用来预测分子中的原子在磁场中的移动状况，计算速度比传统方法快了近万倍。上海大学应用深层神经网络及人工智能算法规划新的化学合成路线，新算法比传统计算机辅助合成路线设计快了近 30 倍。

AI 助力基因编辑精度的提升。新一代基因编辑技术 CRISPR 虽然具有廉价、高效等优点，但其基因编辑精度相对较低。美国麻省理工学院和哈佛大学的研究者开发出了新型计算模型，可以通过机器学习来提升 CRISPR/Cas9 的效果，对致病基因变异实现精准且可预测的编辑。

（二）基因编辑技术快速发展

基因编辑技术是当前最为活跃的生物技术领域之一。2018 年基因编辑技术研究的主要进展主要表现在两方面：一是基因治疗以更快的速度进入临床试验；二是基因编辑技术产权竞争日益激烈。

1. 基因编辑快速推向临床试验

基因治疗监管进一步规范化，程序上进一步简化。近年来，NIH 和 FDA（美国食品药品监督管理局）对治疗疾病基因疗法监管政策呈简化趋势，以适应新兴生物技术医疗产品上市管理的新需求。2018 年，FDA 发布基因疗法六大新指南，宣布大力推进基因疗法研发，为基因疗法的开发、审查和批准推出一个补充框架，其中 3 份是针对血友病、罕见疾病和视网膜疾病的基因治疗产品开发指南，此外还对 3 个现有指南进行了全面更新，解决了与基因治疗相关的制造问题。12 月，FDA 解除对基因编辑技术 CRISPR/Cas9 的人体临床试验禁令，美国 Editas Medicine 和瑞士 Crispr Therapeutic 公司获批在美国开展了 CRISPR/Cas9 技术用于体细胞的首次临床试验。Editas 推动实施了 CRISPR/Cas9 技术药物 DIT-101 的体内试验用于治疗 Leber 先天性黑蒙，Crispr Therapeutics 推动了严重镰状细胞疾病基因编辑药物 CTX001 的首次人体临床试验。

2. 基因编辑技术产权竞争日益激烈

由于基因编辑技术产业化进度不断加速，围绕巨大潜在市场，知识产权的竞争也日趋激烈。专利分析显示，2008—2018年，基因编辑全球PCT和三方专利申请量为2162件，其中，美国遥遥领先，占69.75%（1508件），远高于排名第二的日本4.44%（96件），我国仅占2.68%（58件，排名第五），我国在基因编辑技术产权布局方面相对薄弱。我国是基因编辑技术竞争最激烈的市场国，我国基因编辑技术专利受理数量（专利权国）最多（Innojoy专利数据库），共受理专利申请1505件（占比36.59%）。

2018年，Broad研究所和加州大学围绕CRISPR核心专利归属的竞争仍在继续。9月，美国联邦巡回上诉法院将CRISPR基因组编辑专利（核心专利US869735）授予了Broad研究所。Broad研究所赢得了在美国的专利纠纷，但是关于CRISPR的知识产权之争仍在欧洲继续。2月，欧洲专利局（EPO）撤回了Broad研究所CRISPR/Cas9核心专利（EP2771468），维持了加州大学的CRISPR核心专利。加州大学在欧洲暂时领先，此外，加州大学在英国和中国也已获得CRISPR技术专利授权。

（三）RNA干扰技术获突破性进展

鉴于绝大多数药物是通过影响蛋白的功能发挥药效，而RNA干扰（RNAi）药物则通过令相关基因沉默直接抑制功能异常蛋白的生成，其机制上具有里程碑式的作用，被誉为“2020年后的单抗”。RNAi技术的研究曾于2006年获得了诺贝尔奖，但直到2016年才有突破性进展。首款小干扰RNA（siRNA）药物Onpattro于2018年8月获批上市，用于治疗转甲状腺素蛋白淀粉样变性引起的神经损伤。siRNA药物的获批标志着RNAi疗法的技术平台走向成熟，该项技术突破被列入“*Science*年度十大科学突破”等各大年度科技进展榜单。

（四）微生态将成为疾病防治新路径

人体微生态研究持续推进，2018年该领域的主要突破表现在3个方面：一是“脑肠通路”科学证据的发现；二是微生态药物研发上市进度加速；三是微生态与肿瘤免疫治疗结合已从理论探索向治疗实践推进。

*Nature*多篇论文指出肠道与中枢神经系统之间可能存在着更加直接的迷走神经连接，肠道菌群或可迁移至中枢神经系统。微生态药物研发上市进度加速。一款通过调节肠道菌群达到缓解治疗阿尔兹海默病的新药甘露寡糖二酸由绿谷制药递交上市申请，Finch Therapeutics公司用于治疗复发性艰难梭菌感染（常规抗生素无效）的在研口服全谱微生物产品CP101获得了FDA颁发的突破性疗法认定。

在微生态与免疫治疗方面，*Science* 论文指出，人体微生态与肿瘤免疫治疗结合或可用于治疗实践，同时表明患者体内微生物组成的差异是导致 PD-1/PD-L1 抗体疗效不同的原因之一；*Nature* 论文鉴定出能够协同增强免疫检查点抑制剂作用的“细菌组合”，发现存在于肠道中的部分菌群可以增强对抗感染和癌症的免疫反应；BMS 公司于 2018 年 12 月份开启了 PD-1 抗体（Opdivo）与微生物组候选药物 VE800（Vedanta 公司）联合使用治疗晚期或转移癌症的临床试验。

（五）肿瘤精准诊疗研发高度活跃

肿瘤诊疗是生命科学研究和产业界最为活跃的领域。2018 年诺贝尔生理学或医学奖授予了肿瘤免疫领域，化学奖则授予了酶的定向进化及用于多肽和抗体开发的噬菌体展示技术，诺贝尔奖将肿瘤免疫治疗推向热潮。当前，肿瘤诊疗研发重点聚焦精准诊断和精准治疗技术。

在精准诊断方面，GRAIL 公司研发出可用于多种类型肿瘤高特异性诊断的无细胞 DNA（cfDNA）血液检测技术。在精准治疗方面，基因型抗肿瘤药、细胞治疗、免疫治疗等技术快速发展。2018 年首个突变基因型抗肿瘤药 TRK 抑制剂 Vitrakvi（Larotrectinib）获批上市，用于治疗 NTRK 基因融合突变实体瘤；细胞治疗方面，通用型 CAR-T 技术、CAR-T 实体瘤治疗及不良反应控制等方面研究持续推进；免疫治疗方面，免疫治疗药物适应证拓展、“免疫 + 化疗”和联合免疫治疗等治疗方案的研究持续推进。

三、生物技术产业快速增长

基因编辑、合成生物学、人工智能等技术的快速发展，进一步增强了生命科学和生物技术在医药、工业和农业等领域的应用深度与广度，大幅推进了产业与经济的发展。

（一）生物医药产值及占比持续高增长

2018 年，全球生物制药创新高度活跃，FDA 批准了 59 个新药，包括 42 个新分子实体和 17 个新生物制品，批准数量和通过率皆创近 20 年新高。Deloitte 发布的《2018 年全球生命科学展望》报告指出，全球处方药销售预计将以 6.5% 的复合年均增长率快速增长，到 2022 年达到 10 600 亿美元，其中，生物制剂的全球医药市场占比将超过 1/4；中国生物仿制药在研数量成为第一，并有潜力成为生物仿制药的前沿市场。

生命科学和生物技术领域创新高度活跃，小微初创公司更加聚焦前沿技术，并且具备比大公司更强的特定领域的研发竞争实力。此外，信息技术等非生物医药行业高科技公司也纷纷跨界进入生物医药产业领域，统计显示最大的10家高科技公司中已经有6家进入生命科学领域，聚焦诊断和治疗技术开发，如2018年FDA批准Apple Watch升级为OTC心电图检测产品，具有标志性意义。

（二）基因技术推动生物农业持续发展

在生物农业领域，转基因作物整体发展态势良好，转基因监管政策也持续得以规范。生物农业技术可有效降低化学农药过量使用问题，以CRISPR为代表的基因编辑技术蓬勃发展，也在农业领域中得以快速应用，在增强农作物抗性的同时，大幅降低了育种时间。2018年，国际生物农业技术应用服务组织（ISAAA）发布《2017年全球生物技术/转基因作物商业化发展态势》报告显示，转基因作物种植面积持续升高，2017年，24个国家种植了1.898亿公顷转基因作物，比2016年的1.851亿公顷增加了470万公顷；43个国家和地区进口转基因作物用于粮食、饲料和加工，全球转基因作物种植面积进一步扩大；转基因新产品作物持续增加，2017年全球范围内共有102种关于转基因作物的批准申请，涉及65个品种，有6个新的转基因作物品种获得批准。

（三）生物能源将成为最大的可再生能源增量来源

全球生物能源总量持续增加。2018年，国际能源署（IEA）发布《2018年可再生能源市场分析与预测报告》显示，可再生能源将在未来5年继续扩张，占全球能源消费增长的40%，预计到2023年，可再生能源将占世界总发电量的近1/3；生物能源将是最大的可再生能源来源，其具有广泛应用于供热和交通领域等潜在优势，预计生物能源在2060年占最终能源需求的近17%，将有助于累计减少20%的碳排放。据国际可再生能源机构（IRENA）2018年发布的新数据显示，2017年全球可再生能源发电装机容量增加167吉瓦，达到2179吉瓦，其中，全球生物质能发电装机容量增长了5吉瓦，达到109吉瓦（约5%），亚洲继续占生物质能发电装机容量增长的大部分，南美的生物质能发电装机容量增加了500兆瓦，美国的生物质能发电装机总容量从2016年的12.98吉瓦增加到13.15吉瓦。

（四）全球生命科学和生物技术资本市场高度活跃

2018年，Ernst & Young发布的《收购与并购强度报告：生命科学交易与数据》（M&A Firepower Report: Life Sciences Deals and Data）研究报告指出，2017年全球生命科学领域的投融资创历史新高，生命科学领域迎来并购高峰，其中，医疗技术总并购价值超过2000亿美元。在风险投资方面，Pitch Book（2018年报告）显示2017年全球生物技术行业达到100亿美元，主要分布在美国和欧洲。在融资方面，Bio-World的数据显示，2018年全球生物医药公司融资额为671亿美元，仅略低于2015年的684亿美元，处于近10年的高位；在过去的5年里，全球生物制药业融资金额高达2620亿美元；2018年，全球生物医药技术公司IPO数量高达80家，仅次于2014年的84家和2000年的83家。

四、生物安全和伦理风险引发关注

生命科学和生物技术快速发展所伴行出现的一系列安全和伦理风险呈指数级增长，引起国际社会的强烈关注。当前，国际生物安全威胁呈现新的特征，传统生物安全问题与大量新兴生物安全问题交织，新的生物威胁具有隐蔽性强、特异性强、传播迅速、危害大、成本低等诸多特点。在伦理方面，技术的发展与应用对于社会现有伦理体系和道德标准有潜在巨大的冲击作用，如干细胞与克隆人技术侵犯伦理的不伤害和尊重等准则，对生殖细胞和胚胎的基因编辑技术带来诸如生命伦理、代际伦理等问题。国际组织和各国政府高度关注和实时跟进生物技术发展所可能产生的一系列风险问题，通过不断优化风险治理体系，协同国际和国内行业协会，从法律、行政监管和行业等方面防控风险危害，保障科技创新持续发展。

（一）美国制定生物安全国家战略

自20世纪70年代起，美国高度重视生物安全，并逐渐构建包括战略法规体系和组织机构体系在内的较为完备的安全防护体系，并长期投入大量经费，用于基础设施建设及防御技术和产品研发。2018年9月，美国政府发布《国家生物安全防御战略》，该战略是美国有史以来最完整全面地应对生物威胁的行动纲领，旨在通过多部门协作和跨学科方法，完善生物防御体系，加强生物事件风险管理，有效应对生物威胁。该战略认为，生物威胁是美国面临的最为严重的威胁，强调必须依靠生命科学和生物技术体系，从源头上检测和遏制生物威胁，支持生物医学创新，改善应急响应，最大限度地降低生物安全风险。该战略要求设立生物防御指导委员会，建立专门机制来协调和评估战略实施的效果，并强调生物安全战略与其他国家安全战略的整体性、系统性和协同性。

（二）基因编辑逐渐纳入治理框架

基因编辑技术的高度活跃引发全球高度关注，并被逐渐纳入治理框架。2018年7月，欧盟法院裁决将基因编辑获得的生物品种作为转基因生物纳入欧盟转基因监管框架。11月，中国科学家贺建奎的人胚胎基因编辑事件引发全球争议。12月，美国乔治梅森大学、斯坦福大学和新美国组织发布了《编辑生物安全：基因编辑治理的需求和战略》报告，系统地分类、分析了基因编辑治理领域的重大问题，通过提出并比较 4 类 6 种不同的安全情景，为决策者提供了具体和可操作的政策选择。英国政府为更好实现对基因编辑等新兴、未来技术的监管，成立跨部门未来监管工作组，并提出未来监管的政策建议，主要包括：①政府应该赋予“更好监管委员会”技术扫描功能；②监管应当考虑指南、行为准则、标准等的作用，让它们与正式的法律法规共同发挥作用；③应使监管体系更容易被公众了解，为创新者和投资者提供更好的服务；④需采用研究和学习型监管体系，提高监管的科学性和实践性。

（执笔人：贾晓峰）

信息通信技术进入迭代升级的新阶段

纵观信息通信技术（ICT）及其产业的发展历程，ICT 领域的崛起及其持续兴旺主要依赖于技术的持续创新，由此不断涌现的新产品、新服务、新模式及新业态等，不断激发新的消费需求并成为活跃的消费热点。2018 年，全世界使用互联网的人数首次超过全世界人口的一半，达到 51.2%，这是全人类迈向更加包容信息社会的重要一步。随着摩尔定律极限的日渐逼近，全球半导体发展已进入双“摩尔定律”探索发展阶段，影响未来的 ICT 新兴技术层出不穷、快速演化，创新周期日渐缩短。在这样的态势下，为构筑未来发展优势，以美国、韩国、欧盟、德国、日本等为代表的发达国家及经济体进一步强化 ICT 领域的前瞻性部署，在计算机、半导体、信息科学与工程、量子信息科学等基础研究领域，积极探索新体系架构、新的软硬件系统设计等。同时，伴随日益严峻的网络安全威胁，部分国家正加快新技术研发，以期在高度网络化的时代切实保护好关键基础设施，免遭网络攻击。

一、全球 ICT 应用与消费水平稳步提升

当前，全球数字经济高速增长、快速创新，并广泛渗透到其他经济领域，深刻改变着世界经济的发展动力、发展方式，重塑社会治理格局。这其中，确保更广泛的 ICT 技术连通性和使用率，是全世界人民都能从数字经济中获益的必要前提，同时，ICT 技术的有效使用成为效率提升和经济结构优化的重要推动力。

全球 ICT 技术的接入和使用总体呈上升态势，同时，部分国家和地区仍有较大增长潜力。过去 10 年，除了固定电话，移动电话、移动联网、固定宽带联网等相关指标全部呈现持续增长趋势。然而，大多数接入指标的增长速度正在放缓，特别是在联网比例已经较高的国家和地区，这些指标增长的空间有限。国际电信联盟的统计数据及预估数据显示，截至 2018 年年底，全球互联网使用人数

达到 39 亿，占世界人口总数比例为 51.2%。其中，发达国家互联网使用人数占比从 2005 年的 51.3% 稳步上升至 2018 年的 80.9%；发展中国家的增幅明显且仍有足够的增长空间，从 2005 年的 7.7% 提高到 2018 年的 45.3%；而在世界 47 个最不发达国家中，互联网使用率依然相对较低，仍然有 80% 的人尚未使用互联网。从区域分布来看，欧洲、独联体国家、美洲、阿拉伯国家、亚太及非洲地区的互联网使用人数占比分别为 79.6%、71.3%、69.6%、54.7%、47% 和 24.4%，其中，非洲地区增幅最为明显，从 2005 年的 2.1% 跃升至 2018 年的 24.4%。

ICT 技术的创新及应用一般是以 ICT 软硬件产品与服务为依托的，因此，ICT 产品与服务的进出口贸易也能在一定程度上反应 ICT 技术的应用水平。如图 2-1 所示，全球 ICT 产品进出口在经历了 21 世纪初的高速发展之后，到 2008 年跌到了最低点，特别是美国和欧洲地区作为当时 ICT 产品最大的消费市场，受经济滑坡的影响，其内部市场消费低迷、出货量减少和价格不振等，严重影响了 ICT 产品开支。而进入 2010 年以来，随着物联网、云计算等的大规模部署，以及移动互联网的繁荣发展，ICT 产品消费需求呈稳定增长态势，到 2017 年，全球 ICT 产品进口占进口贸易总额的 13.00%，ICT 产品出口占出口贸易总额的 11.51%。如图 2-2 所示，自 2000 年以来，全球 ICT 服务出口在服务出口总额中的占比从最初的 5.22% 增长到 2017 年的 10.53%，呈现稳定的增长态势。综合来看，未来全球基于 ICT 技术、产品和服务的消费仍将保持增长的态势。

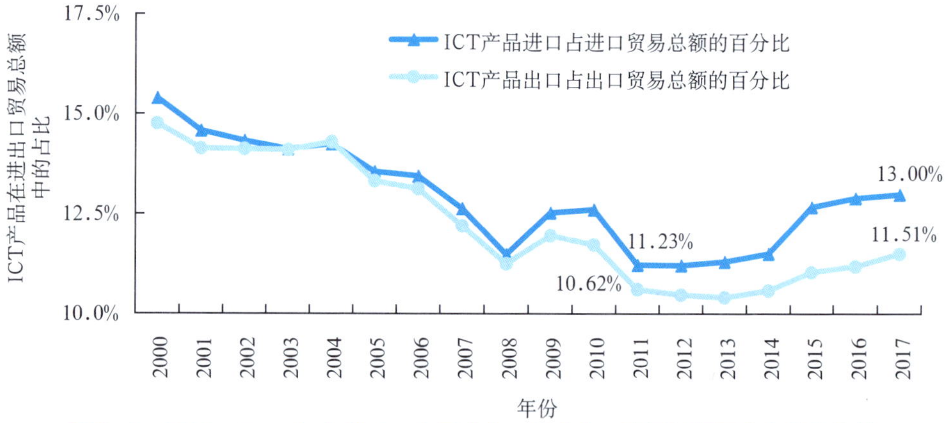

图 2-1 2000—2017 年全球 ICT 产品进出口占进出口贸易总额百分比变化趋势

注：ICT 产品包括电信设备、音频和视频设备、计算机及相关设备、电子元件、其他 ICT 技术产品。软件不在统计范围内

数据来源：联合国贸易和发展会议 UNCTADstat 数据库

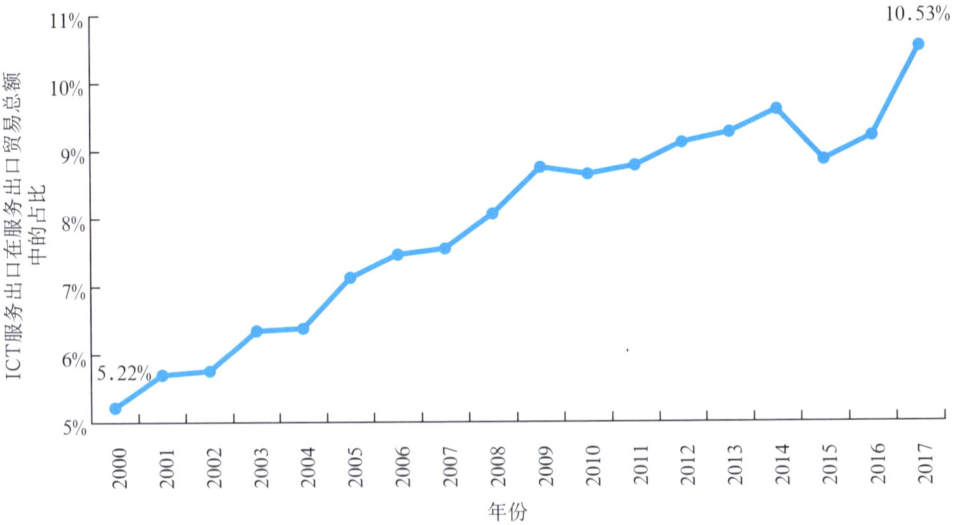

图 2-2 2000—2017 年全球 ICT 服务出口占服务出口贸易总额百分比变化趋势

注：ICT 服务出口包括计算机和通信服务（电信、邮政和速递服务）及信息服务（计算机数据和新闻相关服务交易）

数据来源：世界银行

二、主要国家 ICT 政策动向

信息通信技术是重要的使能技术，全球主要发达国家和新兴经济体都高度重视 ICT 领域，特别是自 20 世纪末以来，各国持续围绕 ICT 领域展开周期性的战略部署。近两年，随着人工智能、量子计算、5G 等新技术的快速发展，各国纷纷将它们从广泛的 ICT 部署中独立出来，并上升为国家战略进行系统部署。与此同时，美国作为信息技术强国，正积极部署可能对计算机和信息科学与工程领域具有潜在变革性影响的基础研究，韩国在保持 ICT 高研发投入的同时，更加强调对 ICT 高风险基础研究的稳定支持，强调对 ICT 高端人才的培养等。

（一）美国前瞻布局 ICT 领域变革性研究

美国在 ICT 领域布局早、整体科技实力强，多年来占据全球 ICT 领域价值链高端，并在多项技术国际标准制定和实施中拥有较强的话语权。近年来，随着日本、韩国、欧洲、中国、印度等发达国家和地区在 ICT 领域，尤其是在 ICT 研发领域的日渐崛起，美国日益感受到其在该领域的全球领先地位正面临“威胁”。为此，自 2017 年以来，在人工智能、量子信息等国家战略，以及半导体领域的研究报告中，美国政府均明确提出要确保在这些领域中的全球领导地位。2018

年，美国政府在 ICT 领域的研发投入总量增长不多，但着重向国防部（DOD）、能源部（DOE）和国防高级研究计划局（DARPA）倾斜，同时，国家科学基金会（NFS）前瞻布局 ICT 前沿理论及基础研究，以引领信息、通信及计算机领域的变革。

2017 年，美国网络与信息技术研究与发展计划（NITRD）中政府实际支出为 51.26 亿美元，2018 年这一指标的预估值为 51.51 亿美元，2019 年申请的预算为 52.77 亿美元。与上一年度实际额度相比较，2018 年预算的预估值有明显增长的部门主要有 DOD、DOE 和 DARPA。其中，DARPA 的增幅最为明显，从 4.498 亿美元增长至 4.958 亿美元，增长率高达 10.23%，同时，增加的部分主要用来支持人机协同（人机共生）、建模和知识表达领域的研究。

为推动计算机和信息科学与工程领域的大规模、具有深远和潜在变革性影响的研究，2018 年 2 月，NSF 提出未来 5 年内分别向 3 个新的计算类探索项目资助 1000 万美元。主要资助项目包括：一是基于动态数据的安全、实施决策系统，即为实时、智能、安全和可解释的决策开发开源平台、工具和算法；二是实用型量子计算，即探索如何加快缩小量子计算理论算法和实用型量子计算架构之间的差距，通过开发面向 100 ～ 1000 量子位的新算法、新软件和硬件设计，不仅要提高量子计算的实际效率，而且要推动量子技术从实验室转向实际应用；三是散布图法计算成像（computational photo-scatterography，CPS），即开发一种成像系统，解决生物体内光子散射问题，从而有助于以细胞水平分辨率进行皮肤深处的无创成像，轻松实现人体解剖横切面的实时视图。

美国国家科学基金会计算与通信基础（CCF）核心项目支持变革性研究与教育。NSF 为 CCF 项目每年提供总计 1 亿美元的资助，其中，中型项目的预算为 50 万～ 120 万美元，执行期为 4 年；小型项目的预算为 50 万美元，执行期为 3 年。2018 年主要资助以下 4 个方向：一是算法基础（algorithmic foundations, AF）项目。支持算法理论领域的变革性项目，即针对计算机科学和工程核心问题的算法研究，以及对算法和计算复杂性进行严格分析的新技术。二是通信和信息基础（communications and information foundations, CIF）项目。支持通信和信息处理系统的基础理论研究，支持通信理论、信息论和信号处理方面的基础研究，支持量子计算、计算生物学领域的基础研究。三是新兴技术基础（foundations of emerging technologies， FET）项目。通过计算和生物系统、纳米科学和工程、量子信息科学及其他新兴领域的交叉研究，实现所有领域的重大创新，包括理论、算法、软件、硬件、计算和通信系统架构。四是软件和硬件基础项目（software and hardware foundations，SHF）。支持软件科学和工程的所有领域，寻求改变需求、软件设计和升级，以及软件密集型系统之间关系的变革性思想；支持从理念到设计再到实现的编程语言研究；支持计算机体系结构、计算机硬件和系统设计、高性能计算、设计自动化等的基础研究。

（二）韩国发布 ICT 领域研发项目综合执行计划

韩国 ICT 技术发展和普及率长年以来稳居世界前列。2018 年，由世界经济论坛开展的全球竞争力评价中，韩国不仅在整体竞争力方面较上一年度提升了 2 个位次，更为突出的是在 12 个评价指标中，韩国的 ICT 普及率居全球首位。其中，光纤网络用户数量列全球第一，宽带网用户数量列全球第六。在 ICT 技术领域的研发投入方面，韩国也始终处在全球主要国家的前列。韩国科技信息通信部最新的统计数据显示，2013—2017 年，韩国 ICT 领域研发投入占研发总投入的比例均超过了 56%，同时，2017 年 ICT 领域研发投入总计 35.95 万亿韩元（约 2100 亿元人民币），同比增长达 15.1%，超过这 5 年的年均增长率 8.0%。按研发阶段划分，ICT 基础研究、应用研究和试验开发研究的占比分别为 12.2%、17.9% 和 69.9%。按行业划分，信息通信广播设备领域投入最多，占比高达 93.2%，随后是软件及数码内容服务领域和信息通信广播服务领域，投入占比分别为 5.6% 和 1.2%。

为了进一步落实《第四期科学技术基本计划（2018—2022）》《ICT 研发创新战略》等规划，切实发挥科技和 ICT 的作用，韩国科技信息通信部于 2019 年 1 月 1 日颁布《2019 年度科技和 ICT 领域的研发项目综合执行计划》。其中，ICT 领域的四大重点任务主要有：一是加强以研发人员为中心的研发支持，充分激发 ICT 领域研发人员的创意；二是加强对创新示范项目和原创技术的支持，扩大对 ICT 领域高风险技术的研发，引入“连接型研发”理念，将科技、ICT、市场三者有机联系起来形成良性循环；三是着力强化对 ICT 领域中小企业的研发支持；四是通过新增人工智能大学、研究中心等努力培养 ICT 领域高级人才和世界级领军人才。

韩国政府在这个计划的投入规模高达 43 149 亿韩元（约 250 亿元人民币），ICT 领域投入为 9153 亿韩元（约 52 亿元人民币），占到投入总量的五分之一强。其中，ICT 研发领域 7190 亿韩元，技术产业化领域 198 亿韩元，ICT 人才培养领域 914 亿韩元，ICT 基础设施领域 851 亿韩元。

三、大力发展半导体，着力构筑未来优势

半导体是信息通信技术的根基。近年来，随着摩尔定律极限的日渐逼近，探索后摩尔时代的新发展路径成为各方努力的焦点。2018 年，美国、韩国和欧盟等通过实施重大研发计划，并持续投入巨资等积极研发新型半导体，以抢占未来发展主导权。

（一）美国欲解决半导体研发与应用三大关键问题

2018年11月，DARPA公布电子复兴计划（ERI）第二阶段的内容。通过ERI，DARPA正在寻求建立更加健康、安全和高度自主化的电子工业基础，以实现从通用硬件时代向专用系统时代的转变。ERI第一阶段关注新型电路材料、新体系架构和软硬件设计创新；第二阶段将进一步使国防企业技术需求和能力与电子工业的商业和制造实际相结合。为此，ERI第二阶段要解决的3个关键问题有：一是打造新型电子制造能力，支持美国本土电子制造业发展并使其具备针对不同需求的差异化发展能力，具体包括探索可对传统CMOS集成电路工艺等比例缩放技术路径进行补充和替代的技术方向，探索显著减少数字微电子技术移动数据能量需求的技术方向，同时要建设一个为商业和国防用户提供长期服务的本土光电子产业生态系统；二是解决芯片安全问题，实现电子组件从设计到应用的可追溯性；三是加强ERI基础研究到技术应用间的联系，并与国防实际应用紧密对接，潜在的研究领域包括项目研究成果在大规模物理仿真、认知射频系统、下一代卫星、网络安全等领域的应用。

（二）韩国志在成为全球半导体枢纽

半导体产业是韩国的支柱产业之一，特别是历经数十年的发展与积累，韩国在存储器细分领域建立了无可比拟的市场竞争优势。韩国《中央日报》披露的数据显示，2017年，韩国每卖出1000元的产品就有170元来自半导体，半导体出口占整体出口的比例已远超钢铁、造船、汽车等韩国传统优势产业。三星、SK海力士等韩国半导体企业常年占据行业排名前列，得益于全球对DRAM（动态随机存取存储器）和NAND等存储器芯片需求的快速增长。2017年，三星取代英特尔成为全球最大的芯片制造商。

韩国政府认为，仅凭存储器这一传统优势领域，无法确保半导体产业的支柱地位，亟须开发新的半导体材料和器件。为此，韩国于2018年7月提出，未来10年将投资1.5万亿韩元（约合88亿元人民币）开发新材料和新器件，并使该国成为全球半导体枢纽，吸引全球半导体材料和设备制造商在韩国建立生产线。12月，韩国政府又推出一项半导体制造群体计划，10年内总投资为120万亿韩元（约合人民币7008亿元），参与机构包括4家大型半导体制造商和约50家上下游零组件或设备生产厂商。其中，存储器公司SK海力士将获资兴建一座新工厂，在土地等相关政策上将得到政府前所未有的支持，同时，政府还将协助其构建整个半导体制造生态系统。

（三）欧盟支持英法德意四国开展微电子联合研究和创新

欧盟将微电子技术确认为关键性使能技术，为促进欧洲共同利益的实现，2018 年 12 月，欧盟批准由英国、法国、德国、意大利四国共同承担的欧洲微电子联合研究和创新项目，以巩固欧盟在功率半导体和模拟集成电路上的优势，构建并持续巩固其在半导体产业上下游的优势等。该项目计划于 2024 年完成，政府投入 17.5 亿欧元（法国 3.55 亿欧元，德国 8.20 亿欧元，意大利 5.24 亿欧元，英国 4800 万欧元），私人投资预计可达到 60 亿欧元。该项目的研发重点主要包括低功耗芯片、功率半导体、传感器、先进光学设备和化合物材料。来自欧盟和非欧盟的 29 家科技创新机构将直接参与该项目，传统功率半导体垂直整合厂商英飞凌（德国）、意法半导体，模拟/混合信号集成电路设备制造商 X-FAB，晶圆代工企业格罗方德的德累斯顿工厂，半导体产业链上下游的配套企业——光学企业卡尔·蔡司、光罩生产商 AMTC 和博世机器人，以及科研机构法国原子能委员会与电子信息技术实验室（CEA-Leti）等，将围绕 40 个密切相关的子项目展开攻关。通过分析每项重点任务的参与方可以看出，在半导体上游的材料和设备领域，欧盟将重点推进第三代半导体材料、光罩和光学设备，下游应用则主要集中在物联网和汽车电子。

四、网络安全威胁日益严峻、美德加快新技术研发

2018 年，全球网络安全威胁升级，网络攻击形式更加多样化，攻击能力不断提升。英特尔、苹果、高通和 AMD（美国超威半导体公司）芯片存在重大底层漏洞，可影响包括 Linux、Windows 和苹果桌面操作系统在内的绝大部分操作系统与设备。勒索病毒 AVCrypt 可在加密计算机文件前尝试删除已安装的杀毒软件。加密货币恶意软件首次对关键基础设施运营商的运营技术网络展开攻击。僵尸网络感染物联网设备数量呈现增长态势，IP 摄像机成为重点攻击对象。数据泄露（data breaches）、数据暴露（data exposure）及云泄露（cloud leaks）问题更加严峻。在这样的背景下，美国发布 15 年来首份完整清晰的美国《国家网络战略》，且与美国《国家安全战略》、特朗普签署的第 13800 号总统令《加强联邦网络和关键基础设施的网络安全》一脉相承，NSF 着力解决机器学习算法中的漏洞。德国创新机制，参考美国 DARPA 模式组建全新机构，力争取得绝对颠覆性的网络安全方法。

（一）美国强调维持其在网络空间领域的领导地位

2018 年，美国政府发布特朗普任期内首份《国家网络战略》，该战略强调美

国是互联网技术及应用的发源地，因此，未来美国将始终保持网络空间的“霸主地位”，特别是要维持美国在新兴技术领域的领导地位，并引导建立网络空间负责任国家行为框架等。为此，美国将促进 5G 安全技术的发展，研究基于技术和频谱的解决方案，并为下一代先进技术的创新奠定基础。综合测评人工智能、量子计算等技术的应用情况，并有针对性地解决可能存在的风险。加强对技术发展趋势的研判，以保持美国在互联技术方面的技术优势。为保护量子计算机免受潜在威胁，美国国家标准与技术研究院（NIST）将继续对抗量子的公钥加密算法进行研究、评估和标准化。

NSF 通过安全可靠网络空间（SaTC）计划大规模支持网络安全与隐私研究前沿新项目，尝试在系统层和应用程序层探索出设计、构建和运营安全网络系统的新方法，以保护关键基础设施。2018 年，该计划在人工智能、密码学、网络安全、隐私和可用性等领域投资 7820 万美元，支持来自 32 个州 225 个新项目的研发。与上一年度相比，2018 年的 SaTC 计划更为关注人工智能主题，尤其是机器学习存在的重大漏洞问题。在最新资助的项目中，为期 5 年的可信赖机器学习中心项目（CTML）获资 1000 万美元，CTML 将研究当今机器学习方法中的漏洞及解决这些漏洞的方法，开发出防御技术库，以强化基于机器学习的未来技术和解决方案，以更安全的方式构建未来系统。

（二）德国创新机制，下大力气推进新技术开发

德国并非网络安全强国，面对日益严峻的网络安全威胁，德国政府提出要采取全新的应对方式，以结束对美国及其他国家相关技术等的依赖。为此，在德国 2018 年发布的《高技术战略 2025》中提出，要着力加强网络安全和信息技术安全领域的关键技术研发，一是在已启动实施的网络安全战略和研究框架计划“数字世界的自决和安全 2015—2020”的基础上，进一步加强信息技术安全方面的研究，并且在本期计划实施结束后将滚动启动下一周期的计划；二是在确保为 CISPA（萨布吕肯）、CRISP（达姆施塔特）和 KASTEL（卡尔斯鲁厄）这 3 家信息技术安全研究能力中心提供稳定资助，以加强德国网络安全领域的研究能力；三是参考美国 DARPA 模式，组建全新的科研机构——网络安全与关键技术颠覆性创新局，以开发网络安全方面的新技术，保护德国数字技术设施免遭网络攻击。该机构由德国国防部和内政部共同管理，以隶属于德国政府的有限责任公司的形式开办，在网络安全新技术的研究中将坚持遵循需求驱动、制度化，力争取得绝对颠覆性的网络安全方法，以便在最高层面确保国家内部和外部安全的战略和战术利益。

五、量子科学研究不断取得新突破、主要国家加强研究部署

2018 年，量子科学理论探索不断取得新突破，美国麻省理工学院、哈佛大学、马里兰大学、普林斯顿大学和芝加哥大学的科学家共同证明了光子可以相互作用，有可能开启光子在量子计算机中的应用。微软公司研究人员发现马约拉纳费米子存在的有力证据，为研制拓扑量子计算机奠定基础。奥地利科学院量子光学和量子信息研究所首次实现了 20 量子比特系统内受控的多粒子纠缠，创下量子纠缠新纪录。中国科学院领导的联合研究团队首次在铁基超导体中观察到了马约拉纳任意子，该发现或对稳定的高容错量子计算机研发有帮助。主要国家加快量子领域战略部署，密集启动并推进量子科学基础研究。美国将国家量子计划上升为法律，欧盟量子旗舰计划启动首批项目资助，日本文部科学省启动光·量子飞跃旗舰计划，德国则提出首个系统推进量子技术研究的框架计划。

（一）美国将国家量子计划上升为法律

美国是最早将量子信息技术列为国防与安全研发计划的国家。近年来，随着中国等新兴国家在量子信息技术领域的快速进步，美国愈发重视量子信息技术的发展。2018 年是美国密集部署量子新行动计划的一年，也是特朗普将发展量子信息科技正式上升为法律的一年。

为维持美国在量子信息科学领域的领导地位，白宫科技政策办公室（OSTP）国家科学技术委员会（NSTC）于 2018 年 9 月发布《量子信息科学国家战略概述》，提出 7 个方面的战略要点及具体举措：一是专注于科学优先的方法，旨在识别并应对重大挑战；二是建立多元化的专业量子从业人员，以满足不断增长的人才需求；三是鼓励行业参与，为公私合作提供适当的机制；四是提供关键基础设施和相关支持；五是推动经济增长；六是维护国家安全；七是继续并发展国际合作与交流。NSTC 专门成立了量子信息科学分委会（SCQIS），以协调联邦政府在量子信息科学和相关技术方面的研发。SCQIS 将量子信息科学与技术领域划分为基础研究和技术开发两大类七小类，并对美国在各部分投入进行了测算。其中，基础研究主要包括量子传感、量子计算、量子网络，以及量子器件和理论进步带来的科学进步；技术开发则包括支撑技术（支撑基础科学领域所必需的数字、电气、机械、光学、计算和低温系统与技术）、未来应用（优化、机器学习、药物发现等领域新的机遇）和风险缓解（量子信息技术所需的基础设施、支持及其影响，如量子抗性密码系统和其他后量子应用）。测算结果表明，当前美国政府和产业界的投入仍然主要聚焦在量子信息科学与技术的基础研究领域。

2018 年 12 月，特朗普签署美国国会提交的《国家量子计划法案》，落实国家量子计划正式成为美国法律，为美国加速量子信息科技的研发与应用、夺取战略性领先优势提供了法律保障。该法案由美国国会众议院科学委员会从 2018 年 6 月发起制定，主要包括建立国家量子计划的管理和执行机构，以及制定 10 年期国家量子行动计划两大方面内容。具体成立国家量子协调办公室、量子信息科学分委会和国家量子计划咨询委员会 3 个管理和执行机构。10 年行动计划的首个 5 年，即 2019—2023 年，DOE、NIST 和 NSF 3 家机构在量子信息科技研究上将获得 12.75 亿美元的总投入。其中，NIST 将获得总额 4 亿美元的国家投入，重点制定量子信息科技发展标准；NSF 将获得 2.5 亿美元投入，着重培养人才，并最多成立 5 个量子研究和教育多学科中心，以推进量子信息科学的普及和相关人力资源开发；DOE 将获得 6.25 亿美元投入，主要用于量子信息科学领域的基础研究，制定量子信息科学研究目标，并最多成立 5 个国家量子信息科学研究中心致力于开展基础研究，以加速量子信息科学和技术成果突破。

NSF 资助跨结构协作项目，以加速研发实用型量子计算机。2018 年 8 月，NSF 宣布在未来 5 年为量子协同设计软件定制架构（STAQ）项目提供 1500 万美元资助。来自杜克大学、麻省理工学院、塔夫斯大学、加州大学伯克利分校、芝加哥大学、马里兰大学和新墨西哥大学的物理学家、计算机科学家和工程师，将开展联合研究，探索基于优化和科学计算问题的新算法，改进量子计算机硬件，开发优化特定机器开发中算法性能的软件工具等。最终目标是要开发具有足够数量量子位的量子计算机，以解决具有挑战性的计算问题；解析系统中每个量子位与其他所有量子位的相互作用；推动量子软件、算法与设备等系统工程化。

（二）欧盟量子旗舰计划启动首批项目资助

2018 年 10 月，欧盟量子旗舰计划启动，通过“地平线 2020”计划资助总额为 1.32 亿欧元的 20 个项目。从 2021 年开始，量子旗舰计划预计将为另外 130 个项目提供资金。量子旗舰计划旨在使欧洲位于第二次量子革命的最前沿，其长期愿景是在欧洲开发量子万维网（quantum web），即量子计算机、量子模拟器和量子传感器通过量子通信网络相互连接。其预算总额预计将达到 10 亿欧元，为欧洲的整个量子价值链（从基础研究到工业化）提供资金，并将研究人员和量子技术产业结合在一起。2018 年 10 月至 2021 年 9 月 3 年间资助的 20 个项目将主要聚焦于量子技术背后的基础科学、量子通信、量子计量和传感、量子计算、量子模拟五大领域（按获得资金支持量从大到小排序），超过 1/3 的参与者是来自各行各业的工业企业，其中大部分是中小企业。

（三）日本启动光·量子飞跃旗舰计划

2018 年 1 月，日本文部科学省发布光·量子飞跃旗舰计划（Q-LEAP），旨在资助本国在光和量子科学领域的研究活动，主要包括 3 个技术领域，每个技术领域都有 2 个旗舰项目和 1 个基础研究项目。旗舰项目每年将获得 3 亿～4 亿日元（1800 万～2400 万人民币）的资助，基础研究项目每年将获得 2000 万～3000 万日元（120 万～180 万人民币）的资助。其中，量子信息处理（量子模拟、量子计算机等）领域，以研发对经济、社会有重要影响的通用型量子计算机为目标，实现超越经典计算机的量子模拟或量子计算机；量子测量和传感器领域，面向未来传感器市场小型化、廉价化的需求，研发先进的固体量子传感器和量子传感器技术，广泛应用于磁场、电场、温度、光等的测量；下一代激光技术领域，研发阿秒级的极短脉冲激光光源及测量装置，应用于高性能光触媒、太阳能电池、超高速高密度磁性装置等；研发小型化、稳定化、可重复使用且高强度的光源原型机，并实现产业化应用；开发符合最优化激光加工要求的网络物理系统（CPS）型激光加工技术，应用于汽车车体复合材料和半导体高精度加工，构建智能化生产体系。

（四）德国发布首个量子技术研究框架计划

德国是量子技术领先国家，多年来在该领域积累了丰富的基础研究成果，其论文产出排在美国和中国之后位列全球第三，然而其专利产出却位列全球第八。为了强化德国在量子物理研究领域的领先地位，有序推进基础研究到技术应用转化，为新的经济潜力和市场创造良好的生态，德国政府于 2018 年 11 月，通过第一个系统推进量子技术研究的框架计划——《量子技术：从基础到市场》。该计划将在 2018—2022 年投入 6.5 亿欧元，重点支持量子计算机、量子通信、量子测量和量子基础技术四大领域。具体措施包括：构建新的应用研究网络，推动量子技术科学研究与企业战略更加紧密的结合，全面支持应用研究的各个阶段；实施产业竞争力灯塔项目，学术界和产业界联合共同应对这一领域重大挑战，寻找提升量子通信技术关键指标的新方法，推动欧洲成为量子计算领域的系统供应商；确保卫星基础设施的技术自主权和独立性，着重推动量子加密技术发展，确保通信和数据安全；在量子技术应用、标准制定及公共事务方面加强国际合作；培养量子技术研究的后备人才，推广量子基础知识教育，促进公众对量子技术的理解。

（执笔人：高　芳）

人工智能发展热度持续提升

人工智能是引领新一轮科技革命和产业变革的战略性技术，具有溢出带动性强的“头雁”效应。2018年，自然语言处理领域取得里程碑式的突破，新的人工智能算法、人工智能芯片新架构和新材料不断出现，数据、研发平台和工具等优质研发资源持续开放，人工智能在科学研究领域的应用潜力正逐步爆发。全球人工智能战略竞争态势更加激烈，其中，美国充分提升了人工智能发展的优先权，英国、欧盟、韩国、法国、德国和阿联酋都提出了人工智能专项战略，俄罗斯、印度等都做好了部署专项战略的充分准备。全球首例自动驾驶在公共道路上撞击行人致死事件、面部识别软件的性别种族歧视问题，以及谷歌涉嫌人工智能武器开发事件等，引发全社会对人工智能安全健康发展的高度关注，主要国家纷纷提出人工智能治理原则，产业界也在积极探索行业自律经验。

一、人工智能技术持续获得新突破

2018年，人工智能算法不断取得新进展，除了目前应用较为广泛的深度学习之外，学界探讨提出了若干新型算法。用迁移学习创造的通用语言模型ULMFiT、语言模型词嵌入算法ELMo及双向编码器表示模型BERT等推动自然语言处理领域取得了里程碑式的突破。双盲图像生成器BigGAN、超逼真高清视频生成器Vid2Vid等的出现，推动计算机视觉性能快速提升。瑞士、英国和新加坡的科学家共同研究提出一种新的量子算法，其数据分析速度已超越传统机器学习算法。麻省理工学院科研人员研制出一套基于“弱监督学习”的语言系统，可利用有限的数据进行语言学习。麻省理工学院的另一个团队则提出了一种可同时识别图像和语音的技术，实现了两类信息的融合理解。谷歌公司和德国马普学会联合开发出一种回归神经网络，能够描绘出人类大脑的神经元图谱。美国华盛顿大学和卡耐基梅隆大学的研究团队，首次成功建立了多人脑对脑接口合作系统

BrainNet，3 个人只依靠脑电波分享意念，成功合作完成俄罗斯方块游戏，平均准确率高达 81.25%。

人工智能芯片是算法能够得以实现的重要物理基础，因此能否开发出既符合算法需求、具有超高运算能力，又可以商品化的芯片成为学术界和产业界共同关注的问题。2018 年，学术界积极探讨人工智能芯片新架构、新设计及新材料等，产业界则纷纷发布人工智能芯片产品和解决方案等。美国伊利诺伊大学香槟分校的科学家提出一种人工智能芯片新架构，将计算功能和存储功能紧密结合在一起，以降低数据传输功耗、提升运算效率。麻省理工学院研制出硅基人工神经突触，匹兹堡大学研制出一种基于石墨烯的神经突触，为大规模人工神经网络铺路。加州理工学院利用合成的 DNA 分子研制出一种人工神经网络，能够处理经典的机器学习问题。加州大学洛杉矶分校利用光信息实现了神经网络计算，与传统电子器件相比，其处理速度接近光速，但准确性有一定降低。德国海德堡大学和德累斯顿工业大学、美国英特尔公司分别发布了各自的神经形态原型芯片，美国西北大学研制出可模拟神经元的忆阻器－晶体管混合器件。IBM 公司正在研制一种可兼顾高精度学习和低精度推理的通用型深度学习芯片。英伟达、亚马逊、寒武纪、华为等公司则推出了全新的人工智能芯片或升级版芯片。

二、人工智能研发基础资源日渐丰富

数据、研发平台和工具等是人工智能研发的基础性资源。2018 年，一批高质量的数据集陆续开放，若干平台进一步开源了新型算法所需要的工具包，部分企业之间展开激烈的平台竞争，使得研发人员能够享受到更优质的编码工具和软件服务。斯坦福大学吴恩达团队开源了规模最大的医疗影像数据集 MURA，该数据集包括 14 982 个病例 4 万张上肢肌肉骨骼 X 光片，其中，每张图像都经过放射科医生手动标注过。腾讯 AI Lab 公布图像数据集 ML-Images，包含 1800 万张图像和 1.1 万多种常见物体类别，在已公开多标签图像数据集中实现规模最大，此前由谷歌公开的 Open Images 包含 900 万张图像和 6000 多种物体类别。为了与英伟达已构建的图形处理器（GPU）芯片生态竞争，谷歌向其云客户开放了张量处理器（tensor processing unit，TPU）按时收费服务，即谷歌云平台上的研究人员和开发人员都可以试用。2018 年 10 月，谷歌旗下 DeepMind 公司开源了图深度学习（GraphDL）工具包 Graph Nets，可用于在谷歌平台 TensorFlow 中构建简单而强大的关系推理网络。这一工具包系列算法原理源于 2018 年 6 月由 27 位科学家共同发表的一篇学术论文，文中开创性地提出了“图网络”（graph network）概念，将端到端学习与归纳推理相结合，有望解决深度学习无法进行关系推理的问题。

三、人工智能正成为科学研究第四研究范式的加速器

在以“数据密集型科学发现”为主要特征的第四研究范式中，人工智能，尤其是以大数据驱动知识学习的人工智能，作为一种数据分析与知识挖掘工具，已成为一系列科学研究领域的关键推动者。特别是最近人工智能在物理学、天文学及生命科学等领域的应用，正进一步加快这些基础科学领域的新发现和新探索。

2012 年 7 月，欧洲粒子物理研究所的物理学家们通过大型强子对撞机（large hadron collider，LHC）发现希格斯玻色子（Higgs boson）时，便用模拟数据训练机器学习算法来“沙里淘金”——从假信号中“揪出”真光子。2017 年年初，瑞士苏黎世理工学院的天体物理学家开始尝试用神经网络对星系图片进行降噪处理，以便从模糊的星图中观测出更精细的细节等。在生命科学领域，2018 年 12 月，DeepMind 公司研发出新的人工智能应用 AlphaFold，该程序可根据基因序列预测蛋白质三维结构。精确的蛋白质三维结构能帮助科学家更好地理解蛋白质在人体内的作用，对诊断和治疗由蛋白质错误折叠引起的疾病（如阿尔兹海默病、帕金森氏症和亨廷顿氏症等）至关重要，也将提高药物研发效率并降低成本等。实际上，在全球制药企业纷纷削减研发经费的大背景下，通过人工智能技术缩短药物研发周期已成为业界争相运用的手段。日本京东大学的研究人员提出，人工智能能够将新药的平均研发周期缩短一半甚至2/3，同时，研发费用则有望减半。

四、全球战略竞争日趋激烈

（一）美国突出强调人工智能发展的优先权

2018 年，特朗普政府对人工智能发展的重视程度明显提升，并在国家战略、实施机制、研发投入、应用推广等方面突出强调人工智能发展的优先权。

明晰人工智能发展重点，确保人工智能领域全球领先地位。2018 年 5 月，白宫召开了美国人工智能产业峰会，产业界、学术界和部分政府代表共同探讨人工智能发展潜力。特朗普提出，美国人工智能发展的重点在于营造人工智能研发生态、实施人才战略和劳动力培训计划，并消除创新障碍、促进行业应用等，以维持美国在人工智能领域的全球领导地位。

三大顶级组织协调机制分别行使决策建议、军事研发及国家安全等职能。美国在国家科学技术委员会下设立人工智能特别委员会（同时服从白宫科技政策办公室领导），为白宫提供与人工智能发展相关的决策建议，并搭建政府与产业

界、学术界等方面的合作平台。委员会由整个联邦政府中最高级别研究部门的官员组成，初始成员主要来自国家标准与技术协会、商务部、国防部、能源部、国家自然科学基金委员会和美国国防高级研究计划局（DARPA）等，这样的设置有利于各部门结合各自优势，改善整个联邦政府在人工智能领域的投入。2018年6月，国防部成立人工智能联合中心，以加快机器学习在情报和军事上的运用，作为人工智能项目的加速器，该中心将招募商业承包商开发军用软件和系统，并接管有争议的Maven项目[①]。11月，《2019财年国防授权法》批准成立人工智能国家安全委员会，要求该委员会采取必要的方法和手段，推动美国人工智能、机器学习和相关技术的发展，满足美国国家安全和国防需要。

人工智能领域研发投入显著增长，着力推进前沿探索。2015—2017年，美国联邦政府对人工智能相关技术领域非涉密研发活动的投资分别约为11亿、12亿和20亿美元。2013—2017年，国防部在人工智能核心技术、系统及计算类基础设施的研发总投入达到17.6亿美元。2018年9月，DARPA宣布未来5年将专门投入20亿美元，用于资助现有人工智能项目以外的下一代人工智能研发计划（AI Next Campaign）。比较来看，未来5年仅DARPA这一家机构新增的人工智能研发投入，便超过了之前5年整个国防部在该领域的研发投入总额。

加快调整监管措施，清除人工智能创新应用的障碍。2017年9月，交通部更新了联邦自动驾驶汽车政策，为自动驾驶行业提供非监管性指导；2017年10月，特朗普以总统备忘录的形式开放了各个州和地方的无人机测试；食品与药品管理局加速推进人工智能医疗设备审批，2018年每月批准的数量从1项到2项不等，2017年全年仅审批通过2项。

（二）英国政产学研形成人工智能发展合力

2018年，英国发布人工智能领域综合战略《产业战略：人工智能部门协议》，成为英国政府联合产业界、学术界等做出的首份发展人工智能的承诺，旨在推动英国成为全球人工智能发展的领导者。同时，该战略作为英国2017年版产业战略的一部分，也延续了产业战略“五大基石”总体需求和举措的风格，即基于创意、人才、基础设施、商业环境和区域5个维度制定了具体的行动措施。

一是在创意方面，为使英国成为世界上最具创新力的经济体，政府将为人工智能研发提供资金支持，并促进人工智能在公共部门的应用，产业界则要提供

① 2017年4月，美国国防部启动“算法战跨部门小组”计划，即“Maven计划”，该计划旨在加速国防部对人工智能与机器学习技术的集成，将国防部海量可用数据快速转变为可用于行动的情报。2018年4月，谷歌公司数千名员工联名抗议公司参与该计划中一个“旨在提高无人机打击能力”的项目，他们担心谷歌技术被用于武器开发。

匹配资金推进研发与应用；二是加强人工智能人才的培养和集聚，同时为全民创造高收入工作机会，政府将与学校和产业界合作培养高技能劳动力，吸引全球最优秀的人才，确保人工智能发展的多样性；三是升级改进现有的数据和网络基础设施，以适应人工智能研发与应用的需要；四是营造更好的人工智能创业与商业环境，制定人工智能专项政策，加强国际交流与互动，向全球推广英国的人工智能，发挥公共资金引导作用，公私合作设立投资基金，持续推动企业实现高增长；五是充分挖掘人工智能发展潜能以促进区域繁荣。

在人工智能领域发展专项投入方面，英国通过综合战略确保政府与产业界、学术界的联合投资，同时也在持续追加新投入。《产业战略：人工智能部门协议》提出总额为 10 亿英镑的投入，其中包括私人融资 3 亿英镑。新政府支出（脱欧）3 亿英镑，以及 2017 年政府曾宣布的 4 亿英镑。这些投入涉及人工智能风险投资公司在英国设立机构、新的人工智能研究项目立项、开放人工智能超级计算资源，以及道德数据和创新中心建设等。2018 年 11 月，英国宣布拨款 5000 万英镑在全国组建 5 个中心，更深入地开发人工智能在医疗细分领域的应用，以便提升癌症等多种疾病早期诊断和病患护理效率。同年 12 月，英国科研与创新署（UKRI）发布新的人工智能和数据科学资助计划，拟通过战略重点基金（Strategic Priorities Fund）投入 4800 万英镑，聚焦工程、医疗健康及社会发展领域的人工智能和数据科学开展相关研究。

（三）欧盟协调各成员国部署人工智能发展 7 项具体行动

欧盟发展人工智能，要加强整个欧盟地区的协同合作，推动欧盟和各成员国人工智能投资收益实现最大化，在全球竞争中占据优势地位；同时强调要坚持“以人为中心”的发展原则，推动发展符合欧洲伦理与社会价值观和民众愿望的人工智能，加强公共领域的人工智能应用，使得全体民众成为人工智能发展的受益者。在这样的发展理念和总体愿景指导下，2018 年欧盟委员会及其下设机构，以及相关智库等对欧盟人工智能发展的具体问题展开了研究与讨论，欧盟发展人工智能的思路逐渐清晰，并于 12 月底发布了《人工智能协调计划》，提出 7 项具体行动，同时明确了每项行动的时间安排。

一是加大人工智能领域投资。到 2020 年，人工智能领域投资总额度达到 200 亿欧元；未来 10 年推动该领域年度投资额度逐渐增加至每年 200 亿欧元。二是推动人工智能研究与应用。构建欧盟人工智能卓越研究中心网络；建设世界顶级试验验证基础设施，推进大型试点工作；建设数字创新中枢（Digital Innovation Hubs），为公共部门和企业提供技术服务和技术测试支撑，以及市场情报、融资建议等咨询服务。三是培养人工智能人才、增强相关技能。打造具有全球竞争力的面向产业应用的人工智能博士培养品牌；2020 年后专项投资 7 亿欧元用于相关领域硕士人才的培养，以及青年人和专业人员的在职培训等。四是夯实人工智能数据基石。构建可重复使用的公共数据集，开发必要的工具促进公共数据的获取和聚合；通过数据沙盒实现对数据的实时管理和共享；推进欧洲开放数据云建设，推动开放数据效益最大化。推进欧洲高性能计算计划，推动构建覆盖全欧洲的超级计算类基础设施；成立数据共享支持中心，提出私营部门数据共享的协议框架等。五是建立伦理与规制框架，严格遵循“先伦理后设计”和“先安全后设计”的原则。六是推动人工智能在公共部门的应用。七是加强人工智能国际合作，推动在联合国、多边论坛等框架中建立确保国际安全的人工智能政策。

（四）俄罗斯国防部明确人工智能发展 10 项重点任务

俄罗斯政府高度重视人工智能发展。2017 年 9 月，俄罗斯总统普京曾公开表示，“谁能引领人工智能领域发展，谁就将成为未来世界的主宰者”，从侧面表达了全力发展人工智能的意愿。2018 年，俄罗斯不仅在国家“科学”计划中再次强调人工智能、机器人技术等对未来发展的主导作用，在国情咨文中提出大力发展人工智能技术与应用，同时还积极推进人工智能国家发展计划的制订。

2018 年 3 月，俄罗斯国防部联合联邦教育和科学部、科学院召开会议，汇聚学术界、产业界等多方力量为人工智能发展出谋划策。随后，国防部官员发布“俄罗斯人工智能发展计划”（又称“十点计划”），提出 10 项重点任务及各项任务中相关部门的协调分工。具体包括：组建人工智能和大数据联盟；促进自动化专业知识的可获取性；建立国家人工智能培训和教育体系；在时代科技城（Eratechnopolis）组建人工智能实验室；建立国家人工智能中心（该中心职能设计与美国国防部联合人工智能中心类似）；监测全球人工智能发展；开展人工智能军事演习；探讨人工智能技术合规性评估方法；在国内军事论坛上探讨人工智能提案；举办人工智能年度会议。国防部、联邦教育和科学部、科学院每年召开一次人工智能会议。

（五）日本有序推进人工智能研发与应用

日本将发展人工智能纳入建设超智能社会 5.0 的总体框架中，为加快建成超智能社会，2018 年，日本进一步明确了人工智能技术研发布局、应用和产业化的重点，并大幅增加了人工智能领域的研发投入等。日本政府 2018 年度预算案中列支的人工智能相关预算总额达到 770.4 亿日元，与 2017 年相比增长了 30%。同时，日本私营部门在人工智能领域的总投入约为 54 亿美元，即公共部门与私营部门投入比例为 1 ∶ 7.71。

“人工智能技术战略会议”① 加快推进人工智能战略实施。2018 年 6 月，“人工智能技术战略会议”审议通过了推动人工智能普及的实施计划，主要围绕人工智能研发、人才培育、数据和工具建设、创业及伦理 5 个方面进行了部署，并特别突出了人工智能在生产效率与服务、健康医疗护理、空间移动和防灾减灾等方面的社会应用。

更新专项计划，布局下一代人工智能和机器人核心技术，向强人工智能和超级人工智能的方向延伸。2018 年 4 月，日本发布第 5 版《下一代人工智能 / 机器人核心技术开发》计划，这是该计划自 2015 年 5 月第 1 版以来的第 5 次修订，实施年限为 2015—2022 年，其中，2018 年年度预算总计 46.2 亿日元。在下一代人工智能研发中，将加强类脑智能、数据驱动与知识驱动融合型人工智能等的前沿理论研究，开展下一代人工智能框架与核心模块研究，攻克对人工智能进行评价的基础共性技术，并推进下一代人工智能技术的应用等。这其中，日本特别强调要加强与美国的研发合作。在下一代机器人研发中，将重点研究超级传感器、灵活驱动技术和机器人集成技术等。

日本强调人工智能和机器人应用与产业化的重点，是在传统行业中引入这些技术，并推动其深度融合，实现日本产业国际竞争力提升。这其中最应实现融合的领域主要有：一是人工智能与制造业；二是人工智能与生命健康和基础设施；三是人工智能与科学和工程。同时，为了推动人工智能的应用，日本内阁于 2018 年 2 月通过了一项法案，通过监管沙盒的方式推动人工智能技术及应用能够迅速开展试验验证。

（六）韩国实施人工智能研发战略，欲占得第四次工业革命技术主导权

2018 年 5 月，韩国第四次工业革命委员会审议通过《人工智能研发战略》，旨在推动人工智能技术进步，并加快人工智能在各领域的创新发展，打造世界领先的人工智能研发生态，构建可持续的人工智能技术能力。韩国拥有雄厚的 ICT 技术产业发展根基，这为其发展人工智能奠定了良好的研发与应用生态。在实施路径上，韩国一方面要基于现有人工智能技术直接提供服务，以公共数据为资源核心推进核心技术研发，并在新一代及高风险的人工智能领域制订中长期投资计划；另一方面则是要培养产业界的创新型高级人才，提升计算能力与数据供给，支持企业开展人工智能研发。未来 5 年（2018—2022 年）韩国将投资 2.2 万亿韩元（约 130 亿人民币）提升人工智能技术能力和培养人才，并构建开放合作型研发基础。

① “人工智能技术战略会议”是日本国家层面统领人工智能发展的综合管理机构，成立于 2016 年 4 月。

一是打造世界领先的人工智能技术能力。推动机器学习、计算机视觉、智能语音、人工智能芯片等核心技术研发，以国防、医疗及安防等公共领域为重点，组织开展“核心技术＋应用技术”研发；以AI+X的方式推动人工智能与应用领域的融合，牵引带动更大范围的创新。加强新一代人工智能基础理论研究。

二是培养人工智能领域高端人才。设立人工智能针对性成长项目，培养5000名高端人才。人工智能领域高端人才应包括核心技术开发类、数据管理类、产品和服务创新类。

三是构建开放合作型人工智能研发基础。加强高性能计算类基础设施建设，支持人工智能领域创业企业、中小企业等开发人工智能服务。构建韩语语料库，推进自动驾驶、医学图像诊断等产业所需的数据资源开放。建设人工智能技术创新平台，充分激发自由竞争与合作。依托重点大学建设人工智能研究中心，促进产学合作，支撑区域发展。开展人工智能伦理研究。确保人工智能设计阶段尊重人性伦理法则，施行消费者监督制度。

（七）法国实施人工智能研究专项战略

2018年，法国在充分剖析本国薄弱环节的基础上，进一步明确了本国人工智能发展的侧重点和实施路径，尤其是在人工智能研究领域提出了更加具体的举措及投入计划等，以期推动法国跻身人工智能领域领军者的行列。根据法国对全球人工智能发展态势的分析，与当前人工智能领域领军型国家（美国、中国、以色列、加拿大和英国）相比，法国在数学、信息科学、人文社会科学等领域的基础研究有一定的积累，但缺少龙头企业。因此，在2018年3月启动实施的人工智能计划中，法国强调要营造人工智能创新环境，实施数据开放政策，打造与人工智能发展相适应的制度环境等，并力求通过相关技术研发孕育未来的龙头企业。到2022年，法国政府将为该计划投入15亿欧元，其中4亿欧元用于支持该领域的颠覆性创新项目。

为了充分强化人工智能领域的研究，确保法国在这一领域保持一定的领先地位，法国于2018年11月发布《国家人工智能研究战略》，到2022年，政府在该战略的总投入为6.65亿欧元。法国从牵头机构、人才支撑、计算能力、产学合作及国际合作等维度提出了具体的举措。一是由国家信息科学与自动化研究所牵头实施国家人工智能计划，以加强协调治理与交流合作，加速人工智能生态体系的构建，预算为3亿欧元；二是启动人才吸引与支持计划，增加赴法开展人工智能联合研究的名额，将人工智能博士人员培养规模扩大为现在的2倍；三是向国家科学研究署（ANR）追加1亿欧元投入，用于高水平人工智能研发项目；四是加强计算能力建设与服务，法国政府与欧盟将共同出资1.7亿欧元，包括研发可满足人工智能需求的超级计算机，并探索向科研共同体开放计算资源的有效机制等；五是加强政产学研合作研究，具体可依托 3IA[①]（跨学科人工智能研究所）研究网络、共同实验室（Labcom）项目、创新委员会、卡诺研究所及技术研究所（IRT）等机制或机构推进；六是加强双边、欧洲与国际范围内的合作研究，尤其要重视与德国的合作，并积极响应欧盟人工智能战略相关倡议。

（八）德国提出人工智能发展 12 项行动

德国将人工智能、机器人等看作是对其制造业进行升级改造的重要工具，因此，前期与人工智能研究与应用的诸多部署都被纳入“工业 4.0”的整体框架中。2018 年，德国在《高技术战略 2025》中进一步明确了发展人工智能的战略定位，将人工智能视为一种事关德国未来在全球创新位势的关键能力。由此，德国调整了发展思路，在 2018 年 7 月宣布将发展人工智能上升为国家战略，并在 12 月发布了完整版的《人工智能战略》，到 2025 年，政府将投入 30 亿欧元专项资金用于人工智能发展，其中，2019 年投入 5 亿欧元。该战略在参考欧盟人工智能战略，并切实基于德国本国发展基础上，确定了三大核心目标：一是推动德国和欧洲成为人工智能技术发展的领先地区，确保德国未来的竞争力；二是坚持以公共利益为导向、负责任地发展和应用人工智能；三是在进行广泛社会对话的基础上，推动人工智能伦理、法律、文化及制度方面的建设。

为了实现上述目标，联邦政府提出了 12 项行动及具体举措。一是加强德国和欧洲的研究水平，努力为人工智能发展营造一个广泛而活力的生态，真正使人工智能成为创新驱动力。具体将建立由 12 个人工智能研究中心组成的全国性的研究网络，出台人工智能青年人才和教学人才专项培养计划，与法国开展联合研究，促进预测与决策一体化研究和软硬件结合的系统性研究，推动人工智能技术与生物技术等的交叉研究等。二是推动建立人工智能欧洲创新集群，鼓励开展人工智能创新竞赛等活动。三是促进技术成果向中小企业和产业界转移。四是激发创业活力，并为初创企业成长提供技术支撑和业务咨询服务。五是积极应对人工智能对就业结构及劳动力市场的影响。六是加强人工智能基础知识教育、大学教育和职业教育等。七是推动人工智能在公共管理和行政服务领域的应用。八是提高数据的可获取性和可用性。九是调整现有制度框架，增强人工智能系统的透明度、可解释性和可检验性，保护公民隐私安全，预防人工智能技术滥用等。十是积极参与人工智能国际标准制定。十一是建立广泛的国际交流与合作，加强与欧盟的合作，充分利用双边和多边机制加强与各方的交流并促进达成共识。十二是开展政府、学术界、产业界及社会公众之间广泛的交流，在与人工智能有关的伦

① 2018 年 11 月，法国研究与创新部宣布在巴黎、图卢兹、格勒诺布尔和尼斯 4 个城市依托已有公共机构新建 4 个跨学科人工智能研究所，即“3IA”，这些研究所共同组成法国的人工智能研究网络。

理、法律与文化等建设中体现普惠性原则，促进全民受益。

（九）印度做好人工智能战略部署的充分准备

与世界人工智能强国相比，印度在人工智能综合发展水平与基础方面较为薄弱。然而，近年来随着印度软件产业的日渐发达，以及“数字印度”建设的大力推进，印度政府对人工智能、机器人、区块链和物联网等技术给予高度关注，着手研究本国人工智能发展战略，并在 2018 年提出发展人工智能的初步设想，以期挖掘利用人工智能的潜力，来促进经济增长和提升社会包容性，探索一条适合于发展中国家的人工智能发展路径，并可在其他发展中国家复制和推广。2018 年，“数字印度”计划共拨款 4.77 亿美元，成为推动人工智能、机器学习、增材制造及其他技术研发的重要举措。

2018 年 6 月，印度国家研究院（NITI Aayog）发布《人工智能国家战略》研究报告（讨论稿），报告以“AI for All”为主题，旨在使全国人民因人工智能发展而受益。为加强人工智能基础研究和应用研究，报告提出建立卓越研究中心（Centre of Research Excellence，CORE），专注于人工智能核心研究，并通过创造新知识推动人工智能前沿技术的发展；建立人工智能转移国际中心（International Centers of Transformational AI，ICTAI），开发和部署基于应用的研究。人工智能应用应重点放在五大领域：一是医疗健康，增加高质量、民众可负担的医疗服务供给；二是农业，提高农民收入，提升农业生产率并减少浪费；三是教育，拓宽受教育途径，提高教育质量；四是智慧城市与基础设施建设，提升人民生产生活效率和质量；五是智能通信与交通，为信息通信创造更为智能与安全的模式，更好地处理交通拥堵问题。同时，该报告还从知识产权、个人隐私、数据保护及道德伦理等维度探讨了建立及营造人工智能发展生态环境的问题。

（十）阿联酋在人工智能战略实施机制上取得巨大突破

阿联酋是全球最具创新活力的国家之一，在世界知识产权组织等机构发布的《2018 年全球创新指数》中，阿联酋排在全球第 38 位，在西亚和北非地区 19 个经济体中排在第 3 位。近年来，在全球的高收入国家群体中，阿联酋的研发投资力度呈显著增长态势，同时，阿联酋将增材制造、无人客机、航空航天、区块链、迪拜智能城市等看作事关未来发展的重要领域。特别是在人工智能进入第三次发展热潮后，阿联酋将人工智能视为第四次工业革命的支柱，其广泛应用将成为国民经济的重要驱动力。到 2025 年，阿联酋人工智能市场预计将达到 500 亿美元，届时，人工智能将成为该国的“新石油”。由此，政府采取了一系列举措加快推进人工智能发展，旨在将阿联酋打造成为“世界上人工智能发展最充分的国家”，尤其是在实施机制上，阿联酋成为全球首个任命人工智能国务部长的国家。

2017 年 10 月，阿联酋在任命人工智能国务部长的同时发布了《人工智能国家战略》（AI Strategy），从而成为中东地区首个实施人工智能战略的国家。这是《阿联酋 2070 百年目标》（UAE Centennial 2070 Objectives）的首个战略，旨在利用人工智能改善多个行业，并增强政府的施政能力及效率，目标是到 2031 年推动政府收入增加 35%，开支减少 50%，将应对金融危机的抵御能力提升至 90%，在政府服务和数字分析等领域全面应用人工智能技术。具体将在以下 9 个领域应用人工智能技术：交通运输，减少事故率、缓解交通拥堵、降低运营成本；医疗健康，减少慢性病和危险疾病发病率；航天，推动开展正确的科学实验，降低高额成本错误率；可再生能源，优化管理公共事业部门设备；水，开展供水分析；科技，提升生产力、降低总成本；教育，降低成本、提升民众受教育意愿；环境，增加绿化率。

五、各方积极探索人工智能治理方案

2018 年以来，人工智能安全事故、伦理道德侵害事件频发，成为社会各界普遍关注的重点。以美国、欧盟为代表的国家和地区强调以其本国 / 地区价值观引领全球人工智能治理，人工智能从业者也在积极探索行业自律相关经验。

（一）人工智能安全事故频发、社会关注度日益提升

全球首例自动驾驶致死事件折射出人工智能发展面临的技术和道德困境。2018 年 3 月，优步（Uber）自动驾驶汽车在美国亚利桑那州坦佩市碰撞到一个横穿马路的行人，该行人在送往医院后不治身亡，这也是全球首例自动驾驶汽车在公共道路上撞击行人致死事件。与人工智能有关的个人隐私侵犯与种族歧视问题，越来越受到多方的质疑。亚马逊公司因向执法机构和私营机构提供人脸识别相关服务，而遭到对个人隐私侵犯的质疑，相关技术还因错判性别而受到种族歧视的质疑等。同时，麻省理工学院的一项研究显示，IBM 和微软公司创建的面部分析软件也都存在种族和性别偏见问题。

人工智能用于武器研发引发学术界、产业界等强烈抵制。美国、韩国等多个国家已经启动众多人工智能军事项目，包括各类军用无人车、无人机、无人船等，谷歌、微软等公司都涉嫌参与军用人工智能技术与系统的研发。2018 年 4 月，3100 多名谷歌员工联名请愿，敦促该公司终止与美国国防部合作的 Maven 项目，即停止与美国政府合作开发与人工智能有关的武器。韩国科学技术院（Korea Advanced Institute of Science and Technology，KAIST）于 2018 年 2 月设立了一个从事人工智能武器研制的实验室，4 月，全球 50 名顶尖学者联合宣布将采取多

种行动抵制 KAIST 这一行为。

（二）主要国家提出人工智能发展与治理原则

2018 年以来，包括英国、日本、欧盟、印度、澳大利亚、加拿大、法国、德国、新加坡、阿联酋及美国等 10 余个国家和地区在部署实施人工智能发展战略时，明确将人工智能治理问题纳入其总体战略，提出确保本国人工智能健康发展的基本原则。其中，已提出人工智能道德伦理准则的包括：2018 年 6 月新加坡发布《人工智能治理和道德的 3 个新倡议》；2018 年 12 月欧盟发布《可信赖的人工智能道德准则草案》；2018 年 12 月日本内阁府发布《以人类为中心的人工智能社会原则》等。德国计划在 2019 年提出人工智能伦理原则。

综合来看，这些国家和地区对人工智能治理进行部署推进的共同点主要包括 4 个方面：一是设立专门委员会或专家组开展人工智能伦理道德规范研究，为政府提供决策咨询；二是坚持以人为中心的人工智能治理理念，部分国家强调要与本国价值观相一致；三是积极参与人工智能全球治理；四是加快调整部分领域监管规则，寻求相关行业健康发展。然而，目前各国对人工智能治理仍然仅仅停留在原则和框架层面，具体到人工智能技术开发规则，如如何使之严格遵守“人工智能系统不伤害人类”“人工智能决策应具备可解释性”等规则，各国都尚未提出明确的解决方案。目前推进进度较快的，主要是在自动驾驶这样的领域进行立法和监管，成体系化的法律和规范建设尚显遥远。

（三）产业界积极探索行业自律经验

人工智能产业界、行业协会等将人工智能治理作为重要议题开展相关研究，成为行业自律的重要经验探索。DeepMind 公司于 2017 年 10 月成立了人工智能伦理与社会部门，旨在理解人工智能的现实影响并帮助技术人员将伦理付诸实践。该部门于 2018 年启动关于算法偏见、问责制和自主杀人机器等课题项目的研究，希望可以帮助社会预测人工智能的影响，并根据预测结果给予正确的引导，确保人工智能对人类社会带来正面作用。微软公司坚持要设计出可信赖的人工智能，必须采取体现道德原则的解决方案，并提出 6 个道德基本准则：公平、包容、透明、负责、可靠与安全、隐私与保密。谷歌公司提出人工智能七大原则，即造福社会、避免偏见、确保安全、对人负责、保护隐私、遵守严格的科学标准、避免有潜在危害或可能被滥用的技术与应用，同时还明确了未来将严格坚守的四大底线等。德国商业软件巨头 SAP 于 2018 年 9 月发布了一份道德规范来管理其人工智能研究，并提出 7 条准则，旨在防止人工智能技术侵犯人类的权利。

（执笔人：高　芳）

世界航天领域发展再迎热潮

2018 年，全球航天领域迎来新一轮热潮，共进行 114 次航天发射，开创近 30 年来的历史最高纪录。伴随着密集的航天发射，航天大国间的竞争也愈发激烈。其中，中国全年航天发射 39 次，历史上首次在发射数量上超越美国。尽管如此，美国依然是航天领域的超级大国，全年共计发射火箭 31 次，私营企业太空探索技术公司（Space X）进步惊人，共进行 21 次发射，占据全球商业发射第一地位。俄罗斯依然保持着航天大国的地位，欧洲在航天领域的地位则面临着严峻的挑战，发射数量已被印度追平。在空间探测领域，美国有多个探测器发射升空，包括执行新一轮火星探测的“洞察号”（Insight），执行轻触太阳任务的“帕克”（Parker）太阳探测器，以及借助凌星法搜寻系外行星的凌日系外行星勘测卫星（TESS）等。欧洲和日本合作的“比皮科伦坡”（Bepicolombo）水星探测计划也在 2018 年执行。中国于 2018 年执行的“嫦娥四号”成为世界首颗在月球背面软着陆和巡视探测的航天器。在国际空间站运行方面，俄罗斯、美国和日本的货运飞船继续有效保障了国际空间站的货运运输任务，俄罗斯仍独自承担载人飞行任务，而美国的商用载人飞船和“猎户座”载人飞船开展了实验飞行。在卫星领域，商用通信卫星继续迅速发展，军用卫星的部署不断加快。在导航卫星方面，美国“铱星”系统继续加快建设，并发射了首颗新一代 GPS-III-01 卫星，中国的“北斗”导航顺利完成了全球组网，欧洲的伽利略系统和印度的 IRNSS 导航系统也加快了建设步伐。在科学卫星方面，中国的“张衡一号”引人关注，可为地震机制研究、空间环境监测和地球系统科学研究提供新的技术手段。欧洲的 Aeolus 卫星可向大气中发射激光，从而创建整个地球上的风速和方向的第一个三维地图。另据多个机构发布的研究报告显示，世界航天产业持续快速发展、稳定增长，有更多的国家政府将航天产业作为发展的重点，力争在世界航天产业领域占据一席之地。

一、各国航天政策与投入动向

2018 年，世界经济发展缓慢复苏，但仍存在许多不确定因素。美欧日密集发布航天政策，稳步推进航天产业及商业航天发展。世界主要国家继续努力确保航天领域的研发预算，不断制定和完善航天政策和战略，着力推动航天产业发展，力求在未来航天科技与产业领域占据一席之地。

（一）美国重启国家航天委员会

2 月，美国航空航天局（NASA）发布《NASA 战略规划 2018》，该规划基于特朗普总统签署的“1 号航天政策指令”和国家空间委员会的愿景，提出发现—探索—发展—实现四大战略主题，明确 NASA 在 2018—2021 年及更长远未来的战略方向、目标和优先事项。此外，该规划还重申 NASA 将致力于推动空间科学和航空学发展，为重返月球、开展长期空间探索和利用，乃至实施载人火星探测及更远深空探测奠定基础。

同月，NASA 发布 2019 财年预算报告，2019 财年预算总额为 199 亿美元，比上一财年增加了约 4 亿美元，其中，105 亿美元计划用于月球、火星和其他目标等探索任务。报告宣布美国政府计划推行国际空间站的商业化，将分别在 2019 年和 2020 年投入 1.5 亿美元，以鼓励开发商业化的近地轨道平台，2020 年后投入还将逐年增加，并将于 2025 年终止对国际空间站的直接支持。

3 月，美国发布首份《国家航天战略》，强调要加强国家航天、商业航天和民用航天三者间的合作，从美国利益第一、技术领先、企业领先、航天服务、美国人民利益第一等多个角度阐述了美国第一的概念，充分表明美国政府在推动航天领域发展方面的决心。特朗普签署“2 号航天政策指令”，启动商业航天监管改革并将组建“航天管理局”，以提高航天产业监管能力。

4 月，美国发布新版《太空作战》条令，首次明确“太空联合作战区域”概念，旨在推动太空作战深度融入联合作战，体现了特朗普政府备战太空的新动向。该条令提出了太空态势感知，太空控制，定位、导航与授时，情报、监视与侦察，卫星通信，环境监测，导弹预警，核爆探测，太空运输，卫星操作等太空作战任务十大能力，强调现在的太空作战不仅包括将军事太空能力融入联合作战之中，而且包括对抗对手的进攻性太空行动，以确保自身太空系统安全。

9 月，NASA 发布《国家太空探索活动报告》，强调了美国航天探索活动的 5 项战略目标，并确定了美国航天探索活动从 2018 年到 2024 年之后在绕月轨道、月球表面、近地轨道及火星 4 个领域的路线图。

（二）英国着力推动航天产业发展

3 月，英国颁布《2018 航天工业法案》，旨在规范英国航天活动，扶持和监管商业航天的发展，使英国成为航天领域的领导者。该法案被称为世界上最现代的航天工业立法，意味着英国企业将很快能使用本国发射场参与商业太空竞争。法案将允许民用公司使用英国太空中心的高超声速飞行器和高速点对点发射器，以促进空间技术的商业开发。

5 月，英国发布《促进航天产业繁荣》报告，阐述了导航、分析和安全等地球信息服务、全球设备联通的连接服务、用于科研和商业的空间机器人，以及低成本空间技术等英国航天发展的 4 个优先事项，为未来 10 年英国航天发展提出发展愿景。

7 月，英国政府宣布将启动“航天出口运动”，以帮助英国航天企业在欧洲以外地区争取业务。该运动将充分发挥英国航天企业的优势，尤其是在小卫星等新兴领域，将为航天业厂家创造新的出口机会。

（三）法国发布《太空精神》文件

5 月，法国国家空间研究中心（CNES）发布《太空精神》文件，确定低成本发射、空间科学、对地观测、卫星通信及军事航天五大重点发展领域。文件提出，CNES 作为欧空局的重要成员之一，保证欧洲具备独立的航天发射能力，并积极与航天大国和新兴航天国家合作，引领世界航天发展。该中心 2018 年的预算为 24.38 亿欧元，仅次于美国。

（四）日本发布中长期航天计划

3 月，日本发布宇宙航空研究开发机构（JAXA）《2018—2025 年中长期发展目标及其计划》文件，提出了加强航天工业研发与商业化，提高运营效率，强化项目质量评估和管理机制，加强国际合作，重视人才培养与大众传播，更新和维修设施设备等一系列措施，反映了新时期日本航空航天领域的战略重点和调整变化。

同月，日本首相安倍晋三宣布政府支持航天创企发展的“一揽子计划”，用于支持航天初创企业发展。该计划包括设立 1000 亿日元（约 9.4 亿美元）的支持基金，预计初期每家初创企业大概可以拿到 10 万美元的资助；提出包括 46 个帮扶成员的“航天商业投资结对平台”帮扶计划。此外，计划内容还包括为航天创企寻找人才及设法让这些企业同 JAXA 开展技术合作。计划从 2018 财年开始，为期 5 年，其发展目标是在 2030 年年初将市场规模扩大至 2.4 万亿日元（约 22.5 亿美元）。

4月，日本内阁府提出基于《基础设施系统出口战略》的航天《海外市场拓展战略》，主要内容包括全球市场走向和需求分析，日本产业目标，装备技术和导航卫星系统供给力，竞争国通信卫星、火箭市场动向，拓展市场的发展方向等。

12月，日本政府宇宙开发战略本部通过了新修订的《宇宙基本计划进度表》，其中写入了日本拟参加美国力争于21世纪20年代中期建成的绕月新国际空间站计划。

二、空间科学探测再掀热潮

2018年，世界空间科学探测领域再掀热潮。美国有多个深空探测器成功发射，中国的“嫦娥四号”月球背面探测器也引起了世界瞩目。

（一）美国系外行星搜寻探测器成功发射

4月19日，美国最新一代系外行星搜寻探测卫星（TESS）发射升空。TESS将运行在一个远离地球的轨道上，任务为期2年，整个TESS项目耗资约2亿美元，外加约8700万美元的发射费用，使用4台灵敏的相机去搜寻围绕其他恒星运行的系外行星，TESS能够感知行星从恒星前方经过时导致恒星亮度轻微减弱现象，反推出恒星周围行星的存在，并测算出行星的大小。

（二）美国“洞察号”火星探测器成功登陆火星

5月5日，执行首个探究火星“内心”任务的美国“洞察号”火星无人探测器发射升空，作为美国火星无人探测项目的重要部分，该探测器任务为期2年，将对火星内核大小、成分和物理状态、地质构造，以及火星内部温度、地震活动等进行探测。11月26日，“洞察号”探测器在火星成功着陆，随后，通过与其同行的迷你卫星传回了其拍摄的火星第一张照片。

（三）美国“帕克”探测器奔赴“触摸”太阳之旅

8月12日，美国成功发射“帕克”太阳探测器，开启执行人类首次穿越日冕的太阳观测任务。该探测器将会在之后的7年时间绕太阳飞行24圈，并借助金星引力逐渐接近太阳，最终到达距离太阳表面约610万千米的地方（日冕层）。探测器将对所遇到的等离子体、磁场和波、高能粒子和尘埃等进行探测，并对其所在轨道附近及日冕底部的偶极结构成像。

（四）欧日“比皮科伦坡”水星探测器开启水星之旅

10 月 19 日，由欧洲和日本合作、耗资达 20 亿美元的“比皮科伦坡”水星探测器成功发射。按计划，该探测器将经过 7 年的太空飞行，于 2025 年抵达水星。届时，该探测器将释放出由欧洲航天局研制的水星行星轨道飞行器和由日本航天局研制的水星磁层轨道飞行器，前者主要探测水星的表面和组成，后者主要探测水星的磁场，两个探测设备收集数据的时间暂定持续一年，其后有可能再延长一年。据称，此次探测任务将帮助人们更好地理解水星环境，最终还能帮助理解地球乃至整个太阳系的起源。

（五）中国“嫦娥四号”首次探测月球背面

12 月 8 日，中国“嫦娥四号”探测器成功发射，并于 2019 年 1 月 3 日成功着陆在月球背面南极艾特肯盆地冯·卡门撞击坑的预选着陆区，随后，月球车“玉兔二号”到达月面开始巡视探测。“嫦娥四号”还搭载了荷兰低频射电探测器、德国月表中子与辐射剂量探测仪、瑞典中性原子探测仪和沙特月球小型光学成像探测仪这 4 台国际合作科学载荷。作为人类首个抵达月球背面的探测器，“嫦娥四号”可以给人类提供更多关于月球内部的信息，对于研究月球和太阳系早期历史具有重要价值。

三、国际空间站平稳运行

2018 年，国际空间站运行保持平稳。在载人任务方面，俄罗斯的“联盟号”依然独立承担着载人飞行任务。美国的“龙”和“天鹅座”商用货运飞船承担了更多的货运飞行任务，俄罗斯“进步号”货运飞船和日本“鹳”货运飞船也都执行了货运任务。

（一）俄罗斯依然是国际空间站运输任务的核心力量

2018 年，俄罗斯共执行了 4 次载人飞行任务、3 次货运任务。俄罗斯的“联盟”号载人飞船仍然是国际空间站载人飞行任务的唯一选择，分别于 3 月 21 日、6 月 6 日、10 月 11 日、12 月 3 日执行了 4 次运送宇航员的任务，其中，10 月 11 日的任务因助推器故障发射失败，飞船内的两名宇航员启动紧急逃逸系统，成功返回地面，被地面搜救队顺利找到并安全出舱。与此同时，俄罗斯继续为国际空间站货运飞行任务提供重要保障，分别于 2 月 13 日、7 月 9 日、11 月 16 日使用其“进步”系列货运飞船成功执行了 3 次任务。

（二）美国商用货运飞船开始承担更多任务

2018 年，美国商业航天在国际空间站建设方面发挥了更加重要的作用。“龙”和“天鹅座”商用货运飞船开始承担更多的国际空间站货运任务，有力地保障了国际空间站的平稳运行。

美国的“龙”商用货运飞船分别于 4 月 2 日、6 月 29 日和 12 月 5 日执行了 3 次成功的国际空间站货运任务，至此，“龙”商用货运飞船已执行了 16 次货运任务；“天鹅座”商用货运飞船分别于 5 月 21 日和 11 月 17 日执行了 2 次国际空间站货运任务，至此，“天鹅座”商用货运飞船累计执行了 10 次任务。

（三）日本“鹳”再次执行货运任务

日本的“鹳”号货运飞船于 9 月 22 日执行了一次任务，为国际空间站送去了小型回收舱和多种实验装备，以及作为空间站电源的大型锂离子电池和宇航员所需生活用品等，这是货运飞船首次搭载可回收实验材料的小型回收舱。

（四）中国“天宫一号”完成历史使命

2018 年 4 月 2 日，中国“天宫一号”目标飞行器再入大气层，落入南太平洋中部区域，绝大部分器件在再入大气层过程中烧蚀销毁，圆满结束历史使命。“天宫一号”是中国第一个目标飞行器，于 2011 年 9 月 29 日发射升空，并相继与“神舟八号”“神舟九号”“神舟十号”飞船进行了成功的交会对接。“天宫一号”为中国空间站的建设积累了宝贵经验。

四、卫星领域竞争加剧

2018 年，世界卫星领域竞争依然十分激烈。其中，商业通信卫星继续保持快速增长，军用卫星的部署不断加强，美国、欧洲、俄罗斯和中国等国家和地区的导航卫星建设步伐不断加快，科学探测卫星发展迅速。

（一）商业通信卫星竞争激烈

2018 年，世界商业通信卫星保持迅速发展，越来越多的国家参与到商业通信卫星领域的竞争中，使得该领域的竞争日益激烈。

国外的商业通信卫星主要包括：美国 O3B 网络公司发射了 4 颗通信卫星，为欠发达国家和发展中国家提供宽带网络；欧洲卫星全球公司（SES）分别发射了为拉丁美洲、加勒比海、北美洲、北大西洋和西非等地区提供卫星通信服务的 SES-14 卫星（也称为 GOVSAT-1 卫星），为卢森堡军队及其盟国提供安全通信并支持政府的 SES-16 卫星，以及为亚太地区的数百万用户提供数据和视频服务的 SES-12 卫星；阿联酋的 AL-YAH-3 卫星，用于向非洲和巴西提供服务。西班牙的 HISPASAT-30W-6 卫星，用于传输电视信号和视频信号，确保北美、南美、欧洲和北非地区的宽带上网；加拿大的 TELSTAR-18V 和 TELSTAR-19V 卫星，为亚太地区提供宽带通信服务；印度用于提供多种手机应用的 GSAT-6A 卫星，为数字印度计划提供高速互联网的 GSAT-29 卫星，以及有史以来最重的卫星 GSAT-11（重达 5854 千克）；孟加拉国的 BANGABANDHU-1，为孟加拉国和邻国提供直接到户（DTH）、VSAT、回程和中继、网络恢复、防灾服务等服务；印度尼西亚的 MERAH PUTIH 通信卫星，为印度尼西亚提供电信服务；日本用于亚太地区的移动通信和宽带业务的 HORIZONS-3 卫星，是日本完美天空 JSAT 集团第 20 颗通信卫星；阿塞拜疆的 AZERSPACE-2/INTELSAT-38 通信卫星，主要用于南高加索地区、中亚、南亚、中东、欧洲、北非、中非、东非之间的通信服务；卡塔尔的 ES'HAIL-2 卫星，除了为卡塔尔提供更多的宽带连接之外，还携带了可以为无线电业余爱好者使用的应答器。

中国也有多颗商业通信卫星发射升空："亚太 6C" 通信卫星，将用于亚太等地区的卫星通信和卫星广播服务；"虹云工程" 技术验证卫星，是低轨宽带通信卫星系统 "虹云工程" 首发星，后续将以此卫星为基础开展低轨天基互联网试验与应用示范；"嘉定一号" 卫星，是上海欧科微航天科技有限公司低轨商业通信卫星星座 "翔云" 的首发星；中国航天科技集团公司 "鸿雁星座" 首颗试验星 "重庆号"，将为 "鸿雁星座" 全球低轨通信系统的建设奠定基础。

（二）军用卫星竞争加剧

2018 年，世界主要航天大国军用卫星部署不断加快，美国和俄罗斯之间的竞争仍然激烈，欧洲、印度、日本等多个国家和地区也在加强军用卫星的部署。

美国有多颗军用卫星发射升空：ZUMA 秘密卫星，NROL-47 军用卫星，美国空军天基红外系统地球同步轨道 4 号卫星（SBIRS-GEO-4），美国空军航天司令部 11 任务（AFSPC-11）的 CBAS 通信卫星和老鹰技术演示卫星，美国空军先进极高频军用通信卫星（AEHF）项目第 4 颗卫星 AEHF-4。

俄罗斯的军用卫星包括：EMKA 侦察小卫星，第二颗"好消息"（BLAGOVEST）系列卫星 BLAGOVEST-12L 军事通信卫星，"莲花"（LOTOS）S1 系列电子情报卫星的第 3 颗卫星 LOTOS-S1-3，"福音"（BLAGOVEST-13L）军事通信卫星可向用户提供电话和视频会议及互联网宽带接入等服务，3 颗 RODNIK 军用通信卫星。

其他国家的军用卫星包括：日本新一代军事光学成像侦察卫星 IGS-OPTICAL-6；日本防卫省军用 SUPERBIRD-8（又名 DSN-1）通信卫星；日本第二代 IGS-RADAR-X 雷达侦察卫星，用于日本国防和民用自然灾害监测。印度

GSAT-7A 军用卫星，用于连接印度空军各下属兵力和设施间的通信渠道。法国 CSO-1 军用卫星，将供法国国家空间研究中心（CNES）和武器装备总局（DGA）使用。

（三）导航卫星系统建设加快

2018 年，世界主要卫星导航系统加快建设，进展显著。2018 年 12 月底，中国宣布北斗卫星导航系统启动并开始提供全球服务。经历 2018 年“10 箭 19 星”发射后，北斗系统已包含 33 颗在轨卫星，也创下了世界卫星导航系统建设的新纪录。到 2020 年，中国还将发射 12 颗北斗系列导航卫星，完成全面建设，进一步提升系统服务性能。

美国 GPS 系统进一步加强，其首颗第三代 GPS-IIIA 卫星发射升空，将比当前 GPS 系统的定位精度高 3 倍，抗干扰能力高 8 倍。同时，美国“铱星”系统加快组网，2018 年分 3 批将 20 颗第二代铱星送入轨道。

俄罗斯的格洛纳斯系统也有进展，分别于 6 月和 11 月发射了 2 颗第二代 GLONASS-M 卫星，目前该系统共有 27 颗卫星在轨，运行星座得到进一步完善。

欧洲的伽利略导航系统，建设步伐显著加快。7 月 25 日，欧洲成功地将 4 颗（第 23 至第 26 颗）伽利略导航卫星送入轨道，使伽利略星座卫星数量达到 26 颗，从而扩大了伽利略系统的全球覆盖范围，基本达到全面运行的能力。

印度区域导航卫星系统增添新星，其第 9 颗导航卫星 IRNSS-1I 成功发射升空。

（四）科学卫星发展迅猛

2018 年，科学卫星增长显著，气象、环境观测、遥感等卫星成为各国发展的重点，另外有众多微小卫星发射升空。

美国在科学卫星领域十分活跃，具体包括：美国最新一代气象 GOES-S 卫星，用于对气象的日常监测，灾害性天气的短期警报，雾、降水、雪覆盖和冰盖运动监测，以及涉及大气、海洋、陆地和生物之间相互作用的科研任务。创纪录地一次性将 64 颗卫星投入轨道，包括 15 个“微型卫星”（MICROSATS）和 49 个“立方体卫星”（CUBESATS），这些小型卫星来自 34 个不同的私人和公共组织，代表 17 个不同的国家；Space X 公司“星链”计划（StarLink）的 MICROSAT-2A 和 MICROSAT-2B 卫星，旨在取代传统的地面通信设施，来帮助全世界接入高速的宽带互联网；价值高达 10 亿美元的 ICESAT-2 卫星，用于探测地球表面的冰层、云层和地表层的高度，监控气候变化造成的影响；美国和新西兰太空飞行公司 Rocket-Lab 成功完成了首次商业发射，名为“It’s Business Time”，向轨道运送了 7 个有效载荷，其中大部分由小型卫星和一个名为 NABEO 的拖曳帆组成，其设计用于使非活动的小型卫星脱轨，以帮助减少太空垃圾。

欧洲的科学卫星主要包括：欧洲 AEOLUS 卫星，将提供用于提高天气预报质量的数据，并为长期的气候研究做出贡献；欧洲卫星气象组织（EUMETSAT）第 3 颗卫星 METOP-C，用于预测 12 小时到 10 天的天气；俄罗斯分别将 4 颗 KANOPUS-V（第 3 至第 6 颗）系列对地观测卫星发射升空；欧洲“哥白尼计划”观测系统 SENTINEL-3B 卫星，将与之前发射的 SENTINEL-3A 一起监测全球海洋、陆地植被和大气环境等数据；西班牙地球雷达观测卫星 PAZ；英国“新星 SAR”（NOVASAR-1）和 SSTL-S1-4 遥感卫星，前者为小型合成孔径雷达（SAR）技术试验卫星，后者为高分辨率光学遥感卫星，能提供城市规划、农业监测、土地分类、自然资源管理和灾害监测等多种应用。

其他国家的科学卫星包括：日本高性能雷达观测卫星 ASNARO-2，在夜间及恶劣天气也可实现对地观测，可识别地表 1 米大小的物体；日本用有史以来最小的 SS-520 5 号火箭将重 3 千克的 TRICOM-1R 微型卫星成功送入轨道；日本温室效应气体观测技术卫星 GOSAT-2，与其一起发射的还有日本 5 所大学的 5 颗小卫星；印度制图卫星（CARTOSAT-2F），该系列卫星专门用于为印度军民用户提供卫星测绘和制图信息；印度 HYSIS 地球观测卫星和 30 颗共载客卫星一起升空，HYSIS 将提供有关农业、林业、地质环境、沿海地区和内陆水域的全球覆盖及有价值的数据；阿联酋对地观测卫星哈利法萨特（KHALIFASAT）；阿根廷 SAOCOM-1A 卫星，用于自然灾害时紧急救援及监视地表变化；摩洛哥第二颗遥感卫星 MOHAMMED-VI-B，与 2017 年发射的 MOHAMMED-VI-A 处于同一轨道组成双星，共同为摩洛哥提供国土测量、地图绘制、农业监测、自然灾害预防与管理、环境变化和荒漠化监测、边境和海岸线监测等服务；沙特 SAUDISAT-5A 和 SAUDISAT-5B 两颗卫星，是用于对地观测的两颗遥感卫星，也是沙特截至目前发射的自行研制的最大对地观测卫星；新西兰 2 颗 SPIRE-GLOBAL-LEMUR-2 卫星；巴基斯坦的“巴遥一号”（PAKTES-1A）卫星，主要用于巴基斯坦的国土资源普查、环境保护、灾害监测和管理、农作物估产和城市规划等领域；韩国第一颗民用地球同步气象卫星 GEO-KOMPSAT-2A。

中国有多颗科学卫星成功发射，包括：“高景一号”03、04 星，将与同轨道的 01、02 星组网运行，标志着中国首个 0.5 米高分辨率商业遥感卫星星座首期正式建成；“陆地勘查卫星”03、04 星，主要用于开展陆地资源遥感勘查；“吉林一号”视频 07 星、08 星和 4 颗小卫星；“遥感卫星 30 号”04 组和“遥感卫星 31 号”01 组共 6 颗卫星，主要用于开展电磁环境探测及相关技术试验，同时还搭载了 2 颗“微纳 –1A”卫星；中国地球物理场探测卫星计划的首发星“张衡一号”，使中国成为世界上少数拥有在轨运行高精度地球物理场探测卫星的国家；中国民用高分辨率光学业务星座系列卫星“高分一号”02、03、04 星，“高分五号”，

“高分六号”和“高分十一号”等卫星；“珠海一号”02组卫星，由5颗卫星组成，主要用于遥感成像并提供卫星大数据服务；“嫦娥四号”中继卫星“鹊桥”，为月球背面的嫦娥四号着陆器和巡视器提供与地球间的通信和数据传输服务；两颗月球轨道编队超长波天文观测技术试验微卫星“龙江一号”“龙江二号”；“风云二号”H星，将与在轨的“风云二号”E、F、G星开展组网观测；“新技术试验”A、B双星，主要用于开展星间链路组网及新型对地观测技术试验；“海洋一号”C星，主要用于全球大洋水色水温环境业务化监测；“微厘空间一号”试验卫星，是低轨导航增强系统第一颗先导技术试验卫星；“遥感32号”01组2颗卫星，主要用于开展电磁环境探测及相关技术试验；“海洋二号”B星，将接替超期服役的“海洋二号”A星，提供全天时、全天候的不间断服务；“试验六号”卫星，主要用于开展空间环境探测及相关技术试验；“天平一号”A、B星，主要用于地面测控设备精度标校；“软件定义”卫星，主要开展安卓平台地面软件技术太空移植及开源卫星软件研发等技术验证工作；“云海二号”卫星，主要用于大气环境要素探测、空间环境监测、防灾减灾和科学实验等领域。

五、航天产业稳步发展

2018年，全球经济增长的前景依然不甚明朗，但一些机构公布研究结果表明，航天产业整体上取得了稳步增长。世界主要国家均把航天作为重要的科技与产业领域，努力确保该领域的投入。产业界依然保持对航天领域的投资热度，航天产业将保持稳步发展。

5月，德勤公司发布《2018年全球航空航天和国防行业展望：实现可观盈利增长之路》报告，指出全球航空航天和国防行业在经历了一年的低迷增长之后将大幅增长，预计全球航空航天和国防产业收入在2018年增长4.1%。

6月，美国卫星产业协会（SIA）发布第21版《卫星产业状况报告》。报告显示，2017年全球航天产业的收入为3480亿美元，其中，卫星产业2686亿美元，占比77%，较2016年增长3%。其中，卫星服务业依然是最大的产业，收入1287亿美元，较2016年增长1%；其次为地面设备制造业，收入1198亿美元，较2016年增长5.6%；卫星制造业收入155亿美元，较2016年增长10%；发射服务业收入46亿美元，比2016年下降16%。

7月，美国航天基金会发布《2018航天报告》，这是该基金会发布的第13版航天报告。报告显示，2017年世界航天经济总量达3835亿美元，较2016年增长7.4%，呈加速上涨之势。其中，商业航天收入3073亿美元，占航天经济总量的80.1%，其中，商业卫星产品与服务规模达到2114.5亿美元，较2016年增长8.3%；商业基础设施与保障业务规模达892.1亿美元，较2016年增长7.5%，其中地面设备收入达 119.8 亿美元，商业卫星制造收入为 68.2 亿美元。主要国家均持续对航天进行较大规模投入。2017 年，主要国家政府航天预算总计达 762 亿美元，占航天经济总量的 19.9%，比 2016 年的 727 亿美元增长 4.8%。其中，美国政府航天预算为 433 亿美元，占比高达 57%，比 2016 年的 444 亿美元下降 2.5%，超过其他国家或地区政府航天预算之和。其他国家或地区政府航天预算总额为 329 亿美元，占比 43%，其中，俄罗斯航天预算为 15 亿美元，比 2016 年下降 12.9%；欧洲航天局预算为 65.6 亿美元，比 2016 年增长 12.8%；日本 JAXA 航天预算为 16.16 亿美元，比 2016 年略有上涨；印度、意大利和英国政府航天预算比 2016 年增长 25%，增长显著。

12 月，欧洲咨询公司发布《卫星服务前景展望》报告显示，全球商业航天营业额达 2500 亿美元，其中，通信、导航、对地观测占比分别为 60%、38% 和 2%，未来 5 年年均增长率预计为 7%。报告提出，2016 年全球政府部门航天投资 620 亿美元，呈现紧缩趋势，美国、中国、俄罗斯、日本、欧盟 5 个国家及地区的投入占全球政府部门总投入的 82%，未来 5 年的年均增长率为 –2%。

2019 年，航天领域将保持快速发展的势头。空间探测领域将继续保持发展热度，会有更多国家执行其深空探测任务。印度将执行其第二个月球探测器“月船 2 号”（CHANDRAYAAN-2），该探测器包括一个寿命为 1 年的轨道飞行器、一个登陆器及一个可以在月球表面行进 14 ～ 15 天的月球车。中国的“嫦娥五号”任务将从月球带回所采集的样本。俄罗斯和德国合作的“光谱 –RG”（SPEKTR-RG）将发射升空，其中包括德国 X 射线空间望远镜 EROSITA 和俄罗斯的 ART-XC 望远镜，前者用于研究暗物质和暗能量及黑洞的形成与宇宙进化，后者将用于研究星系演化和绘制宇宙地图等。在国际空间站运行方面，俄罗斯在继续执行载人飞行任务的同时，美国将加快推动商用载人航天任务，美国 Space X 公司将执行首次载人国际空间站发射任务，波音公司的 CST-100 STARLINER 商用载人飞船也将开展测试。俄罗斯、美国和日本的货运飞船将继续保障国际空间站的货运飞行任务。卫星领域依然竞争激烈，商业通信卫星将继续迅速发展，军用卫星的部署将不断加快。在导航卫星方面，美国在继续部署第三代 GPS 导航卫星的同时，美国卫星初创公司 OneWeb 计划由 650 颗卫星组成的太空互联网计划也将开始进入部署阶段，2019 年将发射其首批 6 颗卫星，该计划旨在从太空提供覆盖全球范围的互联网服务。另外，美国的第二代铱星将完成组网。俄罗斯、中国、欧盟等国家和地区的导航系统也将继续强化部署。在科学卫星方面，美国的 ICON 卫星（Ionospheric Connection Explorer）备受关注，该探测器旨在探测地球电离层的变化、太阳驱动的太空天气之间的相互作用，以及这种相互作用如何驱动高层大气中的湍流。

（执笔人：徐　峰）

各国制造业加速转型

当前，新一轮科技和产业革命酝酿兴起，数字化时代加速来临，以人工智能、大数据、物联网、增材制造等为代表的新一代技术正对制造业产生颠覆性影响，不断推动制造业向数字化、自动化和智能化方向转型。在此背景下，主要国家积极展开新一轮部署，不断出台新战略和新举措，推动制造业向更高质量发展。同时，先进材料作为关键使能技术继续支撑制造业发展，受到各国高度重视。中小企业作为制造业的基石，在确保各国供应链安全方面发挥重要作用。

一、发达国家展开新一轮制造业战略部署

2008 年金融危机爆发后，制造业重新成为全球竞争的制高点，发达国家和新兴经济体国家陆续推出“制造业回归”或“再工业化”战略规划。当前，随着新一轮技术浪潮袭来，数字技术与制造技术融合进一步加速，因此，主要国家和地区特别是发达国家和地区积极展开新一轮部署，以推动制造业向更高质量发展。

（一）美国新出台《先进制造美国领先战略》

2018 年 10 月 5 日，美国国家科学技术委员会先进制造技术分委会发布《先进制造美国领先战略》，旨在继续维护美国的先进制造业领先地位。战略是特朗普政府推出的首个先进制造领域的大型规划，共设定了三大使命目标：发展和推广新的制造技术；培育先进制造业所需的新的劳动力；建立可控、弹性的产业供应链。针对每个目标，战略制定了明确的任务。

在“发展和推广新的制造技术”方面，共设定了五大战略任务：抓住智能制造系统的未来，包括智能和数字化制造、先进工业机器人、人工智能基础设施、制造业网络安全；开发世界领先的材料和加工技术；确保通过国内制造获得医疗

产品，包括药物制造、组织及器官的生物制造等；保持电子设计和制造领域的领导地位，包括半导体和新材料等；推动粮食和农业制造业的发展。

在“培育先进制造业所需的新的劳动力”方面，共设定了四大战略任务：吸引和培育未来的制造业劳动力；更新和扩展职业及技术教育途径；推动学徒制发展，并使相关人员能够获得行业认可的证书；将熟练技工与行业需求相匹配。

在“建立可控、弹性的产业供应链”方面，共设定了四大战略任务：加强中小企业在先进制造业中的作用；鼓励生态系统进行制造创新；强化国防工业基础；推动农村社区的先进制造业发展。

（二）欧盟“地平线欧洲”计划描绘先进制造技术发展重点

2018 年 6 月，欧盟委员会发布“地平线欧洲”计划实施方案提案，提出了 2021—2027 年的发展目标和行动路线。其中，在先进制造技术领域，欧盟将：通过产业导向的基础设施网络促进增材制造、工业机器人、人力集成制造系统等突破性制造技术的发展；在整个价值链中使用不同的使能技术（如融合技术、人工智能、数据分析、工业机器人、生物制造、先进电池技术等）实现突破性创新；打造符合欧洲社会价值观的完全适应新技术的技能和工作场所；开发灵活、高精度、零缺陷和零浪费的认知工厂和满足客户需求的智能制造系统。

（三）德国将“工业 4.0”升级为“经济 4.0”

“工业 4.0”是德国政府《高技术战略 2020》确定的十大未来项目之一，旨在支持工业领域新一代革命性技术的研发与创新。2018 年 9 月，德国政府发布《高技术战略 2025》，并将“工业 4.0”升级为“经济 4.0”。新版高技术战略认为，数字化彻底改变了生产和价值创造流程，未来要大力发展现代化数据驱动型“经济 4.0”，并使其具有竞争力、安全性和可持续性。“经济 4.0”包括“工业 4.0”和“德国经济的数字化”两个方面。在“工业 4.0”方面，德国已经成为世界领导者，并将继续支持企业，特别是中小企业未来在以下方面的发展：研究、测试和推广“工业 4.0”解决方案和智能服务；开发混合产品和流程；创造平台经济等新型经济模式。在“德国经济的数字化”方面，德国将加强智慧工业服务在中小企业、服务领域、贸易和公共服务业中的应用，促进数字创新和企业中新商业模式（数据驱动型）的发展，同时促进自动化系统的开发和集成。

（四）法国出台综合性工业发展规划

2017 年 11 月，法国出台《我们的工业雄心报告》，指导未来法国工业转型和竞争力提升。2018 年 2—5 月，法国国家工业委员会多次召开会议，进一步部署未来工业发展重点。法国共选定了 16 个战略性行业，包括航空、食品、汽车、化学与材料工业、健康技术与工业、航海与海洋业、核工业、电子制造业等。同时，法国还设定了一系列的重点任务，包括纳米级电子制造和生物制造。以纳米级电子制造为例，法国正与欧洲其他国家共同制定《纳米 2022 计划》，主要针对低耗能数字化元器件、电动汽车所需的高强度元器件、辅助驾驶摄像头所需的智能传感器、用于 5G 应用与数据传输的设备及半导体元器件等战略领域。

（五）日本推出“互联工业”新理念

日本在制造业方面一直与美国、德国齐名，是世界上重要的自动化设备和核心零部件出口国。在美国和德国相继推出工业互联网、“工业 4.0”概念后，日本一直秉持着积极应对、冷静观看的态度，并未明确推出本国的制造业发展理念和口号。随着数字化时代的到来，制造业流程上的自动化和智能化进一步提速，使日本不得不积极应对制造业发展新形势的到来。在 2018 年 6 月公布的《日本制造业白皮书 2018》中，日本明确提出将“互联工业”（connected industries）新理念作为未来日本制造的追求目标。“互联工业”聚焦连接，旨在通过各种关联，特别是灵活应用制造业现场产生的各种数据，创造新的产业附加值，并实现面向解决方案的新型产业社会的构建。

日本的“互联工业”涉及五大重点领域：① 无人驾驶与移动服务，包括整合数据合作的方式，加强人工智能研发和人才培养，采取措施应对物流等的移动服务及自动驾驶的未来发展；② 生产制造与机器人，包括数据格式的国际标准化，加强企业在网络安全与人才培养等方面的合作，建设面向中小企业的物联网工具；③ 生物与材料，包括实现协调领域的数据合作，构建更为实用的人工智能技术平台；④ 工厂与基础设施安保，包括提高有效利用物联网的自主安保技术，制定企业间数据共享指南，推进进一步的规章制度改革；⑤ 智慧生活，包括发掘需求、服务具体化，通过企业联盟开展数据合作，制定数据使用及高效使用原则。

（六）加拿大设立先进制造超级创新集群

2018 年 2 月，加拿大创新、科学与经济发展部部长宣布启动 5 个超级创新集群项目，旨在以新的方式推动与产业界的合作，通过企业主导的伙伴关系来促进产学研合作，构建世界领先的创新生态系统，带来新的就业机会、开创性的研究和世界领先的创新经济。其中之一为先进制造超级创新集群，旨在将高级机器人技术和增材制造等加拿大的优势技术领域与制造业联系起来，构建新一代制造能力，使加拿大企业引领工业数字化，最大限度地提高竞争力和参与全球市场。

二、新一代技术对制造业转型产生颠覆性影响

进入21世纪以来，全球科技创新进入空前密集活跃的时期，新一轮科技革命和产业变革正在重构全球创新版图、重塑全球经济结构。人工智能、数字孪生、网络安全、增材制造等新一代技术正加速向制造业部门渗透，重新定义传统商业和生产模式，并带来一系列产品和服务创新。

（一）人工智能

当前，新一代人工智能正在全球范围内蓬勃兴起，为经济社会发展注入新动能。制造业是人工智能创新技术的重要应用领域，人工智能与制造业的深度融合正在引发影响深远的产业变革。一方面，人工智能可优化现有制造业产业结构，通过替代某些产品功能淘汰某些制造业部门，或者与传统制造产品融合彻底改造某些行业（如无人驾驶汽车）。另一方面，人工智能还能大幅提高制造业生产效率，包括：通过提高制造业智能化水平，延长工厂作业时间；通过预测市场趋势，促进生产更好地与需求匹配，提高生产的柔性；全面实时监控生产流程，提高产品质量水平。

2019年1月，全球第二大市场研究机构Markets and Markets发布报告指出，2018年与人工智能相关的制造业市场规模为10亿美元，预计到2025年将增至172亿美元，预测期（2018—2025年）内的年复合增长率达49.5%。报告显示，全球人工智能制造业市场目前主要由英特尔（美国）、IBM（美国）、谷歌（美国）、微软（美国）、亚马逊（美国）、General Vision（美国）、通用电气（美国）、西门子（德国）和三菱电机（日本）主导。

美国在最新出台的《先进制造美国领先战略》中将“人工智能”视为最为重要的新型制造技术，并主要体现在“先进工业机器人”和“人工智能基础设施建设”两个方面。在“先进工业机器人”方面，美国将促进新技术和标准的开发，以在先进的制造环境中更广泛地采用机器人技术，并促进安全和有效的人机交互；在“人工智能基础设施建设”方面，美国将制定人工智能的新标准并确定最佳实践，以在行业内和跨行业提供一致的可用性和可访问性，同时保持数据安全性并尊重知识产权。

德国在2018年11月出台的《联邦政府人工智能战略》的口号是“AI Made in Germany”，明确人工智能将被重点应用于制造业领域，并希望依靠人工智能继续保持德国制造业的领先地位。因此，德国政府对人工智能和制造业的相关性进行了专项研究，并发布了多项定量指标。德国认为：到2023年，人工智能带来的德国制造业增长率将达到每年0.69%，带来的附加值将累计达到318亿欧元；

而对于制造业企业，人工智能应用将在未来 5 年内大范围普及，人工智能服务外包也将会成为常态。

日本于 2017 年 3 月出台《人工智能研发目标与产业化路线图》，其中，大幅提高制造业生产效率是其核心目标之一。日本认为，要以实现生产系统的自动化和最适化、服务产业的效率化和最适化，以及生产与服务需求相匹配的超级定制服务为目标，构建与生产、流通、服务相融合的社会整体生产效率极大提高的生态系统，并创造出各种新服务与新产业。

（二）数字孪生

数字孪生（digital twin），也称数字双胞胎，是以数字化方式创建物理实体的虚拟模型，借助数据模拟物理实体在现实环境中的行为。在制造业中，利用数字孪生技术将现实世界中复杂的产品研发、生产制造和运营维护转换成在虚拟世界相对低成本的数字化信息，并进行协同及模型优化，以给予现实世界多种方案和选择，进而获得最优解决方案。

近年来，数字孪生得到了广泛和高度关注，被视为智能制造领域的关键使能技术之一。全球最具权威的 IT 研究与顾问咨询公司 Gartner 连续两年（2016 年和 2017 年）将数字孪生列为当年十大战略科技发展趋势之一。当前，数字孪生也是美国、德国和日本正在探索的核心技术之一，未来在各大领域都有广泛的应用前景。

美国国防部最早提出要利用数字孪生技术维护和保障航空航天飞行器安全与健康。世界最大的武器生产商洛克希德马丁公司 2017 年 11 月将数字孪生列为未来国防和航天工业六大顶尖技术之首。美国数字化制造与设计创新机构也于 2018 年启动了一个数字孪生试点项目，旨在打造新型的数字化工厂。美国通用电气董事长兼首席执行官杰夫·伊梅尔特指出，数字孪生将为工业世界带来更大改变，通过为物理设备提供数字化模型，使机器得以快速调校和持续升级，始终保持良好状态，提升可靠性和适应性，创造更多价值。

日本于 2018 年 5 月发布《创新型数字孪生——推动未来制造业复杂现象建模及先进设计与制造基础技术确立》报告，认为当前日本的基础制造技术已经落后于中国等国家，如果日本要继续引领全球制造业的发展，必须加强产学官合作，一体化推进数字孪生技术发展。对此，日本将在汽车、工程机械、海洋船舶研发与制造领域大力推进数字孪生技术的相关研发。

德国在最新版的《高技术战略 2025》的“经济 4.0”部分，也重点提出要支持“新型资源节约型技术”的发展，其中之一即为数字孪生技术。目前，西门子公司已经基于数字孪生理念构建了整合制造流程的生产系统模型，形成了基于模型的虚拟企业和基于自动化技术的企业镜像，支持企业进行涵盖其整个价值链的整合及数字化转型，并在西门子工业设备的生产流程中开展了应用验证。

（三）网络安全

制造业作为关键经济部门正面临数字化转型浪潮，这导致其受到网络攻击和威胁的可能性大大增加，与此相关的安全挑战涉及供应链完整性、数据完整性和可用性、连接设备安全性、客户的安全信心等。因此，确保制造业企业联网过程中的安全性对于制造商和潜在客户都至关重要。

美国在《先进制造美国领先战略》中将“制造业网络安全”视为重要着力点之一，提出需要开展新的研究工作来制定或更新标准和指南，以实施制造系统中网络安全的新兴技术，包括用于威胁检测和处理的人工智能，用于敏感制造信息安全的区块链，部署在智能制造中的工业互联网设备的安全性系统。另外，根据美国数字化制造与设计创新机构（DMDII）发布的 2018 年战略投资计划，“制造业网络安全”被视为四大重点技术领域之一。DMDII 提出：开发技术来管理传统制造系统和生产设备的网络安全；设计和部署评估工具和方法；开发能够为中小制造企业提供网络安全服务的技术，并为网络安全服务提供商进行认证；建立行业联盟，整合行业需求，共享关键数据。

日本 2018 年版《日本制造业白皮书 2018》中总结了日本在确保网络安全领域所采取的措施，包括：设立产业网络安全推进中心，加强产业界应对网络攻击的防护能力；设立网络救援队，为受到网络攻击的企业提供支援，并研究预防措施；加强与各国网络攻击防范部门的信息共享，共同应对网络攻击；培养青年网络安全人才，并在安全领域普及“IT 技能标准”。

澳大利亚于 2018 年 12 月发布《网络安全产业路线图》，将制造业视为受网络安全影响的重要行业领域。对此，澳大利亚提出的优先行动包括：改善供应链数据共享渠道；确保信息物理制造系统的安全集成。

（四）增材制造

当前，得益于大数据、云计算、数字模拟、先进材料等技术的迅猛发展，增材制造技术研发实现突破，成为当下最新颖的生产方式，并使个性化和定制化生产成为可能。因此，世界工业强国纷纷将增材制造作为未来制造产业新的增长点加以培育，制定相应的国家发展战略和具体推动措施，力争抢占未来科技和产业的制高点。

《先进制造美国领先战略》将“增材制造”视为着力点之一，提出的行动计划包括：继续推进过程控制和过程监控，以确保增材制造技术成为可行的生产替代方案；开发新方法来衡量及量化材料和加工技术之间的相互作用，以更好地理解“材料、工艺与结构”关系；建立新标准以支持增材数据的表示和评估，确保零件质量和可重复性；加大研究工作，建立将计算技术应用于增材制造的最佳实践，包括模拟和机器学习。

2017 年 7 月，欧洲机床工业协会发布《欧洲增材制造战略》，认为增材制造是最具发展前景的新兴产业之一，对提高制造效率、产业可持续发展及提升制造企业竞争力影响巨大。为使欧洲在制造业领域继续保持领先，并在全球竞争中取得成功，就要加快实现增材制造的工业化。战略提出欧洲下一阶段发展增材制造应重点关注的领域，涉及教育与技能、标准化与认证、知识产权与专利研发 3 个方面。

2017 年，韩国政府出台《增材制造产业振兴计划（2017—2019）》，希望把韩国发展成为增材制造技术的全球领先国家。为此，韩国设立了三大具体目标：在设备、材料、软件等领域培养全球主导企业；提高韩国增材制造产业在全球市场的占有率；扩大技术独立性，减少对国外专利的依赖。为实现上述目标，计划提出四大战略，分别为：发掘新型商业模式，推进示范工程，并通过激发需求来扩大市场；支持新一代核心技术开发，推动制定增材制造技术标准，加强技术竞争力；培养增材制造专业企业和人才，巩固增材制造发展的基础；制定特殊税收优惠等政策，营造安全的使用氛围，培育增材制造产业。

三、先进材料对制造业发展发挥关键支撑作用

先进材料对于新产品的开发及经济和国家安全至关重要，通过用更快、更高效、更精确和更强大的技术取代现有技术增强材料性，能够大幅提升整个制造业部门的成本效益和竞争力。

（一）美国重视发展高性能材料和超材料

美国《先进制造美国领先战略》提出要大力支持高性能材料和关键材料开发。在高性能材料方面，美国将促进材料基因组和系统级计算方法用于材料设计、优化和实施，显著减少高性能材料识别、开发、验证和规模化生产的设计时间与成本。在关键材料方面，美国将推进经济高效的加工和分离技术降低生产成本，或者通过研究可能的材料替代品，减少对关键材料的依赖，并通过创新制造工艺开发回收关键元素的方法。

美国制造业前瞻联盟于 2018 年 4 月发布《超材料制造——通向工业竞争力之路》报告，认为超材料 2025 年前将形成超过数十亿美元的市场，为美国创新和经济增长提供大量机遇，美国政府应采取各种措施推动超材料制造技术的研发及推广。报告建议：设立统一协调的全国超材料制造研究计划；降低企业使用联

邦研究设施和专家资源的门槛；加强联邦政府对关键材料的支持；建立跨学科专家咨询小组；打造国家超材料制造卓越中心。

（二）欧盟提出利用先进材料支撑产业发展

欧盟在“地平线欧洲”中将“先进材料”视为“数字化和产业”领域的优先方向之一，并将其作为一类关键使能技术。研究重点包括：设计具有新的特性和功能的材料（包括高性能材料、智能材料、可持续材料、生物材料、纳米材料和二维材料等），并符合法规要求（不会导致生产、使用或报废期间的环境压力增加）；遵循以消费者为导向和符合伦理的方法，实现一体化的材料加工和生产；促进材料表征、建模、试验和规模化的发展；建立欧盟技术基础设施创新生态系统，为成员国提供服务以加速欧盟工业的技术转型和采用；分析先进材料和其他关键使能技术的未来和新兴趋势；开发基于设计、架构和一般性创意的解决方案，具有强大的用户导向，为工业部门和创意产业增加价值。

（三）日本出台材料技术研发新战略

纳米与材料科学技术被日本视为解决资源能源不足、社会基础设施老化等社会性课题的关键基础技术，同时也是电子、汽车、机器人等基础产业的支柱。为实现“材料革命”并引领社会变革，日本于 2018 年 8 月出台《纳米技术与材料科学技术研发战略》，共提出四大措施，包括：创造出能够带来社会变革作用的材料；构建科学基础将创新材料应用于社会；推动实验室的研发高效化、高速化、精密化改革，尤其重视数据驱动型研发；具体实现材料革命的推进政策，如中长期人才培养、国际合作等。日本重点推进的研发领域涉及：超复合材料，分子技术，物联网与人工智能时代的创新装置（包括传感器和驱动器技术），生物控制材料，能够实现能源转换、贮藏和高效利用的创新材料，能够实现创新分离技术的材料，结构材料，用于机器人的创新型材料，极限超级测量技术等。

（四）韩国视先进材料为产业增长引擎

2018 年 4 月，韩国未来创造科学部发布《创新增长引擎计划》，旨在在四大增长引擎领域培育基于研发的新产业，为第四次工业革命做好准备。其中，先进材料被视为产业基础增长引擎领域最为重要的四大技术之一。到 2022 年，韩国的目标是：确保 5 个新材料领域的源头专利；先进材料制造系统和加工工具的本地化（本地化率超过 50%，全球市场份额超过 6%）；确保金属钛领域的技术独立；成为世界第四大先进材料出口国；全球市场份额位列第五。

四、中小企业对确保制造业供应链安全极其重要

中小企业是制造业供应链中的重要一环，特别是技术密集型制造行业中处于高效供应链中的中小企业更是具有提升国家整体制造业竞争力的潜力。因此，德国将中小企业视为“隐形冠军企业”，日本将知名中小企业列入“国际利基领军企业”，主要制造业强国都不断加大对中小企业的支持。

（一）美国依靠中小企业确保制造业供应链安全

《先进制造美国领先战略》将“提高中小企业在先进制造业中的作用”列为战略任务之一。战略提出，中小企业是供应链的关键部分，是新产品、新流程和新商业模式的关键创新来源。必须确保通过与供应商、大学、联邦实验室、美国制造业研究所及其他机构的联系，使中小企业能够及时获得各类技术、技术性基础设施和所需的专业知识。为实现这一目标，战略制定了三大优先任务。

一是促进供应链增长。新技术将影响未来供应链及其运作方式，中小企业要应对这一挑战必须：加大新型生产技术的应用，如增材制造和生物制造；积极使用大数据、数字物流和物联网；利用商业网络改善制造服务；确保通信安全、可靠和高速；加强宣传和教育，使中小企业学习并开展创新活动。

二是加大网络安全宣传，提高网络安全意识。具体举措包括：通过美国专利和商标办公室举办的宣传和教育活动、美国国防部数字制造和设计创新研究所设立的制造业网络中心等，提升中小企业的网络安全意识；激励中小企业开展安全评估，降低安全风险；制定新的或完善已有的商业性辅导课程，帮助中小企业获得所需的网络安全宣传和教育；向中小企业提供网络安全技能和工具，以保护知识产权。

三是加强公私合作。具体举措包括：构建一个先进制造创新生态系统各方广泛参与的机制，理解技术的发展及相关产业价值链的变化，识别并瞄准产业需求，撬动联邦和地方计划及资产的协同作用。继续利用联邦召集权，确保所有相关方，特别是中小企业，能够全面参与公私合作联盟或其他合作机制的构建。

（二）英国推动制造业中小企业数字化建设

2018 年 6 月，英国工程与自然科学研究理事会宣布将向 7 个项目资助 1140 万英镑，旨在创造新的数字工具、技术和工艺，支持将数字能力引入制造业。其中一项为“中小企业的数字化制造”，该项目由剑桥大学领衔，旨在解决共同关切的问题，即由于升级工业计算和通信环境的相关资本成本，中小企业不太可能受益数字化制造的新发展。该项目提出一种完全不同于制造过程数字化演进的方

法，侧重于工业自动化和信息挑战的非工业解决方案，将寻求利用非常低成本的商用技术来实现移动计算、传感和人工智能，并解决将这些技术安全集成到小规模制造环境中的挑战。

（三）日本支持中小企业经营创新和基础性制造技术开发

根据《日本制造业白皮书 2018》，日本支持制造业中小企业的主要措施体现在两大方面。一是促进中小企业经营创新和创业，重要举措包括：提供财政投融资、普通保险、无担保保险及特别小额保险等支持中小企业开展新的业务领域；对新创中小企业提供财政投融资，对创业者提供保障，对二次创业提供补助金；对女性、不满 35 岁的青年和 55 岁以上的老年企业家提供财政投融资支持；实施天使税制，对满足一定条件的中小企业，如果由个人投资者进行投资，在进行股票转让时可享受所得税优惠政策；支持中小企业向海外发展。二是强化中小企业制造基础技术，重要举措包括：针对中小企业培养制造业人才，特别是加强对制造现场核心人才的支持；为中小企业人员提供“能力强化研修”“提高小规模企业支持能力的研修”“新事业与新创业支持方法研修”等多种研修机会；对于制订经营能力提高计划并通过认定的企业，可减免其固定资产税（3 年减少 1/2），可以享受日本政策金融公库的融资制度等。

（四）韩国提升中小企业在应对第四次工业革命中的作用

2018 年年初，韩国政府相继发布《第四期科学技术基本计划（2018—2022）》和《2019 政府研发投资创新方案》，从不同角度对韩国政府于 2017 年提出的“建设第四次工业革命引领的创新创业国家”进行了部署。其中，对中小企业的作用尤其重视。一直以来，在政府的政策引导下，韩国各大企业的研究所、产业研发中心和技术开发中心等快速成长，成为韩国创新的主要力量；然而，由于融资困难、创业人才匮乏，韩国中小企业在创新驱动发展上能力不足。韩国政府采取了一系列措施支持中小企业发展，以应对第四次工业革命，如加大对中小企业的研发投入力度、关注中小企业研发投资效率、采取税收优惠措施、制定政策吸引人才流入中小企业（包括为在中小企业研发部门工作的青年科技工作者提供养老金的制度）等。

（执笔人：张丽娟）

基因编辑领域亟待建立负责任的科技创新治理体系

近年来，随着基因编辑、克隆人、头部移植、机器人及人机混合体和人工智能等科学技术的急速发展，科技创新对现有伦理和道德标准带来了极大冲击。特别是 2018 年 11 月 26 日，原南方科技大学副教授贺建奎宣布世界首例免疫艾滋病基因编辑一对名为露露和娜娜的双胞胎姐妹在中国诞生，该事件引发巨大争议，为国际国内广大科技界乃至社会各界人士及大众带来了诸如生命伦理、代际伦理等方面的极大冲击波。科技伦理是科技活动必须遵守的价值准则，尽快建立负责任的科技创新治理体系是国内外科研人员日益趋同的呼声，在涉及人类生殖的基因编辑领域亟待建立负责任的科技创新治理体系。

一、CRISPR/Cas9 基因编辑技术

CRISPR（clustered regularly interspaced short palindromic repeats）基因编辑技术可以用来精确编辑改变特殊位点 DNA、敲除指定的基因，该技术能够应用于动物胚胎和人类成体细胞，目的是促进基因疗法的发展，希望能够在癌症和艾滋病等疾病的治疗上找到突破口。这项技术的主要发明人为美国麻省理工学院教授张锋。2013 年，他的研究团队在《科学》杂志上发表了一篇重磅研究，报道首次在哺乳动物体内应用了 CRISPR/Cas9 系统，并确认它能在几周内建立起小鼠的疾病模型；此外，张锋教授团队也首次在人体细胞内成功地用 CRISPR/Cas9 系统完成了基因编辑。CRISPR 基因编辑技术被誉为 21 世纪最为重要的生物技术之一，2015 年，《科学》杂志授予助力这项技术诞生的科学家们以“突破奖”，这一奖项有“科学界奥斯卡”之称，又相继获得了分子生物学界影响深远的“格鲁伯遗传学奖”及表彰重大生物医学突破的“沃伦·阿尔珀特奖”。

2015 年 4 月，我国中山大学生命科学学院副教授黄军就及其研究团队在学术期刊《蛋白质与细胞》上发表了首次利用 CRISPR/Cas9 技术修改人类胚胎基因的研究成果，该技术试图修改人类胚胎中一个可能因突变导致 β－地中海贫血症的基因。这是全球第一篇 CRISPR 修改人类胚胎基因论文，其结果激起了全球科学界的激烈讨论。黄军就实验使用的人体胚胎由当地医疗机构提供，均无法发育成婴儿，不能正常出生。实验使用了 86 个胚胎，48 小时后，有 71 个胚胎存活，其中 54 个接受了基因测试，仅有 28 个胚胎的基因被成功修改，但只有一小部分包含替代的遗传物质。据称，黄军就最初将论文投给世界知名学术期刊《自然》与《科学》杂志，但由于伦理道德争议太大被退稿。《自然》编辑部主任瑞图·德汉德评论说："这是一个发展迅速且复杂的领域，我们不能，也不应该轻易地采取过分简单化的政策。"《科学》杂志主编称："我们坚信，基因编辑技术的潜力必须得到社会观念的认可，只有在建立共识的过程中才能铺平向前发展的道路。"非科学类严肃报纸也对黄军就实验表示了忧虑，如 2015 年 6 月 29 日美国《纽约时报》发表题为《中西科学伦理鸿沟》的署名文章称："专家担心中国的医学研究人员正在跨越西方长久以来公认的伦理边界。当广州中山大学 34 岁的黄军就率领团队发表人类胚胎基因编辑的实验成果时，全世界科学家都震惊了。"

二、贺建奎事件及其国际评价

（一）贺建奎事件的来龙去脉

2018 年 11 月 26 日，贺建奎宣布世界首例免疫艾滋病的一对名为露露和娜娜的基因编辑双胞胎姐妹在中国诞生。这场将基因编辑实践于人体的研究引起了来自国际国内科学界的强烈反响，对于该研究如何能成功通过伦理审查的批评声不绝于耳。随即，国家卫健委和科技部对初步调查结果做出了官方回应。卫健委在其网站上发表声明称，这一事件严重违反了国家法律、法规和道德准则；科技部承诺，将与有关部门共同努力，完善相关法律法规及科研伦理审查体系。贺建奎原所在单位即南方科技大学宣布，撤销贺建奎作为副教授的聘用合同，终止他的教学和研究活动，立即生效。2019 年 1 月 21 日，中国新华社公布广东省"基因编辑婴儿事件"调查组对贺建奎事件的处理结果：该事件系南方科技大学副教授贺建奎为追逐个人名利，自筹资金，蓄意逃避监管，私自组织有关人员，实施国家明令禁止的以生殖为目的的人类胚胎基因编辑活动。随后，《麻省理工技术评论》、《科学》、《自然》、美国 CNN 电视台、美国雅虎、英国路透社、英国《卫报》等国外主要媒体纷纷以重大新闻形式对"中国基因编辑婴儿"予以报道，它们大多客观转引新华社报道、卫健委和科技部的官方回应及南方科技大学发布的声明，指出贺建奎的非法行为将受到严厉惩处。中国严肃惩处的行政决定和医学随访的决定受到各国的肯定，如第 2 届人类基因组编辑国际峰会组委会主席、诺贝尔生理学或医学奖获得者、加州理工学院生物学家大卫·巴尔的摩接受美国《科学》杂志采访时说："我很高兴地看到，中国政府计划惩罚贺建奎的违法行为，并且他们还计划进行医学随访，以监测孩子们的医疗状况。"

（二）国际上对贺建奎事件的评价

国际上对贺建奎事件及其评价综合起来有以下 3 点。

一是贺建奎基因编辑双胞胎的过程中犯有严重的科研不诚信行为。其伪造伦理审查书且所有实验步骤都在暗中进行，在技术上并没有丝毫突破，临床上无价值，为追逐个人名利的行为性质明显且恶劣，突破了人类伦理底线。贺建奎实验并无临床医学的价值，他选择做基因编辑的婴儿父方为艾滋病患者，而母方从未感染艾滋病，然而，绝大多数生物遗传学家都认为，父亲将艾滋病传染给胎儿的概率很小，而且已有成熟、有效简易的方法让感染艾滋病的男性生出健康的孩子；而母方感染艾滋病连带婴儿传染的概率是很大的。因此，贺建奎的实验在临床上完全没有必要，仅仅是打着"防止婴儿感染艾滋病毒"旗号来沽名钓誉。更加恶劣的是，贺建奎明知其实验伦理审查无法通过，竟然公然伪造伦理审查书以蒙混过关；而且，其实验全过程都在暗中进行，绕开科学规范，研究成果未经同行评议，未在同行评议期刊发表，未公布全部数据，缺乏透明度。不少学者都怀疑其是否如他本人所说，进行了实验及其步骤内容。贺建奎通过 CRISPR 基因编辑技术敲除 CCR5 基因，但是并不清楚 CCR5 是否在介导 HIV 病毒进入细胞外的其他作用，很可能还有负面效应，如 2019 年 6 月 3 日，加州大学伯克利分校就研究发现贺建奎进行的基因编辑婴儿，死亡率增加，预期寿命会缩短。

二是贺建奎故意违背国际共识和规范，其人体实验本质上属于滥用基因编辑技术。国际公认的实验准则是科学家只能对不满 14 天的人体胚胎开展实验，并且实验目标为考察其在消除人类生殖细胞中致病突变方面的益处。《世界人类基因组与人权宣言》规定：在涉及将会遗传给后代的基因修饰时，如基因疗法和人类胚胎干预，必须采取极其谨慎的态度。联合国教科文组织国际生物伦理学委员会规定：至少在相关程序的安全性和有效性得到证实之前，暂停关于人类生殖细胞的基因工程学研究，相应临床实验应严格受限。早在 2015 年首届人类基因组编辑国际峰会讨论了允许为治疗疾病而编辑受精卵基因的条件，得出了目前还为时尚早的结论，强调了基础和临床前研究的法律和道德监督及约束，特别表明"如果在人类胚胎和生殖系细胞生物学的研究过程中，需对早期人类胚胎或胚系细胞进行基因编辑，不得使用基因修改后的细胞建立妊娠"。2016 年 6 月，美国国立卫生研究院下属的重组 DNA 咨询委员会分析了 CRISPR 技术，批准它应用于人体。但同时指出，该项基因编辑技术还有许多不稳定与不成熟的地方。首先，被修复的细胞如何有效存活面临着很大挑战；其次，脱靶会增加突变患癌的风险；最后，被修饰细胞的数量很难控制。因此，其应用于人体疾病治疗对人体健康会带来未知的风险。2017 年，美国科学院、工程院及医学院出版基因编辑报告指出：人类胚胎的基因修饰临床实验，只有在临床前被同行评议后，权衡潜在风险与获益、因医学难题且无其他手段替代且在最大透明度和严格监督的条件下，才可能被允许。贺建奎事件后，美国国立卫生研究院人体基因组研究所基因组学与社会处主任劳伦斯·布劳迪表示：问题的关键不是婴儿年龄决定哪种治疗合乎伦理，而是改变了什么细胞，编辑生殖细胞是不可接受的行为，如果编辑体细胞则可以接受。因为，编辑生殖细胞涉及改变精子、卵子和受精胎胚，这些改变会遗传至后代，生殖细胞系基因编辑临床应用很可能会带来巨大的不良社会影响。此外，在后代中引入遗传修饰可能对物种产生永久的、可能有害的影响。除非所有的遗传修饰的携带者都同意放弃生育，或者使用基因医疗方法确保他们不会将基因突变传播给他们的孩子，否则，这些基因突变不能从基因库中移除。《自然》杂志社论指出，贺建奎的实验之所以极具争议，原因在于“它将对生殖细胞产生会遗传给后代的永久变化。这使生殖细胞系编辑有别于在人体血液和其他体细胞中运用基因编辑作为治疗工具进行正确的基因修饰。”诺贝尔医学奖得主、加州理工学院生物学教授大卫·巴尔的摩表示，“让人体生殖细胞系基因编辑走向临床，会改变人类基因池，具有不可逆性”。

三是贺建奎钻了现有法律体系对此类违规行为的“惩罚真空”，使我国科学界自我管理的公信力在国际国内都大为受损。根据中国现行法律法规体系，贺建奎违反了 2003 年颁布的部委级别的指导规范，但该指导规范本身并非法律，也没有规定对违反者明确的处罚方法。中国虽然禁止人体克隆，但还没有出台具体的针对基因编辑的禁令。在美国和绝大多数欧洲国家，都禁止对胚胎进行基因编辑来辅助人类生殖。美国国立卫生研究院人体基因组研究所基因组学与社会处主任劳伦斯·布劳迪说：“人体生殖细胞系基因编辑临床在美国是非法的”。美国哈佛大学医学院院长称，美国国会不允许美国食品药品监督管理局审批人体生殖细胞系基因编辑临床实验。日本国家医学研发资助机构表示，人体生殖细胞系基因修饰的临床应用不会在日本出现，政府也不会资助这类项目。国内外舆论普遍认为，从某种角度上讲贺建奎是在犯罪，其行为是“流氓行径”，之所以说某种角度而非法律角度，就是因为他的这一行为“无法可依”，即尚未有成文刑法或民法对此做出规定。因此，贺建奎事件的发酵恰是反映了一种新型的“科学与社会的问题”，即从全球而言，法制建设跟不上科技创新的发展步伐。

（三）俄罗斯科学家计划使艾滋病阳性孕妇生出更多基因编辑婴儿引国际社会强烈批评

2019 年 6 月 13 日，《自然》杂志报道俄罗斯分子生物学家要制造更多基因编辑婴儿。不同于贺建奎的实施对象是艾滋病阳性父亲，俄罗斯科学家计划的实施对象是艾滋病阳性孕妇。《自然》杂志社论对此给予强烈批评。

俄罗斯分子生物学家 Denis Rebrikov 是俄罗斯最大的莫斯科库拉科夫国家妇产科和围产科医学研究中心基因编辑实验室的负责人，也是俄罗斯国立皮罗戈夫医科大学副校长。Denis Rebrikov 告知《自然》杂志，他研究计划的实验目标基因和贺建奎所编辑基因一样，都是 CCR5，他拟针对已感染艾滋病且目前医学治疗效果不明显或无效的孕期妇女，通过 CCR5 靶向基因使允许艾滋病病毒侵入宿主细胞蛋白的基因失去功能，从而降低胎儿感染母体艾滋病病毒的风险。由于俄罗斯还没有制定相关规则，他已向包括俄罗斯卫生部在内的 3 个政府机构递交申请。与贺建奎篡改和隐瞒实验的情形不同，Denis Rebriko 至少公开了他的研究计划，并据其所属已正式向俄罗斯政府申报，这种做法虽然比贺建奎所招致的批评少，但是绝大多数科学家包括《自然》杂志主编都一致认为，没有足够理由对胚胎中的 CCR5 基因进行编辑。《自然》杂志在社论中强烈批评了 Denis Rebrikov 的研究计划，同时再次强调，在没有确认基因编辑足够安全、可接受之前，绝不赞成生殖细胞系基因编辑行为；社论并敦促世界卫生组织加快制定相关规则，在此之前，所有科技工作者必须停止任何改变人类基因，特别是制造基因改变婴儿的行径，否则就是极度不负责任的行为。

（四）俄罗斯科学家计划使耳聋夫妇生出更多基因编辑婴儿引国际社会忧虑“潘多拉之盒”打开

2019 年 7 月 4 日，英国《新科学家》杂志网站报道，俄罗斯生物学家 Denis Rebrikov 又宣称，他计划帮助 5 对俄罗斯西伯利亚地区的耳聋夫妇尝试使用 CRISPR 基因编辑技术生出听力无损的婴儿，以此防止儿童因遗传 GJB2 基因突变而造成耳聋，并称计划在“几周内”将就此事向俄罗斯有关部门申请许可。据他介绍，在西伯利亚西部，许多人 GJB2 基因的第 35 位因突变缺失 DNA 字母，如果父母双方均为这种基因耳聋人士，其子女就将一生耳聋且无药可治。目前，他已找到 5 对夫妇，双方都因基因变异而失聪且希望生出健康婴儿，他计划对上述 5 对夫妇进行体外受精，并对受精后的胚胎进行基因编辑，以纠正 GJB2 突变。

《新科学家》援引澳大利亚国立大学基因学家 Gaetan Burgio 的观点称，虽然全球约有 40% 的儿童听力损失或失聪是由基因遗传因素引起的，并且 GJB2 是导致遗传性耳聋的常见基因之一，但将 CRISPR 技术用于这类案例的风险大于益处，因为绝大多数的遗传疾病可以通过体外受精、筛选胚胎的方法来预防，而并不需要冒险进行基因编辑。

三、基因编辑领域的负责任科技创新治理体系亟待建立

（一）基因编辑技术对国家治理带来潜在风险

随着基因编辑技术的飞速发展及其具有便捷、简单、高效等特点，有关基因编辑技术的治理和监管问题在全球范围内引发了许多讨论，在贺建奎事件后达到顶峰。

2016 年《美国情报界年度全球威胁评估报告》就将“基因编辑技术”列入了“大规模杀伤性与扩散性武器”威胁清单。报告列举生物黑客可能会利用基因编辑技术来发明有害的病毒或细菌，恐怖分子可能会将其用于制造生物武器、反人类实验等恐怖活动。同时报告认为，基因编辑技术为了达到定向修饰目的，采取删除、插入、替换、激活或关闭生物体内的目标基因，这些都从一定程度上损害了“基因完整性”和“物种完整性”。

（二）国际社会呼吁在建立一套国际治理框架之前立即停止基因编辑的临床应用

贺建奎事件之后，国际社会公认建立一套国际治理框架来约束相关行为已迫在眉睫，建议依托于世界卫生组织的全球性合作组织或类似的全新组织建立一个有效的国际治理框架。世界卫生组织宣布成立专家组，为人体基因编辑拟定指导方针和标准。世界卫生组织提出，建立国际治理框架的原则是所有国家都同意谨慎行事，建立国际治理框架后各国应履行自己的承诺，宣布在最初的固定期限（如 5 年）内，不允许任何的生殖细胞系基因编辑临床应用。如确需进行生殖细胞系基因编辑临床应用，需遵循三步审批步骤，具体建议如下：第一，在一段时间（如 2 年）的公告期内，告知考虑批准特定应用的意图，并就利弊进行有力的国际讨论；第二，通过对技术、科学和医学的考量，以及社会、伦理和道德问题的仔细透明的评估，判断和确定特定应用的合理性；第三，确定本国对进行生殖细胞系基因编辑及拟议应用的适当性是否有广泛的社会共识。除了世界卫生组织之外，联合国教科文组织也表示将继续监测和反思与基因编辑和生命科学的其他进展有关的新出现的伦理问题，呼吁各国研究机构及不同的国家应对现有的伦理和管理框架进行更新，以确保对人体基因编辑能被充分监督，并限制其潜在的滥用情况。

美英日等发达国家科学研究机构纷纷响应，呼吁尽快着手建立一套国际治理框架体系。美国国家科学院、美国国家医学院、美国国立卫生研究院、英国皇家学会等组织，积极响应了这项呼吁。美国虽然没有通过有关人类生殖细胞或人类胚胎基因编辑研究的相关法律，但是美国国立卫生研究院明确表示禁止对人类生殖细胞和人类胚胎进行任何形式的基因编辑研究。欧洲国家在对人类生殖细胞或人类胚胎基因编辑研究的规范性方面处于世界前列，1997 年发表的《欧洲人权与生物医学公约》禁止对人类生殖细胞和人类胚胎进行任何程度的基因编辑和基因修饰。2015 年年底，中美英等多国科学家和伦理学家在华盛顿举办人类基因组编辑国际峰会。此次会议为我们给出了是否应该开展人类生殖细胞和人类胚胎基因编辑技术研究或应用的答案，会后声明禁止出于生殖目的而使用基因编辑技术改变生殖细胞或人类胚胎。这意味着，用“基因剪刀”帮助自己治病可以，但不能用它来制造完美的下一代。2016 年 4 月，日本生命伦理专门调查委员会宣布：允许日本相关机构在基础研究中“编辑”人类受精卵的基因，但出于安全和伦理方面的考虑，明确不允许将该技术应用到临床和辅助生殖中。日本基因与细胞治疗学会也指出，在尚未充分讨论和相关法律未完备之前，绝不允许人体基因编辑技术的应用。

科学界顶级权威期刊呼吁尽快建立一套国际治理框架体系。2019 年 3 月 14 日，来自美国、德国、中国等 7 个国家的基因编辑领域学者在《自然》杂志刊登评论文章呼吁，应全面暂停可遗传基因编辑的临床应用，并建立一套国际治理框架。

（三）美国政府在基因编辑治理方面的主要做法

美国在建立基因编辑研究类和临床类治理框架方面开展较早且步伐最快，积累了较丰富的经验。

美国的主要做法：

一是基因编辑类研究监管部门要相对统一。20 世纪 70 年代以来，美国颁布基因治疗的相关政策法规、指南的部门较为统一，主要是美国食品药品监督管理局和美国国立卫生研究院；基因治疗相关研究的监管部门也较为统一，为美国食品药品监督管理局下属的生物学评估研究中心（CBER）。1976 年由美国国立卫生研究院重组 DNA 咨询委员会（RAC）制定了世界上首个实验室基因工程应用法规《重组 DNA 分子实验室准则》，从而开启了政府部门控制生物技术发展的先河。

二是采用了法律管制和咨询机构委员会管制相结合的双重管理模式。随着基因治疗相关技术的发展，美国目前共颁布了 30 余部相关的技术指南或政策法规。1993 年，美国食品药品监督管理局出台了《人类体细胞治疗和基因治疗指导原则》。1997 年，美国正式将基因治疗纳入药物法管理系统，其主管机构是美国食品药品监督管理局，并采用了法律管制和咨询机构委员会管制相结合的双重管理模式。

三是持续对基因编辑伦理进行跟踪研究。2017 年 2 月，美国正式发布《人类基因编辑的科学技术、伦理与监管》报告。由美国科学院下属人类基因编辑研究委员会负责的报告正式提出了人类基因编辑的十大基本原则：①缺乏其他合理可行的替代疗法；②仅限于预防某种严重的疾病；③仅限于编辑已经被证实会致病或强烈影响疾病的基因；④仅限于将此类基因转入人群中普遍存在的基因版本，并已知与健康相关且没有或很少不良反应；⑤提供可信的临床前和临床数据表明研究过程中的风险和潜在的益处；⑥在实验过程中，对研究参与者的健康和安全持续进行严格监督；⑦长期、多代跟踪研究的综合性计划，并保证对个体自主性的尊重；⑧在保护患者隐私的前提下保证最大透明度；⑨利用广泛的公众参与和投入，进行持续的健康及社会福利的风险评估；⑩建立可靠的监督机制，防止延期使用，防止严重的疾病或情况发生。

（执笔人：封　颖）

第三部分

主要国家和地区科技发展概况

本部分主要介绍了美国、加拿大、巴西、欧盟、英国、法国、爱尔兰、瑞典、丹麦、德国、瑞士、意大利、奥地利、塞尔维亚、匈牙利、保加利亚、俄罗斯、乌克兰、日本、韩国、朝鲜、印度尼西亚、泰国、缅甸、印度、以色列、哈萨克斯坦、澳大利亚和埃及等国家和地区2018年的科技发展概况，包括最新出台的科技创新政策、举措与计划，科技投入，重点发展领域与产业动向，以及国际科技合作政策等。

美　　国

特朗普就任美国总统以来，许多观察者认为其对就业和传统产业的重视可能影响其对科技政策的关注。但从 2018 年美国的科技投入和一系列关于科技的政策举措来看，尽管受到政党体制的影响，但科技创新作为美国的一项长期战略具有广泛的共识基础。面临新一轮产业技术革命和日益激烈的国际竞争态势，美国对科技的重视被提高到一个新的高度，科技发展在国家战略中的重要性进一步凸显。在投入上，美国进一步增加研发预算，并将联邦政府研发经费投入的重点放在基础研究和早期应用研究上。在政策上，更加坚定地维护美国引以为傲的创新生态，推动科技成果的转化应用，特别是面向人工智能、5G 等新兴技术和产业的发展，有针对性地放松管制；同时，重视科学、技术、工程和数学（STEM）教育和面向未来发展的新兴劳动力培育，加大对国家创新基础设施投入，确保科技创新的长期性、可持续性。

一、联邦科技政策重点逐渐明朗

2018 年 7 月 31 日，白宫科技政策办公室（OSTP）与预算管理办公室（OMB）联合出台了 2020 财年联邦政府研发优先领域备忘录。不同于 2017 年 8 月的备忘录，该备忘录更突出国家安全，也比上年度备忘录更聚焦具体技术领域，尤其是加大了对前沿战略技术的支持；更有针对性地提出了国家科技发展的方向和重点。备忘录列出了 8 个研究与发展的重点领域和 5 项核心政策举措，集中反映了近期和未来一段时期美国联邦政府在科技创新领域的战略布局。

（一）重点领域

1. 国家安全

要求保持军事技术优势，确保军队能战斗并赢得未来的战争。重点向人工智能、自动系统、超音速、现代化核威慑、先进微电子、新计算、网络能力等方向投入。加强对关键基础设施和网络保护、边境监控和非法走私物检测，以及灾害预测等技术研发的投入。

2. 前沿技术

将人工智能、量子信息科学和超级计算等列为发展的重点，认为保持住这些领域的领先优势对国家的安全和经济竞争力至关重要。关于人工智能，鼓励基础和应用研究，重点是机器学习、自动系统和前沿技术的应用；关于量子信息科学，要求关注理论、硬件和应用方面的探索；关于超级计算，要求加快低能耗、高性能超级计算机的部署，支持高效能计算生态系统建设，探索后摩尔定律时代提高芯片性能的新途径。

3. 通信和交通

强调5G网络的重要性，支持5G网络的开发和部署，优先支持频谱管理、网络安全和高速接入等技术研发。在实现安全、高效网络连接的基础上，推动自动驾驶系统和无人机系统的商业化应用，促进新型、低成本的交通运输方式的发展。具体而言，联邦机构应进一步加大力度，减少部署自动驾驶车辆所面临的障碍，开发无人机运营标准和相关交通管理系统。

4. 先进制造领域

强调下一代制造技术对确保美国就业和本土制造，强化制造业的基础至关重要。重点包括物联网、工业机器人、人工智能、机器学习及智能和数字制造等技术。支持开发先进材料和与之相关的加工技术，包括高性能材料、关键材料和增材制造等。此外，对生物制药等领域的关键技术也要求加大研发投入。为使美国在半导体设计和制造，以及微电子技术方面保持领先地位，各机构应加强合作，并在适当的时候，与产业界协作研发新的设计工具、材料、设备、解决方案，以面向未来的计算和存储架构。

5. 太空探索和商业化

要求联邦研发投入应侧重于保持美国在持续航天飞行、太空制造、太空资源利用、低温燃料的长期储存和管理，以及太空动力等方面的领先优势。同时，强调了在太空中开展微重力相关研究及其在科学和商业方面的重要性，认为近期该研究有可能在生物制药和材料科学方面取得突破。

6. 能源领域

加大对下一代能源技术的投资，使丰富的能源资源转化为有用的能源服务（包括照明、供热、运输、电力等）。联邦机构重点投资于早期、创新型的安全、高效能源技术开发，引导私营部门后期加大对于能源技术的研究、开发和商业化。与产业界、学术界合作，加大新技术的示范应用。

7. 医疗健康

优先支持基础医学研究，特别是个性化治疗、疾病预防、健康知识，以及相关诊疗技术的研究。关注由于新兴医疗技术的兴起带来的健康数据管理问题，强调加强部际协作，确保健康数据的安全性、互操作性、可访问性和可移植性。继续支持打击阿片类药物危机、遏制传染病及应对其他公众健康威胁的研究。特别关注心理健康、预防自杀研究，为退伍军人提供更加有效的医疗服务。投资与老年人、残疾人的自立、安全、福利和健康等相关的研究。

8. 农业领域

优先支持现代农业、精准农业及水产养殖技术研究，包括通过使用嵌入式传感器、数据分析和机器学习等技术，降低农业投入，提高农业产出和农产品质量。加大对基因编辑技术等竞争前技术的研究开发，通过利用该技术改造后的微生物、动植物安全性的研发投入，促进农业生物技术产品的开发利用。

（二）政策举措

1. 面向 21 世纪经济，加强教育和劳动力培训

加强 STEM，包括计算机科学的教育，夯实美国应对未来挑战的劳动力基础。将实际应用融入教学内容之中，采取体验式的学习方式，如学徒制、现场实习、有工作背景的学习，以及雇主与教育机构合作培养等模式，确保课程满足实际工作的需要。联邦机构应努力使 STEM 教育覆盖所有的美国人，包括城市和农村地区，以及少数族群等。

2. 加强管理和更新科技基础设施

始终保持联邦科技基础设施先进性对于确保美国的不断成功至关重要。联

邦政府各涉科部门要通过持续投入推动科技基础设施的现代化，通过创新管理方式实现资源的开放共享。同时，各机构应采取措施及时清理、处置过时的科研设施。

3. 加强资源整合和部际协调

要充分发挥美国国家科技委员会（NSTC）的作用，统筹规划联邦科研计划项目。支持跨学科团队提出的新颖性研究计划，使来自不同学科的专家汇聚在一起，取长补短，共同应对挑战，协同解决高难度问题。

4. 推动技术转移转化

联邦机构除继续关注基础和早期阶段的应用研究外，还应采取措施，推动私营部门加速科研成果从实验室到市场的转化，如制定更加有效的管理办法促进技术转移转化，改进小企业创新计划、企业劳动力开发计划和其他一些旨在推动技术转移和应用的计划。

5. 加强官产学研合作

联邦机构要参与公私部门伙伴关系（Public-Private Partnership，PPP）的合作，使基础研究能够对接来自私营部门对未来技术的需求，建立的测试平台和数据库要符合实际需要，促进跨部门技术转移和基础研究成果的传播和应用。联邦科技管理部门要采取措施减少行政监管。通过创新伙伴关系模式，充分利用联邦设施，并分担投入成本。联邦机构应尽可能利用私营部门开发的新技术，而不是重新开发技术。

根据 OSTP 官员的说法，联邦政府研发优先领域发布后，在国家层面将从经济、安全和政府治理及管理改革等方面产生影响。OSTP 重点在构建研发生态、培训 STEM 劳动力、推动政府应用新技术、发挥私营部门作用等方面采取行动。

二、联邦研发投入持续增加

特朗普政府执政两年来，一直与国会在增加科技研发投入上意见相左。白宫提交的 2018 财年、2019 财年预算草案，均试图大幅削减研发预算，而国会作为按法律规定负责联邦预算支出的主要机构，则力主增加研发投入。

2018 年 2 月，特朗普政府提交名为《有效、高效、负责的美国预算》（2019 财年）的预算提案，其最显著的特点是削减预算。具体来说，有 4 个方面的特点：一是大幅削减气候变化相关研发投入。除环保署（EPA）外，大幅减少国家大气海洋局（NOAA）、国家航空航天局（NASA）、能源部（DOE）、美国地质调查局（USGS）等其他联邦机构有关应对气候变化的研发经费。二是强调“小政府”原则。在两份预算案中，特朗普政府均强调联邦机构和部门要聚焦各自职能部署基础研究，大幅减少应用研究投入；强调市场可在应用研究中发挥更大作用。此外，还建议取消国家技术标准研究院（NIST）制造业创新网络计划、制造业拓展伙伴计划等，大幅削减 DOE 应用能源研究经费，强调加强航空航天领域的公私合作机制，采购私营部门卫星数据等。三是减少对技术推广示范和区域创新的支持。裁撤商务部（DOC）的经济发展局，取消中小企业局的 SBA 贷款，同时大幅削减涉科部门教育培训经费。四是大幅减少国际合作经费，重点转向美国国内需求。特朗普大幅削减各涉科部门的国际合作经费，取消国务院和美国国际开发署（USAID）对联合国应对气候变化基金的支持，大幅削减对外援助的经费，撤销国立卫生研究院（NIH）的福格特国际中心等。

美国国会并没有接受特朗普削减研发投入的意图。2018 年 3 月发布的 2018 年拨款法案显示，2018 财年联邦研发经费达到 1768 亿美元，较 2017 财年增长 12.8%，大大超出预期，创下了近年联邦政府研发投入的新高。其中，基础研究经费 379.7 亿美元，较上年增长 9.3%，应用研究经费 452.0 亿美元，较上年增长 12.0%，开发经费 904.8 亿美元，较上年增长 14.3%，研发与设施经费 32.1 亿美元，较上年增长 29.8 %。将最终的拨款与最初的预算相比，白宫削减研发预算的举措受到了大幅修正，总的研发经费拨款较白宫提出的预算增长了 18.3%，其中，基础研究增长了 31.2%，应用研究增长了 29.4%。基础研究和应用研究拨款的同比增长，是自《2009 美国复苏与再投资法案》颁布以来最快的一年，这使美科技界备受鼓舞。

从联邦部门实际获得的研发拨款来看，除国防部（DOD）以外，DOE 成为大赢家。2018 年 DOE 的研发经费增长了 14%，达 129 亿美元，其科学办公室管理的六大研究计划经费均获 2 位数增长。拨款法案无视特朗普政府的裁撤要求，将能源先进研究计划（APAR-E）经费增加到 3.53 亿美元，并保留能源创新中心、能源前沿研究中心和能源领域制造业创新研究中心的所有项目。其他联邦主要涉科部门，如 NIH、NSF、NASA、ARS（USDA）和 NIST 等的研发经费分别增长 8.7%、3.9%、5.5%、5.8% 和 25.7%，完全颠覆了特朗普政府大幅削减预算的建议。2018 年拨款法案说明，美国为确保其全球创新领域的霸主地位，坚持科技研发高水平投入的大方向短期内不变，这不仅保持了国家科技计划的延续性，也使有关应对气候变化、聚变能研究等有争议的研究项目得以继续。

三、为实现美国优先而遏制竞争意图明显

在充分意识到中国科技创新快速发展带来的竞争压力后，特朗普政府采取遏制的策略“围堵”中国，并制定和实施一系列有针对性的举措。

（一）以贸易战之名，行遏制中国科技创新发展之实

2017 年 10 月，美国贸易代表办公室（USTR）启动对华 301 调查听证会。2018 年 3 月，USTR 发布调查报告，声称中国通过强制技术转移、盗窃知识产权及高技术企业并购等方式获取美国敏感、关键技术和信息。随后，特朗普签署有关美国 301 条款调查行动的总统备忘录，提出增加关税、提交 WTO 仲裁及投资限制 3 个举措。4 月，美国商务部启动对中兴禁售令。5 月，特朗普表示有条件放松对中兴禁售令。6 月，参议院通过《2019 财年国防授权法案》，将继续维持禁售令。本次中美硝烟渐起的贸易纠纷，表面是贸易问题，实际是针对中国科技创新的一种遏制举措，试图打击中国高端制造，遏制中国在新经济领域的快速发展，阻止中国经济结构转型。美国试图动用“紧急权力法”给特朗普扩权①，重点限制中国在美国半导体、5G 等领域的投资。

（二）加强立法，构建遏制中国科技发展的法律环境

2018 年 8 月，特朗普签署《2019 国防授权法案》，并通过《外国投资风险审查现代化法案》（FIRRMA）和《出口控制改革法案》两项姊妹法案。《外国投资风险审查现代化法案》扩大外国投资委员会（CFIUS）审查权限，审查范围扩大到美国知识产权、房地产交易和其他技术或基础设施的合资及其他交易，包括中国公司被指控获取美国敏感技术所采取的投资交易类型。此外，还要求行政部门确定应受出口管制的新兴技术，同时厘清与关键技术和关键基础设施相关的条款，使美国企业和外国投资者进一步明确相关法规和监管要求。同步推进的《出口控制改革法案》，其主要目标是扩大对关键技术的出口控制，进一步收紧对华高科技出口。两项法案试图遏制中国高技术发展的意图十分明显。10 月 4 日，在中期选举前夕，美国副总统彭斯在华盛顿智库哈德逊研究所就美国政府的中国政策发表演说时指出，中国试图通过“中国制造 2025”控制全世界 90% 的最先进工业，包括机器人、生物科技和人工智能，指责中国为了赢得 21 世纪全球经济领导权，以多种方式获取美国的知识产权，美国将以“重新焕发的国家实力来

① “紧急权力法”是指《国际紧急经济权力法》（International Emergency Economic Powers Act），通常和《全国紧急状态法》（The National Emergencies Act）双管齐下。这两部法律规定，总统可以宣布全国进入紧急状态，以应对“不寻常的威胁”，允许总统阻止交易并扣押资产。

捍卫自己的利益”。

（三）采取极端措施，限制中美学者合作

主要采取两个方面的措施：一是减少学生签证。相比 2016 财年，美国 2017 财年发放的学生签证减少了 78 000 份，其中面向中国的减少了大约 35 000 份。二是限制中国学者参与研究的领域。在 2018 年 2 月的参议院情报委员会年度情报听证会上，美国联邦调查局（FBI）局长表示，中国力图通过向美国教育和科研机构安插间谍等方法危及美国的世界大国地位，声称中国以教授、学者和学生等非传统意义上的信息收集者，获取美国几乎每个科学领域的敏感信息和技术，已对美国构成现实威胁。4 月，众议院科学、空间与技术委员会预测小组举行主题为“学者或间谍：以美国研发为目标的外国计划”听证会，强调外国利用美国开放资源，试图接触和盗取美国人工智能、医药科学和国家安全等领域研发成果，给美国的国家安全和经济安全带来威胁。听证专家提出，中国政府吸引海外人才回归的“千人计划”等为盗窃美国科技提供“潜在动机”。4 月 30 日，《纽约时报》称，特朗普政府担忧中国日益增长的技术实力，考虑采取严厉措施阻止中国公民在美国高等院校和科研院所从事敏感研究。为此，白宫酝酿是否要限制中国公民进入美国，包括限制发放某些类型的签证。受限领域将涉及先进材料、软件和人工智能等“中国制造 2025”中的重点前沿领域。

四、新税法促进企业加强科技投入效果显现

在采取措施遏制中国科技创新发展的同时，特朗普政府通过的新税法，一方面减轻企业负担；另一方面在客观上为企业增加研发投入提供了条件。2017 年 12 月，特朗普正式签署 1.5 万亿美元减税法案。本次税改主要集中在企业所得税、个人所得税、跨境税制等方面，尤其是企业所得税，将公司税率从 35% 大幅降至 21%，并全面下调个人所得税率。该法案是特朗普政府第一个重大立法成就，也是 30 年来规模最大的税法改革。据《华盛顿邮报》报道，2017 年减税法案通过后，美国企业在 2018 年第一季度继续增加研发投资近 1750 亿美元，增长 34%。

根据 NSF 发布的《2018 科学与工程指标》，美国仍是全球科学技术的领导者，研发经费投入最多，吸收的风险投资最多，授予的最高学位最多，提供商业、金融和信息服务最多，同时也是最大的高技术制造业生产国，但中国科技创新实力迅速提升，迫切要求美国加大研发投入，捍卫其科技创新全球领先地位。本次税改对高技术企业影响最大的是，对来自海外的股息所得 100% 免税，美国企业的海外利润只需要在利润产生的国家缴税，而无须再向美国缴税，对过去的

海外利润一次性征收利润汇回税。对此，苹果公司 2018 年 1 月宣布将 2520 亿美元海外现金储备中的大部分汇回国内，计划在美国雇用 2 万名新员工，投资新的数据中心和建立一个新园区，并将 2016 年创立的先进制造基金的规模从 10 亿美元扩大至 50 亿美元，还将向全球大多数员工发放 2500 美元的限制股票奖金。埃克森美孚公司宣布在美投资 500 亿美元。微软表示，准备把海外的利润拿回美国去投资科技研发。通过税改，硅谷高技术企业获得了直接实惠，与特朗普的矛盾也得到了缓解。

特朗普政府通过实施减税等系列经济政策，推动美国高科技产业和创业投资环境的向好发展。2018 年第三季度，全美风险投资达到 279 亿美元，使前 3 个季度投资总额超过 840 亿美元，创下近十年来的历史最高纪录。乐观估计，经过最后一个季度的努力，全年全美风险投资的总额可望突破 1000 亿美元。据专业机构 Pitchbook 的数据，2018 年美国风险投资总额大幅增长，但投资项目数量却与 2017 年持平，主要原因是资金更多投向了成长快、市场前景好的独角兽企业。这类高科技企业对市场、经济的拉动作用更为可观，因此，单笔投资的规模相对较高，多数为 5000 万美元以上的项目，而同期的天使投资和种子阶段投资数量大幅下降。

五、效率至上推动政府科研机构改革

为进一步厘清部门职责，解决多头管理、职能交叉分散、效率低下等问题，特朗普总统上任伊始即发布了“改组行政部门的全面计划”行政命令，责令 OMB 对联邦政府的组织结构进行评估，并给出减少“重复和冗余”和改善“效率、效能和问责”的改革提议。2018 年 6 月，特朗普正式发布联邦政府行政改革计划——《联邦政府改革、重组和精简蓝图》。计划概述了包括研发和 STEM 教育在内的减少冗余和提高政府效率的 80 多项提议，其中部分提议可追溯到前几届政府，部分提议特朗普政府已开始实施，部分提议已被纳入特朗普政府 2019 财年预算申请，但众多较大力度的改革仍需国会专门授权才能实施，前景尚不明确。其中与科技创新相关的改革提议涉及多个部门的科研管理，以下几个方面值得关注。

一是为促进能源研发效益最大化，并确保适应国家变化的能源技术需求，提议将 DOE 负责应用能源研发项目的能源效率和可再生能源办公室、核能办公室和化石能源办公室整合为一个新的“能源创新办公室”，重点放在“部门和系统层面的产出”上。能源创新办公室将致力于实现跨部门目标，要求所有类别的能源研发都参与竞争，争取共同资源，并将重点放在早期研发上，联邦政府的作用主要集中体现在早期研发方面。将目前独立管理的 ARPA-E 纳入新组建的能源创新办公室。

二是为加强跨学科研究资助，NSF 拟新建两个融合加速器（convergence accelerators），聚焦“加速数据革命”和“人类前沿技术的未来就业”两大主题，人员、预算和资源由 NSF 现有资源进行重新调整，两个加速器管理机构负责人进入 NSF 管理层。改革整合联邦研究生奖学金计划，将多个联邦机构的研究生奖学金计划归口由 NSF 统一管理，提高资助效率和降低管理成本。

三是改组 NASA 下属研究中心为联邦资助研发中心（FFRDC），由私营企业、学术机构或非营利机构作为管理合同承包商运营政府所有的设施，更好地应对变化的需求和增强科技专业知识。

四是推动商务部 NOAA 下属国家海洋渔业局与内政部渔业野生动物局合并，促进《濒危动物法》和《海洋哺乳动物保护法》综合管理，提高该局的科学与管理能力，加强联邦渔业和野生动物政策的一致性，改进服务。

五是为“改善研究协调和成果应用”，将卫生和人类服务部（HHS）下属的医疗保健研究与质量局、国家职业安全与健康研究所、美国国家残疾人独立生活和康复研究所 3 个卫生研究机构及其办公室合并到 NIH，通过整个机构的结构调整与标准化，打破行政障碍，使行政管理与最佳科研实践相协调。

六是建立公私合作的政府有效性高级研究中心（GEAR Center），帮助政府应对创新技术、商业实践及研究发现，促进任务发布、公众服务及公共资源管理。

（执笔人：吴飞鸣）

加　拿　大

2018 年，加拿大在研发投入保持稳定的基础上，推出了一系列支持科技创新和基础研究的重大举措，强化了对基础设施的支持，加强了对人才的培养与吸引，兴建了产业集群等，以促进本土企业的发展。

一、研发投入稳定，竞争力表现良好

（一）全社会研发费用投入（GDERD）保持平稳

根据加拿大统计局发布的数据显示，加拿大全社会研发费用投入自 2015 年以来较为平稳，总体保持在 340 亿加元左右。2017 年，加拿大全社会研发费用投入总量为 340. 08 亿加元，占国内生产总值的 1. 58%。其中，企业研发投入占全社会研发投入的 40.95%，为 139.26 亿加元，比 2016 年下降 3.8%，这导致 2017 年总体研发费用比 2016 年小幅下降；联邦政府研发投入占全社会研发投入的 17.61%，为 59.88 亿加元，比 2016 年上升 0.8%；高等教育研发投入占全社会研发投入的 20.27%，为 68.92 亿加元，比 2016 年上升 1.13%。从研发费用支出来看，企业、高等教育作为两大创新主体，其研发投入之和占全社会研发投入的 92.3%，较 2016 年占比小幅上升，同时，企业和高等教育研发投入数额均呈小幅增长。2018 年，加拿大全社会研发费用投入预计达到 345.57 亿加元，比 2017 年增长 1.6%，企业和高等教育两大创新主体持续的研发投入需求是增长的主要动因。

（二）联邦科技财政支出（FEST）平稳增加

2017/2018 财年，加拿大联邦科技财政支出为 120.75 亿加元，比 2016/2017 财年小幅增长，自然科学与工程领域实现了科技支出与研发支出双增长，分别占联邦科技支出和研发支出的 77.6% 和 86.9%；社会与人文科学领域研发支出小幅增加，增幅为 2.9%，但科技支出略有降低（表 3–1）。

表 3–1　加拿大联邦政府科技支出（按活动主体划分）

单位：亿加元

财年	2015/2016	2016/2017	2017/2018
科技支出	104.41	114.27	120.75
自然科学与工程	79.30	86.41	93.69
社会与人文科学	25.11	27.86	27.06
研发支出	66.20	70.92	76.12
自然科学与工程	55.98	61.24	66.17
社会与人文科学	10.23	9.68	9.96

与 2016/2017 财年相比，2017/2018 财年联邦政府科技支出小幅增加，增幅 5.67%；省、市级政府科技支出增幅较大，达 57.32%；商业企业科技支出小幅上升，增幅为 0.87%；高等教育科技支出增长 5.12%（表 3–2）。

表 3–2　加拿大联邦政府科技支出（按执行机构划分）

单位：亿加元

财年	2015/2016	2016/2017	2017/2018	2018/2019
科技支出	104.41	114.27	120.75	113.38
联邦政府（内部）	46.82	51.76	52.02	50.65
商业企业	14.47	14.98	15.11	14.55
高等教育	31.10	32.98	34.67	35.38
非营利团体	4.81	5.50	6.25	5.16
省、市级政府	1.53	4.03	6.34	2.03
外国机构	5.41	5.02	6.35	5.61
其他加拿大团体	0.27	0	0	0

另外，根据联邦部门和机构报告，2017/2018 财年有 34 758 人年（全时当量）从事科技活动，其中，68. 9% 分布在自然科学与工程领域，31.1% 分布在社会与人文科学领域。

（三）科技产出成果丰硕

1. 全球创新指数

根据世界知识产权组织（WIPO）等共同发布的《2018 年全球创新指数》报

告显示，2018 年度加拿大的全球创新指数排名第 18 位，与 2017 年相同。其中，创新投入指数排名全球第 10 位，在市场成熟度（第 3 位）、制度（第 5 位）、集群数量（第 4 位）等类别指标呈现强劲实力，在人力资本和研究（第 18 位）方面的排名也有了进一步提升。

2. 世界竞争力

瑞士洛桑国际管理学院发布的 2018 年世界竞争力排名显示，加拿大排第 10 位，比 2017 年提升 2 位；世界数字竞争力指数，加拿大排第 8 位，比 2017 年提升 2 位，在分支指标中，知识排第 3 位，技术排第 12 位，面向未来的能力排第 9 位。

世界经济论坛发布的《全球竞争力报告 2018》中，加拿大排名第 11 位，较 2017 年上升 3 位。其中，加拿大在宏观经济稳定性（第 1 位）、劳动力市场（第 6 位）、制度（第 11 位）、技能（第 11 位）、金融系统（第 11 位）、健康（第 12 位）、创新能力（第 13 位）、企业活力（第 13 位）等领域具有明显优势。

3. 知识产权

根据 WIPO 统计，2017 年加拿大受理专利申请 35 022 份，较 2016 年增加 0.8%，排名世界第 9 位，比 2016 年上升 4 位；授权专利 24 099 个，较 2016 年减少 2325 个，排名世界第 7 位，位次与 2016 年持平。

4. 诺贝尔奖

滑铁卢大学教授唐娜·斯特里克兰（Donna Strickland）和来自美国和法国的两位科学家因在激光物理领域的开创性成果，共同获得 2018 年诺贝尔物理学奖。至此，加拿大共有 23 位诺贝尔奖获得者。

二、加强顶层设计，大力推动基础研究

（一）规划制定科学发展愿景

2018 年 4 月，加拿大科学院理事会（Council of Canadian Academies）发布《参与全球创新经济：加拿大研发现状报告》，详细分析了加拿大在基础研究、应用研究、试验开发及产业研发绩效的最新数据和相关信息，对加拿大当前科学技术与产业研发状况进行了全面评估，阐述了加拿大在研发产出、研究人才、高等教育、基础设施等方面的优势，同时指出了加拿大在研发战略布局、研发要素、产业研发和成果转化等方面的不足，呼吁要进一步加强基础研究，把“强大的科学”视作变革性发现和创新的基础。加拿大科学部部长 Kirsty Duncan 在加拿大科学政策年会上阐述了联邦政府的科学发展愿景：一是进一步加强基础研究，大幅增加研发投入，增强科学研究的协同性；二是大力支持以实证为基础的科学决策，加强顶层设计，建立完善联邦科学顾问网络系统；三是进一步提高全民科学素质，大力培养下一代青年科学家，鼓励更多的年轻人投身于科技事业；四是促进科学研究的公平性和多样性，大力引进和培养高层次人才，打造多元化研发团队。

（二）大幅增加研发经费

2018 年度财政预算中联邦拨付科研经费新增共计 38 亿加元，主要用于支持科研人员获得所需的研究经费，为其提供先进设施，支持的重点领域包括物理、生命科学、社会科学和卫生健康等。对加拿大自然科学与工程研究理事会（NSERC）、加拿大国立卫生研究院（CIHR）、加拿大社会科学与人文研究理事会（SSHRC）三大拨款机构的新增投资达到历史最高水平，共计 12 亿加元。其中，NSERC 和 CIHR 分别获得 3.547 亿加元，SSHRC 获得 2.155 亿加元，另外 2.751 亿加元用于成立新的三大拨款机构共享基金，专门支持国际化、跨学科、快速突破和高风险的研究项目，由新成立的加拿大研究协调委员会（CRCC）设计使用，以加强全国研究人员和学生之间的合作，引导加拿大向更现代化的研究方向迈进。据统计，这些经费的实施将使得今后 3 年通过三大拨款机构支持的科研经费增长达到 25%，预计每年将惠及约 21 000 名科研人员，其中包括 6000 名高级研究人员、3500 名初级研究人员、8000 名大学生和研究生、1300 名博士后和 2000 名助理研究人员。同时，这些经费的投入也要求三大拨款机构之间加强协调配合，支持跨学科、跨领域的研究项目。

（三）大力支持研究基础设施

2018 年度财政预算提出对联邦主要实验室、实验设备和基础设施进行重大更新，确保科研人员能够在高等院校和科研院所获得他们所需的全球顶级实验室和科研设备，主要措施包括：一是向加拿大创新基金 5 年投资 7.63 亿加元用于先进的基础设施建设，实现到 2023—2024 年每年 4.62 亿加元持续稳定的经费保障，每年为加拿大约 17 500 名研究人员和 27 000 名大学生和博士后研究人员提供前沿研究工具，以拓展知识并参与全球竞争。其中，1.60 亿加元用于重大科学计划基金，支持加拿大光源、SNOLAB 物理研究中心和阿蒙森号科研破冰船等重大科研基础设施。二是向第三方研究机构提供直接支持，3 年内向量子计算研究所增资 1500 万加元推动高水平量子科学研究；3 年内向药物研发中心提供 4800 万加元，支持新药开发和医疗产品商业化；4 年内向瑞克汉森研究所增资 2360

万加元支持脊髓损伤和护理技术研究；向联邦公共政策研究中心提供 1000 万加元，支持其开展新兴经济和社会发展趋势等方面的研究。

（四）重塑大型国立科研机构

加拿大联邦政府 5 年投入 5.4 亿加元用于提高国家研究理事会（NRC）的科研能力并加强与工业界的良好合作。其中，2.8 亿加元专门用于重新设计 NRC 的职能定位和研究体系，将 NRC 的工作部分回归到探索高风险和深度研究方向，推动 NRC 利用已有的设施、知识积累和科研网络形成国家级大型合作团队，致力于探索颠覆性技术和开展前沿创新。主要措施包括：一是借鉴美国国防高级研究计划局（DARPA）的成功模式，5 年投入 1.5 亿加元支持 NRC 的科学家联合高等院校、科研院所、企业共同开展基于科学发现和技术突破的重大科研项目；二是 5 年投入 3000 多万加元建立一个“奇想基金”，通过竞争性同行评审发现一些具有突破性的研究成果；三是 5 年投入 6200 万加元用于强化 NRC 的商业合作模式，用 3 年时间对 NRC 的研究设施进行评估，以改善条件、扩展功能，为中小企业、高等院校提供更好的技术服务，提高应对未来科学研究的能力；四是 5 年投入 2.98 亿加元，将 NRC 自 2000 年起执行的临时经费转化为持续的永久性经费，以支持科学研究的长远规划。

（五）促进政产学研互联互通

启动联邦实验室更新计划（Renew Federal Laboratories），通过加拿大公共服务和采购部投入 28 亿加元打造功能强大、协作良好的联邦科研设施，鼓励和支持联邦系统各部门的科研人员与学界和私营机构密切合作，利用全球顶级实验室和一流的科研设备，在应对气候变化、海洋保护和人类健康等领域开展联合攻关和创新。成立 CRCC，在研究计划和有关政策方面对联邦三大拨款机构和加拿大创新基金会（CFI）进行一致性协调，以应对和解决共同性问题，提升加拿大在迅速发展的全球研究领域的成长能力。支持高校科研与企业对接，5 年提供 1.4 亿加元通过学院和社区创新计划，鼓励专科学校和理工学院与企业密切联系，增加支持合作创新项目，帮助学生提高技能，与中小企业加强创新合作以迎接未来挑战。支持战略创新基金计划，从支持小项目转向支持大项目，通过学术界、非营利组织和私营部门之间的协作推动技术创新和产业化，吸引和支持高质量的商业投资，并将加拿大卓越研究中心的商业化研发和商业网络计划及相关经费转至战略创新基金，以加强与学术界合作。实施数字研究基础设施计划，5 年投资 5.725 亿加元为加拿大各地的研究人员提供更加开放和公平的高级计算和大数据资源，以增强其利用大数据和开展世界顶级研究的能力。

三、培养吸引顶级研究人才，兼顾公平包容多元化

（一）大力支持早期职业研究人员

大幅投资首席研究员计划，向加拿大首席研究员计划5年内投入2.1亿加元，新增285个首席研究员席位，吸引、留住和支持更多早期职业研究人员。在宣布支持资金的同时，特别强调对该计划的提名和分配方式进行调整，突出支持研究人员的公平性、多元化和包容性特点，鼓励年轻女性及少数群体研究人员从事STEM领域职业。

（二）继续吸引招募全球创新人才

大力推动加拿大150首席研究员计划（Canada 150 Research Chairs），招募了25名世界顶级研究人员，涉及专业包括人工智能、量子技术、材料科学、生物医学、神经科学和水文遥感等领域，希望借此引领加拿大在有关领域的研究创新活动。

（三）大力支持女性创新创业

强调性别平等是本届加拿大政府的优先事项之一。大力倡导女性创新创业，推出“女企业家战略”，帮助更多女企业家获得技能、指导、资本和连接商业网络的机会。启动妇女创业基金，投资20亿加元，改善融资渠道、人才、网络和专业知识等服务，希望到2025年能使女性企业家数量翻一番；3年内投资14亿加元通过加拿大商业发展银行的女性技术基金向女企业家提供融资；3年内投资2.5亿加元通过加拿大出口发展局为女企业家提供融资和保险措施；5年投资1990万加元建立女性学徒保证金计划，帮助更多女性进入职场、施展抱负并塑造领导力；5年内向区域开发机构提供1.05亿加元，支持女性主导的企业和区域创新生态系统发展；借鉴美国将5%的联邦合同给予女性主导的中小企业的目标，将联邦采购供应链中女性拥有的中小企业的参与率提高到15%；通过国际贸易计划中的商业女性计划投资1000万加元鼓励女企业主发展出口贸易；参与雅典娜天鹅（Athena Swan）国际计划，支持STEM领域职业中女性的发展。

（四）培养多元化研究队伍

加拿大政府认为，多样性特征可以使科学事业更强大，有助于吸引和留住世界上最优秀的研究人员，更好地塑造加拿大的创造力。2018年，加拿大政府要求联邦经费支持机构（NSERC、CIHR、SSHRC、CFI）制订新的计划，明确资助目标和条件，使受助者公平性和多样性特征更加明显，显著增加妇女、残疾人、原住民、少数族裔及早期职业研究人员比例。同时要与原住民建立研究伙伴关

系，强调尊重原住民的权利、价值观和知识文化，投资 380 万加元用于制定专项规划，与原住民社区建立良好的合作关系，共同开展有关研究。

四、兴建重点产业集群，推动企业创新发展

（一）打造超级创新集群

加拿大政府于 2018 年 2 月宣布投资 9.5 亿加元打造 5 个超级创新集群（innovation superclusters）。作为加拿大创新和技能计划核心项目，该计划旨在通过企业主导的伙伴关系来推动产业界、科研机构及各类创新机构之间的密切合作，在加拿大各地建立类似美国硅谷的高新技术产业集群，构建加拿大创新创业生态系统。5 个超级创新集群共吸引了超过 450 家大中小企业、60 所高等院校和 180 个其他领域的参与者，覆盖加拿大 78% 的经济部门。5 个超级创新集群分别为大洋超级创新集群、人工智能超级创新集群、先进制造超级创新集群、蛋白质产业超级创新集群和数字技术超级创新集群。

（二）精简整合联邦创新计划

为整合联邦政府各类创新计划，建立更加简洁、便利、高效的创新服务平台，加拿大政府于 2018 年 1 月启动“创新加拿大”（Innovation Canada）计划相关改革，大幅压缩和整合联邦创新计划，并在加拿大创新、科学与经济发展部成立“创新加拿大”专门机构，为各类创新创业主体提供“一站式”服务，协助中小企业创新发展调配各类资源。加拿大政府计划 5 年内新增 26 亿加元鼓励和支持企业创新与发展，并理顺和简化各类创新计划，创新计划数量缩减 2/3，从目前的 92 个整合缩减到约 35 个。同时，重点通过 4 个“旗舰平台”来简化和整合相关创新计划。

一是向工业研究援助计划 5 年投资 7 亿加元用于支持中小企业技术创新和产业化，并将项目资助门槛从 100 万加元提高至 1000 万加元，以支持大型研究项目。

二是调整战略创新基金计划优先领域，将支持重点转向 1000 万加元以上规模项目，吸引和支持新的高质量商业投资，强化加拿大企业在全球和区域供应链中的作用。

三是推动加拿大贸易专员服务计划转型升级，整合政府间多项贸易促进计划，简化和改善服务程序，完善出口平台，为加拿大潜力型企业提供有针对性的服务支持；支持女企业家（强调包括原住民妇女）创业，扩大业务规模，联系国际市场；5 年提供 1000 万加元，支持加拿大技术加速器计划，帮助企业开拓国际市场。

四是构建区域创新生态系统，5年向区域发展机构额外提供9.11亿加元，通过制订区域性计划、服务和专业知识，协助应对当地经济发展中的挑战，支持加拿大所有区域的创新和技能计划。另外，每年提供2000万加元支持加拿大北部经济发展局继续施行经济发展计划，6年提供9.2亿加元支持南安大略省联邦经济发展署承担和实施联邦创新计划。

（三）推动本土企业创新发展

2018年度财政预算强调本国企业要在全球市场发展壮大，需要一个有竞争力和可预期的投资环境及有利于创新的市场法规和标准，并提出3项举措，鼓励和支持加拿大企业开展研发和扩大业务。

一是积极推进知识产权行动。5年投资8530万加元推出新的知识产权战略，协助科技型创业公司的创意和专利得到保护。创建知识产权许可和专利销售市场，打造一个来自企业“专利池”，服务加拿大企业共享、开发、许可和转让专利并获得法律咨询服务。联邦政府将成立专业团队，提供知识产权“一站式”服务，另外还将通过立法支持新的知识产权战略；宣布加入《海牙协定》，推动加拿大企业通过WIPO获得更简单、更快捷、更有效的方式，在世界各地注册和保护其工业品外观设计，并努力加入由WIPO管理的其他4项国际知识产权（IP）条约——《马德里议定书》《新加坡条约》《尼斯商标协定》《专利法条约》。

二是完善和改进监管框架体系。2017年年底，加拿大经济增长咨询委员会提出要建立适应新兴技术和商业模式发展的法规体系，以促进整个经济领域的创新。加拿大政府计划3年内投入1150万加元用于政府支持创新和商业投资的监管改革议程，使加拿大监管体系更加灵活、透明并具备较强的应变能力，以保障企业发现和获取新的机遇。另外，加拿大政府还建议通过立法减轻企业面临的监管负担。

三是推行更加简单完善的政府采购服务。将现有的加拿大创新计划（Canada Innovation Program）整合至加拿大创新解决方案（Innovative Solutions Canada），5年向加拿大公务及采购部提供1.968亿加元，建立一个新的电子采购平台，协助加拿大中小企业更好地获得与政府开展业务的机会。

四是对高校科研涉及商业化的各类计划进行整合，设立新的研究计划，以简化高校与企业对接流程，如NSERC的合作研究与发展拨款计划和CIHR的行业合作伙伴研究计划等。

五是启动新一轮创业投资催化剂计划（Venture Capital Catalyst Initiative）。投资5000万加元强化加拿大风险投资生态系统，支持本土创新型企业早期发展。

（执笔人：车 畅）

巴　西

2018 年，巴西科技创新在预算缩水的情况下发展缓慢，科技创新通信部出台了一系列科技战略及政策，科技水平得到了一定的提升。

一、科研投入产出情况

2018 年巴西科技创新通信部的科技总预算为 76.6 亿雷亚尔[①]（同比下降 5%），其中用于科学研发的经费是 20 亿雷亚尔，技术和工程研发 17.6 亿雷亚尔，行政经费（含科研人员工资等）18.9 亿雷亚尔。当年预算执行 63.3 亿雷亚尔，其中，支持科研创新费用 24 亿雷亚尔，项目管理和运行费用 21 亿雷亚尔，有偿资助企业研发费用 10 亿雷亚尔，核科技及政策 3. 85 亿雷亚尔。从科研机构的分布来看，巴西科技创新通信部及其直属科研机构占联邦政府总科研预算的 27.7%，研究与创新署管理的国家科技发展基金占总预算的 27.4%，国家科技发展理事会占总预算的 20%，核能委员会占总预算的 10%。

巴西科技产出数量相对较少。2016 年，巴西科技论文产出数量为 6.9 万篇；巴西发明专利无论是申请量还是授权量都处于较低水平，2017 年，巴西发明专利申请量为 2.5 万件，其中，本国人申请的仅 0.5 万件。

企业对创新和研发的贡献率低。根据 2018 年 10 月巴西科技创新通信部发布的《国家科技创新指标》的数据，2016 年，巴西研发投入占国民生产总值的 1.27%，达到 792 亿雷亚尔，其中，巴西企业研发投入为 377 亿雷亚尔，占全国研发投入的 47. 6%。根据 Clarivate Analytics 的报告《巴西的科研》，巴西科研人员在 2011—2016 年发表了 25 万篇论文，其中只有 1% 的论文有企业科研人员的参与。来自巴西 232 家公司的研究人员作为共同作者参与了论文。在企业研究人员论文发布榜单中最常见的是美国的制药企业，如辉瑞和强生。巴西石油公司是

---

① 巴西货币：雷亚尔。1 雷亚尔 =0. 26 美元，2018 年 12 月。

该榜单 20 强中唯一上榜的巴西本土企业。

二、新推出的科技创新法律体系的主要内容及亮点

2018 年巴西出台了新的科技创新法律体系，希望借新法律体系的颁布，建立起一个更有利于科研和创新的环境。该法律旨在将促进科研和创新举措制度化和规范化，实现科技进步，驱动国家和全社会的发展。

新科技创新法律体系的原则有以下 4 条：

① 把促进科技活动作为经济和社会发展的战略；

② 促进企业及国家科研机构之间的合作；

③ 鼓励企业和国家科研机构开展创新活动；

④ 简化科技创新项目管理和评估的手续。

新科技创新法律体系内容为：《创新法》《扶持基金法》《公共合同差异化条例》《联邦教师法》《外国人法》《进口免税法》《临时合同法》。

新科技创新法律体系的亮点有以下 8 点：

① 鼓励政府、科研机构、科研资助机构建立和完善有利于创新的环境；

② 鼓励建立战略联盟，促进企业、国家科研机构开展项目合作；

③ 在合作项目中，知识产权可以在国家科研机构和企业间转移，便利技术订单合同的技术许可和技术转让；

④ 建立国家科研机构国际化的促进和支持机制，鼓励巴西与其他国家共同开展科技创新活动；

⑤ 允许国家科研机构、科研资助机构、公立企业和混合制企业少量参与私营企业资本；

⑥ 简化用于科研技术领域或创新项目的物品进口及清关手续；

⑦ 购买研发产品的招投标豁免，对于外国产品及服务，豁免额度由 1.5 万雷亚尔增加到 30 万雷亚尔；

⑧ 科研项目经费预算调整事项不超过项目总经费的 20%，无须报批。

新科技创新法律体系的颁布有利于在巴西建立起一个更有活力的创新环境，鼓励巴西企业更多地参与科研和创新活动。

三、制定《2016—2022 年国家科技创新战略》分领域计划

2016 年，巴西科技创新通信部颁布了《2016—2019 年国家科技创新战略》，

后更新为《2016—2022 年国家科技创新战略》。该战略是科技创新领域公共政策中期指导文件，是建设和巩固科技创新体系的重大部署。2018 年，为全面落实该战略，巴西科技创新通信部先后发布了 17 项分领域计划。

2018 年 10 月，巴西科技创新通信部发布了石油天然气、战略矿产、可再生能源、先进制造、纳米技术 5 部科技创新计划；2018 年 12 月，巴西科技创新通信部发布了海洋、南极、气候、卫生、生物技术、生物经济、生物群落、农业可持续、粮食和食品安全、社会和人文科学、社会融合、科学普及12项行动计划。

每个计划里包括几大领域。以海洋计划为例，包括生物多样性、海岸带与大陆架、海洋环境与气候变化、深海、海洋技术与基础设施 5 个领域。每个领域分别提出了执行计划、行动方案及目标、预算及落实的 2030 可持续发展目标。

四、启动数字转型战略

巴西数字转型战略由联邦政府于 2018 年 3 月启动。巴西在未来 4 年内将采取一系列措施促进社会的数字化转型。数字转型战略将成为提高巴西经济竞争力和生产力的决定性因素，确定了 9 个主题：网络基础设施和互联网接入、研发和创新、数字环境信心、教育和专业培训、国际合作、数据经济，世界互联，新的商业模式及公民和政府的数字化转型。该战略分析了各主要领域巴西的发展情况、面临的挑战、愿景、战略行动与具体指标，旨在营造有利于巴西经济数字化转型的发展环境。

巴西数字转型战略的一大亮点是国家物联网计划。该计划是由巴西科技创新通信部与巴西国家经济社会发展银行（BNDES）发起的，包括创新、国际合作、基础设施互联互通、安全监管和数据隐私等 60 项行动计划，确定巴西在农业、工业、城市和卫生领域优先发展物联网，重点加大数字人力资本投入，鼓励创新和国际合作，加强安全监管和基础设施互联互通。

五、加强国际科技创新合作情况

为提升巴西的科技创新能力，巴西与全球各国在多领域开展国际合作。

2018 年 3 月，巴西和智利、哥伦比亚与欧盟委员会签署基于哥白尼计划的遥感数据合作协议。欧盟拟向这 3 个拉美国家的最终用户免费提供“哨兵”（Sentinel）系列卫星拍摄的数据，利用宽带网传送，3 个合作协议分别包含相应的互惠互利条款，其中有关巴西方面，允许哥白尼计划免费获取巴西遥感卫星拍摄的全部数据（如中巴地球资源卫星的数据）。另外，3 个国家还需向欧盟开放实地观测数据，包括地球物理及气象数据，为“哨兵”系列卫星在拉美地区拍摄的图像提供有关定标和图像质量评估方面的技术支持，并共同开发新应用，从而优化哥白尼计划的数据架构及全球化产品开发。巴西空间研究院将成为哥白尼计划拉美数据中心。除数据交换共享外，各方还希望以此促进数据政策的制定和吸引投资开发新产品及新服务。合作各方均支持最终用户免费、完整及公开获取“哨兵”系列卫星数据的做法，各方独立负责各自项目的资金支持，并坚持“无资金介入”的合作原则。

2018 年 3 月，巴西和英国共同宣布 2018—2019 年为巴西 - 英国科技创新年，两国举办了一系列旨在推动两国创新合作的活动，活动持续到2019年4月。英国牛顿基金会将为巴西提供 3.3 亿雷亚尔的资助，用于应对气候变化、传染性疾病、生物多样性和农业可持续发展的研究。来自巴西圣保罗州、里约州的 7 个创新项目获得两国政府 1400 万雷亚尔（400 万美元）的财政支持，由英国牛顿基金会、英国科学发展基金、巴西国家经济社会发展银行和巴西工业创新署资助。这些项目主要支持巴西物联网、大数据、机器学习、智能电网、智能交通、清洁能源解决方案等。巴西 - 英国科技创新年还举行了学术年会、科学节、企业科技创新峰会等多种形式的活动。

（执笔人：郭　栋　高昌林）

欧　　盟

2018 年，欧盟在应对英国“脱欧”难解、欧美经贸摩擦难平、安全与反恐形势难测等一道道关卡，以实施研发框架计划“地平线 2020”为抓手，在视野格局、创新能力、资源配置、体制政策等方面开辟出了新疆域。

一、创新绩效稳居世界前列

（一）科研投入稳中有升

综合欧盟统计局等最新数据，2016 年，欧盟 28 个成员国研发投入总计超过 3000 亿欧元，研发投入强度为 2.03%，与 2015 年持平。2017 年，欧盟研发投入强度为 2.07%；欧元区 19 个成员国研发投入强度为 2.17%，瑞典（3.33%）、奥地利（3.16%）、丹麦（3.06%）、德国（3.02%）、芬兰（2.76%）分列前五；英国（1.67%）同比降低 0.01 个百分点，意大利（1.35%）同比回落 0.02 个百分点；罗马尼亚（0.50%）、拉脱维亚（0.51%）、马耳他（0.55%）、塞浦路斯（0.56%）、保加利亚（0.75%）分列倒数 5 位。

公共研发投入方面。2017 年，欧盟 28 个成员国公共研发投入占当年 GDP 比例为 0.69%，丹麦（1.08%）最高，瑞典次之（0.98%），芬兰（0.94%）、德国（0.93%）、荷兰（0.82%）紧随其后，保加利亚、马耳他并列倒数第一，为 0.21%。

科研人才方面。2017 年，欧盟研究人员全时当量约为 304.6 万人年，同比增长 9.01 万人年，增幅达 3.05%。德国（68.15 万人年）、英国（42.45 万人年）、意大利（29.15 万人年）、西班牙（21.57 万人年）、荷兰（13.83 万人年）居前五。欧盟私营部门研究人员约为 172.45 万人（占比 56.61%），公共部门研究人员约为 35.99 万人（占比 11.82%），高等教育领域约为 93.66 万人（占比 30.75%），非营利机构约为 2.51 万人（占比 0.83%）。同期，欧盟科学和工程人员占 15 ～ 74 岁人口的比例为 7.2%，同比上升 0.2 个百分点；欧盟博士生占 20 ～ 29 岁人口的比例约为 0.5%，同比持平。

（二）成员国表现呈差异化

2018 年 6 月，欧盟发布《2018 年欧洲创新记分牌》，采用 27 项指标对 2017 年欧盟成员国、其他欧洲国家和地区邻国的创新绩效进行了比较分析，评估了成员国国家创新体系的相对优势和劣势，帮助各成员国确定需要解决的问题。

从全球层面来看，欧盟（排名第 6 位）的创新绩效正在逼近美国（排名第 5 位）、日本（排名第 4 位）、澳大利亚（排名第 3 位）和加拿大（排名第 2 位）。与韩国（排名第 1 位）相比，欧盟依旧大比分落后。中国（排名第 7 位）创新表现突出，紧随欧盟之后。欧盟的创新绩效仍然大幅领先其他金砖国家，如巴西（排名第 8 位）、南非（排名第 9 位）、俄罗斯（排名第 10 位）和印度（排名第 11 位）。

按照创新表现，欧盟成员国可划为 4 类。创新绩效超过欧盟平均水平 20% 的成员国是“领先创新国家”（innovation leaders），排序由高到低分别是瑞典、丹麦、芬兰、荷兰、英国、卢森堡。创新绩效高于或接近欧盟平均值的成员国是“强劲创新国家”（strong innovators），有德国、比利时、爱尔兰、奥地利、法国、斯洛文尼亚。创新绩效为欧盟平均水平的 50% ～ 90% 的是“中等创新国”（moderate innovators），有捷克、葡萄牙、马耳他、西班牙、爱沙尼亚、塞浦路斯、意大利、匈牙利、希腊、斯洛文尼亚、拉脱维亚、波兰、克罗地亚。保加利亚和罗马尼亚两国垫底，创新绩效约为欧盟平均水平的 50%，称为“一般创新国家”。

自 2010 年以来，欧盟在友好的创新环境（特别是宽带普及率）、人力资源（特别是博士毕业生）和具有吸引力的研究机制（特别是国际合著）方面取得长足进步，公司投资和风险投资持续增加。但相比而言，公共研发投入占 GDP 的比例仍低于 2010 年的水平，且欧盟成员国创新效能差异巨大，进展不均衡。

（三）欧盟企业加大创新投入

2018 年 12 月 17 日，欧盟发布《2018 年欧盟产业研发投入记分牌》。报告考察了 2017/2018 年度研发投入最多的全球前 2500 家公司。这些公司分布在 46 个国家，每家公司研发投资都超过 2500 万欧元，总额达 7364 亿欧元，相当于全球产业研发投入的九成。2500 家公司中，欧盟上榜 577 家，研发投入占全球产业研发投入的 27%。美国 778 家，研发投入占全球的 37%，日本 339 家，研发投入占 14%，中国 438 家，研发投入占 10%，来自世界其他地区的公司 368 家，研发投入占 12%。

全球 2500 强工业企业 2017 年的研发投入增加了 8.3%。本轮增长受到信息通信技术服务和生产部门的推动（分别为 13.0% 和 11.0%）较大，其次是卫生部门（7.7%），而工业部门（3.3%）、航空航天和国防部门（–4.3%）的研发表现较差。欧盟公司连续 8 年增加了研发投资，同比增加了 5.5%。增长最快的三大领域是汽车、医疗和信息通信技术行业。

欧盟公司加强了对中高端科技领域的投资，大幅增加了对全球汽车研发的贡献，但在信息通信技术行业的全球研发份额却大大降低。

（四）科技产出量大质优

在科技论文产出方面，2016 年，全球科学与工程论文总计发表 229.6 万篇，其中，发达国家发表约 140 万篇，发展中国家约 90 万篇。世界前 5 名论文发表国是中国、美国、印度、德国和英国。从份额上看，以英国、法国、德国为主的欧盟论文数量占全世界总量的 26.7%，中国占 18.6%，美国占 17.8%。

在高被引论文数量方面，总体而言，美国、欧盟国家高水平学术研究仍有较大的优势，2014 年，美国 1.9% 的论文成为世界被引次数排名前 1% 的高被引论文，欧盟有 1.28% 的论文成为高被引论文，比 2004 年有所提升。

在专利申请方面，欧盟统计局数据显示，2017 年欧盟 28 个成员国向欧洲专利局（EPO）递交专利申请共 54 648 件，较 2016 年小幅回落 1336 件。德国专利申请量最高（18 881 件），与法国（9502 件）、英国（5437 件）位列前三。

（五）创新效能世界领先

2018 年 7 月，康奈尔大学、欧洲工商管理学院和世界知识产权组织根据 80 项指标对全球 126 个经济体进行排名，联合发布了《2018 年全球创新指数》报告。排行榜前 10 名的国家中有 7 个欧盟成员国，8 个是欧洲国家，数量与前 3 年一致。瑞士卫冕第 1 位。荷兰与瑞典易位，分列第 2、第 3 名。英国由第 5 名上升 1 位。芬兰小幅上升，位列第 7 名。丹麦下滑 2 位，列第 8 名。德国、爱尔兰位次保持不变，位列第 9、第 10 名。卢森堡和法国位列第二梯队，排名分别为第 12 和第 15 名。

二、欧盟研究和创新计划在推陈中出新

欧盟研发框架计划是欧盟层面政府科技计划。自 1984 年以来，在促进欧盟甚至全球科技发展中发挥了积极作用。目前，欧盟正实施第八研发框架计划——“地平线 2020”（2014—2020 年），并加紧编制第九研发框架计划“地平线欧洲”（2021—2027 年）。

（一）“地平线 2020”进入后程

自 2013 年 12 月启动“地平线 2020”到 2016 年年底，已启动完成 329 轮次项目征集，共签署了 13 903 笔资助，大约资助经费为 248 亿欧元，共计 58 964 人参与申报。在 2016 年年底前结束的项目征集中，已签署了 4594 项资助协议，有 21 610 人参与，拨款总额为 83 亿欧元。

根据“2018—2020 年工作计划”，“地平线 2020”3 年预算为 371 亿欧元。其中的 71 亿欧元不包括在工作计划中，通过各公私伙伴关系、公共伙伴关系、欧洲技术与创新研究院、欧洲联合研究中心渠道进行管理。因此，所剩的 300 亿欧元中，包括欧洲研究理事会（ERC）60 亿欧元、“玛丽·居里”计划（MSCA）28 亿欧元等。2018 年，“地平线 2020”预算投入约 81.394 亿欧元。其中，科学卓越（excellent science）支柱投入约 35.402 亿欧元，工业领先（industrial leadership）支柱投入约 13.517 亿欧元，社会挑战（social challenges）支柱投入约 24.648 亿欧元。较 2017 年的 93 亿欧元，“地平线 2020”2018 年总投入减少约 11 亿欧元；占 7 年 770 亿欧元总预算的 10.7%，比年平均预算比例 14.3% 低 3.6 个百分点。

根据“2018—2020 年工作计划”，“地平线 2020”最后两年预算如表 3–3 所示。亮点之一是欧洲创新理事会（试点），第一阶段将支持创新型企业在欧洲和全球层面迅速扩大业务，并帮助欧洲更好地捕捉具有拓展市场和加强工业基础潜力的创新理念。

表 3–3　“地平线 2020”最后两年预算

单位：亿欧元

年份	2019 年	2020 年
科学卓越支柱		
①欧洲研究理事会（ERC）	19.702	21.797
②“玛丽·居里”计划（MSCA）	9.356	10.370
③未来新兴技术	2.335	5.650
④欧洲研究基础设施（包括 e - 基础设施）		
工业领先支柱		
①信息和通信技术	8.780	8.750
②纳米技术、先进材料、生物技术及生产	5.434	5.565
③空间	1.210	1.440
④中小企业创新	0.304	0.359
社会挑战支柱		
①健康、人口社会变化和福利	6.715	6.650

续表

年份	2019 年	2020 年
②食物安全、可持续农业和林业、海洋、内陆水研究、生物经济	4.590	3.810
③安全、清洁、高效能源	5.927	6.428
④智慧、绿色、综合交通	2.847	3.095
⑤气候行动、环境、资源效率、原材料	3.700	3.520
⑥世界变化中的欧洲——包容、创新、自省的社会	1.439	1.580
⑦安全社会	2.324	2.718
其他		
①欧洲创新理事会（试点）	6.523	7.010
②传递卓越，扩大参与	1.470	1.260
③与社会同在的科学，为了社会的科学	0.625	0.692
④欧洲原子能机构（EURATOM）	—	—
总计	83.281	90.694
	173.975	

（二）"地平线欧洲"呼之欲出

2018 年 6 月，欧盟在下一个多年度财政框架（MFF）下拟定第九研发框架计划，确定命名为"地平线欧洲"，预算总额近千亿欧元，被称为"最雄心勃勃的研究和创新计划"。欧洲议会已于 12 月 12 日初步批准了主要预算板块，其中包括近千亿欧元的"地平线欧洲"。

承袭"地平线 2020"三大支柱的架构，新"三大支柱"分别为开放科学（open science）、全球挑战和产业竞争力（global challenges and industrial competitiveness）、开放创新（open innovation）。"开放"是关键词，聚焦全球挑战比社会挑战更具高度。调整了内容，各类计划、专项优化重组，更加精简醒目。

（三）加强防务研究

1. 设立"欧洲防务基金"（2021—2027）

在一个地缘政治不稳定和网络攻击等新威胁超越边界的世界，欧盟需要承担更大的责任来捍卫和平、保护公民。从北大西洋公约组织（NATO）开始，欧盟正在与其伙伴密切合作，加强对欧洲集体安全和国防的贡献。2018 年 6 月，欧盟委员会正式提议设立“欧洲防务基金”（European Defence Fund），总资助额达130亿欧元，这将使欧盟成为欧洲四大防务研究投资者之一。基金中的41亿欧元直接资助竞争性和合作性研究项目，89亿欧元用于共同资助协作、能力发展、开展互补性项目等。欧盟将在研究阶段直接提供资金，主要是通过拨款方式。此阶段之后，基金将通过共同融资来补充成员国的投资，最高可覆盖原型开发成本的20%，以及高达80%的后续认证和测试活动。该基金不覆盖收购阶段。但如果成员国联合决定获得某项能力时，如通过联合采购直升机，欧盟委员会可以提供实际支持，帮助选择有效的财务安排，提供有关所有权结构的条款和框架协议及建议。此外，2017—2019年欧盟已安排9000万欧元用于国防研究，并已签署了欧盟第一批国防研究项目拨款协议。其中，Ocean 2020项目获得3500万欧元的资助，支持海上监视和拦截任务，并将无人机和无人潜艇整合到舰队作战中。不久将启动新的国防研究项目征集。欧盟委员会还启动了欧洲国防和工业发展计划（EDIDP），2019—2020年拨款总额为5亿欧元。欧洲议会和理事会已就该计划达成临时协议，于2019年1月生效。

2. 继续支持“防御研发预备行动”（PADR）

PADR于2017年4月正式启动，旨在评估和展示欧盟支持的国防研究和技术的附加值，以期为在下一个MFF设立独立的欧洲防务计划做准备。

2018年3月9日，欧盟委员会通过“关于PADR 2018年工作计划资助及授权使用单位成本的决定”，发布了3项防务项目征集，总金额达4000万欧元，领域包括：用于欧洲防务应用的高性能、可信赖、可（重新）配置的片上系统（system-on-a-chip）或系统级封装（system-in-package）组件，欧洲高功率激光效应器，战略技术远见，以解决欧盟关键防御技术依赖问题。预计2019年支持力度为2500万欧元，还须得到欧洲议会和理事会的批准。

三、政策法规为科研创造良好环境

（一）进一步完善科技创新法律法规

应对气候变化。欧盟宣布，自2019年1月1日起，新生产的卡车必须确定并公布其二氧化碳排量和油耗。此举将在欧盟市场内部提高重型卡车油耗透明度。能源总司宣布，自2018年9月1日起，欧盟将停止销售能源密集型、能效低的卤素灯泡，更安全、更实惠、更节能的LED灯泡将取而代之。新规涉及标准卤素灯泡（主要是梨形灯泡）和非定向灯，但不包括台灯和泛光灯等特殊类型，也不适用于已摆上商店货架的卤素灯泡。

环境保护。2018 年 5 月 28 日，欧盟委员会通过《关于提请欧洲议会和理事会通过减少特定塑料产品对环境产生影响的指令》，意在控制欧洲海滩和海上 10 种最常见的一次性塑料（single use plastic，SUP）制品及丢弃的渔具。

清洁能源。陆续修订 2016 年 11 月 30 日欧盟委员会清洁能源组合的 8 项立法提案，《建筑能效指令》于 2018 年 5 月 14 日、《可再生能源指令》（为可再生能源发展设定了一个宏伟目标——到 2030 年使可再生能源占比达 32%）于 2018 年 6 月 14 日、《能源效率指令》于 2018 年 6 月 19 日、《能源联盟治理条例》于 2018 年 6 月 20 日获得通过。

数据保护。2018 年 5 月 25 日，史上最严数据保护条例《欧盟通用数据保护条例》正式生效。该条例于 2016 年提出，预先为数据经济的可持续发展建立起坚实的数字信任框架，确保实现高水平的数据保护。条例将影响几乎所有行业，如在卫生健康领域，患者数据的管理方式将彻底改变，一方面，新法规使患者有更多权利控制其个人数据的收集及使用；另一方面，对相关数据的不合规行为可导致重罚，最高可罚款 2000 万欧元或营业额的 4%。

知识产权。2018 年 9 月 12 日，欧洲议会通过“版权法修订案”，新法案有利于科研成果的扩散与利用，方便科研人员充分利用既有科研成果开展创新工作。新版权法规定，为了开展科学研究，科研人员可以对现有文本和数据进行挖掘，而不受版权法的约束。这一规定为科研成果的扩散和传播创造了法律条件，为大数据时代共享科研资源提供了便利，可以促进科研资源的充分开发利用。

（二）出台针对重点领域的政策措施

2018 年 1 月 16 日，欧盟委员会宣布在欧盟范围内实施首个针对塑料制品的战略，作为迈向更加循环的经济的一项重要举措。该战略旨在保护环境免受塑料污染，同时促进增长和创新，将挑战转化为面向欧洲未来的积极议程。根据计划，到 2030 年，欧盟市场上的所有塑料包装将全部可回收利用，一次性塑料的消费量将减少，并且塑料微粒的刻意使用将受到限制。

4 月 25 日，欧盟委员会正式发布题为《迈向共同的欧洲数据空间》的公报，为推进大数据和数据经济发展推出新的“一揽子”举措，包括三大部分：从数据驱动的创新中收获经济和社会效益；让公共数据（包括在公共财政资助下产生的数据）服务于数据驱动的创新；将私营部门数据作为欧洲创新与竞争力的重要驱动力。

4 月 15 日，欧盟委员会发布《欧洲研究和创新的更新日程——欧洲塑造未来的机遇》，梳理欧洲研究创新强项及企业研发状况，以事实、数据说明欧盟研发经费投入、计划布局等基本情况。

9 月，欧盟制定并推出了“S 计划”，强力推进科技计划科研成果的免费开放获取。“S 计划”的宗旨是让科研人员无须付费就可以获取欧盟资助下产生的高质量学术论文，从而使学术成果的社会影响最大化。根据该计划，资助机构将要求项目承担人仅选择能够即时发布其科研成果的期刊投稿。欧盟委员会及奥地利、法国、爱尔兰、意大利、卢森堡、荷兰、挪威、波兰、斯洛文尼亚、瑞典、英国承诺，将从 2020 年 1 月 1 日起实施新的开放获取政策。

9 月 11 日，欧盟大型科研基础设施建设决策的机构——欧盟科研基础设施战略论坛宣布，将在能源、环境、健康与食品、社会文化创新四大领域部署 6 项新的大型科研基础设施，并将其纳入欧盟 2018 科研设施路线图。

12 月 18 日，欧盟委员会批准了法国、德国、意大利、英国 11 月 30 日提出的微电子联合研究和创新综合计划，是在 2014 年成立的欧洲共同利益重点项目（IPCEI）下获批的首个微电子领域计划。四国将投资 17.5 亿欧元，撬动 60 亿欧元私营部门投资，同时在节能芯片、功率半导体、智能传感器、先进光学设备和复合材料 5 个领域开展重点攻关，预计 2024 年完成。

四、重大前沿加紧排兵布阵

（一）关注人工智能技术发展和规则制定

2018 年 4 月，欧洲国家签署了《人工智能合作宣言》。目前，尽管一些欧洲国家已经制定了国家层面的人工智能发展计划，但对于从欧洲层面推动人工智能发展，欧洲绝大多数国家表现出强烈的合作意愿，希望通过加强协调，确保欧洲人工智能研发的竞争力，共同面对人工智能在社会、经济、伦理及法律等方面的机遇和挑战。截至 7 月 16 日在维也纳举行的欧盟竞争力部长理事会非正式会议，欧盟 28 个成员国完成该宣言的签署。

2018 年 12 月 7 日，为落实 4 月公布的《欧盟人工智能战略》，欧盟发布欧盟及其成员国“人工智能协调计划”，以促进欧洲人工智能的研发和应用。该计划主题为“人工智能欧洲造”（AI Made in Europe），有 4 个关键领域：增加投资、提供更多数据、培养人才和确保信任。“人工智能欧洲造”有两大关键原则：一是所谓“设计伦理”（ethics by design），即人工智能在设计之初就必须在《欧盟通用数据保护条例》基础上，遵守伦理和道德法律原则、竞争法等；二是所谓“设计安全”（security by design），即人工智能在设计之初就必须考虑保护网络安全和有利于相关执法活动的便利化。预计到 2020 年，欧盟及其成员国公共部门和私营部门将在人工智能方面投资 200 亿欧元。其中，欧盟委员会通过欧洲战略投资基金、“地平线 2020”计划和欧洲投资基金对人工智能领域定向投资，计划 2020 年先期投资 1 亿欧元。成员国通过国家政策性银行资助和项目形式开展投资。欧洲创新理事会 EIC 通过加强其旗舰计划支持人工智能领域颠覆式创新活动，计划在 2019—2020 年资助 1 亿欧元。

（二）加速建设世界一流超级计算机

2018 年 1 月 11 日，欧盟宣布将投资 10 欧元，支持“欧洲高性能计算联合计划”（EuroHPC），预计计划于 2019 年启动，至 2026 年年底结束。项目目标：一是为欧洲的科研和工业用户获取并提供世界级的准百亿亿次超级计算基础设施，并在 2020 年前满足用户严苛的应用需求；二是在 2022 年或 2023 年，利用 EuroHPC 项目达到的有竞争力的技术，开发出欧盟百亿亿次超级计算机并进入世界前 3 名。该计划将通过公私伙伴关系（PPP）的方式进行，其成员包括欧盟委员会、13 个欧盟成员国和联系国，以及超算、大数据等领域的产业和学界代表。

EuroHPC 的管理结构将由理事会及产业和科学咨询委员会两部分构成。理事会由公共机构代表组成，将负责项目决策，包括与所有采购和研究与创新活动相关的资金决策。理事投票权将与其项目成员的出资额成比例。产业和科学咨询委员会由学界和产业界代表组成，将负责制定关于技术、应用和技能开发的研究与创新议程。

EuroHPC 的预算将从欧盟目前的预算框架里划拨 4.86 亿欧元，主要是由“地平线 2020”和“联通欧洲基金”（CEF）划拨经费。项目参与国将匹配相近数额的资金。私营企业也应提供实物捐助。项目承诺将通过公开和竞争性的征集方式，向参与者提供采购或研究与创新资助等形式的财政支持。

（三）启动量子科技旗舰项目

欧盟轮值主席国奥地利在 2018 年 10 月底主持推出量子科技旗舰项目。首批 20 个旗舰项目是在“地平线 2020”框架内，总金额达 1.32 亿欧元。2021 年起，欧盟将为另外 130 个项目提供资金。该项目总预算预计达 10 亿欧元，将为从基础研究到工业化，以及将研究人员和量子技术产业结合在一起的整个欧洲量子价值链提供资助。

五、国际合作在开放中前行

“欧洲 2020”战略下，“地平线 2020”秉持“科学开放、创新开放、向世界开放”的开放创新理念，孕育中的“地平线欧洲”也将“开放”作为核心目标之一。彻底地、全面地开放，已深深植入欧盟研发框架计划的基因中。

（一）布局海外研究和创新中心

2018 年 4 月 18 日，欧洲科研与创新中心（European Network of Research and Innovation Centres and Hubs，ENRICH）在布鲁塞尔正式启动。ENRICH 的宗旨是为欧洲科研机构进入海外市场提供便利化服务。目前已下设中国（ERICENA）、巴西（CEBRABIC）、美国（NearUS）3 个分中心，未来将视情况向其他国家发展。

（二）伙伴计划扩容

“欧盟－地中海地区研究和创新伙伴关系”（Partnership on Research and Innovation in the Mediterranean Area，PRIMA）于 2017 年缔结，缔约方包括欧盟、黎巴嫩等 19 个国家和地区，主要聚焦水资源短缺和粮食安全。PRIMA 的经费由欧盟“地平线 2020”出资 2.2 亿欧元，欧盟成员国和南地中海国家出资 2.74 亿欧元。2018 年 2 月 27 日，欧盟与黎巴嫩签署协议，黎巴嫩将于未来 10 年向 PRIMA 提供 500 万欧元的资助，标志着双方在研究与创新方面迈出重要一步。4 月 10 日，欧盟与摩洛哥签署协议，后者将于未来 10 年出资 2000 万欧元和提供价值 2000 万欧元的实物贡献。

（三）打造国际合作旗舰倡议

欧盟认为，合作是确保其科学领先和产业竞争力的必要条件。通过国际合作，欧盟可以更好地履行其全球承诺。“地平线 2020” 2018—2020 年工作计划提出了开展互利共赢的约 30 项国际合作旗舰倡议（Flagship Initiatives），总预算超过 10 亿欧元。重要倡议包括：与中国开展食品、农业和生物经济、环境与可持续城镇化、地面交通、更安全环保的航空、生物技术，与非洲开展粮食、营养安全、农业、可再生能源，与加拿大开展个性化医疗，与大西洋研究联盟（All Atlantic Research Alliance）开展海洋、水产养殖，与 21 国集团开展应对气候变化，与印度开展水资源挑战，与俄罗斯开展研究基础设施，与美国、日本、韩国、新加坡、澳大利亚等开展公路运输自动化等优先领域的合作研究。

（执笔人：段予莹）

英　国

2018年是英国脱欧谈判艰难推进的一年，政局不稳，经济发展整体不振，对科技创新的倚重更加突出。一年来，英国政府在《产业发展战略》白皮书落实、财政投入、管理体制机制改革等方面持续发力，继续维持科技创新强国领先地位。

一、英国研发投入

（一）全社会研发投入

根据英国国家统计局最新统计数据，2016年，英国全社会研发投入为331亿英镑，达到历史最高水平，较上年增长4.3%，高于1990年以来平均4.1%的增长率。全社会研发投入占GDP的1.67%，在欧盟排名第11位。全社会331亿英镑研发投入中，企业投入占67%，高校占24%，政府及研究理事会占7%，私营非营利机构占2%。英国获得的海外研发投入持续下降，较最高时的2014年下降56亿英镑，降幅达7%。

（二）政府部门研发投入

2016年，英国政府财政科技投入115亿英镑。其中，各研究理事会34亿英镑，占30%；政府各民口部门33亿英镑，占29%；国防部16亿英镑，占14%；高教系统22亿英镑，占20%；支付欧盟9亿英镑，占8%。

政府各民口部门33亿英镑研发投入中，商业、能源、创新与技能部为13.6亿英镑，占41%；国家医疗服务体系（NHS）为10.4亿英镑，占31%；国际发展部为3.5亿英镑，占11%；其他民口部门为3.9亿英镑，占12%；苏格兰政府为1.8亿英镑，占5%。

（三）企业研发投入

2016年，英国企业研发投入共226亿英镑，企业研发投入的主要行业包括：医药行业、交通运输行业、航空业、通信及软件行业、研发服务业等。

二、英国科技创新政策动向

（一）持续支持科技创新

英国政府提出未来需应对的四大挑战：一是人工智能及大数据正在改变各产业的商业模式和用工模式，特别是服务业变化深刻；二是老龄化给全社会带来新的机遇和挑战；三是全球人口增加和城市化进程加快，带动人流和物流的变化；四是气候变化和清洁增长是产业发展模式面临的新挑战。

对应此四大挑战，英国政府提出4个方面的举措：一是在人工智能和大数据领域，重点发展以大数据为基础的重大疾病诊断和治疗技术，主要针对癌症、糖尿病、心脏病、阿尔兹海默病等疾病。二是在健康及老龄化领域，重点开展新型药物研发、健康生活方式、改善生活和工作条件。三是在交通物流领域，提升社会的移动性，包括开发低排放甚至零排放汽车，力争到2040年所有新车均为零排放。加快无人驾驶汽车发展，形成新的领先型产业。四是在清洁增长领域，力争到2030年建筑能耗减半，这包括与建筑及新能源相关的一系列新技术突破。

（二）落实《产业发展战略》白皮书

2018年是英国落实《产业发展战略》白皮书的第一年，截至2018年12月，英国政府已与人工智能、核能、生命科学、汽车、航空航天、建筑、创意产业、铁路8个重点产业界达成合作，共同支持创新推动产业发展。

人工智能产业领域。2018年4月，英国政府与人工智能产业界达成合作协议，共同支持人工智能发展。协议宣布对人工智能行业进行10亿英镑的投资，包括3亿英镑新的政府支出和早前已经宣布的4亿英镑投资及3亿英镑的私营投资，涉及50多家技术领先的企业和研究机构参与。至2030年，英国人工智能产业将带动整个国民经济额外增长2320亿英镑，或占英国GDP的10%左右。

民用核能产业领域。2018年6月，英国政府与核能产业界达成共同推动核能产业发展的协议，将依靠科技创新保持英国核能产业的全球竞争力，以实现清洁增长。英国将通过数字设计、数字施工、模块化建造等技术，力争到2030年，核电站的建造费用下降30%，核退役及核废料处理费用下降20%，使得英国在2030年在全球核产业市场中占据有力的竞争地位。

生命科学产业领域。英国生命科学产业实力雄厚，拥有阿斯利康、葛兰素史克等国际大企业。英国政府与该领域产业界于 2017 年年底和 2018 年 12 月达成 2 份合作协议。协议明确规定，仿效美国的 DARPA 机制，设立英国的健康先进研究计划，首期利用政府设立的产业战略挑战基金投入 2100 万英镑，通过基因组、人工智能、大数据等先进技术研发早期诊疗及重大疾病防治技术。国家医疗服务体系将投入 860 万英镑，帮助医药领域中小企业更好地获得患者及用药数据。英国政府还将投资 1460 万英镑新建若干医药生产研发中心。

汽车产业领域。2018 年 1 月，英国政府与汽车产业界达成合作协议，政府明确将通过法拉第电池挑战计划投入 2460 万英镑用于汽车电池研究，并大力发展无人驾驶汽车技术，使得英国无人驾驶汽车市场到 2035 年达到 280 亿英镑。设立 4 亿英镑（2 亿英镑来自政府）的充电设施建设基金，未来 10 年通过先进推进中心投入 5 亿英镑开展低排放汽车研发，汽车产业界将配套投入 5 亿英镑。

航空航天产业领域。根据英国政府 2018 年 12 月与航空航天产业界达成的协议，英国政府将在 2013—2026 年投入 195 亿英镑用于航空航天技术研发（产业界承诺配套投入）。政府正在建设的“数字航空研究和技术中心”预计于 2020 年运行，将主要关注 5 个方面的研究：互联技术、无人值守流量管理技术、无缝乘客体验技术、分布式机场和空域管理、自主飞行技术。

建筑产业领域。2018 年 7 月，英国政府与建筑产业界达成合作协议，共同支持以科技创新为核心的建筑产业提质增效。协议明确将共同投资 4200 万英镑开发快捷便宜的建造技术，包括数字设计和建造、预制件建造、全生命周期评估等。

创意文化产业领域。2018 年 3 月，英国政府与创意文化产业界签订合作协议，将在未来 2 年设立 200 亿英镑规模的文化发展基金，帮助地方政府发展创意文化产业。产业战略挑战基金将投入 5800 万英镑用于该领域新兴技术研发，艺术和人文研究理事会投入 6400 万英镑，建立 8 个联系大学和产业界的伙伴中心。

铁路产业领域。根据英国政府和铁路产业界 2018 年 12 月达成的协议，英国将在 2019—2024 年投入 2.45 亿英镑开展铁路产业技术研发，重点关注先进控制系统、能效管理、高价值车辆系统、全寿命资产优化和乘客体验等领域。

（三）英国研究与创新署正式运行

英国研究与创新署（UKRI）的正式运行是 2018 年英国科研管理体制改革的重要内容之一。UKRI 的目标是通过整合，加大各研究理事会公共资金投入的协调力度，提高公共研发资金使用效率，同时引导私营部门投资，实现到 2027 年全社会研发投入占 GDP 的 2.4% 的目标。2018 年，UKRI 管理的年度科研经费约 60 亿英镑，英国政府承诺 2021/2022 年之前将增加至 70 亿英镑。

（四）加大对未来技术的监管

随着人工智能、无人驾驶、转基因等新兴技术的发展，如何更好地实现政府对新兴、未来技术的监管成为英国考虑的重要内容。英国商务内阁大臣兼英国商业、能源与产业战略部部长格林·克拉克牵头成立了跨部门的“未来监管工作组”，负责向首相提供有关如何使英国监管环境更有利于创新的建议，目标是通过改进政府治理举措，特别是针对未来新兴产业发展的监管举措，将英国打造成全球最适宜创新的国家。工作组还负责对首相科学技术委员会提出建议，确保英国相关法律法规更有利于创新。

（五）加强对科研人才的吸引和培养

2018 年，英国政府发布被称为 40 年来英国移民政策最大改革的白皮书，核心内容就是计划对来自欧盟内外的移民一视同仁。虽然总体是收紧移民政策，但对高技能人才的吸引力度却在加大。在新的移民政策改革规划中，取消了目前对高技能移民申请工作签证每年 2.07 万名的名额限制，改为无论是来自欧盟国家还是欧盟以外国家或地区的工程师、医生、建筑师等高技能人才，均可申请工作签证。

英国脱欧政策的不确定性影响，导致在英国工作的欧盟科技人员减少，相应地，英国对非欧盟科技人员的需求不断增大。为吸引非欧盟科技人员来英国开展研究和参加培训，英国新设立了针对非欧盟科技人员的 T5 短期工作签证。2018 年 7 月 6 日，英国宣布推出新的“UKRI 科学研究和学术”计划，通过 UKRI 及 12 个批准的研究机构申请 T5 短期工作签证，申请者可获得最长达 2 年的工作签证。12 个研究机构包括弗朗西斯·克里克研究所、英国焊接研究所、约翰·英纳斯中心、维康基金桑格研究所等著名研究机构。

支持国家级科学院的高层次人才计划。2018 年 6 月，英国政府宣布，2019—2030 年英国皇家学会、英国皇家工程院、英国社科院和英国医学科学院将共同获得 3.5 亿英镑，用于支持现有及新设立的人才计划。目前已明确未来 3 年的经费总额是 1.08 亿英镑。其中，英国皇家学会 4539 万英镑，英国皇家工程院 2011 万英镑，英国医学科学院 1120 万英镑。

在青年科研创新人才培养方面，英国政府 2018 年 6 月宣布了一项以斯蒂芬·霍金命名的奖学金。该奖学金将以英国产业战略中提出的四大任务为基础，面向数学、物理和计算机科学领域的优秀博士毕业生，为他们提供资助，使他们能够在博士毕业后留在英国工作 3 年，解决最紧迫的科学挑战。未来 5 年内，英国每年将颁发 10 项斯蒂芬 · 霍金奖学金。此外，英国政府还宣布未来 4 年内将投资 2.5 亿英镑，在与经济发展直接相关的领域继续完善高技能研究人才的培养渠道。其中 0.9 亿英镑将用于博士培养计划，支持在英国《产业发展战略》白皮书涉及的领域中增加 1000 个博士学位，大约 85% 用来支持科学、技术、工程和数学（STEM）学科，40% 将直接通过产业界执行，以加强学术界与产业界的合作。另外 1.6 亿英镑将在英国《产业发展战略》白皮书涉及的领域支持早期和中期研究人员发展。未来 5 年内，英国还将从国家生产力投资基金中拨出 5000 万英镑，专门用于额外的博士培养计划，其中包括 100 名人工智能领域的博士，确保英国处于人工智能革命的最前沿。

三、国际科技合作

英国政府非常重视国际科技合作，强调打造和保持英国成为全球最好的研发和创新国度，吸引全球优秀科研人才到英国来开展科研工作。

（一）构建全球创新网络

英国自 2000 年起开始建设全球科学与创新网络，由英国商业、能源与产业战略部和英国外交部共同资助和管理，目前已在 30 多个国家和地区派驻了 90 多位科技外交官。作为英国构建全球科学与创新网络的主要执行机构，英国科学与创新网络（SIN）和 UKRI 在推进英国的全球科技合作中发挥着至关重要的作用。

SIN 设立以下 4 个战略发展目标，确保科学和创新能够支撑英国在全球的发展。一是促进繁荣，了解驻在国的科技创新发展情况，为英国高等院校、科研院所和创新型企业的对外合作提供更多机会，进一步推动英国的增长和出口；二是确保安全，以抗生素耐药性、健康、能源和海洋等领域为重点，发掘更多机会和国际合作伙伴，解决英国和全球面临的一系列共同挑战；三是提升影响，了解驻在国相关政策，对接双方在英国重点产业领域的需求和技术优势，加强英国产业政策和对外政策的影响力；四是推动发展，使英国卓越的科技创新能力为解决全球挑战服务和实现联合国可持续发展目标助力。

UKRI 在全球共设有 4 个海外办公室，分别为 UKRI 中国办公室、美国办公室、印度办公室和位于欧盟总部所在地布鲁塞尔的英国研究办公室。这些海外办公室是英国实施国际科技合作战略的重要支撑，将进一步拓展英国与重点国家的科技创新合作，促进重大科研基础设施的开放和共享，同时及时跟踪及了解驻在国的科技产业政策，确保英国作为全球研究和创新强国的地位不动摇。

（二）成立英联邦国家科学联盟

2018 年 4 月，在英联邦国家首脑会议期间，英国倡导建立了英联邦国家科学联盟，设立英联邦国家首席科学顾问“科学交流网络”，共同解决气候变化、粮食安全等全球性挑战。该网络将促进英联邦国家的科学院和科学咨询机构开展深度合作，主要目标如下：共同探讨如何实现联合国可持续发展目标；加强风险管理和应急响应科技合作；制定英联邦国家地方数据战略，为海岸侵蚀、清洁水和食品浪费等问题提供创新的解决方案；共同探索数据治理方法；加强科学基础设施共享；探索建立英联邦国家科技创新合作机制等。

（三）积极谋划脱欧后的国际科技合作布局

英国政府一直努力希望能够保持与欧盟的良好科技创新合作关系，同时积极拓展与中国、美国、加拿大、英联邦国家等的国际科技合作关系。启动脱欧谈判以来，英国已先后同美国、中国、加拿大等国签订国际科技合作协议或制定合作战略。

（四）积极开展与美印等国合作

持续深化英美科技合作。英美渊源深厚，均拥有强大的研发实力，英国多年来一直与美国保持积极和富有成效的研究合作关系。2018 年，UKRI 运行后不久，就与美国国家科学基金会签署合作备忘录，强调双方将以协作方式设计和实施同行评审，目的是避免“双重评估”，并确保为希望申请英美合作研究经费的研究人员提供简化和灵活的流程。

推进英印科技合作。英国是印度第二大研究合作伙伴，两国在科学和创新方面的联合投资从 2008 年开始稳步增加，涉及双方 175 个研究机构、200 余个项目。2018 年印度总理莫迪访英期间，双方明确两国研究伙伴计划资金到 2021 年增加到 4 亿英镑，以共同应对农业、健康、环境和气候变化等的全球挑战。

（执笔人：谈　戈）

法　国

2018年，法国经济社会发展不平稳，经济增长再次陷入疲软，社会深层次矛盾凸显。法国经济面临诸多不确定性，从国内看，整体通胀上升，家庭投资放缓与消费下降使经济发展内生动力不足，政府当前推行的深层次结构性改革继续承受各方压力，严重制约了政府改革措施效果的显现，也使国内经济因各类社会抗议、罢工受到直接冲击。临近年底，“黄马甲”运动不仅沉重打击了法国经济恢复的信心，而且直接导致马克龙政府上任以来试图推行的一系列改革停滞甚至部分宣告终结。此外，法国整体债务形势依然严峻，严重制约了经济发展的质量与可持续性，失衡的公共财政将严重掣肘政府的经济改革效果，也使政府在削减赤字与刺激经济方面很难实现政策平衡。从国外看，当前世界贸易持续紧张的局势抑制了法国出口部门的活力，贸易保护主义抬头正对法国乃至欧洲造成负面影响。能源价格持续上涨，特别是国际石油价格上涨正日益对法国经常账户形成较大压力，直接造成约22亿欧元的账户缺口，使法国优势制造业生产面临更高成本，影响相关部门的国际市场竞争力。法国经济社会已经处于一个关键的阶段，对决策者是一个巨大的考验。这一切构成了2018年法国科技创新发展的总体经济社会背景。

一、马克龙政府密集部署积极的科技创新举措

面对如此低迷、复杂和困难的经济社会形势，2018年法国科研创新体系基本稳定，国家创新体系总体延续了以往的发展态势，科技创新投入和产出持续增长，并且不乏重点政策出台的亮点。带着变革希望上任的总统马克龙，从2017年6月上台伊始就将创新与创造置于执政的核心地位，坚信以今天的创新投入创造明天的经济增长，寄希望通过一系列改革措施提高国民经济社会的效率和竞争力，重塑法国的新辉煌。2018年，法国科技创新发展状况充分体现了科技创新

对国民经济社会框架的相对超然和缓冲作用。

（一）法国科技创新体系总体稳定

法国继续保持在世界科技创新强国之列。科研投入稳中有小幅提升。2018年9月公布的国家预算草案中，法国高等教育、研究和创新部（以下简称“教研部”）2019年预算将上升2%，达到251亿欧元，其中，88亿欧元计划用于研究和创新，比2018年增加约4%。如获得议会批准，教研部预算将在两年内增长5.3%。同一时期，基础研究和国家科研署（ANR）的投入将分别增加8.0%和9.3%。除教研部外，经济部、生态转型部、农业和粮食部、国防部和文化部科研投入资金2019年总计28亿欧元。

根据教研部和法国国家统计署（INSEE）2018年联合公布的数据，2016年法国国内研发总支出为498亿欧元，占GDP的2.27%，其中，企业支出占65%。全时研发人员为42. 86万人。根据汤森路透的排名，法国有18所大学位列欧洲最具创新的100所大学之列。法国也拥有世界一流的研究机构，法国国家科研中心（CNRS）在2017年全球科研机构及高校“自然指数”排名中位居首位；汤森路透排名显示，2017年法国原子能与可替代能源委员会（CEA）为欧洲第一、世界第二最具创新力的公共研究机构，也是2018年欧洲申请专利最多的研究机构；在卫生健康领域和农业领域，法国国家健康与医学研究院（INSERM）和法国国家农业科学研究院（INRA）均位列欧洲第一、世界第二。法国每年的专利申请约为1.6万份，其中，22%来自中小企业。2015年，法国专利申请在欧洲专利体系中位居世界第四。2017年，法国初创企业吸引投资占全欧洲260亿欧元总额的18%，是2014年的3倍。2018年10月，世界经济论坛公布《全球竞争力报告2018》，在140个国家和地区中，法国的竞争力排名为第17位。法国研究机构“促使法国拥有创新能力，在科学研究文章发表数量与质量方面也使法国的排名晋升到全球最佳国家之列”。在康奈尔大学、欧洲工商管理学院和世界知识产权组织2018年发布的全球创新指数（GII）排行榜上，法国排名第16位，依然保持在世界最具创新性的前20个经济体之列。法国被证明是危机发生后回弹力最强的经济体，国内研发支出总额（GERD）和企业研发支出总额（BERD）在2010—2016年大幅稳步增长。在创新质量方面，法国排名在世界前10位，但创新效率比排名第32位。

（二）强化法国科研创新管理顶层设计和结构性优化

2018年，法国出台了一系列加强科研创新管理新举措。

一是加强顶层设计。2018年7月，法国政府成立创新委员会（Conseil de l’Innovation），由经济部部长和教研部部长共同领导，成员包括生态转型与团结部部长、武器装备部部长、数字经济国务秘书和会共财政行动部部长，以及研发、产业、金融等领域的6名知名人士。创新委员会拟每年召开3次会议，相关创新资助机构，如ANR、法国公共投资银行等列席委员会会议。创新委员会将致力于推动关系未来的重大创新思想的产生、创新计划的制订和创新机构与机制的建立，其主要任务包括：第一，确定创新政策的重大方向；第二，研究制定促进创新政策融合与交叉的举措和推动简化创新资助体系；第三，就涉及创新政策的金融措施提出建议。创新委员会定位与职责清晰、明确，具有显著的高层次、跨部门、跨行业特点，旨在为国家创新战略与政策提供强有力的决策支持。它的成立体现了马克龙政府对创新的高度重视和战略谋划，特别是在国家创新的顶层设计、国家创新体系的完善、国家创新资源的统筹与协调、政府各类创新资助措施的改进与完善等方面发挥重要作用。

二是优化资助体系。2017年法国政府对创新的直接资助是2010年的2.6倍，达到31亿欧元，税收激励形式的间接资助是2010年的1.6倍，达到67亿欧元。资助手段从30项增加到60余项。但创新资助体系需要进一步简化和优化，以提高创新政策影响力和效率。为此，政府采取以下举措：第一，整合相互重叠的资助手段，明确每项资助手段的特点和不同资助手段间的衔接。例如，资助企业创新的法国公共投资银行已将不同资金来源的10项资助手段按企业需求归并为可行性研究资助、创新研发资助、种子贷款、创新贷款（产品开发与产业化）四大类，以更好地服务于企业创新。第二，改善地方、国家及欧盟层面各类创新资助之间的衔接，使企业能够利用地区资助网络，同时便于申请欧盟的资助。第三，强化第四期"竞争力集群计划"的资金投入。全部资金将直接来源于未来投资计划；统筹项目审批程序，加快项目申请的审批和增加对中小企业项目的支持。第四，改进和完善集产学研于一体的"法国技术研究所"体系。第五，加强各类创新大赛之间的衔接。第六，借鉴美国的军工联合体模式，改善军用和民用创新的对接。

三是调整科研项目布局。2018年7月，ANR公布2019年行动计划，为更准确、清晰地界定研究项目应归属的方向与领域，重新调整了2019年常规项目领域布局，改为七大领域与跨学科领域，分别是环境科学，能源与材料科学，生命科学，人文与社会科学，信息科学，数学，材料物理、高能物理与宇宙物理。将人工智能、量子技术等内容主要纳入信息科学领域；将抗生素耐药性、神经发育障碍中的自闭症、罕见疾病转化研究等内容主要纳入生命科学领域与跨学科领域；将国家人文社会科学计划内容纳入人文社会科学领域。加强特定方面的价值导向，遵守科研伦理；评估女性科研人员的地位与价值；遵守《名古屋议定书》的规定，平等合理地获取遗传资源与分享使用惠益；开放科研数据。

（三）以“创新与工业基金”支持推动颠覆性创新

2018年年初，法国政府成立了规模为100亿欧元的“创新与工业基金”，由政府转让国有企业股份筹得，交由法国公共投资银行以基金方式加以管理和运作，再利用基金的资本收益以项目资助或补助的方式资助颠覆性创新。按照预计2. 5%的收益率，每年可用经费为2.5亿欧元。资助重大社会挑战领域的颠覆性创新，在若干与社会重大挑战相关、具有战略性和需要跨越技术障碍的关键性创新领域，如人工智能、交通、健康、网络安全等，支持颠覆性创新。拟每年选择3～5个重大挑战领域资助重大挑战计划，每项计划的投入强度为3000万欧元，期限为3年。首批确定支持的即是创新委员会确定的两项人工智能重大计划。资助深科技（deep tech）企业的创建与成长，通过实施“深科技计划”，支持基于科研成果的初创企业的创建与成长，目标是将深科技初创企业数增加一倍，并助其成长为市场的领头羊。该计划由法国国民投资银行管理实施，年度经费为7000万欧元，采取自下而上的方式，可为初创企业提供持续支持。

（四）大力促进科研成果转化

2018年5月，法国政府出台了一系列举措支持创新创业，改进有关法律，消除公共科研机构科研人员基于科研成果成立初创企业的障碍，包括：简化科研人员创建企业的审批程序，只需由其所在机构审批；科研人员对其工作时间在科研与创业之间的分配有更大的自主权；可以接管基于其科研成果的企业或参加相应公司的董事会或监事会，科研人员离职后可以保留最多49%的股份等。理顺关系，方便企业获得公共科研机构的创新成果。为可能拥有多个公共科研机构所有人的技术发明快速指定代理人；强化代理人的作用，使其可代表所有公共科研机构与企业更高效地商谈许可证转让；公共科研机构的专利转让方案兼顾各方利益，但优先考虑有利于初创企业的成长。加强对企业知识产权的保护，激励企业创新。为激励企业创新和保障企业的竞争力，政府将调整有关企业知识产权的法规，包括建立有效期为一年的临时专利申请制度，放宽实用证书条款，在国家专利局（INPI）建立新的专利异议程序等，从而提高法国专利整体的经济价值和效力。

（五）继续推进大型科研基础设施战略

2018年5月，法国发布2018年版科研基础设施路线图，共有99项科研基础设施入选，包括4个国际组织、22项大型基础设施、69项一般基础设施、4项在建或尚未投入运营的基础设施。科研基础设施路线图是法国科研基础设施战略的体现，由教研部组织专家定期更新，路线图的上次更新时间为2016年。

2018 年版科研基础设施路线图首次引入总成本概念，并确定科研基础设施每年的经费来源，以改进科研基础设施的管理和突显其实际科研价值。据此测算，除在建科研基础设施外，法国 2016 年科研基础设施总成本为 13. 38 亿欧元。新版路线图还强调了数据基础设施的重要性，包括科研数据的规范、存储、流通与共享等。

二、主要优势领域进展

（一）创新创业

2018 年 5 月，第 3 届 Viva Technology 峰会在巴黎举办，该峰会是一个针对科技创业者的国际峰会，嘉宾由全球各国的变革型领导者组成高端群体，马克龙总统如往年一样与会并致辞，重申法国政府会大力支持创新技术。本次峰会有来自 103 个国家的 80 000 多参观者，包括上万名企业家、投资者、学者及专业观众，6000 多家初创企业及首席执行官和 1400 多位投资者，在峰会分享对未来数字世界的展望，解密新兴趋势，见证数字在商业、经济和社会转型中的影响。法国政府数码事务国务秘书穆尼尔在峰会上介绍了 100 项旨在简化企业家生活的举措，推出由法国国家投资银行（Bpifrance）提供且金额可达 2000 万至 1 亿欧元的“创投贷款”（venture loans）、放宽“French Tech Visa”（法国科技签证），使得法国初创企业可以雇用来自外国的专家等。

2018 年 6 月，法国政府出台了包括促进创新在内的《企业成长与转型行动计划法案》（PACTE 法案），旨在改善企业生存环境，增强企业竞争力。设立技术种子基金（French Tech Seed），由国家投入 4 亿欧元，直接投资由公共实验室、孵化器、技术转移机构等衍生的技术型初创企业。

（二）工业

2017 年 11 月，法国公布《法国工业的雄心》，提出未来工业围绕向创新转变的政策重点和 2018 年的重点工作。一是借助“法国制造”举措进行产业转型，将法国企业联合起来，共同打造统一的“法国制造”品牌形象，并通过经费资助、战略分析、创新支持等途径，帮助法国企业向未来产业转型。二是以创新驱动增强企业实力，“大投资计划”中有 80 亿欧元将用于支持企业创新。通过创新大赛支持中小企业与新创企业的突破式创新项目，以及支持尖端领域技术平台建设等。三是培养适应新工作形式的劳动力，改革现有的职业培训与继续教育方式，“大投资计划”将投入 150 亿欧元向 100 万名缺乏就业能力的年轻人提供再就业培训机会。通过总理领导的国家工业委员会完成重点工作。一是发展自动驾驶汽车；二是发展电动汽车电池技术；三是推进欧洲制定政策应对数字化与能源转型等挑战；四是改革过于严苛的工业监管法规，避免对本国企业过度管制，并建立记分牌与相应指标跟踪法规简化的过程。

为支持未来工业发展，马克龙上任之初就任命了数字化事务国务秘书，提出加快高速和超高速网络覆盖、培训300万数字化人才、加强数字技术教育、设立人工智能发展战略和促进中小企业转型等15项措施，建立法国就业中心、高等院校及志愿企业等合作培养的机制，为外部提供数字化人才培训的企业可以获得特殊补贴，在内部进行员工技能培训的企业也可以获得补贴。法国总理菲利普对法国工业体系的汽车、航空、能源、食品、医疗等16个行业提出了具体要求，建立相应的数字平台，为中小企业主提供了解、掌握并逐渐运用行业内创新技术的渠道。

（三）农业

2018年，法国农业和食品部、生态环境部、卫生部及教研部就农药产品共同出台了草案，以期迅速减少农药使用；农业和食品部还出台了“2022年Bio计划”，希望到2022年，15%的农业区域用于有机产品的种植，20%的公共餐饮企业能提供有机产品。2018年7月，农业和食品部推动欧盟委员会制定法规，以提高10月中旬向农民支付的欧洲援助预付款率，直接支付额比例高达70%（之前为50%），而用于农村发展的支付额比例高达85%（之前为70%），以帮助农民应对持续不断的气候变化事件，支持农业现金流。

6月，法国重大农业项目“Planet A® 计划”举办首次论坛，350余名来自全球各国的政界、学术界和商界代表等齐聚一堂，共同讨论与全球农业未来发展相关的主题。该项目致力打造“农业达沃斯”，聚焦农业未来发展，首次论坛主题为“农业是关键”（Agriculture is the Key），并聚焦食物转型和环境转型两个专题。

（四）能源

2018年6月，主题为“开启核能发展新时代”的2018年法国世界核工展在巴黎举行。政府向外界传达了坚定发展核能的信心，核电在长期内仍然不可或缺。法国将投资100亿欧元支持民用核工业和可再生能源创新，可再生能源发展并不会削弱法国的核工业。法国是全球核电大国，核电在其能源结构中的占比超过70%。为鼓励可再生能源发展，法国政府计划降低核电占比，并大力发展太阳能和风能等可再生能源。

7月，法国和葡萄牙、西班牙在三国第2届能源互联峰会上，正式签署了三国能源互联协议。马克龙表示，最晚到2022年法国将关闭所有燃煤电厂。11月，马克龙宣布最迟将在2035年关闭境内约占总数1/4的14座核电厂，转而采用其他清洁能源，力求在2030年前将风力发电扩增2倍，并将太阳能发电扩增5倍。目前，法国共有58座核电厂仍在运作，2030年前将有4～6个核反应炉退役。到2035年，法国的核能发电占比将由目前的75%降至50%。

（五）信息技术

2018年年初，法国正式公布了《数字领域法国国际战略》，显示法国将全力推进数字信息技术的发展，大力推动数字信息企业走出法国，开辟全球市场。法国希望通过影响有关互联网核心资源、基础设施及技术标准等方面的国际组织，从而实现国际互联网的多元化管理。

7月，法国发布了《法国5G发展路线图》，明确了法国在5G通信领域的发展计划。计划尽快在工业应用中试用5G网络，在多个地区推出5G试点项目；自2020年起分配首批5G频段，并至少在一个法国大城市提供5G商用服务；2025年前实现5G网络覆盖法国各主要交通干道。

（六）环境与气候变化

2018年5月，时任法国国务部部长兼生态转型与团结部部长的于洛发布了法国生物多样性计划，这是法国政府为了应对生物多样性大量减少所导致的重大挑战及其对人类未来可能产生的严重后果，决定立即实施的一项生物多样性部际行动计划。旨在迅速扭转生物多样性大量减少的趋势，同时加快落实持续至2020年的法国国家生物多样性战略。该计划为各部制定了专门的路线图，以确保计划的切实实施。该计划草案包括5个总体目标、六大战略方针、24项具体目标和90项行动。除了上述计划，法国政府还计划未来在国际场合开展行动，包括利用在未来两年举行的重要会议对国际社会开展动员，期待届时能通过一个确定未来十年国际行动的新框架。6月28日的部际委员会会议批准了这项部际草案。8月28日，于洛宣布辞职，引发了各界对马克龙政府环境政策的广泛置疑，同时再度引起了有关保护环境与维持经济增长这两者是否可以兼顾的讨论。于洛辞职后，法国10家环保组织在媒体发布给政府的公开信，呼吁法国政府重新思考当前的环保策略，并进行调整和转变。

为了加速向新能源转型及控制空气污染，2018年11月中旬，法国政府出台了新的燃油税政策，决定自2019年1月起，继燃油消费税和燃油增值税之后，对每升柴油和汽油分别征收7. 6%和3.9%的二氧化碳税，分别为6.5欧分及2.9欧分。政策还包括继续调高燃油税和统一汽柴油税率等。这项政策被认为是法国政府履行《巴黎气候协定》、发展低碳经济计划的一部分。法国政府希望通过提高汽柴油的价格，鼓励人们使用更清洁的能源、污染更少的汽车。

11 月 27 日，为了保护环境和减少污染，同时也为了便利民众出行，法国政府推出了新的交通法案，相关改革涉及公共交通和民众出行的多个方面。新的交通法案包括：2018—2022 年，法国政府在交通领域将投入 134 亿欧元，其中，铁路交通占 51%，公路交通占 39%；加快打造拼车平台，在遵守相关规则的条件下，发展共享汽车、自行车、滑板车和摩托车服务；投资 3.5 亿欧元修整道路，增加自行车路标，设计安全停车场，鼓励自行车骑行，并为骑自行车上班的员工每年最多减税 400 欧元；降低考取驾照费用；增加“低排区”的数量，区域内禁止过度污染型车辆通行，以减少尾气排放等。

（七）医疗卫生

2018 年 2 月，法国总理府发布法国医疗体系改革规划，针对法国医疗体存在的预防投入不足、医疗资源分布不均、医疗体系划分较为复杂（患者与医护人员沟通较为不便）等不足，卫生部制定医疗体系改革方案《2018—2022 年国家战略》，将在 4 年内投入 34 亿欧元推动医院重组，鼓励和动员自由执业医生满足社会护理需求，创建 4000 名医疗助理，开展协同工作和改革健康研究，确保到 2022 年公民能在当日得到医疗服务，明确了以患者为中心，提高医疗服务质量、改善医疗收费模式、推动医疗信息数字化、培养与维护人力资源，以及促进医疗资源全面覆盖所有地区。

2018 年，法国卫生部针对国家高度关注的重点领域提出若干针对性行动计划。在健康促进和预防方面，法国政府将其视为《2018—2022 年国家健康战略》的首要方针并承诺，使健康预防不仅停留在概念层面，而且面向各年龄段、各类健康状况人群提出切实可行的行动并明确 25 项措施，并在未来 5 年内投资 4 亿欧元。这在法国历史上实属首次，彰显了政府完善医疗体系的决心。在艾滋病等重大传染病方面，总理府对外发布，法国作为全球抗击艾滋病、结核病和疟疾基金创始国和第二大贡献国，将承办 2019 年全球抗击艾滋病、结核病和疟疾基金筹资会议，以动员国际社会及私营部门。2 月，卫生部部长和教研部部长联合提出 2018—2022 年罕见病国家行动计划优先目标，这将是法国政府发布的第三个罕见病国家行动计划。法国启动经费为 4000 万欧元的抗生素耐药性优先研究计划。4 月，政府出台 2018—2022 年国家自闭症战略计划，把科研置于自闭症公共政策的核心，并将投入 1400 万欧元用于相关科研。

（八）人工智能

2018 年 3 月，受马克龙总统委托，法国数学家、菲尔兹奖获得者维拉尼

（Cédric Villani）牵头研究小组发布法国和欧洲人工智能发展报告。当月，马克龙总统宣布了法国人工智能战略计划，表达了在人工智能发展新时代到来之时使法国成为人工智能强国的决心。政府采取的主要举措包括：一是今后 5 年政府投入 15 亿欧元发展人工智能，用于资助科研创新项目、工业项目及鼓励初创企业，并期望能直接吸引 5 亿欧元的私人投资。二是在科研与人才培养方面，由法国信息与自动化研究院（INRIA）牵头制定一项国家人工智能计划；遴选若干研究机构组建法国人工智能研究网络；制定一项人才计划以吸引全球的一流科研人员；把人工智能的学生人数增加一倍。三是把自动驾驶和卫生健康作为法国人工智能的优先发展领域。此外，法国政府还将成立专家组研究人工智能带来的社会与伦理挑战。

7 月，ANR 发起项目招标，将支持在人工智能研究、创新与人才培养方面具有巨大潜力的公共机构整合力量，挂牌成立“人工智能跨学科研究所”（3IA），并形成研究网络，推动法国人工智能的发展，并提升国际地位。建立一个世界领先的、由 4 ～ 5 个人工智能研究所组成的研究网络，法国将为这些研究所提供为期 4 年总共 1 亿欧元的支持。

11 月，教研部部长维达尔和数字国务秘书马祖比共同发布《法国人工智能研究战略》。该战略提出了两大目标，一是使法国人工智能研究水平保持世界前五；二是使法国成为欧洲人工智能研究的领导者，并将围绕六大中心内容实施：第一，由 INRIA 牵头部署国家人工智能计划；第二，出台支持和吸引人才计划；第三，由 ANR 专项资助和推动人工智能研究；第四，加强计算设施建设；第五，加强公共科研与产业的合作；第六，加强欧洲和国际双边合作。目前，微软已与法国就业中心、若干企业合作，并在政府支持下，开办了其在法国的第一所人工智能学校。

三、2019 年展望

（一）存在的问题和挑战

一是当前法国总体经济社会框架存在诸多挑战，尽管卫生、教育等社会福利制度仍保持为国家竞争力优势之一，但弱项也较为明显，2018 年世界经济论坛竞争力评价，法国的劳动市场排名仅第 53 位，专业技能排名第 34 位，宏观经济环境稳定性排名第 33 位，资产和服务生产市场排名第 31 位，采用信息与通信技术项目上排名第 29 位，经济高成本、高负债、高失业和低增长的症结正在凸显，公平与效率的矛盾和冲突在社会底层不断放大。

二是改革对于改变当前经济社会形势利弊兼有，马克龙政府上台后推行了多项自由主义色彩浓厚的改革政策，如取消、减少巨富税和金融交易税，松绑劳动法、提高福利制度效率等。一方面，改革有利于激发创新活力、获得新的增长动力源；另一方面，在改革进程中有些措施得以落实，但不少措施受制于财政状况，是“拆东墙，补西墙”。经济活力的释放需要时间，民众不满现状但又不愿意为改革触及个人利益。政府推出的一系列政策在目前的政府财政条件下能否得到有效执行，特别是一些重大战略和项目的投入，有待进一步确定。

三是法国国家创新体系活力不足、总体创新效率较低，与经济社会结合不够紧密，技能培训需要长期才能产生效果，加之科技创新重大成果的产出存在不确定性，需要创造一个稳定促进科技创新、惠及经济社会发展的机制，否则经济社会发展问题可能会阻碍科技创新的发展。

（二）2019 年展望

法国科技创新基本面很好，有着良好的创新资源和优势，长期积累科技创新文化底蕴深厚，科技创新管理体系较为科学完备。近 10 年来，在经济缓慢和不平稳的复苏过程中，科研投入仍保持了年均 2. 2% 的增长是非常难得的，科研产出也较为稳定。

在此基本面支撑下，马克龙政府出台了一系列激活创新活力的战略政策，以开放创新合作的视野大力推进人工智能、数字化等重大领域的研发创新，并试图进一步夯实卫生健康、农业食品等法国优势福利政策体系，为经济社会持久发展创造了非常好的条件，这些有望成为本届政府扭转现状、寻求新的增长点和源泉的重要抓手。

与此同时，法国推进“内外并举”的经济改革措施，在双多边科技外交舞台上均非常活跃，提出了如“欧洲倡议”等若干法国的主张和实际举措。这延续了法国开放合作、创新立国的基本方略，不仅在一定程度上能够缓解国内经济改革的压力，而且有利于加快推动国内创新创业的步伐。数据显示，2017 年法国吸引外资数额达到 10 年来最高水平，新增约 60% 来自欧洲，20% 来自美国，此外还有亚洲投资者，中国占 5%。外国投资集中于可以创造财富的战略性产业，如工业和创新。

（执笔人：孔欣欣）

爱　尔　兰

2018 年，爱尔兰在科技创新领域确定了中长期发展目标并迅速启动重点任务，按照《创新 2020》规划加紧完善布局，在重点科研领域继续加大投入。2018 年，爱尔兰财政科技投入预计为 7. 517 亿欧元，比 2017 年的 7.393 亿欧元略有增加。全社会科技投入中，企业投入的比例持续超过 70%。据世界知识产权组织等发布的《2018 年全球创新指数》报告显示，爱尔兰创新实力继续排名全球第 10 位。

一、科技发展战略与政策

（一）出台《2040 规划》确定科技创新中长期目标任务

2018 年，爱尔兰出台了国家中长期发展规划——《2040 规划》，提出要通过经济和社会协调发展来推动经济增长。规划围绕国民幸福、社会平等和发展机遇等提出了十大国家战略目标，计划总投入 1160 亿欧元。爱尔兰商业企业和创新部牵头实施其中第五个目标“一个由企业、创新和技能支撑的强大经济体”，并参与实施第二个目标“增强农业经济和社区发展”。

商业企业和创新部在 2018 年 6 月发布了有关第五个目标“一个由企业、创新和技能支撑的强大经济体”2018—2027 年的实施计划。10 年内该计划将投入 94 亿欧元，其中，财政资金 66 亿欧元。2018—2022 年，每年分别投入资金 5.55 亿欧元、6.20 亿欧元、6.30 亿欧元、6.40 亿欧元和 7.15 亿欧元，合计 31.6 亿欧元。

资金投入的重点方向包括颠覆性技术创新基金、国家级研究中心和技术中心、参与欧盟高性能计算计划、新的空间计划、建设国家设计中心、种子资金和创投基金等。

（二）正式启动颠覆性技术创新基金

在出台落实《2040 规划》中第五个目标的实施计划时，爱尔兰政府同时宣布总额为 5 亿欧元的颠覆性技术创新基金（Disruptive Technologies Innovation Fund）正式启动。

爱尔兰设立颠覆性技术创新基金的背景主要是爱尔兰高科技产业过度依赖跨国公司，特别是美国企业。据分析，爱尔兰企业税中跨国公司的贡献率达到 80%，其中，美国企业占跨国公司可征税利润的 90%。爱尔兰各界十分担忧国际政治经济形势变化，特别是美国经济起伏对爱尔兰经济长远发展的影响。为避免重蹈 2012 年欧债危机覆辙，爱尔兰政府在《2040 规划》中下决心进一步加大科技创新投入和成果转化力度，大力培育本土科技企业，提高爱尔兰经济整体竞争力和抗风险能力。

爱尔兰将颠覆性技术创新描述为技术创新和商业模式创新的结合。这种创新具有显著改变市场及其运作、显著改变企业运作方式的潜力。爱尔兰政府认为，在开发和应用颠覆性技术方面，爱尔兰有四大优势：一是国际一流的研究开发和创新生态体系；二是灵活和有竞争力的出口导向产业基础；三是年轻、受过良好教育、高技能的人才；四是政府重视和支持创新。颠覆性技术创新基金有 3 个特色：一是强调了应用性。不支持纯基础研究，重点放在以需求支撑的颠覆性技术及应用的研究、开发和产业化。二是突出技术的开放性。基金资助项目要求符合爱尔兰政府制定并定期更新的“研究优先发展领域”，但不制定细化的支持方向和指南。三是必须为产学研合作。项目必须有中小企业参与，鼓励项目实施过程中产生派生企业、孵化企业和其他初创企业。

颠覆性技术创新基金由爱尔兰商业企业和创新部牵头组织和监管，10 年资助总额为 5 亿欧元，其中，2019 年安排 2000 万欧元，到 2022 年累计安排 1.8 亿欧元。首批资助项目已公布，共 27 个项目，基金投入 7500 万欧元。

（三）修订发布科技研发优先主题和领域

2018 年，爱尔兰政府发布了《科研优先领域 2018—2023》报告，对爱尔兰政府财政科技资金重点资助的领域进行了修订。

爱尔兰政府于 2012 年首次推出《科研优先领域》，以重点发展的六大产业为主题，确定了 14 个优先研究领域，并规定财政科技资金支持的项目必须主要围绕这些领域布局（表 3-4）。为顺应科技的快速发展，同时考虑到爱尔兰作为小型开放经济体，必须在创新领域保持敏捷和灵活的反应能力，爱尔兰政府确定每 5 年修订一次优先研究领域。

表 3-4 科研优先主题和领域

产业主题	优先领域
信息通信	未来网络、通信和物联网
	数据分析、管理、安全、隐私保护、机器人、人工智能（包括机器学习）
	数据平台、内容和应用，增强现实和虚拟现实
卫生和健康	远程健康及居家护理
	医疗器械
	医疗诊断技术
	疾病治疗药物
食品	健康保健食品
	智能化和可持续粮食生产及加工
能源、气候行动和可持续发展	低碳能源系统
	可持续生活方式
制造和材料	先进和智能制造
	制造和新材料
服务和商业流程	服务和业务流程创新

这次修订未进行大的调整，仅对六大主导产业中的个别称谓进行了微调，并在 14 个优先领域中增加了机器人、人工智能、增强现实和虚拟现实等新兴热点技术。

二、主要科技进展

（一）医疗科技产业步入新台阶

爱尔兰高科技产业发达，软件、信息、生物医药、互联网等产业积聚度高，医疗科技产业也是优势产业之一，全行业共有 300 多家企业，其中，全球前十的医疗科技企业有 9 家落户爱尔兰。爱尔兰每年向全世界近百个国家出口 126 亿欧元医疗器械和诊断性产品，占爱尔兰出口商品总值的 8%。爱尔兰在这个领域的出口为世界第二，如全球 75% 的人工膝关节来自爱尔兰，爱尔兰生产的急诊医院呼吸器占全球市场的一半，隐形眼镜占全球市场的 1/3，全世界 25% 的糖尿病患者（约 3000 万人）使用爱尔兰生产的注射器。

爱尔兰 70% 的医疗科技企业开展研发活动，全国有 5 个具有国际先进水平的临床研究机构。爱尔兰国家级研究中心和国家级技术中心，如AMBER（先进材料与生物工程研究中心）、BDI（生物医学诊断技术中心）、CURAM（医疗器械研究中心）、ARCH（互联健康应用技术中心）、Lero（软件研究中心）、Insight（数据分析中心）及廷德尔国家研究所等，均投入相当多的资源从事医疗技术的研发活动。爱尔兰企业研究和开发的重点领域包括药物输送/组合装置、个性化整形、药物洗脱球囊、神经调节装置、互联健康、心血管支架、器质性心脏病、医疗邻接技术等。

（二）金融科技产业进入快速发展期

爱尔兰金融服务业发达，有超过400家金融服务企业，约3.7万名从业人员，全球25家顶级金融服务公司有15家在爱尔兰设有分支机构。与此同时，爱尔兰高科技产业，特别是信息产业高度发达。两者结合使得近年来爱尔兰金融科技产业迅速发展。据测算，爱尔兰从事与金融科技相关业务的企业约200家。每年6月在都柏林召开MoneyConf大会，全球金融行业与科技产业的龙头企业聚集研讨金融科技的发展。2018年，爱尔兰政府为详细了解产业发展现状和展望，向政策制订部门和投资者提供第一手信息，开展了金融科技产业问卷调查。

从调查结果看，爱尔兰金融科技企业重点领域分布为监管科技和数字身份业务（17.5%）、支付和汇款业务（12.7%）、资产管理解决方案（7.9%）、金融软件开发（7.9%）。企业人才队伍高度国际化，63%的企业有欧洲雇员，38%的企业有亚洲员工，37%的企业有北美雇员。调查发现，54%的企业认为人才是一大挑战，急需包括编程和软件开发、销售、产品管理、监管和风险管理等方面的人才。

金融科技企业对自身的高速发展充满信心，接近1/3（32%）的企业预计当年收入增长在100%～500%，17%的企业预计增长500%以上。27%的企业将未来市场扩展定位在欧洲，26%的企业看好亚太地区。金融科技行业有雄心勃勃的未来增长计划，近1/5（19%）的企业计划在下一轮融资中筹集500万欧元以上，22%的企业预计筹集至少100万欧元。

三、国际科技合作

继2017年爱尔兰政府正式宣布加入国际低频阵列射电望远镜合作计划（LOFAR），并投资1400万欧元在爱尔兰奥法利郡建造一座射电天文望远镜后，2018年爱尔兰又正式加入欧洲南方天文台（ESO），成为ESO第16个会员。

ESO是世界领先的国际天文研究组织，在智利的安第斯山脉建有多个先进的光学和射电望远镜。目前正在建设总投资10亿欧元的欧洲特大望远镜E-ELT，直径为 39 米，2024 年建成后将成为世界上最大的光学望远镜。爱尔兰加入 ESO 的目的是希望能够发挥其天文学研究和高科技产业的优势，获得研究、创新、合作和商业合同的机会，包括下一代先进仪器的开发。作为新成员，爱尔兰将缴纳 1466 万欧元的“特别捐赠费”及年费。

爱尔兰加入国际科学组织所获得的收益是比较明显的，如 1975 年加入欧洲航天局后，大力推动了爱尔兰企业参与其中的商业化活动。近年来，爱尔兰企业参与太空项目的数量和质量不断提升，已有 60 多家企业拿到了欧洲航天局的项目合同。预计到 2020 年，爱尔兰每年有 5 家企业新进入该行业，创造的就业机会将从 2014 年的 2000 人增加到 2020 年的 4500 人。为进一步推动爱尔兰企业参与欧洲航天计划，爱尔兰政府宣布将出台国家级企业太空战略。

（执笔人：洪积庆）

瑞　典

2018 年，瑞典科技投入稳中有升，在 5G、人工智能等重点领域出台一系列战略政策，创新能力继续领跑全球各创新排行榜，在全球科技界保持着巨大的影响力。

一、研发投入稳中有升，创新能力继续领跑全球

（一）研发投入

2018 年 5 月，瑞典政府公布 2018 年度中央政府预算，研发投入计划达 375 亿瑞典克朗，按可比价格计算比 2017 年增加 8 亿克朗，占政府预算的 3.7%，自 2003 年以来，这一比例已连续 16 年超过 3%。根据各参与方在瑞典国家科技创新体系的定位，49% 经费流向分散在各高校的研究所，29% 流向政府项目资助管理机构，18% 流向政府管理部门，国防领域科研约得到 4%；按领域区分则依次为生物和医药领域、自然科学、社会科学、工程技术、人文科学、农学。

值得关注的是 2018 年，瑞典修改了研发活动的定义。研究和实验开发包括创造性和系统性的工作，目的为增加知识储备（包括人文社科知识）、为已有知识设计新的应用。一项活动称为研发活动，必须满足 5 个新标准：新颖性，创造性，不确定性，系统性，可转移、可重复性。

（二）国家创新排名

2018 年 7 月，由世界知识产权组织等机构发布的《2018 年全球创新指数》显示，瑞典是世界上仅次于瑞士与荷兰的第三具创新力的国家，连续 5 年位居世界前三。在科技创新法律法规、技术工人数量、企业提供正式培训机会、人均 PCT 专利、知识产权交易收入等领域，瑞典在全球均名列前茅。

2018 年彭博创新指数显示，瑞典的全球排名保持与 2017 年相同的世界第二，主要得益于其旺盛的技术型初创公司。世界经济论坛将斯德哥尔摩命名为世界上最具创新性的城市之一，还称斯德哥尔摩为欧洲“独角兽工厂”，斯德哥尔摩人均独角兽企业数量仅次于硅谷。在斯德哥尔摩成立的独角兽企业名单继续增长，包括 Skype、Spotify、Klarna、King、Mojang 和 iZettle 等全球知名品牌。彭博创新指数通过研发资金投入、上市高科技公司集中程度等因素来对经济体排名。

6 月，欧盟委员会发布《2018 年欧洲创新记分牌》，瑞典仍然是欧盟创新的领跑者，其次是丹麦、芬兰、荷兰、英国和卢森堡，这前六国属于欧盟领先创新国家。记分牌计算 10 个创新维度的 27 项指标，对欧盟国家及欧盟外部分重点国家（地区）的创新绩效进行比较分析，评估各国创新体系的相对优势和弱点，从而帮助各国确定其需要加强的领域。

2 月，《经济学人》发布了年度《玻璃天花板指数》，将瑞典评为世界上职业女性发展环境最好的国家。在此基础上，斯德哥尔摩 100 多家知名企业在 2018 年公开宣布致力于性别平等的原因。

根据欧洲工商管理学院《2018 年全球城市人才竞争力指数》，斯德哥尔摩是世界上吸引全球人才的第二大城市。

8 月，联合国可持续发展解决方案中心等机构发布《2018 年可持续发展目标指数报告》，评估了世界 156 个国家《2030 年可持续发展议程》和可持续发展目标的落实情况。瑞典 2018 年可持续发展目标总指数为 85，超出同地区平均水平 10.5%，自这一指数 2016 年开始发布以来，连续保持全球排名第一。17 项可持续发展目标的优先行动事项中，可持续城市、健康医疗、清洁能源等 10 项已经实现或将按计划早于 2030 年实现；教育质量、社会公平等事项面临社会挑战，但改善迅速，极可能按计划实现。

（三）大学排名

瑞典的大学是国家科技创新体系的重要组成部分，大学排名可以在一定程度上反应瑞典科技产出情况。

2018 年 6 月发布的 2019 年世界 QS 大学排名中：卡罗林斯卡医学院在生命科学和医学整体领域保持世界第 7 位，其中，医学第 6 位、牙医第 6 位、药学第 10 位、护理第 11 位。该校是世界高等教育机构中最大的单一医学院，学院有一个委员会专门负责评选和颁发每年的诺贝尔生理学或医学奖。隆德大学在综合排名中位于全球第 92 名，在地学领域排世界第 16 位，环境科学排世界第 33 位，自然科学整体排世界第 81 位，生命科学和医学领域整体排世界第 79 位，其中，护理第 44 位。皇家理工学院工程技术领域整体排世界第 41 位，其中，建筑第 24 位、电力电子工程第 28 位、机械工程第 32 位，材料科学领域排世界第 44 位，自然科学整体排世界第 89 位。瑞典农业大学农林领域排世界第 4 位，兽医排世界第 21 位。乌普萨拉大学生命科学和医学领域排世界第 46 位，其中，药学第 27 位。斯德哥尔摩大学环境科学排世界第 33 位，地学领域排世界第 40 位。林雪平大学在世界成立 50 年内新大学排名第 30 位。

在泰晤士高等教育《2019 世界大学排名》中，瑞典有 3 所大学位列世界百强，分别是第 40 名的卡罗林斯卡医学院、第 87 名的乌普萨拉大学和第 98 名的隆德大学。

二、成立跨部委生命科学办公室，确保生命科学领域的竞争力

2018 年 2 月 5 日，瑞典政府宣布成立跨部委的生命科学办公室，通过协调政策、优先重点，致力保持瑞典在生命科学科研和产业上的世界领先地位。瑞典政府希望通过确立这一制度，明确路线图，把瑞典建成对生命科学科研和产业更有吸引力的国家，增加医药产品临床试验数量。

生命科学产业出口在瑞典举足轻重，生命科学相关产业出口占瑞典工业出口份额巨大，并且是社会整体发展的重要组成部分。随着全球竞争加剧，瑞典政府意识到需要加强协调和规划方可确保其领先地位。抗生素研发就是需要加强协调规划的典型例子。瑞典抗生素耐药性病例 10 年间翻倍，并在继续增长。但由于盈利的不确定，全球许多公司终止了抗生素研发项目。解决相关问题要求拓展新知识，更需要改善商业模型，这方面瑞典希望成为世界领先国家。

生命科学办公室目标是促进相关领域知识进步、技术创新、卫生服务质量，提升瑞典生命科学类公司的创办和运营环境，目前首要任务之一是编制国家生命科学战略。

瑞典政府进一步明确了保持生命科学领域全球竞争力的具体工作方向包括：一是提升创新技术在医药卫生服务中的应用。通过创新技术，形成最新的疾病治疗方法，让患者得到最好最新的医疗服务。二是在瑞典开展更多临床试验。具体需要协调科研界、教育界、卫生界、政策界的工作重点，并协调国家和地方政策。三是加强生命科学数据资源共享与利用。瑞典有大量独特的医学信息和生物银行信息，行业发展和学术研究需要充分利用这些信息发掘潜力。四是建设国际化测试平台。瑞典希望成为制药业和医疗技术行业产品的世界投资集中地，需要建设国家测试平台。可参考创新放射疗法测试平台成功临床试验的经验，该平台由 7 家大学医院、研究人员和专业服务公司协同运行。五是拥抱数字化。数字技

术为疾病诊断和个性化医疗创造崭新机会。由人工智能协助，医学专家得到决策支持系统的支撑，可以利用的数据超过了历史上任何名医的专业积累。该决策支持系统可以提高医疗卫生服务的安全性和公平性。六是提高新药成本效率，加快开发速度。新的分子生物学技术、数字技术和信息通信技术相结合，有效管理大数据、医疗记录和生物银行。新药研发进程将显著加快，成本下降，患者能更快得到最新的安全有效的治疗。

三、发布《瑞典空间战略》，强化共建领域的国际地位

2018 年 5 月 9 日，瑞典政府发布《瑞典空间战略》，旨在继续加强瑞典在空间领域的世界强国地位。该战略主要包括以下几个方面的内容。

在空间研究方面，将提高研发投入使用的效率。瑞典国家空间署，研究理事会，环境、农学和空间规划研究理事会，创新署需通力合作，加强空间、气候与环境研究创新在企业界的投入。瑞典国家空间署和研究理事会将加强空间研究的信息传播，吸引更多人才进入科技领域工作。瑞典位于本土的北极圈内的 Esrange 空间中心将继续现代化改造，作为国家和国际的战略资源组织研究、开发、演示、测试和其他空间相关活动，并开拓潜力建成火箭发射测试场。促进空间领域科研人员更便利使用有关科研设施。

在空间技术方面，重视卫星数据的采集和使用。将通过国际合作，深入利用卫星传回的数据应对全球问题，实现《2030 年可持续发展议程》和全球目标，如测定海洋废弃塑料、战争、自然灾害和作物歉收的具体损失。

在空间产业方面，注重空间技术在其他产业的扩散。空间产业的特殊性决定了这一领域的创新与生产之间不存在界限。这一过程产生的知识成果可以随之应用在其他领域，如航空、汽车、数字化、自动化、材料等领域，这些将增加瑞典国家竞争力。由于空间系统基础设施的高额投入，国际合作成为必然。瑞典将积极参与国际主要空间项目和欧洲航天局的空间项目。

7 月，作为落实战略的一部分，瑞典投资 8000 万瑞典克朗提升瑞典 Esrange 空间中心研究能力，中央政府投资 6000 万瑞典克朗，瑞典空间公司投资 2000 万瑞典克朗。投资用于中心研究测试可回收火箭。

四、推出大科学设施 ESS 新战略，提升国际视野

2018 年 5 月，瑞典政府发布大科学设施——欧洲散裂中子源（ESS）的新战

略。位于瑞典隆德的 ESS 和马克斯Ⅳ（MAX Ⅳ）是全球独一无二的大科学设施。为成为国际化领袖研究机构，瑞典需要更清晰的目标、更高效的合作和更宏观的视野，为此政府制定了相关新战略。

瑞典政府提出明确计划：加强 ESS 等大科学设施研究工作与主要社会和环境挑战的关系；ESS 将成为气候智慧型设施，并促进世界领先的材料研究；ESS 和 MAX Ⅳ加强合作，形成协同效应；ESS 和 MAX Ⅳ在研究领域中加强知识构建和技能积累；成立 ESS 秘书处和对政府的政策建议机构“战略委员会”，更有效协调国家相关创新资源；加强产业界利用相关大科学设施；利用大科学设施推动自然科学和工程技术教育；ESS 和 MAX Ⅳ推动瑞典成为“知识国家”。

五、加强人工智能领域的规划，保持数字化领先地位

2018 年 5 月 14 日，在 2018 年北欧部长理事会轮值主席国瑞典的主导下，瑞典、丹麦、芬兰、挪威、冰岛、爱沙尼亚、拉脱维亚、立陶宛 8 个北欧和波罗的海国家的代表在斯德哥尔摩签署《人工智能合作宣言》。

宣言强调，北欧和波罗的海国家将加强在人工智能方面的合作，以保持其欧洲数字化领先地区的地位，瑞典将在这一合作领域发挥关键领导作用。合作的重点是发展和推动人工智能的应用，为社会提供更好的服务。主要实现途径如下。

一是为技术开发提供便利条件，使政府、企业和民间组织更全面地使用人工智能；

二是强化大数据，使人工智能为北欧和波罗的海国家的居民提供更好的服务；

三是制定道德的、透明的指导方针和标准，指导人们规范使用人工智能程序；

四是加强基础设施、硬件、软件应用和数据的国际标准建设，保障强化兼容性、完整性、安全性、可信性、可用性和移动性。

瑞典政府表示，北欧和波罗的海地区是欧洲数字化的领导者，《人工智能合作宣言》的签署，将进一步推动各国之间的合作。下一步，瑞典将提出具体措施，促使北欧和波罗的海地区在这一领域合作的进一步发展。

7 月，瑞典参加并推动欧洲 25 国签署《人工智能合作宣言》。目前，尽管一些欧洲国家已经制定了国家层面的人工智能发展计划，但对于从欧洲层面推动人工智能发展，欧洲绝大多数国家表现出强烈的合作意愿，希望通过加强协调，确保欧洲人工智能研发的竞争力，共同面对人工智能在社会、经济、伦理及法律等

方面的机遇和挑战。

六、改革学术不端调查制度，加强科研监管

2018 年 6 月，瑞典政府提案处理涉嫌学术不端行为的新制度。涉嫌学术不端行为不应由研究机构自己调查，而应由新的独立的学术不端行为委员会调查。瑞典政府表态：“任何人都不应该怀疑瑞典的研究，特别是医学研究领域，任何患者都不应该冒遭受研究欺诈治疗的风险。政府现在提出的新制度可以带来更大的清晰度和法律确定性。”

该提案的背景是瑞典需要统一的规则来处理涉嫌学术不端的行为。事实证明，高等教育机构在调查自己的同时与保护自己的声誉有时会有冲突。即使机构自身的调查过程和结论无可挑剔，利益相关也可能导致外界对调查本身和高等教育机构的信心降低。因此，瑞典政府提议建立一个新的国家机构，即学术不端行为委员会，以调查学术不端行为，调查将根据明确的监管框架进行。如果一切顺利，新方案于 2019 年 9 月 1 日生效。

七、推进国际科技合作，强化创新能力

瑞典科技创新的国际合作逻辑非常清晰：向其他国家展示瑞典的创新能力；创新为解决全球问题、建设可持续社会提出解决方案；吸引创新合作与投资；瑞典出口增长。因此，瑞典花大力气加强同解决全球问题关键国家开展科技创新合作，包括美国、中国、印度、日本和巴西。基于欧盟的合作则是瑞典的后方依靠，瑞典根据自身战略需要，在不同领域分别以独立或欧盟成员身份开展国际科技合作。

（一）与印度建立创新伙伴关系

瑞典与印度建立面向可持续未来的创新伙伴关系。2018 年 4 月，印度总理莫迪正式访问瑞典，参加印度－北欧峰会，并与瑞典首相勒文正式会谈，两国达成一系列共识。在创新领域，共同通过创新应对气候变化和可持续发展等全球挑战。创新伙伴关系在瑞典由企业创新部牵头，将覆盖多个领域，如智慧城市、交通与数字化运输、能源、清洁技术、新材料、航天、可持续与以生物为基础的经济、健康与生命科学。两国将合作推动落实联合创新项目，两国企业加强创新合作，包括以孵化器共享为手段的创新型初创企业合作，以及研究基础设施和技术测试床的合作。推动建立创新对话机制，来自官产学研的各部门、各领域单位合作，系统推动两国创新。作为具体落实，瑞典创新署将从 2021 年开始出资 5000

万瑞典克朗，资助两国在智慧城市领域的创新合作项目。两国还签署了知识产权合作备忘录。

（二）其他重点国家

日本。2018 年是瑞典与日本建立外交关系 150 周年，两国举办了一系列庆祝活动。在科技方面，借日本科学促进会驻斯德哥尔摩办公室的网络，协调了丰富的活动，特别是围绕日本科学家本庶佑教授获 2018 年诺贝尔生理学或医学奖，日本和瑞典顶尖科学家交流不断。在项目方面，瑞典高教科研国际合作基金会和日本组织了常规年度联合资助项目的申报工作，还为建交 150 周年组织了特别联合资助项目。此外，两国还针对北极科研等专门领域组织了定向联合资助项目。

英国。2018 年 3 月，瑞典高教科研部部长克努特松访问牛津和伦敦，与英国大学、科学、研究与创新国务大臣会谈。二人讨论了两国未来研究合作与交流模式，特别是生命科学和大科学设施领域。克努特松参观了弗朗西斯 · 克里克研究所——世界第一流的生物医学研究中心，并在访问牛津大学时与瑞典留学生和访问学者座谈。

美国。2018 年 4 月，克努特松赴美国参加瑞典 – 美国生命科学高峰论坛，并做主题发言，强调生命科学青年科学家培养的重要意义。该论坛是两国年度会议，沟通强化两国生命科学领域的学者、商业领袖和投资人的合作网络，促进创新创业。

（执笔人：胡志宇　戴　钢）

丹　麦

2018 年，丹麦 GDP 预计增长 2.1% 左右，处于近 10 年来的增长高峰期。丹麦重视科技创新，近年来每年全社会研发投入占 GDP 的比例均在 3% 左右。丹麦政府发布实施了研究创新战略和生命科学发展战略等科技政策，在研发投入强度、创新指数、社会数字化等领域继续保持国际先进水平，取得了可观的科技创新成果。

一、主要科技指标

（一）研发经费

丹麦全社会研发投入占 GDP 的比例近年一直保持在 3% 左右。根据丹麦统计局的数据，2017 年，丹麦研发经费总投入约为 630 亿丹麦克朗，占 GDP 的比例为 3.03%，其中，公共部门投入占 GDP 的比例为 1.06%，私营部门投入占 GDP 的比例为 1.97%。预计 2018 年丹麦公共部门研发经费投入将占 GDP 的 1.01% 左右。

（二）科技人才

在丹麦 570 万总人口中，有超过 8 万人从事与研发相关的活动（包括研究员、技术辅助及管理人员）。2016 年，公共部门研发人员达到了近 1.8 万人，公共部门研发人员集中在高校及医院等部门。丹麦每百万人口中获得博士学位人员的比例在 OECD 国家中排名第 7 名。

世界商学院、INSEAD 在 2018 年达沃斯峰会期间发布的《2018 年全球人才竞争力指数》报告（GTCI）显示，丹麦全球人才竞争力排名从第 8 名上升到第 7 名，尤其在“多样性、人才竞争力和繁荣”方面表现较佳。根据瑞士洛桑国际管理学院发布的最新《世界人才排名》报告调查显示，丹麦在培养和吸引人才的全球调查中排名世界第 2 名（瑞士第 1 名，挪威第 3 名，中国第 39 名）。该调查报告对 63 个经济体的 6000 多名高管进行了调查。每个经济体都根据各种因素进行评估，包括它们如何投资于发展当地劳动力、能够吸引和留住技术工人的程度及各自人才库中可用的技能质量。丹麦高水平的公共教育投资和高质量的生活是吸引海外高技能专业人士的有利因素。

二、新出台的科技战略

（一）总体战略

2017 年 12 月，丹麦政府发布了《丹麦——为未来做好准备，即丹麦政府研究与创新战略》，旨在有效利用科技高速发展，从而使丹麦应对世界日新月异的发展，并使丹麦各个科研领域达到世界领先水平。该战略提出两个总体目标：一是丹麦的研究创新在国际上必须具备最高质量。为此需要做到：丹麦研究的最高层必须是诺贝尔奖级的，研究质量必须在科学广度上得到加强，必须让有才华的研究人员成为最具吸引力的职业，必须是研究基础设施的国际领先者，必须加强参与国际研究合作。二是研究必须尽最大可能使整个社会受益。其措施是：研究和创新必须加强对新兴技术机遇的开发，以及利用知识和创新必须为企业创造更多的价值，更多的知识必须转化为公共部门的实际应用，必须促进研究人员对研究、教育和知识的传播，研究必须更加贴近大众需求，进一步加强丹麦研究和创新生态系统更加密切的互动和统筹协调。该战略强调了丹麦作为一个国家进行技术和自然科学研究的重要性，重点是增强生命科学、人工智能、大数据和量子计算等领域的研究创新。

（二）领域战略

一是发布《生命科学发展战略规划》。丹麦政府于 2018 年上半年发布了《生命科学发展战略规划》，以保证丹麦生命科学产业在全球处于领先地位。生命科学是丹麦最大及最具竞争力的出口产业；该战略从保持在研发领域的吸引力、开展更多的临床研究、建设世界一流的药品监督管理系统、人才培养、鼓励创业和产业数字化转型、加速国际化进程、成立新的生命科学委员会 7 个方面共提出 36 项措施和行动。根据该战略规划，丹麦政府在生命科学领域的目标之一是 2025 年前生命科学出口总量翻一番。

二是发布《数字增长战略》。丹麦政府发布了《数字增长战略》，旨在使丹麦成为数字化发展的领跑者，为社会各界创造发展繁荣。该战略在打造数字枢纽创造更强大的增长环境、提高中小企业数字化能力、提高所有人的数字技能、增强数据作为增长的动力、加强便捷的商业管理和加强企业的 IT 安全 6 个方面共推出 38 项举措。根据该战略，到 2025 年丹麦政府将为数字增长战略总计投入 10 亿丹麦克朗专项资金，支持数字领域商业与创业行动和措施。

三是发布新的信息安全战略。丹麦政府发布了新的《网络与信息安全战略》，旨在确保丹麦社会能够继续从数字化转型机遇中受益，并且保持公民对数字化发展的信心。根据该战略，丹麦政府将在未来几年投资 15 亿丹麦克朗用于进一步加强网络和信息安全。政府将启动 25 项举措和 6 项针对性战略，针对最关键部门的网络和信息安全，提高数字基础设施的技术防护能力，改善公民、企业和政府部门的知识和技能，加强该领域的协调与合作，确保在未来 4 年内采取系统和协调的行动。政府还将设立一个“网络状态中心”来实时监测国家网络安全状况。新的《网络与信息安全战略》还将与已经通过的《2018—2023 年国防协议》加强协调和合作，将丹麦各种相关措施联系在一起，进一步巩固国家网络和信息安全。

四是发布新的《循环经济发展战略》。丹麦政府发布了新的《循环经济发展战略》。政府将投资 1.2 亿丹麦克朗支持 15 项具体措施，加速向更加可持续发展的社会转型，充分发挥材料和产品再循环与利用的潜力，最大限度地减少浪费，绿色发展转型对丹麦的环境和经济都具有巨大潜力。根据该战略，丹麦循环经济发展的主要目标是：加强企业循环转型的驱动力，通过数据和数字化支持循环经济，通过设计促进循环经济，通过循环经济改变消费模式，为废物和再利用商品创造良好的市场运行环境，以及从建筑物和生物质中获得更多价值。

五是发布新的《国家数字健康战略》。丹麦政府发布了《国家数字健康战略》，旨在推动丹麦医疗系统的可持续发展。新的数字健康战略重点聚焦在预防、护理和直接治疗 3 个领域的数字化和健康数据的应用，最主要目的是促进健康数据的使用。丹麦健康医疗系统还将与加强个性化医疗的战略合作，以加强使用健康医疗数据进行治疗和研究的互惠性。该战略包括了 27 项具体措施，涉及 5 个主要领域：将公民作为积极的合作伙伴，确保及时的知识交流，为更多的人口提供健康和预防，提高数据安全和信任，以及实施灵活的数字医疗基础设施。

三、主要科技创新措施

一是大幅提高研究储备金预算。丹麦议会所有党派对 2019 年 14 亿丹麦克朗的研究储备金的预算分配方案达成协议，将重点聚焦新兴技术、环境和气候，以及大量卓越的重大基础研究。丹麦研究储备金通常为 9.58 亿丹麦克朗，来自提前退休和灵活工作岗位改革协议的收益。2019 年的研究储备金协议比 2018 年增加了 4.42 亿丹麦克朗，用于继续支持现有的研究计划和实施新的计划。2019 年的研究储备金预算分配主要包括：3.9 亿丹麦克朗用于丹麦创新基金会，将用于新技术解决方案、绿色增长和更好的健康方面的研究。这些领域的研究可以帮助解决社会挑战，同时，公私合作研究还将促进市场的发展和增长。3.43 亿丹麦克朗用于环境、食品和能源 3 个领域的研发示范项目计划。2.62 亿丹麦克朗将分配给丹麦独立研究基金，以支持独立和原创基础研究。此外，3.31 亿丹麦克朗支持重点基础研究设施，其中，1.8 亿丹麦克朗用于新建一批特殊和优秀的研究中心——前沿中心。还将为哥本哈根商学院和哥本哈根信息技术大学提供 6300 万丹麦克朗新的基本拨款经费。

二是与其他北欧国家联合发布精准医疗联合研究项目。丹麦创新基金会、瑞典 Vinnova 基金、芬兰研究委员会、芬兰商业基金、冰岛 RANNISIsland 基金 2018 年联合发布北欧精准医疗研究项目 NordicPermed，总投入 1 亿丹麦克朗，其中，2200 万丹麦克朗被指定用于丹麦参与研究团队。精准医疗即个性化医疗，为人类健康开辟了一个新的愿景，将来可以在任何时候为个体患者提供最佳治疗。这意味着通过有效收集和使用相关数据，以及患者、医生和健康顾问之间的交流合作来预防许多严重疾病。该项目计划还将有助于加强北欧在个性化医疗方面的合作，以及进一步加强公共机构、患者组织和私营公司之间的合作。

三是启动实施灯塔环境项目。2018 年丹麦政府确定投资 3450 万丹麦克朗，启动实施“欧洲散裂中子源 – 材料的实时结构”（SMART）灯塔环境项目。SMART 项目的主要目标是帮助丹麦研究人员创造灯塔环境（国际信标），充分利用将投入使用的欧洲散裂中子源研究设施，开展先进材料研究，使丹麦成为国际先进材料研究的领导者。丹麦技术大学、哥本哈根大学、南丹麦大学、罗斯基勒大学、奥尔堡大学、丹麦技术研究所都参与实施，此外，诺和诺德、托普索、格兰富、丹佛斯等众多丹麦知名企业也积极支持 SMART 项目，投入经费，参与联合研究。帮助建立欧洲散裂中子源灯塔环境是丹麦政府 2018 年发布的《研究和创新战略》的一项具体举措，也是《丹麦欧洲散裂中子源战略》的主要行动计划之一。灯塔环境必须有助于在丹麦研究和工业的重要战略领域建立必要的国家能力。

四是大力发展数字化政府公共服务。根据联合国最新《数字政府绩效评估报告》，丹麦在世界上表现最佳的数字化政府中排名第一。自 2016 年丹麦政府推出最新数字战略以来，丹麦要求所有公民使用在线政府公共服务。目前，91% 的丹麦公民在线接收政府邮件，远高于政府最初预期的 80%。丹麦数字战略的基础是使用数字身份证，允许居民访问公共和私人服务。

五是实施“携手共创绿色未来”绿色行动计划。2018 年 10 月，丹麦政府提出了旨在解决气候问题和环境污染问题的 38 项绿色行动计划，名为“携手共创绿色未来”。该计划通过制定新的气候和环境标准，激励采取共同行动，促进欧洲和全球的绿色发展。通过实施绿色行动计划，确保实现更清洁的城市和交通、高效和现代化的农业、更环保的航运，以及住房和工业的绿色变革，进一步促进丹麦到2030年的绿色转型。38项绿色行动计划包括：到2030年停止新的汽油和柴油汽车的销售，允许低排放汽车在公交专用道上行驶，提高旧柴油车的报废奖励，促进精准农业发展等。

六是重视北极研究，成立新的北极中心。丹麦技术大学（DTU）成立新的北极中心——北极DTU，使其成为DTU实施北极战略重点的中心枢纽，以提高DTU在北极地区的重要作用与影响力。北极DTU将进一步促进DTU在格陵兰岛及北极地区的研究、教育、创新和科学的活动。该中心将负责协调和推广DTU全校的北极活动。新中心的建立，一方面进一步切实加强DTU北极技术中心（ARTEK）和极地中心（Polar DTU）的活动；另一方面，新中心将进一步发挥Polar DTU的部门管理和ARTEK良好的网络、联合运作和积极成果。

七是成立国家大数据中心。2018年，由丹麦创新基金会支持，丹麦成立了大数据分析驱动创新中心（Danish Centerfor Big-data Analytics Driven Innovation，DABAI），主要研究基于大数据的解决方案，用于预测洪水、确保更有效的患者病历处理及在未来4年内提供更好的食品可追溯性等问题。DABAI采用公共与私营部门合作方式，将开发用于大数据分析的通用技术和工具，以应用于更广泛的领域。重点合作研究任务主要基于具有巨大商业和社会潜力的实际案例，最新的案例将集中在社会数据、教育数据和食品供应链数据。

八是落成启用新国家风洞实验室。2018年4月，丹麦新国家风洞实验室正式落成启用，实验室主要用于研究提高风力涡轮机的效率，开发新的风力发电机。该风洞风速高达378千米/小时，可为风力涡轮机开发提供极端测试环境。该实验室的独特之处在于其结合了空气动力学、噪声测量及高流量的能力。实验室的建成与开放将有助于丹麦继续在风电技术研究与基础设施方面保持绝对的世界级水平。

九是组织开展国家创新体系国际评估。为了确保实现丹麦成为将新知识转化为创新和新商业的世界领导者，丹麦政府组织由9名国际专家组成的专家组，对丹麦国家创新体系进行国际评估，并就如何改进和努力方向提出建议。国际专家组不仅将研究丹麦的整体知识型创新体系，还将评估传统公司和初创公司从研究到创新的创新价值链。国际专家组于2019年春提出初步建议，并在2019年秋向丹麦高教与科学部提供正式报告。

四、国际科技创新合作

丹麦积极实施全球化战略，非常重视科研、教育和创新领域的国际合作。自

2006年以来，丹麦在中国上海、德国慕尼黑、印度新德里、韩国首尔、巴西圣保罗、以色列特拉维夫、美国硅谷和波士顿等全球创新热点地区设立了丹麦创新中心，主要任务是推动双边科研、创新、教育、人才、商业等领域的合作。丹麦和中国、日本、美国、巴西、印度、以色列等国家还签订了双边科技合作协定，丹麦创新基金会定期投入大量资金支持与这些国家的双边科技研发项目。

丹麦的国际科技创新合作经费主要来自丹麦高教与科学部及其下属基金会的国际合作预算、外交部的援外经费等。以丹麦创新基金会为例，每年的国际合作计划经费占基金会总预算的10%以上，主要用于资助与相关国家的双边联合研究计划项目。

与欧盟及其成员国的合作：丹麦积极参加欧盟“地平线2020”计划，政府确定的目标是丹麦机构和个人在2014—2020年欧盟“地平线2020”计划内从欧盟获得该计划预算2.5%的科研资助经费。实际上，根据丹麦高教与科学部最新报告显示，丹麦已于2018年实现了该目标。自2014年欧盟“地平线2020”计划启动以来，丹麦研究机构和企业总计已获得了1336个项目57.5亿丹麦克朗的研发资金，获得的欧盟研发经费总额占比已达到2.52%。提前实现该目标主要归功于近年来丹麦进一步加强了纳米技术、先进材料、生物技术及先进制造和加工领域的研究和创新环境，上述领域总共获得了3亿丹麦克朗研究经费。丹麦在获得“地平线2020”计划资金的国家中排名第十，按人均计算，则排名第二，仅次于荷兰，比上次报告又前进了1位。

与美国的合作：丹麦视美国为最重要的战略盟友，两国之间在基础研究、战略研究和高技术产业领域都有合作。两国政府于2009年签订科技合作议定书，并于2010年召开了首次科技合作联委会。丹麦独立研究基金会与美国科学基金会共同资助博士后研究项目。此外，2018年丹麦在美国波士顿新成立了一家创新中心，使丹麦在全球的创新中心增至8家。波士顿创新中心将帮助丹麦加强与哈佛大学和麻省理工学院的联系，为丹麦研究人员及公司与哈佛大学和麻省理工学院等强大的美国合作伙伴进行接触提供创新服务平台。

与印度、韩国的合作：2018年，丹麦高教和科学部与印度科技部签署了一项新的关于研究、技术及创新的双边合作协议，将进一步促进丹麦和印度的部门、机构和企业之间开展研究、技术开发和创新合作。根据合作协议，丹印未来的科技合作将通过为期3年的行动计划正式实施。丹麦创新基金会和韩国先进技术研究院签署了一项加强以商业为导向的研究和创新合作协议，该协议基于“欧洲之星计划”（Eurostars Prolygram），合作重点是中小企业和研究机构，目标是为丹麦研究人员和公司打造在韩国的“桥头堡”。丹麦研究人员和公司将有机会与韩国合作开展重点领域的项目，包括网络安全、工业4.0、材料和表面及生物技术。

（执笔人：李 严 彭斯震）

德　国

2018 年是新一届德国联邦政府开局之年，新一轮高技术战略《高技术战略 2025》(HTS 2025) 发布。德国政府更加重视科技创新，增加公共财政科研投入，强化科研体系建设，营造宽松的创新氛围，促进中小企业创新，优化科技人才支持政策，吸引全球顶级人才和科研后备力量，进一步深化和拓展国际合作，在科技前沿领域取得了一批重大成果。

一、基本概况

（一）总体成就

依据 2018 年 6 月发布的《欧洲创新指数记分牌》(EIS) 和《欧洲区域创新记分牌》(RIS) 针对欧盟各成员国及区域的科研与创新表现评估得出的综合创新指数 (SII)，德国的创新能力从多年来的第一类领先创新国家行列下滑到第二类强劲创新国家 (Strong Innovators) 行列，SII 指数低于瑞典、丹麦、芬兰、荷兰、英国和卢森堡 6 个国家。根据世界知识产权组织等机构发布的《2018 年全球创新指数》报告显示，德国与 2017 年相同，仍排名全球第 9 位。

世界经济论坛 2018 年 10 月发布的《全球竞争力报告 2018》则显示，德国超越瑞士和荷兰，位居欧洲第一、全球第三，落后于美国和新加坡。2016 年，德国的研究密集型产品出口占世界市场的份额达 11.6%，为欧洲第一，落后于中国 (14.6%) 和美国 (11.9%)，为全球第三。2015 年，德国每百万居民拥有的与市场相关的发明专利数为 371 件，远超美国 (200 件) 和中国 (27 件)。欧洲最具创新力的 10 家企业中， 5 家来自德国。但据 2018 年世界银行发布的《全球营商环境报告》，德国的区位优势在 190 个经济体排名中较 2017 年下滑 3 位，跌至第 20 位。未来，加强人工智能和人机交互应用领域的数字化将在保持德国国际竞争力、强化德国创新国家地位中扮演关键角色。

德国专利商标局（DPMA）于2018年5月发布的2017年度报告显示，2017年DPMA共受理发明专利申请67 707件（包括直接途径和进入德国国家阶段的PCT申请），较2016年减少约0.3%，是2011年以来首次下降。其中，70.6%（47 779件）来自德国，较2016年下降1.5%。2017年度共有15 653件发明专利申请获得授权，与2016年基本持平。截至2017年年底，德国发明专利及欧洲发明专利（指定德国生效）处于权利有效状态的共有约65.7万件。与以往一样，德国发明专利申请量领先的技术领域为机械、电气和工具三大类，其中，交通运输、电气设备能源及机械配件产业位列前三。从企业申请数量来看，Robert Bosch GmbH（博世有限责任公司，4038件）和Schaeffler Technologies GmbH & Co. KG（舍弗勒公司，2383件）这两家德国企业依旧是发明专利申请领域最为活跃的企业。

（二）科研投入

德国研发投入近年来持续增长，研发领域从业人员数量也创下历史新高。依据2018年6月德国联邦教育和研究部（以下简称“联邦教研部”）和11月德国科学研究捐赠者协会（SV）公布的数据，德国政府和经济界研发投入在2017年预计高达976亿欧元，其中2/3源于经济界，约686亿欧元，较2016年增加了9.3%。德国研发投入约占其GDP的3.02%，是率先实现《欧盟战略2020》确定的3%目标的欧盟国家；德国研发投入约占欧盟总研发投入的30%，位居欧洲之首。德国联邦政府2018年研发预算约为178.6亿欧元，较2017年增加约4.4%。2016年德国研发领域从业人员数量为65.8万人，较2015年约增加3%，较2005年增长38%。此外，联邦各州的研发投入也在不断提升，2017年预计达119亿欧元，占政府总研发投入的41%。大量的研发投入确保了德国创新力的持续增长。

德国政府继续增加对基础研究的投入，联邦政府直接或通过项目间接支持用于购置开展基础研究所需大型仪器的经费，2018年约为13.6亿欧元，较2017年增加了5.2%。2017年德国国家财政支持高校的研发总经费中用于基础研究的经费为110.92亿欧元，较2016年增多，高校基础研究投入约占其总研发经费的70%。

联邦教研部是支配科研经费的主体。从2018年研发经费预算执行部门看，联邦教研部支配联邦层面58%的研发经费。其他10余个联邦部门支配比例合计42%，其中，联邦经济和能源部（以下简称“联邦经济部”）负责创新政策和产业相关研究、管理能源和航空领域的科学研究及面向中小企业的科技计划，占联邦经费的22.8%，较2017年约增长2%；农业部、交通部、环境部、卫生部等管理与本部门职能相关的科技计划，占联邦经费的8.3%。

2018 年，联邦政府研发经费预算分布在 21 个领域中，健康研究和卫生经济领域最多，约为 25.1 亿欧元，占总经费的 14%。超过 10 亿欧元经费的有能源研究和能源技术、气候环境和可持续发展、航空航天、信息通信技术、人文经济和社会科学、中小企业创新、基础研究大型设备 7 个民用领域。各领域经费比例大多与 2017 年保持平衡，总量多有增加。值得注意的是，信息通信技术领域的研发支出较 2017 年增幅最明显，达 34%；之后是公共安全（17%）和航空航天（9%）；食品、农业和消费者保护领域的研发支出较 2017 年下降约 3%。

二、重点科技战略和计划

（一）通过新一轮高技术战略，巩固研究和创新世界强国地位

2018 年 9 月，德国政府发布《高技术战略 2025》（HTS 2025）。新战略着眼于应对重大的社会挑战、加强德国未来的能力、创建开放的创新与冒险文化三大行动领域，并提出与癌症抗争（国家 10 年抗癌计划）、发展智能医学，将研究与护理数字化互联（到 2025 年，所有德国大学附属医院都将提供能用于研究的电子病历）、大幅减少环境中的塑料垃圾（生产易于销售的生物塑料并完善塑料循环经济）等 12 项具体任务，以及相应的行动计划和标志性里程碑。新战略将支持发展开放的创新与冒险文化，为创造性思想提供空间，吸引新的参与者积极投身德国创新；为更多应用研究成果，政府将通过实施新战略，促进转化，增强中小企业的企业家精神和创新力，并密切欧洲与国际的互联和创新伙伴关系。新的重点措施包括创建创新机构“跨越式创新促进署”，并通过税收优惠支持研发，特别是针对中小企业。通过推行新一轮高技术战略，德国政府的目标是到 2025 年全社会研发投入占 GDP 的 3.5%，以进一步稳固德国研究和创新世界强国地位。

（二）发布《人工智能战略》，继续实施数字化战略

2018 年 11 月，由德国联邦经济部、联邦教研部和联邦劳动与社会部共同制定的《人工智能战略》通过。德国政府计划至 2025 年投入 30 亿欧元，主要用于开展人工智能研究，以使德国乃至欧洲成为人工智能领先区域，并确保德国未来的竞争力。该战略以“人工智能德国造”为主题，将为人工智能在德国的发展和应用提供政策制定的整体框架，被德国政府视作其《数字战略 2025》的核心组成部分。战略围绕推动“人工智能德国造”成为全球公认的认可标志；扩大德国在工业 4.0 中的强势地位，并成为该领域人工智能应用的引领者；让德国成为吸引世界上最聪明的人工智能头脑的国家等 14 个目标，确定了包括扩建人工智能中心，加强在德国和欧洲的相关研究，使其成为创新驱动力；开展人工智能创新

竞赛并规划建立欧洲人工智能创新集群；推动人工智能技术在产业界，尤其是在中小企业的转化应用等 12 个重点措施领域。

德国政府于 2018 年 8 月曾宣布成立“数字化委员会”，由 10 名来自德国国内外的专家组成，将为德国政府完善数字化转型政策提供咨询。联邦政府内阁全体成员每年至少要与专家见面两次。此外，各部委及部长也可提出“授课”要求。

（三）制订新的能源研究计划，继续促进能源转型

2018 年 9 月，德国联邦内阁通过了政府第七能源研究计划“面向能源转型的创新”。作为德国能源政策的战略组成部分，新计划着眼能源转型，将通过实施全面的支持政策解决当前面临的和新出现的挑战。第七能源研究计划将重点支持针对能源效率提升和可再生能源开发领域，以及供暖、工业和交通等部门在数字化、部门协同、能源转型方面的跨系统研究主题。德国联邦政府将在 2018—2022 年为新一期计划提供总计约 64 亿欧元，与 2013—2017 年上届政府的计划相比增加 45%，具体用于研发和测试可持续的技术和解决方案。参与部门包括德国联邦经济部、联邦教研部和联邦食品与农业部。至 2022 年，联邦经济部将投入 35 亿欧元，较前一期计划增加 45%；联邦教研部将重点资助德国能源领域的高效基础设施建设；联邦食品与农业部则更看重将生物能源作为可再生能源的最重要源头，将通过每年为研究项目“可再生原材料”提供 5000 万欧元经费来促进生物能源的研究，研究重点是避免排放温室气体和提高能源效率。

（四）制订健康研究框架计划，改善医疗服务

2018 年 11 月，德国联邦教研部提交的《联邦政府健康研究框架计划》获得联邦内阁通过并发布。作为德国未来 10 年健康研究领域的创新战略，新框架计划将以人为核心、以个性化与数字化为关键点，作为德国健康研究的指导原则；着眼于 3 个行动措施领域，即为更好地预防和治疗疾病提供研究资助、为推动医学进步提供创新资助，以及为巩固德国科研强国地位提供结构性资助（主要是支持吸引健康研究领域的顶尖人才），即明确了德国未来健康研究的 3 个重点资助领域。该计划于 2019 年 1 月开始实施，并被纳入《高技术战略 2025》。联邦政府每年将为计划实施提供 25 亿欧元资助，其中，20 亿欧元来自联邦教研部，5 亿欧元来自其他部委，用于支持相应的研究项目、机构性运行和政府部门所属研究机构开展的相关研究。

（五）通过量子技术研究框架计划，提升国际竞争力

2018 年 9 月，德国联邦内阁会议通过了由联邦教研部递交的《量子技术——从基础到市场》计划，这是联邦政府为系统推进量子技术研究的第一个框架计

划，为此将在本届政府任期内投入6.5亿欧元。该框架研究计划旨在为量子技术的发展打下牢固的学术和经济基础，其中的措施有设立研究能力中心、建立网络组织、与经济界开展协同研究、为青年后备人才设立研究小组等。研究的重点领域是量子卫星、量子计算和用于高性能、高安全数据网络的测量技术。在加强技术研究的同时，注重促进公众对量子技术的理解。该计划的实施，将扩大德国利用量子物理领域的研究优势，提高国际竞争力，为“后数字化时代”做好准备。除联邦教研部外，还有联邦经济部、内务部和国防部，也以各自的措施参与该研究计划。

（六）制订民事安全研究框架计划，强化民事安全研究

2018年6月，德国联邦教研部《民事安全研究框架计划2018—2023》获批。根据该计划，联邦教研部将从2018年起连续6年每年投入6000万欧元，专项支持民事安全研究。该计划重点在于推动数字技术在民事安全领域的应用，加速民事安全领域创新科研成果的转化，通过设立能力中心或尖端研究集群方式，把学术领域的创新研究与现实社会对安全问题的具体要求更加紧密地融合起来，以求更快、更有效地产出最现代的应用技术，更好地保护民众免受自然灾害、恐怖主义和刑事犯罪的伤害，提高救援人员的组织能力和工作效率。

（七）启动区域创新计划，促进地区经济结构转型

2018年1月，为加快德国东部经济欠发达地区的结构转型，联邦教研部启动“区域创新带动结构变化”的资助计划。作为第一步，先斥资640万欧元对32个入围项目予以立项支持，这些创新项目必须在9月前完成其战略构思，并接受专家的最终评审，胜出者能获得联邦教研部为期5年的资助。该计划不设定具体的课题与技术领域，因此，入围项目涉及的创新领域非常广泛，有农业与粮食领域的现代化、未来交通领域驱动技术及农村地区的医疗保障等。“区域创新带动结构变化”资助计划属于联邦教研部“创新与结构转型”资助计划的试点项目，首轮共投入1.5亿欧元，旨在促进德国东部经济欠发达地区的企业、高等院校、科研院所及公民社会组织间的创新合作，消除行业间、学科间的隔阂，凝练区域特色，带动经济可持续转型。从2020年起，“创新与结构转型”资助计划将面向全德范围内结构转型挑战严峻的地区开放。

（八）继续实施精英战略，促进大学尖端研究

2018年9月，由国际专家及联邦与州教研部部长组成的精英战略评审委员会认定57个精英集群。被首次认定的精英集群占总数的51%，其余为原有已在运行中的项目。此次被认定的精英集群具有学科交叉广、校外伙伴参与度高等特点。按照联邦政府的精英战略，政府将从2019年1月起对这57个精英集群进行

资助，资助期为 7 年，每年投资总额为 3.85 亿欧元，75% 由联邦政府出资，25% 由集群所在地的州政府承担。拥有 2 个以上精英集群的大学、拥有 3 个以上精英集群的大学联合体自然获得申请精英大学的资格。德国政府 2017—2032 年计划提供 10 亿欧元用于提高大学青年科学家职业道路的可预见性和可计划性，增强德国对本国和国外青年人才的吸引力。

（九）继续开展科学年活动，推动数字化和人工智能发展

2018 年德国科学年的主题是“未来的工作世界”。数字化、工作替代模式和人工智能的发展为科学研究、公民与社会提供了新的机遇和挑战。2018 年科学年展示了社会和技术创新对未来工作环境的影响——它们不仅改变日常工作，而且确定社会和政治对话的新标准。以“体验，学习，塑造”为口号的 2018 年科学年要求全社会公民的参与，共同提出问题并寻求解决方案。期间，全德范围内举行了会谈、展览及竞赛等数百场活动。科学年活动由德国联邦教研部和“对话科学”机构共同组织。

（十）逐步开放移动网络市场，加速推进工业 4.0

2018 年 9 月，德国联邦网络管理局发布管理规定，将开放新的波段，同时降低市场准入门槛，让德国电信、沃达丰和德累丰尼卡三大电信公司之外的其他公司方便进入电信市场，鼓励有序竞争。第二项改革措施是从 2019 年起拥有楼宇和地块的单位可以自行构建 5G 网络，且不需参与频段竞拍。这意味着，今后企业只需递交一份简单的申请即可将 5G 技术用于其未来工厂 4.0 设备的互联。新的改革方案还包括企业（不含已拥有全国性频率的三大电信公司）可以向联邦网络管理局申请地区性频率，委托技术供应商运营地区性网络，从而摆脱对现有运营商的依赖。联邦网络管理局还允许地区性 5G 网络运营商与其他地区的伙伴“在竞争法与反垄断法的框架内”开展合作。

三、创新体系建设

德国注重构建面向未来的科研体系，建立以高等院校为核心的、竞争与合作网络交错、功能和机构分工明确的多元化科学体系，核心关注点包括增强高等院校、强化高等院校外科研机构、突出各科研主体的战略优势、促进科研体系内机构间的合作。2018 年的重点措施如下。

（一）成立新的科研创新机构或研发团队

2018 年 2 月，德国亥姆霍兹信息安全中心（CISPA）揭幕，这将是亥姆霍兹

研究联合会的第 19 个研究中心，且是唯一一个以信息安全为研究重点的中心。到 2026 年该中心员工规模计划达 500 名，借助第三方研究经费预计将吸纳约 800 名科研人员。CISPA 是联邦教研部自 2011 年以来资助建立的 3 个国家信息安全研究能力中心之一。联邦教研部强调政府、科研机构和企业共同合作强化信息安全越显重要。

2018 年 3 月，德国研究基金会（DFG）宣布将支持建立配备有下一代基因测序技术（NGS）的西德基因中心、NGS 蒂宾根能力中心、德累斯顿方案基因组中心和基因组分析能力中心 4 个新的能力中心，总投资 1400 万欧元，首期资助 3 年。中心运营所产生的间接项目费用也将获得 22% 的项目补贴，未来，获得资助的大学将向各中心的研究人员提供关于测序项目和生物信息学的咨询。能力中心及其网络的建设只是德国建设更大的基础设施的第一步，是德国研究协会（DFG）为了满足大学对建设现代 NGS 的迫切需要。接下来还将进行第二次招标，征集中等测序规模的项目，项目资金从 10 万到 100 万欧元，项目面向德国所有的科研单位，方向针对所有的生物体。

2018 年 6 月，德国莱比锡亥姆霍兹代谢、肥胖和血管研究所（HI-MAG）成立。这是德国乃至全世界第一所仅专注于新陈代谢研究的研究机构，旨在推动相关精准医疗新技术的发展。HI-MAG 所在的萨克森州政府计划在其开始运行扩建的 4 年中投入 1040 万欧元；之后，从 2021 年开始，则与联邦教研部以 1 ∶ 9 的比例提供长期固定支持，联邦教研部每年出资 500 万欧元，州政府则配以 55 万欧元。

2018 年 8 月，德国联邦政府宣布成立“跨越式创新促进署”，专门帮助那些能给市场带来革命性变化、具有重大社会效益的“开拓性点子”转化为应用。该机构隶属联邦教研部和联邦经济部，主要行使跨越式创新技术的定义与项目资助之责。在 2022 年前的启动阶段，政府将投资 1.51 亿欧元，举办 10 项创新竞赛，启动 10 个“尖端项目”，2029 年前计划总投入约 10 亿欧元。具有申请资格的对象是高等院校、科研院所和企业。

2018 年 9 月，启动建设儿童及青少年健康研究中心和心理健康研究中心 2 个新的德国健康研究中心（DZG），旨在改变现有的医学治疗通常重点针对成人的模式，围绕儿童和青少年健康，创建通过竞争确定合作伙伴的新模式，将最优秀的研究人员聚集在一起，为他们提供优质的工作条件，并始终将患者作为关注焦点，通过这样的方式，将研究结果更快地传递给医疗保健界。

2018 年 9 月，德国联邦政府宣布成立一个全新的网络安全机构——网络安全署，旨在更好地保护国家和公民免遭黑客袭击。网络安全署将设 100 名职员编制，2019 年年初开展工作，由内政部和国防部共同负责管理。网络安全署的工作目标是增强德国应对网络攻击的能力，提升德国网络安全保障水平。该机构同时开展网络安全相关科研，从而增强德国在网络安全技术方面的独立自主性和影响力。

2018 年 11 月，德国联邦教研部与柏林州政府在柏林健康研究院（BIG）的监事会会议上宣布，计划把柏林健康研究院并入洪堡大学和自由大学的夏利特医学院，赋予其除现有的教学、医疗外第三支柱——科研。此次合并的目的是为柏林健康研究院完成其卓越的学术使命创造最佳的框架条件，为进一步提升医学研究的卓越性和重要性，以及在全国范围内的可视度提供法律保障。柏林健康研究院与夏利特医学院的合并将采取“一院两制”模式，即学术上融合，共同制定一套严谨的、协调一致的转移医学发展战略，并付诸实施，而在经费方面双方则保持各自的独立性，保证联邦资助的透明度。

（二）制订创新计划

2017 年年底，德国亥姆霍兹研究联合会在知识转移领域选择资助了 3 个特别具有创新性的项目，以促进创新。这 3 个项目分别与健康、能源转型和可持续发展相关。每个项目的资助期最高长达 4 年，资助额可达 120 万欧元。资助经费的一半来自亥姆霍兹创新协作基金，另一半来自项目所在的亥姆霍兹研究中心，即德国癌症研究中心、德国健康与环境研究中心、卡尔斯鲁厄理工学院、亥姆霍兹环境研究中心及亥姆霍兹极地和海洋研究中心。这些项目在资助期结束后也将继续进行，并将持续加强相关领域的知识转移工作。

2018 年 1 月，德国联邦环境部宣布，将从环境创新计划中划拨 1300 万欧元，用于支持玻璃生产废料再利用新工艺开发创新示范项目。项目承担机构是德国 Wiegand-Glashüttenwerke 有限公司，具体研发任务是将食品和饮料行业生产周期中产生的粉尘再利用，以提高能效，创新加工工艺。新工艺将首次利用粉尘废料生产新的容器和玻璃制品。德国政府希望通过实施环境创新计划，促进创新技术的大规模应用。

2018 年 3 月，德国联邦教研部支持的针对物流和客运的 4 种情形、具有模块化设计、无排放且无人驾驶车辆的研发项目（UNICARagil）启动，实施期限至 2022 年，涉及经费 2300 万欧元。这是该部支持的该领域唯一灯塔项目，目的是将最新研究成果用于自动互联驾驶和电动汽车中，便利日常生活的方方面面且兼具高效、舒适和安全。参与项目的有德国 14 所高等院校和 6 家企业，其中包括 4 家中小企业。

（三）开展创新体系评估

2018 年 2 月，德国研究创新专家委员会（EFI）向联邦政府提交了第 11 个

《德国研究、创新和科技能力评估报告》。EFI 强调德国目前面临数字转型和生产力增长放缓等挑战，建议政府必须尽快完善《高技术战略》（HTS），应尽早实施2016 年制定的《中小学数字教育协定》并给予财政支持。EFI 在报告中围绕 3 个核心主题：生产力和创新的长期发展、欧洲研究与创新政策面临的挑战和自主系统，指出了需要政府继续强化措施的领域，尤其是在数字转型与数字核心竞争力、科学体系、基础研究与转化、欧洲研究与创新政策、激进创新、自主系统和人工智能等方面，以进一步稳固德国的世界创新领先地位。EFI 还向新一届政府提议应着眼 4 项主要任务：充分利用数字化带来的机遇、采取更强有力的初创企业和中小企业创新激励措施、继续完善科学体系，以及构建创新友好型的研究与创新型政权。但 EFI 专家明确指出，德国企业的创新活动现在在减少，因此，联邦政府必须采取措施遏止这种趋势，并着力加强中小企业的互联和参与度。EFI 提出的有关加强在应用研究方面具有特殊潜力的高等专科院校建设的建议已被政府纳入议程，如出台“创新高校”、“为初创企业提供更多机会”、中小企业创新 10 点计划等促进发明创造和激励创业的资助计划。

EFI 在此次报告中将自主系统和人工智能放在很重要的位置上，建议联邦政府尽快制定人工智能国家战略；呼吁政府积极跟随并支持由欧盟委员会倡导的构建欧洲数据内部市场的进程；强烈建议政府成立联邦议会调查委员会，尽快给予处于应用起步阶段的自主系统研究支持，为技术变革智慧设定框架条件。EFI 的主要任务是将社会对话与自主系统的发展规划和使用紧密连接，并制定发展原则，确保基于公认的道德原则对自主系统和人工智能进行控制和调整。

四、支持中小企业创新

2017 年 12 月底，德国联邦经济部发布新修订的中小企业创新核心（ZIM）计划，旨在促进德国中小企业开展国际化创新合作。通过 2008 年启动的 ZIM 资助计划，联邦经济部长期支持德国中小企业与德国国内的科研机构及其他合作伙伴共同开展技术创新合作，并进行富有成效的新技术市场转化。新版 ZIM 资助指南则强调支持德国中小企业开展跨国合作，建立国际合作网络，开拓国际市场。依照该指南，德国政府允许来自其他国家的中小企业合作伙伴参与资助项目的申请。为此，从 2018 年 1 月 1 日开始，将启动一个为期 2 年的 ZIM 网络资助“国际化模式探索”项目，即承认外国中小企业作为网络合作伙伴，特别是在资助方面考虑合作中产生的较高的资金和时间成本。但在德国的网络管理资金份额仅优先照顾德方合作伙伴，参与合作的外方合作伙伴所需费用要自筹。

（执笔人：王金华　尹　军）

瑞　士

2018 年，根据瑞士联邦政府《2017—2020 年促进教育研究及创新报告》所确定的科技计划和调整科研体制的任务已陆续展开且进入巩固和完善阶段，科技创新领域重大事件不多，但仍有一些亮点值得关注。

一、瑞士科研投入情况

根据瑞士联邦统计局发布的最新统计报告《瑞士研究与开发 2015》，瑞士 2015 年全社会研发投入 220.6 亿瑞郎，处于持续稳定增长的态势，较上一个统计年份（2012 年）增加 10.5%，远高于同期 GDP 增加幅度。研发投入占 GDP 的比例为 3.4%，研发投入强度位列全球第四（以色列 4.3%，韩国和日本均为 4. 2%）。从研发投入来源看，约 140 亿瑞郎来自瑞士企业，占 63.5%；联邦政府和各州政府投入 53.75 亿瑞郎，占 24.4%；来自国外各种渠道（主要是跨国公司）投入 22.5 亿瑞郎，占 10.2%；其余约 1.9% 来自各种非营利科研促进机构及捐助等。从完成研发活动的主体看，用于企业研发活动 156.6 亿瑞郎，占 71%；各类高等院校和科研院所 56.85 亿瑞郎，占 25.8%。从研发投入用途看，用于基础研究 84.2 亿瑞郎，占 38.2%；应用研究 62.9 亿瑞郎，占 28.5%；试验开发 73.5 亿瑞郎，占 33.3%。值得注意的是，瑞士企业开展基础研究和应用研究的投入分别达到 35.3 亿瑞郎和 51.6 亿瑞郎，总和超过其用于试验开发（新产品技术、新工艺）的投入 69.7 亿瑞郎。

2015 年，瑞士研发人员总计约 12.2 万人，折合全时工作岗位约为 8.2 万人，较 2012 年增加约 8%，主要分布在企业（62%）和高等院校及科研院所（36%），这其中 40% 有外国国籍，尤其是在高等院校和科研院所中工作的研发人员。40% 的研发人员具有外国国籍，说明瑞士科研创新环境对高端研发人才的吸引力和科研活动的国际化程度非常高。

瑞士每百万人口发表科研论文数量为 4288 篇，居世界首位，论文影响因子（相对引用指数）118，处于世界第三（前两位为美国、英国），尤其是在生命科学及医学、技术和工程科学、农业、生物与生命科学、环境科学领域影响力处于世界前列。瑞士每百万人口的 PCT 专利数为 148 项，处于世界首位。2017 年人均申请欧洲专利数量继续保持全球第一，达到每百万人口 884 件，遥遥领先随后的几个创新型国家（荷兰 412 件、丹麦 377 件、瑞典 374 件、芬兰 329 件）。

二、瑞士科技战略与政策近况

（一）瑞士创新促进署与中小企业创新支持

2018 年 1 月，瑞士创新促进署完成组建，正式挂牌开展工作。创新促进署的任务是根据联邦政府的创新战略和经费预算安排，依据《联邦科研与创新促进法》和《联邦科研与创新促进法实施细则》，对应用研究和技术开发（主要针对中小企业）、创新创业、技术成果转化进行支持。

瑞士创新促进署的决策机构是其管理委员会，由 7 位委员组成，分别来自企业、高等院校及科研院所、金融机构和智库，主席由联邦政府任命。其下设立秘书处负责机构日常运转，有专职工作人员 52 人。承担核心任务的是专家委员会，有 20 位各领域专家，大多来自高等院校和企业，专家委员会成员属于兼职，分别负责联系和指导相关领域的 71 位专家和 12 位创新创业导师。

作为瑞士联邦政府专门设立的主要支持中小企业提升技术创新能力的机构，支持中小企业开展产学研创新合作，支持创新创业和为高新技术领域初创企业提供辅导和帮助是其重点任务。主要有以下几种形式。

一是支持研发项目（F&E-Förderung）。支持中小企业及高等专业学校开展的有明确应用背景的研发活动。经过多年发展，目前涉及的领域主要是工程技术、交叉科学、生命科学、微纳米技术、新能源及节能技术等。接受这类研发创新项目经费支持的主要是与中小企业开展合作的高等院校和科研院所，企业应自筹相应的配套资金（最少 50%）。

二是支持科技创业（Start-up）。具体措施有为科技型初创企业提供专家辅导（CTI Start-up）、创业者导师（CTI Entrepreneurship），以及创业者与投资方互动的创业投资平台（CTI Invest）。

三是支持科技成果转化平台（WTT）。已组建碳复合材料、创新型表面技术、生物技术、食品研究、木材综合利用技术、光电子和集成物流系统等创新网络平台。

四是承担瑞士政府新能源研究计划的组织和实施，负责设立瑞士能源研究能力中心（研发创新平台）。

2018 年，瑞士创新促进署管理的经费约 2.39 亿瑞郎，由瑞士联邦政府财政预算支出，其中，投入支持研发项目为 1.56 亿瑞郎，约占全部投入的 2/3，其中 75% 支持中小企业与高等院校开展的联合研发创新项目。

（二）瑞士科学院体系改革

2018 年 6 月，瑞士联邦委员会批准了对瑞士科学院体系的改革和整合，历时 10 年的瑞士科学院体系改革最终完成。瑞士科学院（联盟）2006 年 7 月由原瑞士自然科学院（SCNAT）、瑞士医学科学院（SAMW）、瑞士人文及社会科学院（SAGW）、瑞士技术科学院（SATW）4 个机构合并组建而成，目标是打造权威性的广泛代表瑞士科技界的机构，但照顾到原有的 4 个专业科学院各自的历史发展和特点，合并后组建的瑞士科学院（联盟）是一个松散组织，并没有固定的领导层和办事机构，4 个成员仍保留自身独立地位并各自开展活动。瑞士联邦政府批准，对瑞士科学院（联盟）再进行调整改组，一是确立主席团领导体制作为瑞士科学院（联盟）的最高决策机构；二是将瑞士科学院（联盟）作为一个整体，在联邦政府科技预算中安排其活动经费，有利于提升其影响力、协调能力和权威性；三是将科学与城市基金（Stiftung Science et Cité，主要进行科学普及活动）、瑞士技术评估基金会（TA-Swiss，科技发展社会经济影响评估机构）列入瑞士科学院（联盟）序列，以利提升其执行能力，充分利用其多领域专家资源承担重大任务。改组完成后，瑞士科学院（联盟）将由自然科学院、医学科学院、人文及社会科学院、技术科学院、科学与城市基金、技术评估基金会 6 个成员，约 160 个专业学会，近百个常设专家委员会，29 个州立协会组成，总人数约 10 万人。联盟将在为联邦制定国家创新发展战略、重大科研立项和参与欧盟科研计划等方面发挥参谋和咨询作用。

瑞士国家科研基金会（SNF）的主要职责是接受联邦政府的委托和授权，对瑞士高等院校和科研院所的科研人员开展自选研究项目，尤其是基础性研究提供资助，承担国家研究计划（NFP）和国家研究重点计划（NFS）具体管理工作。前两年对科研项目经费管理进行改革，突出集成和优化支持年轻科研人才成长的措施，取得显著效果。2018 年的主要举措是加速推进公共资金支持科研项目成果实现开放存取（Open Access）。开放存取或开放获取是国际学术界、出版界、图书情报界为了推动科研成果利用互联网自由传播而采取的行动，目的是促进科学及人文信息的广泛交流，促进利用互联网进行科学交流与出版、提高科学研究的效率。它有两种主要形式：一是通过开放存取期刊发表论文和著作，即所谓“黄金通道”；二是在高等院校及科研院所的开放式数据库中发表，即所谓“绿色通道”。目前，瑞士国家科研基金会提供国家科研经费支持的研究项目，通过开放存取渠道发表的论文和著作数量尚不足 50%。瑞士国家科研基金会在 2018 年开始对科研人员通过开放存取期刊发表的论文和著作（包括独著和合著）提供相应金额的资金支持，同时简化经费申请和审批手续，方便科研人员获得实质性支持。目标是 2020 年起所有得到该基金会资助的科研项目，其发表的论文和著作等成果均应向社会免费提供数字化的获取方式，通过开放存取方式发表的比例达到 100%。

三、重大科研政策和科研计划进展情况

2018 年，瑞士联邦政府批准实施《教育科研创新领域数字化行动计划》。2016 年，瑞士联邦委员会发布《数字化瑞士战略》，提出充分利用数字化带来的机遇，确保瑞士维持世界最具吸引力的生活环境，继续作为面向未来的创新型经济体和教育科研创新资源集聚地的领先地位。瑞士联邦经济教育和研究部牵头制订的《教育科研创新领域数字化行动计划》是落实《数字化瑞士战略》的重要举措，提出的目标任务主要是继续大力推进瑞士知识型社会建设；加强基础教育和职业教育体系适应数字化时代的课程，培养适应数字化时代的高素质人才；在高等院校，尤其是联邦理工大学体系内加强与数字化时代相适应的教学和科研，特批增加教授位置；通过教育和科研领域最新数字化技术的应用，加强科研和创新能力；依托数字网络提供广泛的教育（包括继续教育）内容和产品，推进文化事业数字化进程等。为实施该项行动计划，今后 3 年内联邦政府将投入 2.13 亿瑞郎，主要在联邦政府预算计划框架内安排，并特别增加 6200 万瑞郎预算。

瑞士国家科研计划（NFP）由瑞士联邦政府推出，目的是在关系瑞士社会经济发展全局的重要领域展开综合性、基础性研究，并提出对策建议。立项过程是联邦经济教育和研究部教育科研创新署代表联邦政府牵头协调各方，组建跨领域的高层专家小组制订总体目标，提出重点研究领域的建议，委托瑞士国家科研基金会具体组织实施。联邦政府对各个专项的资助额为 1000 万～ 3000 万瑞郎，执行期 5 ～ 7 年，一般由约 30 个子项目组成，期间各专项计划的专家组根据计划顶层设计指导、协调和督促检查各个研究项目进展，并在计划完成后向联邦政府提出总体报告。2018 年 7 月，联邦委员会批准“纳米材料应用的机遇与风险”和“木材资源综合利用”两个瑞士国家科研计划结束，认为计划取得了预期的效果，对后续进行的瑞士国家科研计划具有示范作用。围绕这两个专项计划的完成，组织了大规模的成果展示和推介活动，向公众展示国家科研计划在推动科研、促进社会和经济发展、提升社会和政府治理能力方面的促进作用。2018 年 9 月，联邦委员会又批准实施一项国家科研计划“数字转型”（NFP77），计划总投入 3000 万瑞郎，执行期 5 年，研究内容有 3 个重点领域：数字转型与教育培训、数字转

型与政府治理、数字经济与劳动力市场。1982 年至今，瑞士国家科研计划已开展了 77 个专项，66 个已经完成，正在执行的有 11 个，内容包括临终医疗研究、土地资源可持续发展、健康营养与可持续食品生产、能源转型关键技术、能源安全及可控性研究、抗生素药物耐药性、可持续经济发展、新型健康护理技术、大数据、数字转型。

瑞士联邦政府批准继续实施国家研究能力中心计划（NFS），提出以适应数字化时代经济社会发展目标为重点，将新增 6 个国家研究能力中心，2018 年启动计划项目的遴选过程，预计 2020 年正式实施。瑞士国家研究能力中心计划自 2001 年开始实施。

瑞士国家研究能力中心，是面向科学经济和社会未来发展需要，有重点地支持高等院校和科研院所，通过科研基础设施建设，加强学科间横向交流与合作，支持科研领军人才和团队，形成代表国家最高水平的科研和创新中心，并以其为核心构成该领域的高水平科研平台及合作网络，是瑞士在科研领域打造的"国家队"，主要任务为开展世界一流研究工作，培养高水平科研后备人才，与经济界展开合作促进技术转移。该计划已于 2001 年、2005 年、2010 年、2014 年进行 4 轮，共支持 36 个国家研究能力中心建设，政府累计投入 23 亿瑞郎。国家研究能力中心的建设时间最长为 12 年，在建的有 21 个，其中，生命科学、自然科学基础研究和新兴技术领域有 14 项，涉及量子科学与技术、分子生物化学、新型材料设计、智能机器人、数字化生产、太阳系外行星天文学、大脑及神经机制、肾脏内过程研究等。经过全面的总结评估，认为计划有效提升了瑞士在重点优先领域的科研能力，在科研基础设施和人才建设上成效尤其显著。已经完成的 15 个国家研究能力中心，在培育建设过程中形成了 101 个具有世界一流水平的教授群体和 10 个研究中心，2400 多篇高质量论文和专著，400 多项专利，培养 1778 名博士，开展 4300 项合作研究项目，依托其科研成果形成了 79 个高技术企业和 600 多个技术转移示范项目。在资金投入上，政府投入占 30%，承担国家研究能力中心建设的高等院校和科研院所配套 15%，合作伙伴（主要是企业）投入占 42%，其他第三方资金占 13%，形成了政府、高等院校及科研院所、企业共同推动基础性研究的良好局面。

四、瑞士参与欧盟科研合作全面恢复

欧盟研发框架计划是瑞士开展科研国际合作的最重要平台。但由于 2014 年 2 月瑞士全民公投通过"限制欧盟国家向瑞士大规模移民"提案，欧盟委员会发表声明，指该公投和瑞士与欧盟签署的人员自由流动协议相悖，欧盟与瑞士签订的一揽子协议不可分割，由此殃及科研领域合作，欧盟中断与瑞士就参与欧盟研发框架计划——“地平线 2020”的谈判。作为过渡性安排，2016 年年底前提出的部分研究项目继续对瑞士开放，但瑞士需以第三方国家身份自行提供参与科研计划的经费。为打破僵局，瑞士主动妥协。2016 年 12 月，瑞士联邦议会发表声明，依据瑞士联邦宪法有关条款，瑞士将继续遵守所有与欧盟签订的双边协议。瑞士参与欧盟研发框架计划的危机得到转圜。2017 年起，瑞士重新作为合作伙伴国参与欧盟研发框架计划，按照 GDP 份额向欧盟交纳相应比例科研经费。瑞士高等院校及科研院所和企业在申请欧盟研发框架计划项目时，与欧盟成员国的合作伙伴享有同样的权利，直接从欧盟获得科研经费支持，特别是可担任科研项目的发起人和牵头人。

根据 2018 年 10 月瑞士联邦政府发布报告披露，瑞士 2014—2018 年参与欧盟研发框架计划的规模和从欧盟争取到的科研资金较前一计划周期（2007—2013 年）均有所下降。参与的科研项目数量为 1942 项，从占总数的 3.2% 下降至 2.4%，科研资金为 11.41 亿瑞郎，从占 4.3% 下降至 3.5%。尤其对瑞士高等院校及科研院所担任合作科研项目牵头人的影响更加明显，共牵头科研项目 422 项，从占总数的 3.9% 下降为 2.6%。其间，瑞士向欧盟提供的科研经费为 7.24 亿瑞郎，通过科研项目竞争从欧盟获得科研经费 6.54 亿瑞郎，首次出现支出大于回流的现象。瑞士分析主要原因是在“地平线 2020”前两轮项目申报的关键时期，瑞士的参与受到限制，其负面影响开始显现，并将持续一段时间。但瑞士积极参与欧盟计划，更加注重的是欧盟范围的科研创新平台、科研人才资源、大型科研基础设施。

瑞士重新作为合作伙伴国参与欧盟研发框架计划，使其参加欧洲电子组件与系统领先联合研究计划（JTI ECSEL）成为可能。该计划是欧盟 “地平线 2020”最重要的专项，支持欧盟成员国和合作伙伴国的高等院校及科研院所和企业紧贴市场需求，开展新型微电子与纳米电子器件、系统集成和人工智能领域综合性研发活动，总投资 40 亿瑞郎，其中 11.8 亿瑞郎在欧盟科研预算内安排，其余为各参与国家及获得研究项目的高等院校及科研院所和企业提供。2018 年 3 月，瑞士联邦委员会批准正式加入该项计划。

（执笔人：张　快）

意 大 利

意大利新联合政府于 2018 年 6 月上任，并着手对国家政策和各部门负责人进行调整。受大选和组阁影响，意大利 2018 年出台的创新战略和政策很少，目前提出的新政只有推动人工智能、物联网、区块链、超宽带等现代信息技术的发展。

一、科技创新投入与产出

（一）科技创新投入

据意大利统计局 2018 年 11 月发布的信息，2016 年全国研发投入为 232 亿欧元，较 2015 年略有增加，占 GDP 的 1.38%。其中，企业和私营非营利机构研发投入占 63.3%（较 2015 年增加 1.9%）；高校投入占 24.4%，公共财政投入占 12.6%。2017 年和 2018 年初步数据显示，企业和公共机构研发投入略有增长，分别增长 5.6% 和 2.9%。

据欧盟统计局 2018 年 11 月发布的信息，2016 年意大利研发人员全时当量为 29 万人年，其中，企业和高校研发人员全时当量分别约占 50% 和 30%。较 2015 年，研发人员全时当量上涨 11.9%，企业研发人员全时当量增加 20.3%，高校研发人员全时当量增加 4.4%，公共机构研发人员全时当量减少 0.5%。

2016 年研究人员全时当量为 13.4 万人年，较 2015 年上涨 6.2%，其中，企业研究人员全时当量增加 11.3%，高校研究人员全时当量增加 4.0%。

（二）科技产出

1. 论文发表情况

据意大利国家大学与科研机构评估署（ANVUR）统计，2001—2016 年意大利共发表科技论文 124.8 万篇，年度发表论文数量占全球数量的比例不断提高，2015—2016 年发表论文数量占全世界 3.9%，数学、计算机和信息系统、物理和空间科学、地球科学和医学领域具有较强优势。

2. 专利和国际技术交易

据欧盟知识产权局（EPO）2018 年 11 月发布的数据，2014—2017 年意大利申请欧洲专利数量持续上升。2017 年申请欧洲专利数量为 4352 件，较 2016 年增长 4.3%，每百万人申请量为 70 件。申请量排在前 3 位的行业分别是货物装载、交通和医疗技术。

据世界知识产权组织（WIPO）网站 2018 年 11 月发布的数据，2016 年意大利专利、商标和工业设计申请数量分别为 31 153 件、1 037 759 件和 364 944 件。2001 年以来，申请专利数排前 10 位的行业分别是货物运输、制药、专用机械、交通、土木工程、医疗技术、电子设备和能源、有机精细化工、家具和游戏、机械部件。申请国际专利（PCT 体系）的数量逐年上升，2016 年为 3212 件。

据经济合作与发展组织（OECD）数据库 2018 年 11 月临时统计数据，意大利 2015 年国际技术交易收入为 132.4 亿美元，支出为 120.2 亿美元。国际技术交易总量与德国、英国差距较大。

二、重要科技政策和发展动向

（一）创新管理部门负责人调整，新政处于酝酿阶段

新政府成立后，教育大学和科研部、经济发展部等创新管理部门部长都进行了调整。布塞蒂担任教育大学和科研部部长，尚未明确其新的科技创新政策，但其在讲话中表示要加强创新，重点推动技术转移和加强科技对经济的支撑，促进创新型企业和科技人力资源发展，精简部门机构，提高管理效率。副总理迪马约兼任经济发展部部长，提出将基于互联网的新业态作为推动经济发展的关键手段，正在制定人工智能、区块链、物联网 3 项国家战略，并在 2019 年国家财政预算中提出了“意大利制造”专项计划、风险投资基金、人工智能和区块链发展基金、技术创新代金券、参与欧洲重大高技术项目专项等设想。

（二）推动人工智能等现代信息技术战略部署

新政府成立后，在推动人工智能发展方面采取以下措施：一是制定人工智能发展国家战略，从宏观政策上加强引导和规划。经济发展部已公开征集成员，建立专门工作组，负责协助政府制定国家人工智能战略。二是加大投入，政府决定

向经济发展部拨款 1 亿欧元，支持基于 5G 通信技术的人工智能、区块链、物联网和超宽带技术的研发及技术推广。同时，意大利政府还在 2019 年预算法中，提出了设立人工智能和区块链专项基金计划，确保人工智能领域未来几年有较稳定的引导资金投入。三是建立人工智能国家实验室，来自 43 所意大利高校的 600 多名研究人员联合建立人工智能和智能系统国家实验室。该实验室凝聚了意大利人工智能领域主要的高等院校和科研院所，主要目标是通过加强研发、人才培养及与工业部门合作，建立全国人工智能领域协作网络，形成良性生态系统，并为培育人工智能行业初创企业服务。

（三）加强空间领域统筹协调，推动空间经济发展

为统筹国家层面空间政策和发展战略，推动“空间经济”发展，意大利于 2018 年 2 月设立了专门的高级别“空间部际委员会”。该委员会在总理领导下，由总理府秘书长担任主席，成员单位包括国防部、内政部、文化遗产和活动部、旅游部、农业食品和林业政策部、教育大学和科研部（包括航天局）、经济发展部、基础设施和运输部、环境和海洋部、外交部、经济财政部、外交部等部门，以及部分大区政府。委员会的目标是“将空间领域转变为国家经济增长的新的主要动力之一”。目前，意大利有航天相关企业近 300 家，其中近 200 家以空间业务为核心业务。2017 年，意大利航天领域营业额达 19 亿欧元，2014—2016 年从业人员增加了 3%，达到 6000 多人。

（四）成立“中国任务小组”，将科技创新合作纳入双边合作重点任务

意大利经济发展部成立“中国任务小组”，旨在建立政府、商界、行业协会和社会团体间对话机制，进一步加强中意两国在贸易、金融、投资、研发等领域及在第三国的合作，并确保意大利在欧盟与中国开展“一带一路”框架下合作过程中发挥带头作用。“中国任务小组”受意大利经济发展部和外交部共同指导，并由经济财政部、内政部、教育大学和科研部等部门共同参与。经济发展部副部长表示，中国在科技创新领域突飞猛进，中国巨大的国内市场对高质量产品的需求不断提升，中国的发展是意大利不可错失的良机。意大利要抓住这一重要机遇，借助中国前进的浪潮实现自身发展。中国经济转型的速度更新了人们对大多数传统经济发展理论的认知，成立“中国任务小组”有助于建立新的分析和操作框架，以适应中国发展步伐，避免意大利在世界重心逐渐向东方转移的过程中成为被动的旁观者。

（五）对高等院校和科研院所支持稳定，但资助强度仍处于较低水平

2018 年，“公共研究机构基本基金”（FOE）预算与前两年基本持平，约为 17 亿欧元。其中，国家研究委员会（CNR）获得预算 6 亿欧元，较 2017 年增加 0.4 亿欧元；航天局（ASI）获得预算 5.38 亿欧元，基本与 2017 年持平；国家核物理研究所（ANFN）获得预算 2.8 亿欧元；国家天体物理研究所（INAF）获得预算 0.98 亿欧元。“高校基本基金”（FFO）预算较 2017 年的 69.8 亿欧元略有增长，达到 73.3 亿欧元，其中包括 550 万欧元的“青年科研人员计划”专项经费。“国家利益研究项目”（PRIN，主要用于支持基础研究）2018 年起提供约 4 亿欧元，通过竞争方式支持基础研究项目，这也是近 20 年对基础研究投入最多的一次。“国家工业 4.0 计划”2017—2018 年政府预算投资 300 亿欧元，另拟为研发机构提供 113 亿欧元。

（六）新的生命科学领域国家研究机构开始运行

Human Technopole 是意大利政府批准建立的生命科学领域大型研究机构。2015 年世博会后，意大利政府决定利用世博会园区成立国家级生命科学研究机构，主要目标是通过开展医学、数字技术、纳米技术、营养学等跨学科领域研究，提高解决个性化医疗和营养、癌症、神经退行性疾病等与全民健康和老龄化社会密切相关问题的能力，构建协作网络，开展技术转移工作。意大利政府委托意大利技术研究院（IIT）负责该机构的筹建工作，并成立了管理 Human Technopole 的基金会，确定 2016—2023 年投入超过 8 亿欧元，用于通过基金会支持 Human Technopole 的建设和发展。2018 年，基金会邀请诺贝尔化学奖得主 Martin Chalfie 领导的国际独立委员会，对 40 多位候选人进行评估，并确定 Iain Mattaj 为该机构主任。同时，基金会还开始组织全球招聘活动，为 Human Technopole 寻找国际一流人才。

（七）加强对技术转移和初创企业的支持

近年来，意大利政府一直在推动高等院校、科研院所加强与产业界的联系，提高技术扩散和产业化能力。2018 年，经济发展部下属的新技术、能源与经济可持续发展署设立了“概念验证”计划，拟在 3 年内拨款 250 万欧元，推动能源和可持续经济发展局（ENEA）研究成果在工业界发挥作用。该计划主要面向 ENEA 研究人员，帮助研究人员在取得实验室成果后，获得进一步的资金支持，开发产品原型，促进实验室成果向工业产品转化。该计划还要求研究人员与工业界伙伴进行合作开发，ENEA 拥有“概念验证”计划所产生的知识产权，合作伙

伴公司享有优先购买权或固定期限使用权。近年来，意大利还颁布了数项针对创新型初创企业的税收优惠激励政策，个人投资者可享受其向创新型高科技企业投资额的 30% 个人所得税减免（但每年不超过 100 万欧元），公司可以享受投资总额 30% 的企业所得税减免（但每年不超过 180 万欧元）。初创型高科技企业还有机会从“智慧启动意大利”等渠道获得无条件或低息贷款。截至 2017 年年底，意大利创新创业类企业达到 8000 多家，吸引 4 万多人就业。

（八）人才外流继续增加，持续创新能力恐受限

据意大利移民基金会发布的《2018 年全球意大利人报告》及意大利国家统计局发布的信息显示，2006—2018 年登记移居国外的意大利人超过 510 万人，占意大利总人口的 8.5%。移居国外的人员中超过 50% 在欧洲，40% 左右在美洲，主要分布在阿根廷、德国、瑞士和巴西。18 ～ 34 岁年龄层移民人数占比最多，并且逐年增加，2016 年度人数达到 3.8 万人，其中 30% 拥有大学以上学历，而在意大利本土，该年龄段拥有大学以上学历人员比例仅为 14.8%。青年人才外流的主要原因是经济不景气带来的就业困难，以及国家就业政策严重影响了企业增加新员工的意愿。同时，人力资源政策僵化，也大大弱化了国外资本进入意大利及创办企业的信心，进一步加剧了就业困难。很多专家认为，年轻人才持续外流，将会对意大利持续创新能力造成重大影响，呼吁政府采取更加有效的措施，增加本国对人才的吸引力。

（执笔人：韩苍穹　孙成永）

奥 地 利

2017 年，奥地利经济实现良好增长，2018 年经济增长预期乐观；科研投入 GDP 占比在欧盟国家中继续保持第 2 名；初创企业呼吁简化行政流程；开始重视“一带一路”建设，并提出建议制订“欧洲一带一路”计划。

一、奥地利科研投入持续增长

根据奥地利统计局数据，2017 年奥地利 GDP 达 3696.86 亿欧元，人均 GDP 达 42 020 欧元，经济增长达到 3%。奥地利央行预计，2018 年经济增长可达 3.1%，高于欧元区平均水平；2018 年，奥地利对西欧和东欧出口增长强劲，同时也刺激了国内消费，出口和消费带动了奥地利经济成长。

根据《奥地利研究与技术报告 2018》公布的数据，预计 2018 年奥地利科研投入可达到 123 亿欧元，GDP 占比可达到 3.19%，比 2017 年的 3.16% 略有提升。奥地利科研投入占 GDP 比例已于 2014 年达到了欧盟 2020 年 3% 的目标，但与奥地利本国设定的 3.76% 的目标尚有距离。2018 年奥地利科研投入中的 49.5%，约 61 亿欧元来自企业，较 2017 年提高了 6.8%；科研投入中的 34.1%，约 42 亿欧元为政府投入，较 2017 年增长 1.723 亿欧元，增幅达 4.3%；科研投入中的 15.8% 来自国外企业对其在奥地利子公司的投资及欧盟项目，约 20 亿欧元，较 2017 年增长 8.77 亿欧元，增幅达 4.7%。

二、积极参加欧盟研发框架计划

根据《奥地利研究与技术报告 2018》统计，从欧盟第四研发框架计划（1994—1998 年）起，奥地利开始加入欧盟研发框架计划，截至欧盟第八研发框架计划——“地平线 2020”，奥地利共获得近 29.7 亿欧元科研经费。“地平线 2020”

启动近 2 年来，欧盟已支出科研经费 305.9 亿欧元，达到总预算 772 亿欧元的近 40%，其中，2.8% 的项目有奥地利参与，奥地利获得的经费支持占总经费的 2.8%；按照经费占比，奥地利在欧盟 28 个成员国中位列第 9 名。奥地利参与的科研领域主要为能源、交通、基础研究、信息通信、生物技术等。

三、加强对公共科研机构的资助

奥地利科研促进基金会（FWF）是奥地利支持基础研究的主体机构，采用国际化评审机制，评审专家共 4701 人，来自 66 个国家。2017 年，FWF 科研资助经费达 2.173 亿欧元，较 2016 年增长 18.2%；共批准支持 2493 个项目申请；其中，自然科学与技术占 41.0%，生物学与医学占 36.2%，人文与社会科学占 22.8%。大学是 FWF 资助的重点单位，比例达到 85.1%，奥地利科学院占 7.8%，其他科研机构占 6%。从地区来看，维也纳获得了 FWF 科研资助经费的 57.2%，达 1.242 亿欧元；其他联邦州占 42.8%，达 9300 万欧元。

FWF 科研资助经费中的 83.5% 为人员费用，2017 年共计资助 4078 名科研人员，其中，全时科研人员为 2819 名，全时科研人员中有 1115 人是博士后。多年来，FWF 尝试筹集私人资金支持基础研究，2017 年共计获得了 160 万欧元的私人资金支持。2018—2021 年，FWF 从联邦政府获得的额外经费共计 1.1 亿欧元。尽管如此，FWF 的经费还远远落后于德意志研究联合会（DFG），影响了 FWF 在国际竞争中的地位。

奥地利研究促进署（FFG）重点支持应用研究，支持创新、创业、能源、制造、交通、信息通信、生命科学等，促进科技成果转化。2017 年，FFG 科研资助经费达 5.625 亿欧元。2017 年 FFG 共获得 5561 份项目申请，其中，3602 个项目获得批准，项目通过率达 65%，获批项目中，制造占 23%，信息通信占 21%，能源 / 环境占 15%，交通占 13%，生命科学占 11%；通过“Impact Innovation”“创意实验室”“Early Stage”等措施支持中小企业和科研机构开发创新方案，提升创新能力，实施创新项目；通过“Spin-off-Fellowship”措施支持大学、创新中心和科研机构的青年科研人员利用科研成果和所得专利开展创业，提升其创业能力。

奥地利经济服务公司（AWS）是奥地利 100% 国有资产的“特别银行”，为企业提供创新资助及咨询服务，通过贷款、担保、补贴等多种方式支持创业者和企业。2017 年，AWS 各类资助项目经费达 39.9 亿欧元，中小企业是获得支持的主体，其中，一人公司、小微企业、小型企业分别约占 9%、18% 和 28%，占到总体资助经费的一半以上；中型企业和大型企业分别约占 29% 和 14%；从行业上看，制造业获得经费在总体资助经费中占比达到 36%，所占比例最大。AWS

预计2018年有10亿欧元以担保、贷款、补贴、参股和咨询服务的方式支持项目。

四、“合同研究”打通科研链接市场的快速通道

《奥地利研究与技术报告2018》指出，大学、大学以外科研机构和工业界共同开展的“合同研究”对奥地利保持和增强创新能力功不可没。“合同研究”涉及的技术领域包括医疗、材料、冶金、机械制造、自动化、纳米技术、电子、传感器、电化学等。2006—2016年，“合同研究”为大学带来的收益从8800万欧元增长到1.63亿欧元，技术大学和医科大学是奥地利开展“合同研究”的主体。2016年，技术大学在“合同研究”中的占比达36.5%，医科大学达40.7%，综合大学占10.5%，其他科研机构占12.3%。大学“合同研究”收益的大幅增长表明，大学与工业界开展的“合同研究”，在打通科研链接市场的快速通道方面发挥着巨大的作用，双方围绕创新开展的“合同研究”的密集度显著提升。根据《欧洲创新调查2014》，奥地利在开展“合同研究”方面位列第2名，紧随“创新领导者国家”——芬兰之后。自2018年1月1日起，奥地利企业科研投入获得的研究津贴从12%提高到14%。对于“合同研究”，每年可获得最高达100万欧元的津贴。未来，面对竞争激烈的市场，企业创新越来越困难，创新需要更多的投入和更多的资源，因此，企业对与大学和大学以外科研机构开展“合同研究”的需求将呈现明显的增长趋势。

五、初创企业成长呼吁简化行政流程

据奥地利联邦商会统计，每年在奥地利境内成立的初创企业在2000～4000家不等，大部分创业者都将自有资金作为投资的主要来源。根据奥地利天使投资基金、私募股权投资基金和风险投资基金等负责人表示，现阶段奥地利对初创企业的促进资金支持力度还有待提高。2017年，奥地利初创企业获得1.33亿欧元投资，同比增长64%，融资冠军为Hookipa医药公司，该公司研发出一种新型免疫疗法，创新了癌症和免疫性疾病治疗方式。国际投资者对奥地利初创企业展示了浓厚兴趣，超过200万欧元的大型融资项目越来越多。奥地利初创企业平均融资时间约为5.7个月，个体差异较大。大约1/4初创企业家会与1～5家融资方洽谈，超过1/3的企业选择与所有可能的融资方洽谈。现阶段，奥地利初创企业融资市场中，甲方主要有天使投资网络、Startup300、Primecrowd等。虽然奥地利初创企业融资市场呈现上行趋势，但是，政府层面对于初创企业支持力度仍有待加强，风险资本投资规模仍需扩大。奥地利对初创企业吸引力不足的主要原因并不是欠缺支持力度，而是冗杂的行政流程和官僚体制。奥地利天使投资基金负

责人表示，初创企业对整个经济结构转型调整发挥了重要作用，在欧盟内部设立统一的针对初创企业的法规，现阶段行政体制已成为初创企业发展的“眼中钉”，欧盟应向瑞士学习其促进初创企业发展的经验。

六、拟制定“欧洲一带一路”

奥地利出口产品严重偏重欧洲，集中在为数不多的国家，出口潜力未得到充分发挥，出口结构非常不平衡。2017 年，奥地利 70% 的出口产品流向欧盟国家，一半以上流入德国、美国、意大利、法国和瑞士，德国占比高达 30%。相比之下，对东南亚或非洲出口增长缓慢，东盟 2017 年占奥地利出口仅为 1.4%，非洲仅为 1.2%，仍有很大的上升空间。根据国际货币基金组织的数据，仅亚洲未来两年就将占全球经济总量的一半以上。2018 年 7 月，奥地利国际经济比较研究所（WIIW）就中国“一带一路”倡议发布研究报告，建议欧盟制订自己的“一带一路”基础设施扩建计划，以全面实现欧洲工业化并使数百万的工作岗位从亚洲回流。报告指出两条核心线路：一是北线，从里昂至莫斯科；二是南线，从米兰至布加勒斯特。这两条线路及其他总计 11 000 千米的基础设施扩建将有利地促进欧洲经济增长。目前，波兰至乌拉尔、罗马尼亚至高加索等东欧段基础设施领域仍有很大的改进空间，可与中国“一带一路”倡议进行对接。若贸易通道打通，奥地利以出口为导向的经济将从中获益良多，仅对俄罗斯出口就将由于运输时间减少而增长 14%，合 3.3 亿欧元，此外还将为奥地利创造 3.4 万～ 12.0 万个就业岗位。

WIIW 研究称，中国计划向“一带一路”沿线项目投资 7 万亿美元，如果欧盟国家无视中方努力、不传递出统一的回应，这种不作为是危险的，建议欧盟制订一个类似中国“一带一路”的自上而下的计划，促使欧盟国家更为团结一致，而不是各谋其政。基础设施建设项目虽然可能耗资万亿，但无论是现有的容克计划，还是欧盟发展银行，抑或是结合私人资本都可以解决融资问题。WIIW 强调，欧盟各国政府应该以长远的眼光来看待重大基础设施建设项目对改善国民经济的好处，而不是仅仅认为关乎企业利益而已。除了经济增长外，欧盟各国也可在电动汽车、自动驾驶等新兴基础设施方面制定统一的标准，大欧洲圈也将展开更紧密的政治合作。

（执笔人：李　刚）

塞尔维亚

2018 年，塞尔维亚宏观经济持续好转，政府大力推进基础设施建设，预计 2018 年 GDP 增长 4.4%。在经济稳步增长的基础上，政府大力推进国家创新体系建设，内阁设立创新部长一年以来，创新体系的基础设施建设布局初见规模，科研投资政策有了重要新举措。世界经济论坛在《全球竞争力报告 2018》中对 140 个经济体进行了排名，塞尔维亚名列第 65 位，比 2017 年提升了 5 位，是欧洲地区进步最快的国家。世界知识产权组织等发布的《2018 年全球创新指数》报告中，塞尔维亚排名第 55 位，比 2017 年提升了 7 位。

一、科研投入

塞尔维亚 2017 年 GDP 总量为 391.83 亿欧元，人均 5581 欧元。2017 年，塞尔维亚公共债务占 GDP 的比例高达 63.0%，2018 年已降至 59.9%，因此，科研投入严重不足。

2017 年，塞尔维亚全国人口约 700 万人，有 280 家科研机构、研发人员 22 782 人，全职研发人员 13 081 人，享有国家财政资助的研究人员有 1.2 万人；专利申请量 146 项，有效专利注册 24 项。

2018 年 12 月 7 日，塞尔维亚议会通过 2019 年 1.2 万亿第纳尔的财政预算，科研经费预算为 209.23 亿第纳尔。2018 年塞尔维亚科技经费预算与 2017 年相比提高了 15.2%。

二、国家科技发展战略和新举措

（一）国家科技发展规划

2016 年，塞尔维亚教育科技发展部面向未来 5 年出台了名为“为了创新的科研（2016—2020）”的国家科技发展规划，强调将创新与科研紧密结合，力求将塞尔维亚从一个依赖进口国转变成为国际认可的科学国度，特别是为融入欧洲研究区提供了未来 5 年的发展路线图。科研与创新成为社会和经济可持续发展及提升竞争力的有机整体，着力提升国家整体科研水平和卓越性。

该规划指出，塞尔维亚将在基础研究、技术研究、改进科研评价体系、改进科研投资模式、设立科学基金、发展科研基础设施、促进科研成果转化、强化创新基金、增加创新项目、鼓励私有企业参与科研项目、鼓励创建科技型企业、促进国有企业和私营企业之间的伙伴关系、建设科技园、建立国家科研集群、建立高效科研与创新管理体系、保障科研与经济的人力资源和卓越性、促进国际科技合作与交流（特别是参加欧盟研发框架计划）、改善公共科研投资和鼓励企业投资科研等方面加大力度，同时配套实施“国家科技发展行动计划”。逐步实现科研投入占 GDP 比例达到 0.6%，再升至 1.5% 的未来 5 年发展目标，每年培养 1000 名高级科研人员，科研论文的发表率由 10% 提升至 30% 等。

为配合执行 2016—2020 年国家科技发展规划，2018 年 8 月，塞尔维亚政府出台了“国家科技发展行动计划”。该行动计划将指导未来 5 年，塞尔维亚科技发展规划的具体实施，目标是塑造更好的国家科研和创新生态体系，更有效地融入欧洲研究区，通过国内外的科研合作促进国内经济的快速增长，提升塞尔维亚经济的国际竞争力，促进社会和文化的进步，提高人民的生活质量和水平。

（二）议会批准《科学基金法案》

由于战争的破坏和北约多年的制裁，塞尔维亚政府一直将恢复国家基础设施和人民就业为主要施政目标，近两年随着经济的逐渐复苏，政府开始有能力应对创新链中科研投入不足的问题。虽然创新基金为创新活动提供了有限的资金，但与欧盟成员国的标准相比远远不够，现有法律也不能满足国家创新体系建设的需要，塞尔维亚政府着手启动科学基金的建立，以改变科研投入严重不足的现状和科学研究的资助方式，更加注重科研与经济的结合。

经过 3 年的酝酿和科学界的广泛参与，2018 年 12 月 7 日，塞尔维亚议会批准了政府提出的《科学基金法案》，并参照欧盟委员会有关知识产权规定对本国专利法进行修订，以便更好地保护发明创造。同时依照欧盟科研实践的原则，特别强调融入欧洲研究区。2018 年，塞尔维亚议会批准的科学基金额度为 5 亿第纳尔，以项目为资助形式，配合 2016—2020 年国家科技发展规划及其行动计划的实施。

科学基金将支持 1000 名年轻科研人员和博士生，改变以往科研拨款直接拨给科研机构，而是以科研项目作为资助的运作方式，重点支持科学和应用科学相结合的研究项目，由专门委员会负责项目的评审。科学基金还用于增加新的研究机构和科研基础设施建设。政府将对研究人员进行重新分类界定，来保障科研活动的自治、透明和专业化。科学基金将使科研和科研成果更快地促进社会和经济的发展，保障科研机构和研究人员的稳定，将对塞尔维亚科学技术与经济的协同发展，以及国家创新体系的建设产生积极影响。

（三）大力推进教育体系的数字化建设

为迎头赶上第四次工业革命，塞尔维亚政府大力推动国家数字化进程。2017 年制定了一系列的法规，强调在基础教育、高等院校和科研院所通过数字化实现更好的工作效率和改进工作质量。虽然塞尔维亚在世界上的科研体量很小，但塞尔维亚政府意识到数字化时代必须加大对知识、创造力和创新的投入，通过科学基金、创新基金、国家科技发展规划、智能专业化战略、建立卓越中心等措施，寄望未来塞尔维亚科研人员能够在国际上脱颖而出。总理和部长多次亲自参与教育和科研界座谈，推动学校和社会数字化教育与经济的结合。

政府管理采纳国际质量管理体系标准。塞尔维亚教育科技发展部是塞尔维亚政府中第一个采纳并实施 SRPS ISO 9001 质量管理体系标准的政府部门，意味着其所有工作流程都将符合世界标准，包括全方位提升教育质量、教育的数字化、终身学习、符合国际水准的国家科研创新体系。塞尔维亚政府还打算将该质量管理体系引入商界，以提高商界的社会责任水准。此外，塞尔维亚还是欧盟之外最早按照欧盟要求制定“智能专业化的科研与创新战略”的国家。

三、国家创新体系建设成效

（一）创新体系建设构架

塞尔维亚积极争取加入欧盟，本届政府将创新体系建设视为首要任务之一，采取多项措施推进科研与经济的结合。塞尔维亚总理亲自主抓国家创新体系建设，2017 年 6 月起内阁增设创新部长职位，横向负责统筹协调政府的内部创新管理活动，目前的创新部长是奈纳德 · 波波维奇。主要参与的政府部门包括教育科技发展部，财政部，司法部，卫生部，矿业能源部，环保部，农业、林业、水利部，国防部等，以及政府信息技术办公室和知识产权办公室。科研院所、高等院校和科技型企业具体承担实施创新任务。

（二）创新资金大幅增加

政府设有创新基金，下设小额赠款金和匹配拨款金。创新基金设立于 2011 年，由世界银行投资，主要为塞尔维亚参与国际竞争的创新创业项目、改善国内经济、扩大出口、增加就业和挽留年轻人才而设。目前已有 150 个项目得到了创新基金的支持。2017 年，该基金发放了 240 万欧元，支持了 25 个创新项目。小额赠款金和匹配拨款金共计 320 万欧元。创新基金还发放创新券，以打通企业与研究机构的合作。2018 年共向 180 家中小企业和 80 家科研机构发放了 1.3 亿第纳尔的创新券，这些措施促进了科研机构帮助中小企业解决技术难题，提升了中小企业的创新和竞争力，促进了科研与经济的结合。 2019 年，创新部的资金预算为 500 万欧元。自设立创新部长职位以来，塞尔维亚政府支持创新体系建设的资金已经增长了 5 倍。

国际方面，瑞士政府、欧洲投资银行（EIB）、欧洲复兴开发银行（EBRD）、联合国开发计划署（UNDP）、企业创新基金（ENIF）等也投资塞尔维亚国家创新体系的建设。欧洲复兴银行为塞尔维亚提供了 5 万欧元的绿色代金券，来扶持塞尔维亚中小企业提高资源使用效率。塞尔维亚政府预计 2019 年的创新基础设施投入为 6000 万欧元。

（三）创新基建规划布局

目前，塞尔维亚正在建设 2 个工业园，分别是位于贝尔格莱德的“中塞工业园”和“斯梅戴雷沃工业园”。前者占地 320 公顷，总耗资约 3 亿欧元，为国内外高新技术公司的入驻提供良好的创业环境；后者占地 400 公顷，将于 2019 年动工，主要吸引可再生能源、汽车部件、机械、电子、建筑领域的公司入驻。

分布在全国各地的 5 家科技园已经建成或正在建设及规划中，分别是贝尔格莱德科技园（建于 2012 年，占地 6.6 公顷）、诺维萨德科技园（2016 年 10 月动工，占地 2.6 万平方米，预计 2019 年 7 月完工）、尼什科技园（2018 年 11 月开工奠基，占地 1.4 万平方米，总投资 1000 万欧元）、查查克科技园、克拉古耶瓦茨科技园。

共有 4 家企业孵化器在建设中。正在运营的是诺维萨德企业孵化器，自 2010 年建立以来共孵化和在孵了 52 家技术公司。另外 3 家已经注册，分别是位于北部的森塔（Senta）、拉科维察（Rakovica）和南部的梅德韦贾（Medveda），正在寻求用户。

资助了 4 个初创中心的建设，分别是位于北部的苏博蒂察（Subotica）、西部的瓦列沃（Valjevo）、中部的克鲁舍瓦茨（Kruševac）和东南部的皮罗特（Pirot）。

另外，政府已批准2019年再建8个新的初创中心。

四、国际科技合作

（一）欧盟是塞尔维亚国际科技合作的优先选项

成为欧盟成员国是塞尔维亚政府最重要的外交之一，及早融入欧洲研究区是其国际科技合作的优先之选。为符合欧盟要求，塞尔维亚政府不断修改本国科学与创新法律，已适应欧盟第七、第八和未来的“地平线欧洲”研发框架计划的要求。

塞尔维亚为参加“地平线2020”已经投入了7300万欧元。塞尔维亚申请欧盟研发框架计划的成功率为12%，接近欧盟各国15%的平均水平。2018年塞尔维亚有2个研究项目成功获得“地平线2020”的支持，有2名研究人员获得了欧洲研究理事会的拨款。2018年11月，欧盟曾专门派专家在贝尔格莱德举办如何成功申请欧盟研发框架计划的培训班。

塞尔维亚教育科技发展部与欧盟委员会2018年6月签署了在“哥白尼计划”（GMES，又称全球环境与安全监测计划）框架下的对地观测合作协议，BioSense研究所被确立为“哥白尼计划”在塞尔维亚的联络机构，以帮助塞尔维亚公立研究机构、科研团体和私人企业获取“哥白尼计划”的信息和空间数据。

塞尔维亚还积极申请加入欧盟学生交换项目“伊拉斯谟+计划”（Erasmus+ Program），希望成为该计划的正式成员，塞尔维亚还设立了国家“伊拉斯谟+信息日”活动，同时，欧盟在框架计划“OpenAIRE”项目的支持下在贝尔格莱德举办了“科学开放日”活动，以帮助塞尔维亚科学界更好地了解如何申请欧盟科研项目。2018年，塞尔维亚政府还举办了有关欧盟成员国政府间框架下的国家级“COST信息日”活动，以倡导参与欧盟的研究活动。

塞尔维亚政府还高度重视欧盟“多瑙河战略”的实施，并在该战略的实施中拥有一席之地。作为融入欧盟的重要举措，该战略的2018年年会在塞尔维亚议会大厦举办。塞尔维亚参与了该战略10个领域中7个方面的内容，涉及社会发展、科研、高等教育、信息技术、能源等。2018年10月6—21日，塞尔维亚连续4年举办了“欧洲编程周”，有50多个国家参与了该项活动，塞尔维亚2017年为此举办了300多场活动，2018年有1万多名学生参加了活动周，显示出塞尔维亚参与欧盟信息技术科普活动的踊跃程度。

为支持初创企业和企业创新，塞尔维亚积极利用欧盟专门支持中小企业创新和国际化的“企业欧洲网络”（EEN），并成立了以塞尔维亚商会为总协调的“EEN塞尔维亚联盟”。10年间，塞尔维亚共有1.65万家中小企业使用该网络的服务。

2018年1月31日，为符合欧盟成员国标准，塞尔维亚政府经过4轮辩论，出台了《2018—2020经济改革计划》，向欧盟提交了塞尔维亚中期宏观经济改革发展框架，这将对塞尔维亚外交、教育、科技、经济、卫生、能源、贸易、通信等全方位发展产生长远影响。

（二）德国、意大利、奥地利是塞尔维亚在欧洲最重要的科技合作伙伴

塞尔维亚高度重视与德国的合作，德国是塞尔维亚第一大产品进口国，德语是塞尔维亚外语教学中的第二大外国语。塞尔维亚总理2018年亲自出席了塞尔维亚与德国巴登符腾堡地区有关教育合作协议的签署。德国于2018年11月在塞尔维亚尼什大学建立了日耳曼语系。德塞签有"未来合作伙伴倡议"（PASCH）的合作协议，该计划已开展了10年。为深化双方的合作，德塞正在探讨"德塞集群倡议"的合作模式。塞尔维亚初创企业可以参加德国"HoneyLab"加速器项目。塞尔维亚与德国的科技合作更偏重经济和科研的结合，2018年德塞科技联委会签署协议，在两年内将支持20个联合研究项目。为支持塞尔维亚参与欧盟"地平线2020"，德国航天中心（DLR）为其提供培训班，来提高塞尔维亚参与欧盟科研计划的成功率。

塞尔维亚Vinca研究所与意大利国家核物理研究所、意大利国家研究中心持续开展了20年的长期合作。意大利菲亚特公司在塞尔维亚建有汽车生产线。为发展绿色经济，促进企业，特别是中小企业与研究院所的合作，塞尔维亚政府在奥地利与意大利的支持下于2017年设立了"绿色创新券"，2018年共有8家企业获得了13.5万欧元的绿色投资。

2018年7月，塞尔维亚与奥地利召开了第2届科技联委会，双方签署了2018—2020年合作协议，将支持27个合作项目，涉及医药、兽医、采矿、林业、物理、数学、生物和环境保护等。

（三）开始与美国开展科学交流

2018年，美国国际开发署在信息通信技术领域向塞尔维亚提供援助，在诺维萨德市建立信息技术集群。2018年，塞尔维亚创新部长访美，希望加入美国的"科学特使计划"，来提升塞尔维亚创新体系建设，两国也在探讨具体的科研项目合作。2018年9月，美国俄亥俄州代表团访问了塞尔维亚，双方探讨了在教育、农业和旅游方面的合作可能。

（四）与巴尔干国家的合作

南斯拉夫联盟解体成6个国家后，在科学研究领域，塞尔维亚与这些国家保

持了积极的合作关系。2018 年 11 月，塞尔维亚召开了巴尔干国家部长级“创新对话大会”。4 月，塞尔维亚与克罗地亚共同征集 2019—2020 年的合作项目，各自提供本国研究人员 3000 欧元的人员交往经费，两国的合作重点是生物医学、食品农业和生物技术、环保、信息化、可再生能源和能源效率、新材料、社会人文科学等。

塞尔维亚与斯洛文尼亚 2018 年召开了第 9 届科技联委会，加强联合申请欧盟“地平线 2020”计划，共同参与欧洲核子中心（CERN）、多瑙河战略、智能专业化战略等欧盟的科研合作，双方将在 2018—2019 年执行 55 个合作项目。

（五）与亚洲国家的科技合作

阿联酋是塞尔维亚亚洲地区的重要合作伙伴之一。2018 年 10 月，塞阿签署了合作备忘录，在未来 5 年，阿联酋将向塞尔维亚大学生在其名校学习提供奖学金，教育、科研和文化领域是两国的合作重点，特别是联合研究和专家交流。此外，阿联酋 Tumbaj 集团 2018 年在塞尔维亚投资 250 万欧元建立一家医学大学和医院，将为塞尔维亚提供 5000 名专业人员的就业岗位，并开展医学教育、医药和治疗的研究活动。

2018 年，塞尔维亚与卡塔尔签署了合作备忘录，两国将在留学生奖学金、专家互换、大学预科教育和农业科技创新领域开展更紧密的合作。在“卡塔尔志愿者基金”的支持下，贝尔格莱德大学与多哈大学签署合作协议，将支持两校进行联合研究和高等教育专家的交流。塞尔维亚还邀请卡塔尔参与塞尔维亚大学中心 Strem Karlovic 的建设。

塞尔维亚与韩国 2018 年的合作重点是在塞尔维亚高校开展数字化教育和提高塞尔维亚数字化能力：塞尔维亚希望借鉴韩国的政策工具来提高本国学生和教师的数字化竞争力，将信息通信技术与教育体系和教育资源融为一体。

（执笔人：史　义）

匈　牙　利

在匈牙利经济持续向好的带动下，2018年匈牙利全国呈现欣欣向荣的景象。失业率降至历史最低，社会稳定安全，不接受难民政策深得人心，科技发展平和向上。2018年的国会选举对科技发展产生了重大影响。全社会更加重视创新，先进制造能力得到大幅提升，研发投入不断增加，科技人员流失现象得到遏制，重视人才，特别是具有国际影响力的高端人才得到专项支持，继续在神经科学和生物医学领域取得一系列成就。

一、研发投入情况

根据匈牙利中央统计局2018年下半年发布的研发数据修正报告，2017年研发投入达到5173亿福林，比2016年4272亿福林增加了21%；研发投入占GDP的比例达到1.35%，比2016年的1.22%有所增加，但未超过2013年1.39%的历史最高水平。匈牙利的研发投入目标是到2020年研发投入强度达到1.80%。

研发投入仍是以企业为主，达到2720亿福林，占整个投入的52.6%；其次是国家预算1650亿福林，占31.9%；外国投入也占了相当大的比例，占15.0%；来自非营利机构的资金占0.5%。

匈牙利中央统计局在修正报告中也公布了研究人员数量。2017年，研究人员达到42 729人，比2016年的35 757人增加了19.5%。但是，比最高时期的2013年少了2000多人。研发辅助人员有显著增加，2017年比2016年增加了19.9%。

实际上，匈牙利的人才流失和人口下降非常严重，一直是政府非常关注的问题。政府也采取了提高工资等办法留住人才，措施逐渐见效。以匈牙利医生为例，2011—2016年申请出国工作许可的匈牙利医生从每年的800人下降到400人以下。与2010年相比，匈牙利的医生增加了10%，目前达到38 000余人。医生的薪资逐年提升，月工资2017年比2016年提高了约20万福林（约合660欧元）。

二、政策重点和重点领域

（一）创立了创新技术部

本次组阁的最大变化是组建了创新技术部，使其成为匈牙利10个部委之一。创新技术部的职能包括制定能源和气候政策，发展信息通信、交通运输等，负责管理国家科研创新基金，同时接管国家经济部负责的职业教育和培训职能。

（二）促进企业创新

匈牙利创新署设立了2018 -1111-MKI计划，支持企业开发适应市场的创新产品和服务，计划预算共计100亿福林。另外，为促进企业与研究机构的合作，2018年的竞争力与卓越计划资助了24个项目，共计7500万欧元。新组阁的政府专门成立了创新技术部，就是政府重视创新的最好例证。

（三）重点发展领域

按照匈牙利政府2014年制定的《国家智能专业化战略S3》，政府大力发展工业4.0、人工智能等先进制造业。在汽车行业上体现得最为充分。汽车制造是匈牙利的支柱产业，工业产值的近30%来源于此。虽然匈牙利没有自己的汽车品牌，但是世界前二十的汽车厂商中的15个都在匈牙利设立了制造和组装厂。2018年汽车领域在匈牙利的投资增长迅猛。日本GS Yuasa投入3000万欧元在匈牙利设立锂电池厂，特斯拉将建立2座超级充电站，韩国SK集团拟投6.5亿欧元建设电动汽车电池厂，戴姆勒再投10亿欧元建设第二座汽车工厂。这些都是具有创新性的工厂。机器人、无人驾驶等先进技术都将在这些工厂中运用。根据国际机器人联合会的资料显示，匈牙利每万人使用机器人281台，大多数使用在汽车行业，而且上升趋势明显。另外，匈牙利投入450亿福林建设智能汽车测试场，并与奥地利和斯洛伐克达成一致，两国将为此提供境外测试。由此，匈牙利外长西雅尔多对媒体表示，匈牙利已经进入数字经济时代，要成为数字汽车行业的领头羊。

生物医药产业是匈牙利历史悠久的支柱产业之一，在中东欧地区保持了领先地位，匈牙利也是出口该地区药物最多的国家。匈牙利创新署虽然没有设立专门的资助计划，但是每一项计划中都资助了生物医药项目。与中国合作的中东欧中医药中心也建在了布达佩斯。匈牙利政府大力支持该中心的建设，分别在塞美维斯大学健康学院建设教学示范楼层和十五区苏联遗留医院处建设综合性的中医药医院。前者政府投资15亿福林，后者仅设计费政府就出资了2亿多福林。目前，该项目进展顺利，相继完成了设计、招标和开工许可等手续。在创新署的竞争力与卓越计划中，大力资助了肿瘤细胞的自动识别等技术的研究。

可再生能源是匈牙利大力发展的领域。2018 年匈牙利政府批准的风能和太阳能项目不下 10 个，同时也吸引了不少中国投资。

三、2018 年重大科研成果

2018 年，匈牙利在神经科学和生物医学领域取得以下突破。

弄清了细胞分裂酶与细胞死亡酶之间的关联；扫描细胞信号通路，研究了蛋白质的相互作用，达到控制细胞分裂目的；获得突触功能的分子指纹；揭示了神经元连接点的分子构成、功能和结构，即突触；寻找出突触特异变异的原因；通过突触的分子图和免疫定位法找到负责实现特定功能的分子星座，即分子指纹；发现炎症在神经系统疾病中的作用；研究发现大脑中的炎症通常是脑损伤和神经系统疾病的重要原因，这个影响过程通常是从脑外开始的；几种常见的非传染性疾病（如糖尿病、动脉硬化、肥胖、高血压）代表慢性全身性炎症的状态，可能影响脑发炎过程，出现中风、癫痫、阿尔兹海默病、帕金森病、抑郁症等精神疾病。研究还发现小胶质细胞活性增加是炎症和神经疾病的共同特征。该研究小组与一家医药公司合作，找到了一种物质，消除了大脑中小胶质细胞，而对生物质体内的其他细胞未产生严重影响。研究小组还结合先进的成像技术，分析了小胶质细胞与神经元的连接机制；从神经细胞的扩展功能到理解记忆如何工作；解释了记忆的运作方式；研究发现树突的特性可以被修改，细胞可以学习如何调节它们的树突，神经元的反应可以通过其树突进行调整。在治疗成人白血病上取得新突破。匈牙利科学家利用单个蛋白质分子表面的独特凹槽与其他分子结合，找到了紧密贴合凹槽需要的分子特征，最终找到了一种强力附着在给定蛋白质分子上的制剂。

（执笔人：雷红梅）

保加利亚

2018 年上半年，保加利亚首次担任欧盟轮值主席国，政府高度重视，认为这是提升保加利亚国际形象和地区影响力的重要机遇。一年来，政局总体保持稳定，但公民党政府对政局掌控能力有所下降，党派斗争日趋激烈；经济延续近 6 年的稳定增长势头，内需和投资成为经济增长主动力。在此背景下，保加利亚科技与创新发展没有实质性改观，科研经费不足和人才流失仍然极大困扰着保加利亚科技发展。但政府正在积极谋求变革，包括更换主管科技的部长，制定“国家科学计划（2018—2022）”，加强科研基础设施建设，重视数字经济发展，打造信息通信技术区域中心等。

一、创新指标仍远低于欧盟平均水平

从全球及欧盟的创新指数排名来看，保加利亚在全球处于中上水平，但在欧盟成员国中仍属于创新较落后国家。《2018 年全球创新指数》报告显示，保加利亚在全球 126 个参评的经济体中排名第 37 位，比 2017 年下降 1 位，在欧盟 28 个成员国中的创新表现好于波兰（第 39 位）、立陶宛（第 40 位）、克罗地亚（第 41 位）、希腊（第 42 位）、罗马尼亚（第 49 位）。

另外，根据欧盟发布的《2018 年欧洲创新记分牌》统计数据，保加利亚仍属于创新程度较低的欧盟国家，其创新绩效不到欧盟平均水平的 50%，2018 年的创新绩效比 2017 年下降 1.5 个百分点，仍达不到 2010 年的水平。在欧盟创新排名倒数第 2 位，仅好于罗马尼亚。

二、研发支出略有增加，但研发投入强度有所下降

根据 2018 年 10 月 31 日保加利亚国家统计局发布的统计数据，2017 年保加

利亚研发活动总支出为7.6亿列弗，比2016年增长3.5‰，而研发投入强度（研发支出占GDP的百分比）与2016年相比有所下降，2016年为0.78%，2017年降至0.75%，不到欧盟平均水平的一半。

就研发执行情况来看，2017年企业部门研发支出在四大研发执行部门中占比最高，达70.3%；其次是政府部门，占23.2%；高校和大学医院的研发支出占5.7%；非营利组织占0.8%。

就研发活动的资金来源而言，主要包括国家预算、企业、其他国内来源和国外投资。2017年，企业部门研发投资最多，占43.2%，达到3.29亿列弗，比2016年增长2.6%，2016年为3.20亿列弗。与2016年相比，来自国外的研发资金减少了2.5%，从2.51亿列弗降至2.45亿列弗。

按研究类型划分，2017年研发支出的结构与2016年一样，应用研究所占份额最高。

就研发人员来看，2017年从事研发活动的人员总数达到2.33万人，比2016年减少7.1%，其中，女性占47.9%。全职研发人员总数为1.51万人，比2016年减少5.7%。

与2016年一样，大部分研发人员集中在企业研发部门，占46.1%，1.07万人；政府部门研发人员占34.3%，约7990人；高等教育部门研发人员4414人，占19.0%。

受过高等教育的研发人员占比从2016年的83.6%提高到2017年的83.8%。

三、批准通过《国家科学计划（2018—2022）》

根据《保加利亚国家科学研究发展战略（2017—2030）》，教育科学部在各科研机构的协助下，制定了《国家科学计划（2018—2022）》，并于2018年9月获得部长理事会通过。

《国家科学计划（2018—2022）》是与各部委和地区行政部门协商后制定的，旨在确定各部门的重要科技活动，实现各部门政策与计划之间的协同作用。高等教育机构与研究机构之间已经达成一致，将共同实施该计划。

《国家科学计划（2018—2022）》的实施旨在克服研究体系的分散化，巩固研究潜力，分享研究基础设施，集中财政资源应对重大社会挑战，避免重复资助。涉及信息通信技术、低碳能源、自然灾害、生物经济和保健食品研究、文化遗产保护、电子医疗、生殖生物技术、NAT献血诊断技术方法论、科学与创新、欧洲顶尖研究和人才培养，以及青年科学家和博士后计划共11个主题计划。该计划的实施还将有助于克服向他国移民和研究岗位的流失；吸引有前瞻性的科学家，增加保加利亚科学家数量；使科学侨民重新融入保加利亚的科学和科学教育体系；增加知识转移；通过提高保加利亚高等教育的质量，增加研究人员和博士生数量。

《国家科学计划（2018—2022）》的总预算为6100万列弗，按年度细分为：2018年1802万列弗，2019年1809万列弗，2020年1679万列弗，2021年690万列弗，2022年120万列弗。该计划的实施将由教育科学部负责监督和协调，旨在建立一种基于结果的资助机制。

四、正式加入欧洲生物银行研究基础设施

研究基础设施建设日益受到政府重视。2017年，保加利亚提出了新的“国家研究基础设施路线图（2017—2023）”。这是一个多年度的财政支持计划，2018年，教育科学部为重建和更新国家研究基础设施投资1060万列弗。

2018年5月23日，保加利亚作为正式会员加入欧洲研究基础设施集团－生物银行和生物分子资源研究基础设施（BBMRI-ERIC），成为其第21个成员国。

索菲亚医科大学成为保加利亚在该机构的代表。自2014年以来，索菲亚医科大学一直是保加利亚国家大学综合体在生物医学和应用研究领域的协调机构，这也是“国家研究基础设施路线图（2017—2023）”的重要组成部分。教育科学部负责“国家研究基础设施路线图（2017—2023）”的财政协调。

教育科学部部长克拉西米尔·瓦尔切夫（Krasimir Valchev）表示，保加利亚拥有世界级的卓越研究团队，加入欧洲大家庭之后，将进一步加强政策工具，为研究人员及国家研究和创新发展提供支持，通过促进欧洲科学开放和研究基础设施的长期可持续性和开放性，来加速知识转移和研究成果的可获得性。

BBMRI-ERIC总干事Erik Steinfelder表示，保加利亚生物银行正以前所未有的方式与世界联系在一起，保加利亚的加入将成为欧洲研究的一个重要里程碑。

五、打造信息通信技术区域中心

近年来，保加利亚高技术企业发展迅速，其高技术和创新型中小企业遍布全球。借助2018年上半年担任欧盟轮值主席国之机，保加利亚努力寻求其他巴尔干国家的支持，希望将自己打造成巴尔干地区乃至欧洲信息通信技术行业的区域中心。根据欧洲议会2018年4月9日的信息，保加利亚信息通信技术领域充满活力、创新能力和创业能力，保加利亚正处于欧洲数字化转型的前沿。

保加利亚欧盟事务部长帕弗洛娃女士（Lilyana Pavlova）表示，保加利亚信息通信技术领域大约80%的雇员年龄在35岁以下，许多年轻人到国外学习和工作后又回到保加利亚的信息通信技术部门工作，使该领域成为阻止年轻人才流失

的一个很好范例。特别值得一提的是，该领域女性雇员占比高达 31%，远高于其他欧盟成员国，是欧盟平均水平的 2 倍。保加利亚正努力支持和激励年轻女性在该领域创业。

六、数字经济是担任欧盟轮值主席国期间的重要议题

发展数字经济是保加利亚担任欧盟轮值主席国期间的重要议题。2018 年 1 月 1 日，在保加利亚加入欧盟 10 年后，首次担任欧盟轮值主席国，数字经济是其担任轮值主席国期间的四大主要目标之一。

2018 年 6 月 25 日，在保加利亚首都索菲亚，欧盟委员会正式启动了“西巴尔干数字化议程”，旨在支持该地区向数字经济转型，使该地区的居民能充分享受到数字化转型带来的好处，如获得更快的经济增长，获得更多就业机会和更好的服务。其重点是将数字化单一市场作为增长和竞争力来源，以便在所有经济部门中获得更大的在线用户服务份额和实现信息通信技术快速普及。应对这一挑战，涉及创建一个清晰简化的法律环境，使消费者无论身处欧洲何地，都能充分利用数字化单一市场和互联网环境。而数字化单一市场的建立无疑需要对研究和创新进行大量投资，如云计算和大数据、人工智能，以及对数据和研究信息的最大化利用。保加利亚担任欧盟轮值主席国期间重点关注数字研究基础设施战略领域，以及数据和出版物的广泛和免费获取，如通过欧洲开放科学云（EOSC）和高性能计算处理器项目（如 EuroHPC）。

保加利亚担任欧盟轮值主席国期间致力于促进基于数字技术和创新的企业家精神，在欧盟经济和社会发展中起着主导作用。

（执笔人：盖红波）

俄 罗 斯

2018年，俄罗斯经济持续低速增长。在科技创新领域，普京第4次就任俄罗斯总统后发布新《五月法令》，提出到2024年俄罗斯要跻身全球科技五强、教育十强的目标。随后，普京改组成立新一届政府，其中最突出的变化是将教育科学部拆分为教育部（负责基础教育）和科学与高等教育部（负责整体科技发展及科技创新活动），并将原通信与大众传媒部改名为数字发展、通信与大众传媒部，体现了俄罗斯政府优先发展数字经济的决心。

一、普京新任期开启科技创新管理新思路

（一）国情咨文奠定普京新任期施政基础

2018年3月1日，普京发表了国情咨文，由于普京以独立候选人身份参选新一届总统，并未发表系统的竞选纲领，因此，此次国情咨文被视为普京新任期的施政基础，其中阐述了科技对国家发展的战略意义，要求俄罗斯抓住这一波新的科技浪潮，改进落后局面。普京在国情咨文中明确了科技发展战略目标，并做出了工作部署，主要包括：完善立法，促进高技术发展与应用；全面启动实施数字经济规划；加强关键技术研发及其本地化；促进科技成果向生产力转化；继续加强基础研究，稳步推进大科学计划；推动大型跨学科项目的产学研合作；保障国际研发团队在俄罗斯顺利工作。

另外，普京没有孤立地看待科技发展问题，而是将其有机地融入其他社会发展领域，他指出：在环保领域，城市环境的修复应建立在广泛引进先进技术、材料及现代化建筑解决方案上，应建立在数字技术在基础设施、公共运输、公共事业领域的使用上；在基础设施互联互通建设方面，俄罗斯不仅应该成为重要的物流和运输枢纽，更要成为全球大数据中心之一；在基础设施建设方面，必须考虑

到全球技术变革趋势；在能源领域，必须采用能源生产、储存和运输的新技术；在医疗领域，将实施全国癌症专项防治计划，并构建从早期诊断到及时有效治疗的现代化综合系统。

（二）成立新的政府科技主管部门科学与高等教育部

2018 年 5 月 7 日，普京第 4 次就任俄罗斯总统，并 5 月 15 日签署总统令，批准了梅德韦杰夫总理提出的新一届政府组成机构，对科教领域做出以下 3 个方面的调整。

一是改组教育科学部。将教育科学部划分为两个独立的部门，分别为负责国家整体科技发展及科技创新活动的科学与高等教育部，以及负责基础教育的教育部，这表明俄罗斯高校发展被正式划入国家科学发展规划。此外，负责俄罗斯科学院管理与改革的联邦科研机构管理局被撤销，相关职能纳入新成立的科学与高等教育部。改革后，科学与高等教育部负责以下领域国家政策和法律规定的制定和实施：高等教育和相关补充职业教育；科学、科技和创新活动；联邦科学和高技术中心、国家科学中心和科学城的发展；青年政策等。

二是设置由联邦政府领导的教育科学督查部门。为提高科研和教育领域的工作质量，俄罗斯政府将上届政府中由教育科学部管理的联邦教育科学监督署提升为由政府直接领导的教育科学督查部门，对学校及科研机构的工作进行监督，这也是俄罗斯为建立独立、灵活、透明的科研和教育质量管理体系迈出的第一步。

三是更加重视青年发展。上届政府中设于教育科学部内的专注于青年发展的联邦青年事务署也独立出来，直接归联邦政府管理。由此可见，支持青年开展科技创新，促进青年社会化的工作也受到高度重视。

（三）发布新《五月法令》

普京第 4 次就任俄罗斯总统后发布了《关于俄罗斯联邦 2024 年前国家目标和战略发展问题的法令》（即新《五月法令》），提出了未来 6 年宏大的社会经济发展规划。新《五月法令》不仅是普京在新一届总统任期内对国家和民众做出的承诺，也是新一届政府的任务清单与行动指南。法令中明确规定，政府在制定科技领域国家计划与工程时，应确保在 2024 年实现三大目标：确保俄罗斯跻身全球科技五强之列；确保俄罗斯科研工作对国内外顶尖科学家及年轻且有才干的研究人员具有吸引力；加大公私部门研发投入，并确保其增速超过 GDP 增速。

新《五月法令》确定了 2024 年前俄罗斯科技发展的具体指标：建立先进的科研创新基础设施，包括建立和发展大科学级科研设施网络；将重点科研机构的仪器设备更新率提升至 50% 以上；建立一批世界级科学中心，包括国际数学中心、基因组研究中心；依托高等院校和科研院所整合并与实体经济部门合作，创建至少15个世界级科学教育中心；构建完整的科研和科教人员培养和职业发展体系，为年轻科研人员从事研发、组建实验室和有竞争力团队创造条件。

（四）出台"科学"国家项目

普京第4次就任俄罗斯总统后，宣布将通过设立国家项目的方式解决经济社会发展领域的重大问题，涉及人口、医疗、教育、就业、住房与城市环境、生态、公路现代化、道路安全、科学、数字经济、文化、中小企业、国际合作与出口13个战略领域。

其中，"科学"国家项目共设立三大目标。一是确保俄罗斯在科技发展优先领域跻身全球五强。具体为：到2024年，俄罗斯在国际学术期刊上的论文发表量占比要提升至世界第5位（2017年为第11位）；发明专利申请量占比要提升至世界第5位（2016年为第8位）；研发人员全时当量（以经合组织数据为准）要保持第4位。二是确保俄罗斯对国内外顶尖学者和青年研究人员具有足够吸引力。具体为：到2024年，能在国际学术刊物一区和二区上发表论文的研究人员数量提高至3.08万人（2016年为2.78万人）；39岁以下研究人员占比提升至50.1%（2016年为43.3%）。三是提高全社会研发投入，到2024年应增至1.8万亿卢布（2016年为9438亿卢布），并确保研发投入强度增速比GDP增速快2%。

（五）修订俄罗斯科学院联邦法

为加强俄罗斯科学院作用，俄罗斯政府针对其实施"两步走"行动计划：第一步，修订第253号联邦法；第二步，启动俄罗斯科学院特别法（以下简称"特别法"）起草工作。

在第一步行动计划方面，2018年7月俄罗斯政府颁布《〈关于俄罗斯科学院的联邦法〉的修正案》，规定了俄罗斯科学院的目标、主要任务、职能、权利及其在科学或技术活动领域的国际合作职能。根据该修订案，俄罗斯科学院的职能包括确保在自然、技术、医学、农业和人文科学的最重要领域开展基础研究和探索性研究的连续性和协调性，为国防和国家安全在军工综合体领域开展科学研究，为俄罗斯联邦政府工作提供专家支持，为科研机构和高等教育机构开展科学技术活动提供科学及方法指导等。

关于第二步行动计划，俄罗斯科学院院长谢尔盖耶夫认为，俄罗斯科学院有可能通过"特别法"的制定，获得一种在当前民法中尚未提及的全新法律地位。"特别法"还需同正在制定中的"俄罗斯科学技术与创新活动"联邦法的立法进程紧密协调。

二、重点领域发展新战略陆续出台

（一）加大数字经济发展顶层设计

2018 年是俄罗斯数字经济发展从正式起跑转向加速的一年。2017 年下半年俄罗斯政府发布《数字经济国家纲要》，2018 年陆续有更多的政策措施跟进。

1. 国情咨文强调数字经济发展

在普京发表的 2018 年度国情咨文中，提出要大力发展人工智能等先进技术，在现有项目建设中，要配备能够兼容无人驾驶汽车、海上和空中数字导航系统，以及借助人工智能进行运输的相关基础设施；到 2024 年向公民开放“数字世界的所有可能性”；提供在线教育、远程医疗和电子商务等现代化服务；在最短的时间内完成人工智能立法。

2. 新《五月法令》勾画数字经济发展蓝图

在新《五月法令》中提出，科技发展的重点方向之一是数字经济。具体目标为：至 2024 年前，数字经济相关投入将增加 3 倍；将建立灵活的数字经济法律监管体系，将数字技术应用于公民事务；依托国产研发力量构建全球高竞争力的数据传输、处理和存储基础设施；为数字经济发展培养高素质人才；依托国产研发力量构建信息安全体系，保障个人、商业机构和国家的利益；优先在国产研发基础上开发交叉性数字技术；在国家治理和社会经济领域引入数字技术和平台解决方案，包括卫生、教育、工农业、建筑、城市管理、金融、交通和能源基础设施；在数字技术、平台解决方案的研发与应用领域构建项目融资综合体系，包括风险融资和其他发展机构；制定和实施欧亚经济联盟成员关于数字经济发展的统一政策等。

（二）制定军民融合的人工智能发展计划

2018 年 3 月，俄罗斯国防部联合教育科学部、俄罗斯科学院召开会议，邀请国内外人工智能研究者和用户对全球人工智能发展进行研判，试制定出一份“俄罗斯人工智能发展计划”（又称“十点计划”），对未来俄罗斯人工智能的研究工作及各部门和机构的协调分工做出指导。计划主要内容包括：组建人工智能和大数据联合体；培养人工智能人才，并向人工智能从业者提供接受继续教育的机会；每年至少举办一次人工智能大会，对该领域的先进理论进行探讨；由国防部牵头，联合联邦科研机构管理局（现已并入科学与高等教育部）、莫斯科国立大学等部门和科研机构成立“人工智能实验室”，推动研究成果转化。

（三）发布《2018—2020 年生物技术和基因工程发展措施计划》

2018 年 2 月，俄罗斯政府出台了《2018—2020 年生物技术和基因工程发展措施计划》（路线图），旨在扩大国内需求，推动生物技术产品开发和出口，并构建制度条件，通过大规模应用新型生物技术解决方案和产品实现工业技术基础现代化。计划确定了九大优先领域的具体措施，涉及开发生产潜力和生产合作、基础设施、生物医学和生物制药、农业生物技术、工业生物技术、生物能源、林业生物技术、生态生物技术和基因工程。2018—2020 年，俄罗斯将从参与国际合作、完善相关法律法规及国家标准、进一步支持私营企业发展等方面，推动生物技术及基因工程的发展。

计划提出，到 2020 年，俄罗斯生物技术工业产品产值将达到 148 亿卢布，拥有 2 家具有生产生物医学细胞产品许可的大规模应用生物医学产品开发和临床前研究的生产中心，2 家大规模应用生物医学细胞产品开发和临床前研究的生产中心，50 家获准进行生物医学细胞产品临床试验的医疗机构，13 种用于农产品加工的生物技术，7 万个用于监测和分析森林资源遗传多样性、森林病理和森林繁殖情况的 DNA。

（四）公布《俄罗斯登月计划路线图》

2018 年 11 月，俄罗斯科罗廖夫能源太空火箭公司公布了《俄罗斯登月计划路线图》。根据路线图，俄罗斯宇航员将在 2030 年后执行首次登月任务，会将 3 名宇航员送到月球，整个任务将持续 14 天。为实现这一目标，俄罗斯将分 3 个阶段建设月球基地。

第一阶段（2025 年前），计划在国际空间站上完成所有技术研发工作，构建近月轨道空间站基础模块，进行“联盟”号载人飞船测试，开展“联盟”号无人绕月飞行及自动探测器探月活动；

第二阶段（2025—2035 年），将测试活动扩展至月球表面，完成首次载人登月，启动月球基地的早期设施安装；

第三阶段（2035 年后），全面完成月球基地建设工作，建成载人探测和自动探测相结合的统一探月系统。

三、创新平台建设进展顺利

（一）确定 14 家国家技术计划能力中心

“国家技术计划”是俄罗斯面向未来 15 ～ 20 年可能决定世界经济格局的高

技术市场而启动的一项长期系统性发展计划，其目的是为俄罗斯企业占领新兴高技术市场创造有利条件。

2017 年 12 月，俄罗斯教育科学部评标委员会确定了首批 6 家国家技术计划能力中心，分别为莫斯科物理技术学院人工智能国家技术计划中心，莫斯科国立大学量子技术中心，俄罗斯科学院化学物理问题研究所新能源和移动能源技术能力中心，圣彼得堡彼得大帝理工大学先进制造技术研究所新型制造技术国家技术计划能力中心，俄罗斯科学院生物有机化学研究所生物性状控制技术中心，远东联邦大学神经网络技术、虚拟现实和增强现实技术国家技术计划能力中心。

2018 年又追加评审了 8 家国家技术计划能力中心，分别为莫斯科国立大学大数据储存与分析技术中心，伊诺波利斯大学机器人部件与机电一体化技术中心，莫斯科电子技术学院遥感研究中心，圣彼得堡国立大学分布式账本技术中心，莫斯科国立钢铁合金学院量子通信研究中心，莫斯科动力学院电力传输与分布式智能能源系统技术中心，斯科尔科沃科技学院无线通信与物联网技术能力中心，圣彼得堡信息技术、机械与光学大学国家认知发展中心。

（二）新建一批科技园区和企业孵化器

2018 年 6 月，俄罗斯政府发布政府令，指出将从政府储备基金中拨付预算 4.0876 亿卢布，并通过共同融资的方式在卡卢加州建设企业孵化器，在利佩茨克州建设“利佩茨克”科技园，在雅罗斯拉夫州建设杜达耶夫“大师”工业园，在斯摩棱斯克州建设“萨福诺沃”产业园，在达吉斯坦共和国建设“阿芙乐尔”产业园。这些项目建成后，预计能容纳的中小企业数量为：卡卢加州企业孵化器 50 家、利佩茨克州科技园 50 家、雅罗斯拉夫州工业园 10 家、斯摩棱斯克州产业园 40 家、达吉斯坦共和国产业园 36 家。

四、人才强国建设有序推进

自 2014 年起，俄罗斯研发人员总数止跌回升，青年科技家数量和占比也持续攀升。俄罗斯正在逐步扭转数十年来科技人才持续外流及科研队伍老化的窘境，为其建设科技创新强国的宏图奠定了坚实基础。2018 年，俄罗斯政府全力以赴维护这一来之不易的势头，并取得了积极成果。

（一）高度重视人才储备和引进问题

在普京发表的 2018 年度国情咨文中，提到了俄罗斯政府跨国招才引智的具体构想：以实施大科学工程和科研项目为载体，吸引来自其他国家的同胞和外国科学家；尽快建立法律框架，支持国际科研队到俄罗斯工作；吸引外国学生到俄罗斯留学并将优秀毕业生留在俄罗斯工作；改进移民工作，简化俄罗斯公民身份授予的程序。

在新《五月法令》中也明确提出，要确保俄罗斯联邦的科研工作对俄罗斯和外国顶尖科学家及年轻且有才干的研究人员具有吸引力，在 2024 年前要将外国公民在高等教育机构和研究机构就学的人数增加至少一倍，并推出上述人员中优秀人才可在俄罗斯就业的系列政策。

（二）在重点领域开展拴心留人工作

军工综合体是俄罗斯经济的支柱之一。2018 年，普京主持会议研究军工综合体发展时强调，“军工综合体的工作效率取决于行业人才发展”，近年来这个问题得到高度重视，使得整个行业的专业人才数量稳定下来，一些企业还有所增加。普京认为，军工综合体应当创造引进和留住年轻人才的条件，让他们开展雄心勃勃的任务，确保理工学科的延续性。当前，军工业 35 岁以下年轻从业人员的比例超过 30%，从业人员的平均年龄不到 45 岁。另外，2017 年军工业的年工资水平比 2012 年提高 70%，超过 5 万卢布。军工企业工作人员的系统性住房保障计划也在落实当中，仅 2018 年就有 8000 多名专业人才改善了住房条件。

（三）大幅增加科技类奖励奖金

2018 年 11 月，普京总统签署一项法令，决定从 2020 年开始，将国家科学和文化奖的奖励额度提高一倍。根据该法令，俄罗斯联邦在科学技术领域杰出成就奖的奖金将从 500 万卢布增加至 1000 万卢布，科学创新领域青年科学家总统奖的奖金将从 250 万卢布增加至 500 万卢布。

（执笔人：陈原林　孙　键）

乌克兰

2018年，乌克兰政治过渡平稳，经济复苏加速，科研经费增幅较大，科技创新步伐加快，科技领域改革加速推进，科技发展呈现向好趋势。

一、政府加大预算投入，引导科技创新发展

（一）国家科研预算经费增加，推动科研投入增长

2018年，乌克兰科研经费比2017年（47亿格里夫纳[①]）增加30%，达到61亿格里夫纳（约合2.2亿美元），国家科学院的经费增幅最大，超过38%，而隶属于国家教育科学部的高校科学经费仅增长了12. 3%。国家教育科学部部长称，2017年，乌克兰已经走出2016年科研经费拨款的低谷（科研经费只占GDP的0.16%），高校获得科研经费6.215亿格里夫纳（约合2220万美元），另有一部分拨给了科研项目评审通过的获胜单位。

（二）目标优先领域牵引国家科技计划，集中有限资源办大事

2015年，乌克兰通过了《科学和技术活动法》最新修正案。该法规定了乌克兰科学管理和经费管理整个体系建设，为确保国家科技计划的形成和实施，批准了科技发展目标优先领域：环境保护，公众健康，农产品的生产、加工和储存，环保节能和节能技术，新物质和新材料，信息通信技术。

实现国家科技发展目标优先领域的主要载体是国家科技计划，以目标优先领域牵引国家科技计划，集中乌克兰国内有限的科研经费投入办大事。

---

① 1美元约等于28格里夫纳。

1. 研发人力资源及在各领域配置情况

据乌克兰国家统计局2018年发布的统计数据，2017年，乌克兰从事科学研发活动的机构共963家，其中，政府属研究机构占45.8%，各类企业占39.0%，高等院校占15. 2%。企业和研发活动机构中研发人员总数为9.43万人（包括兼职和签订劳务合同人员），其中，研究人员占63. 0%，技术人员占9. 7%，辅助人员占27.3%。

2017年乌克兰研发总投入为47亿5963万格里夫纳，优先领域投入达38亿3189万格里夫纳，占研发总投入的92.1%。

乌克兰国家科技研发的主体力量是国家科学院、国家教育科学部所属高校科研机构及国家行业科学学会。与往年相同，2017年优先领域投入主要分配给了国家科学院、国家教育科学部和国家农业科学院，占科研经费总投入的绝大多数。国家科学院获得了23亿3786万格里夫纳，占优先领域总投入的61.0%；国家教育科学部获得6亿2364万格里夫纳，占16.3%；国家农业科学院获得3亿2238万格里夫纳，占8.4%。

研发投入优先领域为科学、技术、社会、经济、政治、人的潜能的基础研究，以保证乌克兰的全球竞争力和社会可持续发展。其中，基础研究的优先领域有火箭和空间技术发展、信息技术、超级计算机的软件和硬件、通信网络和系统、云计算技术、纳米技术、发动机燃料、高效传输技术、农业和动物物种基因库、食品安全、生命科学等。这表明乌克兰基础科学研究的显著主导地位得到了延续，而且这一趋势今后将得到进一步加强。

2. 科研项目竞争性遴选情况

根据2014年10月16日630号《乌克兰国家科学和技术活动法》中第42、第48、第57和第58条对乌克兰“科学技术领域优先方向”的规定，国家订购的重大科学和技术（实验）开发和科学技术产品项目，国家财政予以支持。国家科研机构、高校依据相关法律通过科学技术认证和采购程序，进行竞争性选拔。

高校科研科学技术（试验）开发竞争性选拔。目前，乌克兰高校科研主要是通过项目竞争性选拔，以资助形式完成。乌克兰政府计划将在2019年完成对高校科研中科学机构认证体系的建设，即高校科研机构必须通过高层次机构认证，根据认证结果将会对高校科研实施基础经费投入，这样有利于大幅提升高校科研整体水平。

当前，乌克兰出现了高校科学复兴的趋势。2016年，高等教育机构的年轻科学家人数增加了1500人，这种复兴的重要因素之一是年轻科学家科学作品竞争性选拔的刺激。国家教育科学部于2016年为年轻科学家团队的200多件科研产品提供了近3800万格里夫纳的经费支持，不仅为参加项目竞赛的人员和团队提供劳动工资，而且提供购买材料及必要科学设备的资金，这在很大程度上为年轻的科学家及其团队解决了科研活动早期经费及设备困难，为鼓励和推动年轻科学家开展前沿科学研究注入了强心剂。2018年，国家教育科学部计划继续实施这一项目，并在未来将其增加到该部科研投入总预算的10%～15%。

科学院项目竞争性选拔。乌克兰国家科学院行政上独立于国家教育科学部之外且预算独立，乌克兰科研经费财政主要拨给国家科学院。2017年，乌克兰国家科学院获得科研经费27.19亿格里夫纳（约合1亿美元）。2018年，乌克兰国家科学院新开设了"支持优先研究领域发展"的重要创新项目，国家将为该研究项目拨款5亿格里夫纳。这些资金将提供给通过高级认证的科研院所，在竞争性选拔基础上提供科研经费。

2017年，乌克兰国家科学院目标计划和竞争项目涉及的研究领域有国家目标研发计划、6个目标基础研究项目、15个目标应用研究项目、2个单独的目标项目；同时，国家科学院还资助参加了与国外和国际组织的联合竞赛、科技（创新）项目竞赛、社会人文科学研究项目竞赛、青年科学家研究项目竞赛。

国家研究基金会提供项目资助。为了有效地开展科技研发活动，乌克兰运用财政和信贷两个杠杆，其中一个主要的杠杆是预算融资。对基础研究的支持也是通过国家基础研究基金进行的。

历史上，乌克兰科研经费支持遵循部门原则。国家科学院、各部委都可在其部门机构系统中分配资金。这使得学术界之间、学术界和部门间的合作变得非常复杂。科研项目管理体系需要进行一场科学改革，按照欧洲科研管理评价体系和研究人员就业准则进行改革势在必行。在这种背景下，2015年最新修订的《乌克兰国家科学和技术活动法》中明确提出，尽快于2018年成立国家研究基金会，按照最新的国际金融分配透明标准和科学专业知识质量标准体系对乌克兰国家科技管理体系进行改革。

国家研究基金会是一个国家预算机构，其主要目标是资助自然、技术、社会和人文科学领域的基础研究，在科学技术发展优先领域开展科学和技术（试验）开发。目前已完成国家研究基金会的机构注册工作，建立了国家科研机构和高等教育机构科研活动认证的监管框架，确定提供资金支持和竞争性研究项目选拔的基本原则。国家研究基金会计划在2019年正式运行，将建立引入高等教育机构科研活动基本资金的法律框架，并将现有的科研和项目国家登记制度转换为数字标签形式，支持乌克兰创新发展战略。

乌克兰国家教育科学部和地方政府、国家科学院、部门科学院和国家研究基金会均在其官方网站上张贴有关科学和技术研发项目竞争性选拔相关信息。

二、整合国家科技管理资源，提升科研管理领导水平

2018 年年初，乌克兰政府提出本国科技发展新思路，即挖掘各个行业的多重发展潜力，拓宽科学和科技初创公司融资渠道，实现技术突破，以科技创新发展拉动经济增长；完善科学融资体系，科学融资实现从保守模式向投资发展的转变；加大高校科学研究基础资金配置，大力支持初创机构，推动创新创业与实体经济发展深度融合，建立教育、科学和商业之间的互动渐进模式。通过改革现有科研管理体系，推进建立与西方发达国家接轨的国家科技计划管理体系。

（一）学习和借鉴西方发达国家科技计划管理整套体系，整合国内资源

目前，乌克兰已经在政治、经济、科教、卫生等各个领域全面启动欧洲一体化进程，逐步制定与欧盟接轨的标准体系，努力为融欧做好充分准备。西方发达国家在乌克兰重塑价值体系的同时，正在加紧向乌克兰输入自己的科研管理和技术标准，从科技管理机制、体系、模式到科研项目联合申报、遴选及评价体系，以在科研机构财务审计、绩效考核等领域对乌克兰科技管理体系建设提供实质性的帮助，意图帮助乌克兰建立与欧盟对接的标准体系。

（二）不断完善国家科技管理法律体系，筑牢法律根基

近年来，乌克兰政府先后出台了系列法规，不断完善和健全国家科技发展法律保障体系。2016 年，乌克兰出台了《科学技术活动法》，为国家科技领域实施改革提供了法律保障。乌克兰议会修订了《乌克兰科技园区活动法律草案》，致力于在乌克兰构建良好的创新环境，推动高新技术产业发展，提升高新技术产品的国际市场竞争力。

（三）调整优化科研布局，围绕国家战略需求和世界科技前沿展开部署

乌克兰政府提出，调整优化科研布局，进一步把重点科研力量集中到国家战略需求和世界科技前沿，加大政府对科技的财政支持力度，推动科研成果商业化应用，满足经济领域发展需求，推动乌克兰产学研升级发展。乌克兰将从原材料出口转向具有世界竞争力的高新技术产品生产出口为主。

《乌克兰 2020 年发展战略》中提出，2020 年科技研发优先领域有基础科学、信息通信技术、能源和能源效率、环境及环境治理、生命科学及最常见疾病预防

和治疗新技术、新物质和新材料。

乌克兰科技优势领域有航空航天技术、核科学、新材料、信息技术、物理和天文学、工程技术、生物技术、农业技术。

三、积极开展国际科技创新合作，提升国际合作地位

乌克兰新一届政府重视国际科技创新合作，积极参与国际大科学计划和大科学工程。目前，乌克兰与欧盟、非洲、亚洲、南美洲和太平洋地区组织及国家，以及国际组织等签订国际科学技术合作协议共 73 份。积极与国际组织和基金会开展合作，包括欧盟、北大西洋公约组织（ATO）、国际欧洲创新科技计划“EUREKA”、美国城市研究与开发基金会（CRDF）、欧洲核子研究中心（CREN）、核研究联合研究所（JINR）、黑海经济合作组织（BSEC）、乌克兰科学技术中心（STCU）等。

积极参与欧盟“地平线 2020”研发框架计划并取得了一系列成果。乌克兰国内 556 个团队向该计划提交了 394 个项目提案；参与欧洲核子研究中心项目，在大型强子对撞机项目框架内，乌克兰共有 47 位科学家在欧洲核子研究中心工作；参与欧盟第七研发框架计划，参与完成 97 个项目，获得近 2700 万欧元的项目资金。

四、存在的问题和困难

乌克兰政府致力于加大对科技的财政支持力度，推动科技成果商业化应用，满足经济领域发展需求，推动乌克兰产学研升级发展。主要存在的问题和困难如下。

一是科研投入水平较低，对国内外投资的吸引力不足。与其他欧洲国家相比，乌克兰科研领域国家财政投入水平较低，科技资金优势领域配置失衡。当前，乌克兰科技领域迫切需要保障基础研究支出，增加应用研究和科技开发资金，吸引国内外投资。

二是科技改革进程推进缓慢，工作效率不高。乌克兰计划建立一个国家研究基金会，致力于促进高校和学术部门之间、学术界和工业界之间的合作，为基础研究和应用研究提供支持，并资助乌克兰本土学者前往国外研习，支持召开重要国际科技创新会议等。在内外交困的形势下，这些举措是否能够帮助乌克兰科技重振雄风，仍有待观察。据乌克兰国家教育科学部国际合作及欧洲一体化司副司

长莎芭娃 · 斯特拉女士最新表态，目前，国家研究基金会已完成机构登记注册工作，但其机构建成及职能发挥尚待时日。

三是创新环境有待改善，产学研结合不够紧密。乌克兰现有创新企业共 824 家、推广应用创新成果企业 723 家、技术园 12 家、科学园 22 家、创新和技术转移中心 49 家、创新孵化器 14 家。以依托高等院校和科研院所建立的科技园、创新孵化器为代表的创新机构、社会组织和实体经济、风险投资结合起来，汇集高等院校和科研院所大批人才，充分发挥青年人创新热情高、对“新市场”嗅觉更灵敏的优势，促进乌克兰科研创新发展。例如，基辅理工大学与基辅理工大学科技园联合创立的“西科尔斯基挑战”（Sikorsy Challenge）创新生态系统，参与者来自美国、欧洲、乌克兰的高科技公司、风险基金和投资基金、大型创新生产公司。

五、发展前景和展望

目前，乌克兰国家教育科学部正在制定乌克兰融入欧洲研究区（ERA-UA）的路线图，其目标是将乌克兰科学体系整合融入欧洲研究区，提升乌克兰科学家在世界科学领域的话语权，促进公共和私人实体（包括保护知识产权）之间的有效知识转移。未来，乌克兰政府将进一步加大科技投入，改善创新环境，增强科技发展动力，为科技发展创造良好的国内国际环境。

（执笔人：崔成鑫）

日　本

2018 年是日本实施《第五期科学技术基本计划》的第 3 年。本年度，根据政府制定的科技创新综合战略，在着力推进超智能社会，促进人才、知识及资金统筹集成的开放创新平台的形成，强化科技创新顶层设计和实施体制的同时，出台了包括人工智能、能源、海洋、材料等在内的系列政策。

一、科技发展概况

（一）全社会科技研发投入

根据日本总务省统计局《2018 年科学技术研究调查结果》的数据，2017 年度（2017 年 4 月至 2018 年 3 月）日本全社会研发经费投入总额为 19.0504 万亿日元，时隔 3 年恢复上升，达历史新高，占当年度 GDP 的比例为 3.48%，比上年度增加 0.05 个百分点。在研发经费投入来源中，民间研发经费投入达 15.6629 万亿日元，占总经费的 82.2%；国家及地方政府投入为 3.2736 万亿日元，占总经费的 17.2%。

（二）政府科技预算

2018 年日本政府科技相关当初预算为 3.8401 万亿日元，比上年度增加了约 7%；调整预算为 3606 亿日元，预算总额为 4.2007 万亿日元。

在各省厅科技预算分配中，文部科学省所掌管的科技预算占据最高的比例，达 54.4%，经济产业省位居第二，为 17.1%，国土交通省为 4.7%，厚生劳动省为 4.4%，农林水产省为 4.3%。

政府科技经费主要的支持领域包括：面向未来的产业结构与社会变革创造新价值、应对经济社会课题、强化科技创新基本能力和构建创新人才、知识和资金的良好循环系统等政策要求，各部门分别从持续成长与区域社会、安全与安心、超智能社会 5.0 实现平台、助力创新的良好循环系统、挑战未来的研究开发、基础研究能力强化、前沿领域开拓和应对地球规模课题等。

（三）科技人才发展

截至 2018 年 3 月 31 日，日本共有科学技术相关从业人员 108.14 万人，比上年度减少 1.8%。其中，研究人员 86.70 万人、科研事务人员 9.11 万人、辅助人员 6.64 万人、高级技工 5.70 万人。

在 86.70 万研究人员中，企业研究人员为 49.87 万人，同比增长 2.0%；非营利和公共机构的研究人员为 3.89 万人，同比增加 0.6%；大学的研究人员为 32.94 万人，同比增加 1.0%。女性研究人员的比例有显著的提高，达到 15.05 万人，占比逐年提高达到 16.2%，保持了持续增长势头。

（四）知识产权创造

根据日本《专利行政年度报告书 2018 版》数据，日本发明专利申请件数自 2008 年度以来呈渐次减少趋势，2017 年度为 318 479 件，与上年度基本持平。另外，日本向本国专利机构申请的 PCT 国际发明专利件数除 2014 年以外，年年呈增长之趋，2017 年达 47 425 件，比上年度增长 6.6%。表明日本专利申请结构由过去的偏重国内转向重视海外，反映出研究开发与企业活动的全球化对知识产权战略的影响。

根据世界知识产权组织的数据，2017 年日本的 PCT 国际发明专利的年度申请量为 48 206 件，比 2013 年增长 10.1%，达到历史最高纪录，但排名被中国超越，从第 2 位退至第 3 位。从世界五大专利机构专利申请数量来看，日本专利局 2017 年专利申请量为 31.8 万件，与上年度持平。

（五）科技论文发表

根据美国发布的《科学与工程指标 2018》，日本 2016 年发表的科技论文数为 96 536 篇，排名世界第 6 位，系发达国家中论文数呈减少趋势的唯一国家。

日本科学技术与学术政策研究所根据科睿唯安公司的数据，按照多国合著论文的“分数计算法”计算各国年度平均论文数。对 2014—2016 年自然科学 22 个领域的综述论文按“分数计算法”统计，期间日本平均发表论文数为 63 330 篇，排在美国、中国、德国之后的第 4 位。此外，2014—2016 年日本入围被引 Top10% 论文数为 4081 篇，位居美国、中国、英国、德国、意大利、法国、澳大利亚、加拿大之后的第 9 位；入围被引 Top1% 论文数为 333 篇，位居美国、中国、英国、德国、澳大利亚、法国、加拿大、意大利之后的第 9 位。

（六）研究人员交流

日本在实施科技创新中注重内外并举，不但要吸引国际优秀人才，而且还要培养能活跃于国际研发工作中的本土人才。文部科学省制定了“推进加速智力交流的国际研究网络战略计划”和“海外特别研究员计划”，强化向海外派遣年轻研究人员；实施引进国外年轻研究人员的“外国人特别研究员计划”，促进研究人员在国际舞台相互切磋，开展国际共同研究。

2016 年度日本向海外派遣研究人员 173 670 人。其中，短期（30 天以下）派出 169 307 人，自调查开始以来有不断增加的趋势；中长期（30 ～ 365 天）派出人员自 2008 年度后基本保持在 4000 ～ 5000 人的水平，近 3 年稍有减少，2016 年度为 4363 人。此外，2016 年度接收的海外研究人员数量是 26 330 人。

（七）国际技术贸易

根据日本总务省统计局《2018 年科学技术研究调查结果》的数据，2017 年度（2017 年 4 月至 2018 年 3 月）日本企业技术出口总额 3.8844 万亿日元，比上年度增加 8.7%，其中，向海外母公司和子公司的技术出口占出口额的 75.3%，达到 2.9233 万亿日元。技术进口总额为 6298 亿日元。2017 年度技术贸易顺差 3.2546 万亿日元，比前年增长了 4.3%。技术出口额排名前三的行业分别是运输机械制造业（2.1647 万亿日元）、医药品制造业（6592 亿日元）和信息通信设备制造业（2901 亿日元）。

从国别来看，美国是日本最大的技术贸易伙伴国，出口额达 1.2779 万亿日元，占出口总额的 32.9%；进口额为 3941 亿日元，占进口总额的 62.6%。技术出口额第二多的是中国，数额为 5067 亿日元，占出口总额的 13.0%。技术出口最多的地区为北美，占比 40.3%；其次是亚洲，占比 38.3%；再次是欧洲，占比 18.4%。技术进口的地区绝大部分为北美和欧洲，北美占比 62.9%，欧洲占比 33.3%。

从技术贸易收支国别比较来看，日本 2017 年度技术贸易顺差为 290 亿美元，仅次于美国（419 亿美元，2015 年度），第 3 位、第 4 位分别是英国（198 亿美元，2015 年度）和德国（181 亿美元，2015 年度）。

二、科技政策动向

（一）启动官民研究开发投资扩大开放项目

为实现政府提出的 2020 年经济规模达到 600 万亿日元的目标，构建《第五期科学技术基本计划》设想的超智能社会，综合科学技术创新会议决定推出新的政策工具，即从2018年起启动官民研究开发投资扩大开放项目（PRISM），与2014年业已实施的战略性创新创造计划（SIP）并行推进，通过加大政府向官民共同挑选的特定领域科技项目的投入，诱导民间研发投入，努力达到政府设定的2020年政府研发投入占GDP 1%的目标，并以此诱导民间投资达到政府投入3倍的效果。2018年度确定的3个重点领域为：创新网络空间基础技术，包括人工智能、物联网、大数据技术；创新物理空间基础技术，包括传感器、处理芯片、机器人、光科学、量子科学；创新工程建设与基础设施维护管理，包括具有革新意义的防灾减灾技术。

在PRISM经费方面，从2018年度内阁府掌握的555亿日元科学技术创新创造推进费中安排100亿日元，以向各省厅申报的计划给予项目追加经费的方式加大该类项目的推进力度。2019年度以后，还将考虑纳入储能与节能技术、汽车交通技术与地图信息利用技术、制造业新技术、护理技术、生物产业基础技术、食品生产流通技术、医疗创药技术和材料开发技术等。

（二）制定实施《集成创新战略2018》，力推年度重点任务与措施

日本政府于2018年6月推出了2018—2019年度科技政策基本方针《集成创新战略2018》。在总结《第五期科学技术基本计划》实施两年多来的成绩与不足的基础上，聚焦当前日本所面临的最紧迫课题，重点论述了2018—2019年应重点推进的举措，包括创新基础建设、科技创新创造、创新的社会应用、创新国际合作的开展及需重点加强的主要领域等内容。

按基本计划规定，综合科学技术创新会议每年应制定年度科技基本方针——《科技创新综合战略》，这是下年度科技预算安排的基本依据。与之前不同，2018年名称改成了“集成创新战略”，它是由综合科学技术创新会议与信息综合战略本部、知识产权战略本部、健康医疗本部、宇宙开发战略本部、综合海洋政策本部等9个政府最高咨询决策机构共同制定的跨领域、跨部门战略。

该战略提出了“通过政策统筹，强化知识、资金计划与财政三大基本支柱的改革，实现政策措施‘总体最优化’；实现‘世界最适合创新之国家’，率先为世界提供各国共同面临课题的解决模式”总体思想，从知识创造、知识的社会应用和知识的国际展开3个方面提出相应措施计划，并确定了人工智能、生物技术、环境能源、安全安心、农业及其他重要科技领域。

在知识创造方面，推动大学改革，构建创新生态体系；推进战略性、颠覆性研究开发。在知识的社会应用方面，要打造世界水准的创业环境，政府要带头在公共投资、财政支出中积极应用新技术，完善创新制度，改革阻碍创新的制度；建设创新基础、创新创造、创新的社会应用等一条龙社会体系。在知识的国际展开方面，要在2019年率先制定可持续发展路线图，通过科技创新助力联合国17

个可持续发展目标的实现，向世界推广日本的课题解决模式。

（三）推出《第三期海洋基本计划》，突显综合性海洋安全保障

2018 年 5 月，日本政府通过了《第三期海洋基本计划》。该计划除关注以往的海洋资源开发与保护的平衡、海洋安全保障等经济发展问题外，更加突出保卫海洋安全，包括北极开发、离岛管理等。

该计划提出的综合性海洋安全保障的基本方针，一是通过防卫、外交、海上交通安全对策和海洋自然灾害应对等加强海洋安全保障；二是通过确立海洋监视体制（MDA）、加强国境离岛保护与管理、开展海洋调查与观测、推进科学技术研究与开发、强化人才培育与增进理解，以及强化经济安全保障与海洋环境保护，夯实海洋安全保障的基础。计划提出的主要内容包括：促进海洋产业利用，保护、维持海洋环境，充实海洋科学知识，推进北极政策，振兴离岛和专属经济区开发，培育海洋人才等。

2018 年海洋政策预算为 5432 亿日元，比 2017 年减少 1.7%。防卫省海洋政策预算为 2691 亿日元。值得注意的是，在整体预算下调的基础上，保卫海洋安全的预算有明显增加。新增“海洋生产性革命必须费用”“提高国境离岛事态处理能力”“能力构筑支援、共同训练、防卫装备、技术合作”3 项支出。正如一些学者指出的，日本正在强化其所谓的“海洋国家”身份认同，海洋安全战略的扩张主义、现实主义色彩日趋浓厚。

（四）出台与修改法律，放宽人工智能等尖端领域限制

日本国会 2018 年 5 月通过了《提高生产力特别措施法》和《产业竞争力强化法修订法》两个法律。

《提高生产力特别措施法》执行期限 3 年，写入了针对人工智能等尖端领域的新挑战暂时冻结限制的制度。拟暂时冻结官方管制，设立使迅速开展验证试验成为可能的“沙箱制度”。该制度设定一定的规模与范围，允许企业对创新性的业务活动进行验证试验，评估影响，管制的适用将灵活应对。把作为前提的验证计划受理窗口统一为内阁官房等，简化了申请手续，旨在防止企业犹豫不决或是选择在海外实施。法案还写入了减免固定资产税，以促进中小企业实施引进机器人等积极设备投资。同时，还将创设“认定数据库制度”，促进企业间在自动驾驶和生物技术等尖端领域的数据共享，催生新型服务业态。

《产业竞争力强化法修订法》中，把产业革新机构更名为“产业革新投资机构”，并将设置期限从 2024 年度延长 9 年。其主要目的是将该机构的企业治理功能与投资功能分离，规定要使该机构发挥接纳整合各种半官方基金的作用，其投

资标准要反映政府的政策目标。预计该机构将与负责向海外推介日本文化的“酷日本”机构等进行整合。为了使没有富余资金的企业也能实施大型企业收购，还将出台机制促进企业采取以自身股份代替现金作为报酬的方法，力争使企业重组变得活跃。

（五）发布《2018 年度知识产权推进计划》，促进挑战和创造活动

日本知识产权战略本部 2018 年 6 月发布了《2018 年度知识产权推进计划》。基于社会 5.0 进程加快，区块链、量子计算等新技术快速应用，访日外国人增加且越来越多的外国人在日本定居等社会现状，决定将以下内容作为知识产权推进计划的重点。

一是培养适应未来社会的人力资源和业务。建立知识产权商业价值评价体系，推广知识产权商业价值评估意识，同时将其引入金融机构的业务绩效评估工作中；通过设计经营促进创新产出和品牌建设，鼓励设计经营及利于品牌形成的设计保护，并制定相关制度；支援地方、中小企业及农业领域的知识产权战略，简化费用减免申请的手续，为中小企业提供援助；推进知识产权创造教育及人才培育，制定相关政策实现高等院校的知识产权创造教育系统化；“酷日本”人才的培育，汇集和地方性“酷日本”资源的发掘、创造、推广等措施的推进。

二是促进挑战和创造活动的开展。加快开放创新，利用技术资源及大数据、人工智能技术满足用户的需求；支援新兴企业，计划在 2018 年内改善审查体制，实现 1 个月以内发布第一次审查结果的“超快审查”等；确立可持续发展的创新生态系统，支持不同行业间的区域性合作，改善创造回报体系，让创造者更易获得回报，实现著作的价值最大化；强化仿制品和盗版的应对策略，将制造产业和内容产业的未来损害降到最小。

三是设计新领域的框架。基于商业模式设计相关标准及规制，建立以标准法规和认证为基础的国际标准化体系；强化知识产权系统的基础，在 2018 年内启动与外国知识产权局合作制定 PCT 合作调查试行计划，2018 年 4 月开始运用标准必要性的判定方法，探讨民事诉讼程序的 IT 化；加强数据和人工智能等新型信息财产的知识产权战略，制定数据政策和数据管理计划，建立可广泛获取、共享和利用数据的农业数据库；建立与数字化和网络化的著作权系统，推动包含内容等权利信息的数据库的使用，利用区块链技术，构建著作管理及利益分配系统；不断加强“酷日本”战略，提升“酷日本”的附加价值；改善外景拍摄的环境，强化“酷日本”的宣传；实现数字档案社会，在 2020 年完成国家跨领域综合门户网站“日本检索”（暂定名）的构建。

（六）启动人工智能实行计划，举国之力建设超智能社会

2018年6月26日，日本政府人工智能技术战略会议敲定了推动人工智能普及的实行计划，基于2017年3月制定的人工智能战略谋划具体的实施方案。实施方案针对人工智能近中期的研究开发、人才培育、数据和工具群建设、创业、技术开发伦理5个方面进行了部署，特别突出了生产效率与服务、健康医疗护理、空间移动和防灾减灾等方面的社会应用。

将通过国立研究开发法人等推动开发能与人类对话的人工智能，促进零售店等的省人化。在教育和护理等领域，日本也将推动人工智能的引进，提出到2022年度实用化案例超过20个的目标。

（七）公布《第五期能源基本计划》，推动日本能源转型

2018年7月3日，日本政府公布了最新制定的《第五期能源基本计划》，提出了日本能源转型战略的新目标、新路径和新方向，这是一份面向2030年及2050年的日本能源中长期发展规划的政策指南和行动纲领。此次出台的新计划维持了2014年制定的《第四期能源基本计划》基本框架和到2030年的电力结构优化目标。

该计划制定的面向2030年中长期能源目标包括：①削减能耗，2030年能耗总量要削减0.5亿千升油当量，2016年能耗总量已削减880万千升油当量；②增大零排放电力比例，2030年实现零排放电力占比44%的目标，其中，可再生能源发电在总发电量中占比要提升至22%～24%，核电占比将要降至20%～22%，化石燃料电力占比减少至56%（2016年实现零排放电力占比约为16%，其中，可再生能源15%，核能2%）；③降低二氧化碳排放量，2016年为11.3亿吨，2030年要削减至9.3亿吨；④削减电力成本，2013年电力支出为9.7万亿日元，2030年要削减到9.2万亿～9.5万亿日元；⑤能源自给率：2016年为8%，2030年要达到24%。

为实现这些目标，《第五期能源基本计划》中还提出了相应的措施，如促进化石燃料资源的自主开发、高效清洁利用、推进“氢能社会”构建、将可再生能源作为主要能源等。

未来情景具有波动性、复杂性和不确定性，故面向2050年的展望则更多的是一种目标愿景。主要进行人才培养、基础设施更新、新技术开发，采用多元化情景的设计，以助力实现从“低碳化”迈向“脱碳化”的能源转型新目标。

（八）发布《第二期战略性创新推进计划》，推进跨领域创新技术研发

2018 年 7 月 19 日，日本综合科学技术创新会议发布《第二期战略性创新推进计划》（SIP）。第二期 SIP 项目比原计划提前 1 年开始实施，2018 年度计划安排 325 亿日元，资助 12 个领域为期 5 年的研发项目。12 个领域是：基于大数据和人工智能的网络空间基础技术，物理空间数字数据处理技术，与物联网社会相对应的信息物理安全，自动驾驶系统和服务的扩展，综合材料开发，利用光和量子的社会 5.0 实现技术，智能生物产业和农业基础技术，实现脱碳社会的能源系统，加强国家抵御能力的防灾减灾技术，人工智能医院的先进诊疗系统，智能物流服务，创新的深海资源研究技术。

（九）制定《纳米技术与材料科学技术研发战略（草案）》，力推数据驱动型创新材料研发

文部科学省 2018 年 8 月 1 日发布了《纳米技术与材料科学技术研发战略（草案）》。该战略指出，纳米技术和材料科学技术领域可能会出现新的变化，如利用快速发展的人工智能、物联网、大数据技术的数据驱动型研发方法加速材料开发，将创造具有吸引力的特性材料，纳米技术和材料科学技术领域的研发战略将引领未来超智能社会和可持续发展的实现。提出两大研发方向：一是提高材料性能，如提高复合材料的轻度耐热性等，利用非平衡态和亚稳态结构来大幅提高材料的性能，利用生物机制以实现材料的新性能或显著性能改进；二是发展具有战略性和可持续性的领域，如有效利用有限资源开发元素的潜在功能，通过自由设计和控制分子促进“分子技术”创造新性能等。

（十）修订《宇宙基本计划进度表》，加入绕月新国际空间站计划

宇宙开发战略本部 2018 年 12 月 11 日通过了新修订的《宇宙基本计划进度表》，其中写入了日本拟参加美国力争于 21 世纪 20 年代中期建成的绕月新国际空间站计划。根据基本计划确定的“提供宇宙安全保障、推进民生领域利用、维持和强化产业与技术基础”的政策体系，新修订的基本计划进度表提出的主要目标包括：推进准天顶卫星系统的开发、维修与运用，在 2020 年发射 1 号卫星后继卫星，在 2023 年确立七卫星体系；实现 2020 年首次测试发射新型主力火箭（H3）；在 2019 年度发射数据中继卫星 1 号和光学卫星 7 号；自 2019 年起，开发光学卫星 9 号和激光多样化 1 号卫星；以 2020 年度发射为目标，推进先进光学和先进激光卫星研发等。

三、国际科技合作动向

积极开展国际科技合作与交流是日本科技基本政策之一。《第五期科学技术基本计划》将科技外交作为基本方针的内容之一，强调要与科技外交一体化，展开战略性的国际科技合作，助力基本计划提出的促进产业创新和社会变革、解决经济和社会发展的关键课题等四大战略目标的实现。

（一）推进科技外交

2018 年日本召开了 3 次科技外交推进会议，分别于 2 月和 5 月向外务省提交了 2 份建议报告。一是《北极圈科学认知利用》报告，提出应从超国别界限（international）、跨学科领域（interdisciplinary）、多主体包容（inclusive）视角认识与守护北极圈，日本可以凭借多年独创性研究（ingenuity）积累出大量宝贵数据和研究成果的优势，以优秀的探测技术和数据驱动构建国际合作关系，将科学界和产业界紧密联系在一起，强化以数据为基轴的外交活动，在北极研究基础形成中发挥核心作用。二是《为达成联合国新可持续发展目标的科技创新及其路线图》报告，提出：① 科技创新是将有限资源最优化和最大效应化以实现可持续发展目标的“王牌”，可通过各利益相关方的协同，发挥成长引擎的作用，创造投资与商业机会，开拓科技前沿；② 科技创新路线图有助于把握既有政策与科技动向、科技创新对社会的各种影响、可持续发展目标间的取舍等课题，分析理想与现实的差距，将知识结构化，推进研究开发，并实现社会应用；③ 符合各国情况的科技创新路线图必须反映现状和指明未来的路标，可成为各利益相关方共享和沟通的工具；④ 日本应该从为大阪 G20 和第 7 届东京非洲发展国际会议（TICAD7）做出国际贡献角度，率先行动，以共同的视角、共思共进共创的姿态，引领科技创新路线图的制定。

（二）推进双边科技合作

2018 年 5 月 8—11 日，李克强总理访问日本，出席第 7 次中日韩领导人会议，并对日本进行正式访问。中日双方一致认为，既要加强政治互信，又要推进经济合作，推动创新领域合作，加强金融、节能环保、高新技术、共享经济、医疗养老等领域和地方之间合作，建立第三方市场合作机制，打造强有力的国际竞争力，促进经济合作迈上新的高度。双方签署了经济、人文、社保、第三方市场合作等 10 项合作文件，就建立创新对话机制、签署本币互换协议、在日本设立人民币清算行等达成原则共识。

8 月 22—25 日，中国科技部王志刚部长率团访问日本，出席中日政府间科技合作联委会第 16 次会议，共同签署了《中华人民共和国科学技术部与日本国文部科学省关于共建联合科研平台合作的谅解备忘录》。

（三）推进多边科技合作

日本积极参与各种多边科技高层对话会议和包括国际热核聚变实验堆(ITER)计划在内的多项多边国际科技合作计划，以及中日韩等区域合作。2018 年 3 月，日本主办国际空间探索论坛第 2 次会议；5 月，在京都主办地球观测组织第 15 届全会；10 月，在京都召开第 15 次科技相关部长圆桌会议。此外，日本还积极参加 ITER 计划，2018 年度安排预算 155.79 亿日元参与其中；参加国际空间站计划，2018 年度安排预算 115.83 亿日元用于国际空间站日本试验仓运行；115.83 亿日元用于国际空间站太空补给船 HTV-7 的发射与运行，HTV-8、HTV-9 的制造；17.64 亿日元用于太空补给船 HTV-X 开发；3 亿日元用于对美国提出的月球附近载人探测基地计划进行基于国际空间站日本试验仓的技术验证等；参加国际大洋发现计划，2018 年度安排预算 36 亿日元用于基于深海钻探船“地球号”和海底广域研究船“Kaimei”的海底地壳变动连续实时观测系统的开发、海底震源断层广域高精度探测、地壳变动与海啸高精度模拟、海域火山活动观测技术开发等。

（执笔人：吴　松）

韩　国

2018 年，韩国积极推进第四次工业革命，重点发展智能产业，陆续出台了《第四期科学技术基本计划（2018—2022）》《创新发展动力实施计划》《人工智能研发战略》等一系列发展战略，在发掘经济增长新动力方面做出努力，并取得一定成果。

一、研发投入情况

（一）加大研发投入

韩国科技信息通信部（以下简称“科信部”）发布的 2018 年政府研发预算显示，2018 年度政府研发预算总额为 19.6681 万亿韩元，同比增长 1.1%。

从预算执行部门来看，科信部的研发预算为 6.7484 万亿韩元，占全部预算的 34.5%，之后是产业通商资源部、防卫产业厅、教育部，占比分别为 16. 2%、12.1% 和 0.9%。科信部是研发预算执行的主体，凸显了科信部在国家科技创新体系中的重要地位。

2017 年，韩国基础研究投入为 5. 46 万亿韩元。从预算分配领域上看，2018 年基础研究领域的投入与 2017 年相比有小幅增加。2018 年的重点投入领域包括自由探索式基础研究（1. 42 万亿韩元）、扶持中小企业创新发展（1.68 万亿韩元）、应对气候变化（0. 84 万亿韩元）、自然灾害防治（0.81 万亿韩元）等。

（二）继续保持强劲的创新能力

韩国十分重视基础研究，继续保持较强的创新能力。世界知识产权组织等联合发布的《2018 年全球创新指数》显示，2018 年韩国全球创新指数排名第 12 位，与 2017 年相比下降了 1 位。在研究人员数量、研发投入强度、信息通信技术设施等方面较好，被列为综合创新水平较高的国家。瑞士洛桑国际管理学院发布的 2018 年世界竞争力排名显示，韩国排名第 27 位，较 2017 年上升 2 位：世界经济论坛发布的《全球竞争力报告 2018》结果显示，韩国排名第 15 位，较 2017 年上升了 2 位。

二、新出台的科技发展战略和计划

（一）发布《第四期科学技术基本计划（2018—2022）》

2018 年 3 月，韩国制定了《第四期科学技术基本计划（2018—2022）》，主要内容如下。

一是强化科技创新力量。政府将进一步改革研发管理体制，完善课题管理机制，鼓励开展创新性研究，大幅简化课题申报程序。韩国拟于 2019 年出台“终身基本研究费支援制度”，保证研究人员得到研发经费支持，开展长期研究。

二是完善创新环境，提高创新活力。设立国家研究数据中心，制定完善研究数据管理制度和法规体系，进一步强化激励措施，提升中小企业创新能力，推动创新创业。

三是培育新型产业，发掘就业机会。韩国政府预计未来 5 年，将设立 6 所人工智能人才培养机构，重点扶持公共领域和下一代基础人工智能领域发展，为新型服务业的发展提供政策保证。

四是依靠科技提高国民生活品质。依靠大数据技术，建立防止新型病毒、变种病毒传播及预警的国家保健医疗体系，构建地震、火灾、核泄漏等公共灾难应对体系，重点研发温室气体减排、捕捉、储藏及解决雾霾的核心技术，大幅改善空气质量。

（二）推出《人工智能研发战略》

2018 年 5 月，韩国制定了《人工智能研发战略》，对智能技术与产业发展做出战略规划。内容包括培养高级专业人才、培育技术、完善基础设施。战略提出，政府计划到 2022 年投资约 20 亿美元，建设 6 所研究机构，培养 5000 名人工智能高级专业人才，同时，还制定了培养 350 名高级研究人员的计划，重点扶持公共领域和下一代基础人工智能领域发展。例如，基于脑科学的下一代智能技术、神经网络算法、智能半导体及量子计算等。

科信部还发布了可解决人工智能领域人力紧缺问题的短期项目，在人工智能领域实施 6 个月的教育训练，计划到 2021 年培养 600 名产业对口青年人才。此外，还规定韩国大学要开设人工智能相关课程。

（三）制定《第四次基础研究振兴综合计划（2018—2022）》

2018 年 6 月，韩国制定了《第四次基础研究振兴综合计划（2018—2022）》，主要内容如下。

一是完善基础研究扶持体系。韩国拟于 2019 年出台“终身基本研究费支援制度”。以研究人员兴趣为中心征集研究项目，保证研究人员可长期得到研发经费的支持。

二是培养优秀研究人员。2017 年，韩国大学重点研究中心共 54 所，计划到 2022 年增加至 120 所。以理工科大学研究中心为主，打造专业化、个性化的研究机构，系统培养优秀研究人员。

三是建立研究资金扶持体系。研究人员可自行编辑项目预算，如遇特殊原因无法按规定时间完成研究时，可通过审议会审议后延长研究期限。成立高水平评估委员会，改进原评估制度，提高评估的公正性和专业性。

（四）发布《创新发展动力实施计划》

2018 年 4 月，韩国发布了《创新发展动力实施计划》，明确了 13 个重点创新产业领域，其中 10 个为智能产业。韩国将进一步完善无人机产业发展战略，于 2018 年起加快相关法规制定，开放 150 米以下空域，规划长距离、高速无人机专用通道，设置安全、认证等标准，促进无人机技术开发和产业化进程。计划到 2022 年，政府与民间共同投资 9 亿美元，重点推进建筑工厂、江河山林管理等公共服务领域无人机应用，争取到 2026 年无人机数量达 5.3 万台，市场规模达到 40 亿美元。

（五）出台《智能机器人发展战略》

2018 年 2 月，韩国出台了《智能机器人发展战略》，重点推进驱动器、传感器、控制零部件、智能机械等领域的软硬件技术开放。计划到 2022 年培育 25 个中坚企业，相关零部件国产化率提升至 60%，国内市场规模达到 64 亿美元。在工业制造、医疗保健、物流运输等行业广泛使用机器人服务，逐步在中小企业普及机器人应用，5 年内建筑 2 万个智能工厂。

（六）发布《智慧城市推进战略》

2018 年 3 月，韩国发布了《智慧城市推进战略》，拟在新建、基础设施一般及落后城市试点开展智慧城市建设。计划到 2022 年，在试点城市设立 20 个公共数据中心，构建专用物联网，推广智能家居，建设无人驾驶汽车专用道路和智能电网，普及 35 万台无人驾驶电动汽车，利用智能技术全面升级交通、教育、金融等领域服务系统。韩国正着手制定《国家示范智慧城市建设特别法》，为有效实施智慧城市战略提供法律保障。

（七）推出《区块链之都推进规划（2018—2022）》

2018 年 10 月，韩国发布了《区块链之都推进规划（2018—2022）》，计划未来 5 年投入 1233 亿韩元，首先计划于 2021 年成立首尔全球化区块链中心，到 2022 年培养出 760 名区块链领域精英，设立区块链首尔基金为中小风险企业提供支持。此外，还计划成立区块链政策咨询团和首尔区块链产业发展协会，大力扶持区块链的发展。

三、国际科技合作情况

韩国十分重视与中国开展合作与交流，2018 年，两国高层互访频繁，深化两国科技领域交流，推动“一带一路”技术、产业、人才合作对接。两国政府还在信息通信、环境、气象地震、知识产权等领域召开了部长级别战略对话会或联委会，在众多领域制定了未来合作规划。中韩地方政府间合作也明显增多，山东、南京、天津、重庆等城市积极推动对韩科技交流，并签署多项合作协议。韩国民间科技产业也逐渐加大对中国的技术产业投入，现代汽车、三星、LG 等企业先后在中国投资建设汽车大数据中心、半导体芯片工厂；NAVER、KAKAO 等互联网企业也在中国设立研究所，开展技术研发。

韩国与美国召开了第 4 届信息通信政策研讨会，共享两国信息通信政策，探讨第四次工业革命应对方案及网络安全、个人信息安全、非法垃圾邮件的应对方案。韩美将通过跨境隐私规则（CBPR）体系建立跨境电子商务个人信息保护规则。此外，双方还探讨了 5G 商用化和人工智能技术研发领域的合作。

韩国科信部与法国教研部签署了《韩国 – 法国扩大科学技术合作的行动计划》，就增强航空航天、人工智能、应对气候变化技术等领域开展合作。韩国气象厅和宇航研究院与法国航天局签署了《关于建立太空气候观测所应对气候变化》的合作意向书。

韩国与阿联酋将两国关系提升至特殊战略水平，2018 年签署了 5 项谅解备忘录，并于 11 月举办了第 1 届科学技术信息联委会，进一步深化核电、新再生能源、基础设施、科技和中小企业等领域合作与交流。双方将进一步推进中东呼吸综合征防治、智能交通平台系统、二氧化碳减排及清洁燃料等领域合作，并计划于 2019 年成立韩国 – 阿联酋联合研发中心。

韩国与印度举行了第 4 届韩印科学技术联委会，讨论成立韩印研究创新合作中心，扩大产业技术、互联网等领域合作等事宜。此外，两国还签署了《成立未来蓝图战略集团合作备忘录》，就扩大物联网、人工智能、大数据等领域合作及开展智能医疗合作达成一致。

（执笔人：张艳枫）

朝　　鲜

2018年是朝鲜建国70周年，也是其发展史上具有里程碑意义的一年。朝鲜最高领导人3次访华，增进了中朝战略互信；与韩国、美国首脑会晤，开创了朝鲜对外关系新局面，“朝核危机”得到了缓解。朝鲜劳动党七届三中全会终结了核武和经济发展“并进路线”，提出了新战略路线，在此路线指引下，朝鲜大力实施国家经济发展五年战略，为应对国际社会制裁，不断强化经济自立性、主体性，突出科学技术支撑作用，国家经济及科技发展取得了新成果。

同时也需要指出，2018年是联合国安理会对朝鲜制裁全面实施的一年，朝鲜对外经济合作、技术引进、金融往来、相关物资进出口及人员外出培训、劳务输出等多方面受限，使得在前些年得到缓慢恢复发展的经济和科技遭受空前打击。2018年，朝鲜实施了新建铁路、电站、旅游设施等重点工程，已显得财政有些吃紧、虚弱，加之进口原材料、技术等受限，国际科技合作、人才交流培训受阻，使得经济、科技发展雪上加霜，难以改变低速慢行状态，科技研发也难有突破。2018年，朝鲜对外关系有较大突破，“朝核危机”得到极大缓解。尤其是朝鲜劳动党七届三中全会制定的“新战略路线”把国民经济发展作为主线，但有关经济、科技发展的强力政策，尤其是体制机制改革及开放政策等进展不明显。

一、坚持新战略路线，推进国家经济发展五年战略，努力实现国民经济主体化，主动应对制裁

朝鲜劳动党七届三中全会讨论通过了“关于适应革命发展到新的更高阶段的要求，更加大力推进社会主义建设的党的任务”的新战略路线，要求全党全国集中一切力量进行社会主义经济建设，党和国家全盘工作指向社会主义经济建设，大力开展经济建设大进军，全面推进国民经济稳步走上上升轨道，进而建设自

立的、现代化的社会主义经济。所有部门、所有单位都要高举自力更生、自给自足的旗帜，切实依靠科学技术，不断增强自强力，掀起生产高潮。在知识经济强国建设时代要全民科学技术人才化，大力推进用自己的技术、原料、设备替代进口，从长远上高水平实现国民经济主体化、现代化、信息化、科学化，彻底打破封锁和制裁。

二、坚持科学技术先行，明确科技发展主攻方向

朝鲜劳动党七届三中全会通过了“关于在科学教育工作中带来革命性转变”等议题，提出了“以科学助推发展，以教育保证未来”的口号，提出了建设科技强国、人才强国等任务、途径，要求科技部门在社会主义建设中发挥先行、骨干作用，要求所有部门和单位都要依靠科学技术去实现党的“新战略路线”。要将主要科技力量集中在信息技术、纳米技术、生物工程等核心基础技术和新材料、新能源等牵引力强的科学技术领域，并以此为主攻方向，搞好突破。要继续深化数学、物理、化学、生物、激光、力学、地理等基础学科领域研究，同时推进新的边缘学科探求。加快发展机械工程、冶金工程、热工程、材料工程等重要工程领域研究，力争在新技术方面有所突破。

三、部署重点产业领域发展规划，制定国民经济发展举措

电力、冶金、化工仍为重点发展领域。2018 年是朝鲜实施经济发展五年战略的第 3 年，此战略计划始终将电力、冶金、化工列在优先发展位置，但因底子薄，遭遇科技“瓶颈”多，尚未取得突破性进展。朝鲜政府要求电力、冶金、化工部门继续举旗先行，电力部门重点下大气力开发动力资源，增加火电生产，大规模实现火力发电统合生产体系，实现氧—煤粉点火装置的试车及燃烧稳定性，采取降低火电厂煤炭消耗定额的科技措施，最大化节约并发挥资源效能，促进电力生产。冶金部门要完成高质合金钢、锰精矿等生产工艺研发攻关，依靠先进技术提高钢铁质量并增加品种。化工部门要依靠科技解决碳素 1 化学工业用催化剂和新材质纤维纺纱溶剂研发难题，解决周期式流动层煤气化等技术，搞好催化剂生产基地和磷肥工厂建设，改进和完善以钙芒硝为原料的碳酸钠生产基地，用丰富的煤炭原料极大提高维纶、奥纶、塑料等各种化工产品生产。

轻工、农业、水产业等要为改善人民生活质量发生转变。轻工部门要充分发挥科技作用，以劳力节约型、节电型为目标搞好设备并口工艺改造，利用国内原材料大量生产多种优质日用消费品，依靠本地原材料发展地方特色经济。农业部

门要积极采用高产耕作法，提高机械化耕作比例，确保完成 2018 年粮食生产目标。农业科研部门要向全国推广优越性已被证实的纳米硅肥，研发并推广高效杀虫剂，抓紧把已被国家注册的优良种子应用于实践。畜牧业科研部门要把育种作为核心，培育并推广生产率高、饲料率低、质优味美的良种。要强化水产部门物质技术基础工程，全面完成水产品生产目标。

四、对国民经济各主要领域的投入逐步增长，确定国家重点建设工程

朝鲜最高人民会议制定 2018 年度国家预算比 2017 年增长 5.1%。具体增长项目为：对国民经济自立性和主体性、改善人民生活质量的投资增加 4.9%，占预算总额的 47.6%；科技部门开支增加 7.3%；电力和冶金、煤炭和化工、机械和铁路运输、轻工和农业、水产等国民经济支柱产业整体开支增加 5.5%；重要项目工程及进一步扩大山林恢复开支增加 4.9%；教育和卫生开支分别增加 5.9% 和 6.0% 等。

2018 年确定的重点工程包括开展惠山至三池渊铁路建设、三池渊郡标准化建设、端川发电站建设、黄海南道水渠二期工程建设、化学工业建设、元山葛麻海岸旅游区建设等大项目工程，以此带动经济及科技发展。

（执笔人：申　琳）

印度尼西亚

2018年是印度尼西亚《国家研究总体规划2017—2045》的发布元年。印度尼西亚政府在推进科技园建设、发展工业4.0、改进副部级科研机构经费管理等方面出台了一系列政策措施。全社会研发支出30.78万亿印尼盾，研发投入强度达到0.25%。国际科学论文发表量首次名列东盟第二。农业、能源、医药卫生、航空航天等领域科技创新取得积极进展。双边及多边科技合作日趋活跃，国际科技合作对加速印度尼西亚科技发展进程发挥了积极作用。

一、科技投入与产出

（一）科技投入情况

2017年10月，印度尼西亚研究技术与高等教育部与印度尼西亚科学院联合公布了《2016年印度尼西亚国家研发投入数据》。2016年，印度尼西亚国内生产总值12 406万亿印尼盾；政府研发投入预算为25.81万亿印尼盾，占GDP比例0.21%；全社会研发投入预算30.78万亿印尼盾，研发投入强度0.25%。

全社会研发投入预算中，政府研发投入预算占83.85%；非政府研发投入预算4.96万亿印尼盾，占比16.11%。政府研发投入预算中，中央政府预算24.92万亿印尼盾，占政府总预算的96.55%。中央政府部门中，研发投入靠前的有印度尼西亚研究技术与高等教育部、交通运输部、能源与矿产资源部、宗教事务部、公共事业与住房部、工业部、社会事务部。非中央政府部门机构中，研发投入靠前的有印度尼西亚科学院、技术评估与应用署、国家原子能机构、航空航天研究院。

（二）研发人力资源情况

根据 2017 年 12 月印度尼西亚研究技术与高等教育部发布的数据，印度尼西亚共有科研人员 103 590 人，其中，政府机构（包括政府部门和科研机构）13 010 人，占比 12.6%；高等学校 85 862 人，占比 82.8%；私营部门 4718 人，占比 4.6%。

政府机构 13 010 名科研人员中，研究人员 6803 人，占比 52.3%；技术人员 2208 人，占比 17.0%；行政人员 3999 人，占比 30.7%。高等学校 85 862 名科研人员（含 1639 名外国人）中，讲师 78 541 人，占比 91.5%；研究人员 7257 人，其他人员 64 人。私营部门 4718 名科研人员中，研究人员 2402 人，技术人员 1217 人，行政人员 1099 人。

（三）科技产出情况

截至 2018 年 10 月 21 日，印度尼西亚 2018 年国际科学论文发表量达 22 222 篇，首次名列东盟第二，稍落后于马来西亚（24 045 篇），领先新加坡（17 600 篇）和泰国（13 200 篇）。

根据世界知识产权组织发布的《2017 世界知识产权事实与数据》，2016 年印度尼西亚专利申请量 8538 件，比 2015 年减少 6.7%；实用新型专利申请量 542 件，同比增长 32.2%；商标申请量 63 721 件，同比增长 7.2%；工业设计申请量 3893 件。2017 年，印度尼西亚专利申请量 9877 件，同比增长 15. 7%。

瑞士洛桑国际管理学院世界竞争力中心公布的《2018 世界竞争力年鉴》显示，印度尼西亚在 63 个受调查国中位居第 43 位，落后于新加坡（第 3 位）、马来西亚（第 22 位）、泰国（第 30 位）等东盟国家。

世界经济论坛最新发布的《全球竞争力报告 2018》指出，印度尼西亚在 140 个受调查国中排名第 45 位，比 2017 年上升 2 位（2017 年共有 135 个国家参评），落后于新加坡（第 2 位）、马来西亚（第 25 位）、泰国（第 38 位）等东盟国家，创新能力不足、研发投入强度低是制约印度尼西亚创新竞争力的主要因素。

二、战略规划与政策

（一）战略规划

1.《国家研究总体规划 2017—2045》

2018 年 4 月，印度尼西亚政府以总统令形式，正式颁布《国家研究总体规划 2017—2045》，明确了未来 30 年国家研究的目标、重点、任务、战略等，旨在为各部门、非政府研究机构及利益相关方实施国家研究行动计划提供指导。

规划提出，未来 30 年国家研究的重点领域是食品、能源、健康、交通、工程产品、国防安全、海洋、社会科学等。研究结果从对经济增长贡献情况、复杂程度等方面进行评价。研究类型分为基于自然资源的应用研究、基于自然资源的先进研究、应用制造研究、先进制造研究、高技术研究、前沿技术研究六大类。

规划提出到 2045 年，每百万人口中科技人力资源数量提高至 860 人；所有科研人员均拥有硕士或博士文凭；大幅提高面向私营机构的国家研发投入，政府机构研发投入与私营机构研发投入之比达至 1∶3；每百名科研人员发表国际科学论文 22 篇；科技对经济增长的贡献率达到 70%。

重点任务包括：每 5 年出台一个国家研究规划，明确 5 年期间国家研究的重点、主题、内容、目标、牵头单位和资金安排；加强部门间协调，有效统筹国家研究资源；出台鼓励研究开发的政策措施；改进科技人力资源管理；改革国家研究资助体系；鼓励私营企业、科研院所等机构加大研发投入。

2.《科技园发展总统令》

2017 年年底，印度尼西亚政府出台《科技园发展总统令》，明确了科技园建设的目的、必备要素、服务接受者、管理方式及经费来源。总统令提出，科技园建设必须具有明晰的聚焦领域，落实技术来源、人力资源、资金来源、土地供应，并拥有从事技术开发、技术孵化、技术服务等所需的基础设施及设备。

总统令明确提出，科技园提供的服务主要包括技术服务、技术开发服务、技术商业孵化、技术支持服务 4 类。其中，技术服务包括技术培训、技术示范、技术咨询、技术信息等；技术开发服务包括技术设计、产品原型、知识产权管理、法律咨询等；技术商业孵化指为初创技术型企业提供技术支持和管理；技术支持服务包括提供小规模生产设备、办公场所、会议室、展厅等。科技园的建立遵循科学管理职业化、透明化原则，组织者包括中央政府、地方政府、高校、社区（企业、联盟、协会）等。科技园管理具体包括注册、评估、建议、定级、辅导、监测等。

3.《印度尼西亚制造 4.0 路线图》

2018 年 4 月，佐科总统亲自发布了《印度尼西亚制造 4.0 路线图》，明确了印度尼西亚发展工业 4.0 的基本背景、核心目标、五大优先领域及十大国家议程，希望将印度尼西亚打造成全球数字时代的制造强国，推动印度尼西亚经济高质量发展。五大优先领域是食品饮料、纺织、汽车、电子、化工。十大国家议程包括改革物流体系，优化并重新设计工业园规划，发展绿色制造，培育壮大中小微制造企业，发展国家数字基础设施，吸引外国投资，培育制造业人才队伍，营造创新生态系统，完善创新激励，优化产业规章与政策。印度尼西亚政府还建立了国家产业委员会（KINAS），由佐科总统担任主席，并设立国家第四次工业革命工作组。印度尼西亚工业部还组建了食品与饮料产业创新中心。

（二）重点科技政策

1. 打造科技卓越中心

印度尼西亚研究技术与高等教育部对科技卓越中心的定义是：成立 3 年以上，在多领域或跨学科开展具有国际水平的研发活动，拥有高质量研究成果且成果具备应用价值的研究开发机构。建设科技卓越中心的目的是：聚焦特定优先领域，提升科研机构的能力、资源和网络，推动科技成果转化应用，进而支撑引领经济发展和社会进步。科技卓越中心培养期为 3 年，研究技术与高等教育部每年为其提供运行补贴，要求科技卓越中心所在科研机构配套不少于 10% 的资金；研究技术与高等教育部还为科技卓越中心提供培训和辅导服务，重点提升其信息获取、研究开发、成果扩散 3 个方面能力。截至目前，研究技术与高等教育部已围绕能源、食品与农业等 11 个重点领域，建立了 106 个科技卓越中心。

2. 鼓励印度尼西亚籍海外科学家回国发展政策

印度尼西亚研究技术与高等教育部会同机构改革部联合出台政策，鼓励印度尼西亚籍海外科学家回国发展。对愿回印度尼西亚发展的海外科学家，他们在海外获得的学术地位将被认可，如海外科学家在国外获得了教授头衔，回印度尼西亚后仍被视为教授。印度尼西亚研究技术与高等教育部部长纳西尔说，该政策旨在聚焦有意回印度尼西亚发展但又摇摆不定的群体；海外科学家回印度尼西亚后可获得大学非永久性职位，这类职位由大学发放工资，但不排除政府为其另行发放津贴。截至目前，该政策实施情况不甚理想，申请回印度尼西亚发展的海外科学家数量十分有限。

3. 非部门政府机构旗舰计划

为进一步强化对政府属科研机构的支持，2018 年 2 月，印度尼西亚研究技术与高等教育部正式启动了非部门政府机构（LPNK）旗舰计划。该部将与重点非部门科研机构一道，共同确定未来 3 年研发活动的方向、预期目标、应用前景，并对承担 LPNK 旗舰计划的重点科研机构提供专项资金。根据首批 LPNK 旗舰计划立项安排，印度尼西亚科学院将重点开发基于本地资源的功能食品；印度尼西亚技术评估与应用署将开发基于生物能源的可再生能源；印度尼西亚原子能机构将聚焦实验堆设计；印度尼西亚航空航天研究院将重点开展自然资源和环境的远程监测；印度尼西亚国家标准局负责开发印度尼西亚国家标准；印度尼西亚核能监管局将开展核安装及设施的系统监管。

4. 面向 2035 海洋前瞻性研究计划和需求驱动研究资助计划

印度尼西亚科学院 2018 年正式启动了面向 2035 海洋前瞻性研究计划和需求驱动研究资助计划（DDRG）。该计划坚持问题与需求导向，通过前瞻性研究和技术攻关提升海洋开发技术能力，进一步明晰印度尼西亚海洋技术发展路线图。依托 DDRG 计划，印度尼西亚科学院海洋研究中心组织的“珊瑚礁修复与管理计划（2018—2019）”已完成项目准备工作，预计每年将至少获得 10 笔研究经费支持。

三、国际科技合作

（一）印度尼西亚国际科技创新合作基本情况

近年来，印度尼西亚政府对国际科技合作十分重视，希望通过国际科技合作，加速本国科技发展进程。印度尼西亚政府强调，科技合作不仅要聚焦基础研究，更应注重知识技术商业化。由于印度尼西亚政府财政科技经费十分有限，国际科技合作经费更是少之又少，所以国际科技合作主要依赖外国经费支持。印度尼西亚国际科技合作的主要形式包括政府对政府（G2G）、大学对大学（U2U）、政府对大学（G2U）、机构对机构（I2I）、学术－企业－政府－社区（ABG+C）等。合作内容包括科学家、技术专家、研究人员间的互访交流，召开学术研讨会，参加国外技术培训班，开展联合研究，共建联合实验室，共同开展技术转移，共同申请知识产权等。

具体合作计划主要有 4 类：一是科学家交流计划，仅适用于双边合作；二是人力资源发展计划（能力建设计划），包括印度尼西亚科学家赴国外攻读学位、参加国际培训等；三是国家创新系统研究激励计划，支持印度尼西亚研究人员开展国际性研究；四是外国研究许可，支持外国科学家在印度尼西亚从事研究开发活动。

（二）印度尼西亚国际科技创新合作重点国别

目前，与印度尼西亚科技合作比较活跃的有澳大利亚、中国、芬兰、德国、日本、韩国、荷兰、瑞士、英国、美国、白俄罗斯、匈牙利、伊朗、法国、瑞典、俄罗斯等国。长期以来，发达国家利用强大的科技援外计划持续与印度尼西亚保持良好的合作关系。

美国国际援助署支持印度尼西亚实施了 5 个大型旗舰计划，每个计划依托 1 家研究联盟（由美国与印度尼西亚各 1 所大学牵头，并吸引有关大学参与）实施。每个旗舰计划实施周期 4 年，支持经费 400 万美元，经费直接拨付印度尼西亚大学，可供购买仪器、设备等。该计划获得印度尼西亚科技界高度认可。

韩国与印度尼西亚共建海洋研究中心。2016 年 5 月，印度尼西亚海洋统筹部与韩国对口部门签署了海洋合作备忘录，此后，两国先后召开了两次海洋合作对话，决定将印度尼西亚万隆工学院与韩国海洋研究中心现有合作提升至国家层面。2018 年 5 月 10 日，两国签署了相关执行安排（implementing arrangement）。项目实施上，印度尼西亚负责建造研究中心大楼，韩国承诺于 2022 年前提供 1400 万美元用于项目研究（包含研究设施及设备）。双方共同成立合作委员会（共有 10 名委员），合作方向及项目由委员会决定。双方已将潮汐能确定为首个合作项目。

（三）参与多边科技合作情况

印度尼西亚政府积极致力于参与地区或多边科技合作：一是在东盟科技委员会框架下参与区域性大科学计划和工程，涉及生物、食品、信息、海洋、材料、空间科学、地球地理、可再生能源等多个领域；二是参与东盟与美国、中国、日本、欧盟等的对话伙伴机制，凭借较少的投入获取较多的创新资源；三是加入东亚合作研究计划，与日本、印度、澳大利亚、新西兰及东盟国家开展合作研究，领域包括植物学、防灾减灾、纳米技术、材料科学、传染病等。同时，印度尼西亚还积极参与其他国际重要合作机制，如经济合作与发展组织、不结盟运动科学技术中心、APEC 科技创新政策伙伴关系机制（PPSTI）、亚欧教育部长会议、东盟大学网络（AUN）等。

（执笔人：刘　磊　谢成锁）

泰　国

2018 年是中国－东盟创新年，是中国－东盟建立战略伙伴关系 15 周年，也是中泰政府间科技合作协定签订 40 周年。一年来，两国科技创新界积极行动，务实践行“一带一路”对接“泰国 4.0”战略，围绕“一带一路”科技创新行动计划和中国－东盟科技伙伴计划，稳步推进习近平主席在首届“一带一路”国际合作高峰论坛主旨讲话中提出的共建联合实验室、科技园区合作、技术转移、科技人文交流 4 项行动，积极为泰国“东部经济走廊”建设提供科技支撑。

一、重点科技创新合作领域进展情况

根据“泰国 4.0”战略和十二大目标产业，可将泰国重点科技创新领域归纳为生物技术、数字技术、空间技术等，这些领域形成了“东部经济走廊”创新园区（EECi）、数字园区（EECd）和东部航空城（EECa）的主旋律，也与中泰政府间科技联委会确定和支持的重点领域相契合。2018 年，中泰在这些领域开展了卓有成效的科技创新合作。

（一）生物领域

中国科学院、华大基因、中国－东盟技术转移中心等同泰方密切合作，在药物开发、精准医学、应对老年化社会、物种多样性、技术转移、人才培养等领域合作研究与平台建设等方面都取得了新进展。

中泰携手启动泰国人群基因组计划。泰国人群基因组计划和基因库建设工程是泰国 2018 年启动的国家级项目，将在未来 5 年收集万份泰国志愿者的遗传数据，进行泰国人全基因组测序，推动泰国精准医学平台和大数据中心搭建。基于华大基因强大的科研能力、丰富的项目经验和可靠精准的测序平台，泰国科技部邀请华大基因参与这些国家生物项目的建设。

联合发起成立国际生物多样性与健康大数据联盟。为建立涵盖多种数据和知识库的世界级生物多样性及健康大数据中心，由中国科学院北京基因组研究所、泰国朱拉隆功大学联合巴基斯坦、沙特、俄罗斯等相关大学共同发起。联盟以"一带一路"沿线国家为主要成员，建立包括濒危物种、特有珍稀物种、古生物、经济物种等重要生物资源的基因组、变导组、转录组、表观组等多组学数据，提升亚洲生物多样性研究利用和健康产业整体水平。

成立数字丝路国际科学计划曼谷国际卓越中心。中心于 2018 年 2 月在泰国成立，旨在合作开展应对气候变化、生态环境、灾害风险评估等领域的研究，促进双边、多边合作交流，加强能力建设。数字丝路国际科学计划由中国科学家发起，总部设在中国科学院遥感与数字地球研究所，在全球设立有 8 个国际卓越中心，曼谷中心是该计划首个启动的国际卓越中心，由泰国研究理事会牵头建设与运行。

（二）数字技术领域

以华为、阿里巴巴、京东等为代表的中国高科技公司同泰方密切合作，共同开展了云计算、大数据、数字化技术、数字化城市、数字化人才、数字化仓储、数字化旅游、数字化农业、数字商务模式等的合作研究与平台建设。

华为公司全面参与泰国数字化建设。华为 2018 年同泰国科技部、数字经济部共同发布了《泰国行业数字化转型洞察：老龄化社会、农业、旅游业的数字化路线图》白皮书，参与普吉、清迈和孔敬的智慧城市试点项目。华为的泰国云数据中心 2018 年正式运营，面向东南亚国家提供基于华为云在云计算、大数据和人工智能等的服务。华为 2018 年还成为泰国 5G 技术联盟成员，参与泰国 5G 无线宽带技术试验台的建设和人员培训。

阿里巴巴 2018 年与泰国政府签署协议，注入 110 亿泰铢在"东部经济走廊"建立"中南半岛五国智能数字枢纽"，把中国电商农业发展模型带到泰国，并为泰国培训中小企业数字人才，推动泰国旅游业发展。

京东智能仓储物流中心 2018 年 9 月在"东部经济走廊"建成。该中心集成了整套供应链服务体系，形成适合泰国仓储物流环境的泰国版系统。此外，2018 年 12 月，京东还同泰国商务部、数字经济部签署了系列合作备忘录，在电子商务、智能物流、人才培训等多个领域开展合作，助力泰国数字经济进一步向前发展。

（三）航空航天领域

在航空航天、卫星技术应用领域，中泰双方密切配合，新的合作不断涌现。

中国新一代地球静止轨道光学遥感卫星已开始为包括泰国在内的东盟国家提供防灾减灾服务，风云系列卫星数据接收分发系统全面提升了泰国在气象监测、灾害防治等方面的综合能力。

中国国家海洋环境监测中心同泰国合作，在泰国安达曼海域开展濒危生物及生态环境状况的无人机遥感监测，首次实现在中国境外开展无人机遥感技术作业。

中国航天局2018年同泰国科技部联合举办了第1届中泰空间科学研讨会，双方就中国空间站、空间科学卫星和返回式卫星开展空间科学实验、空间探索、对地观测等方面的合作进行了探讨。

二、中泰共建联合实验室、科技园区合作、技术转移、科技人文交流进展情况

中泰科技创新合作务实践行“一带一路”对接“泰国4.0”，在加强优先领域的联合研究、平台建设、科技园区合作、技术转移和科技人文交流等方面都取得了新进展。

（一）中泰联合实验室建设稳步推进

一年来，中泰联合实验室建设取得积极进展，既有政府主导，又有企业自建，呈现建设多元化。

1. 中泰铁路系统联合研究中心工作继续推进

该中心根据2013年10月两国政府签署的《中国科技部与泰国科技部关于推进四个具体合作项目的协议》而成立。2018年，双方继续围绕人员培训、试验验证、检测认证和仿真能力建设等方面开展工作，就高铁列车泰国高温高湿适应性、控制教学平台和模拟驾驶教学平台、铁路系统结构评估及维修技术、轨道交通结构健康监测等进行技术交流和人员培训。

2. 中泰微生物技术联合实验室在曼谷揭牌

该联合实验室在中国科技部支持下，由中国科学院微生物研究所与泰国国家遗传工程与生物技术中心、泰国科技研究所共同组建，将围绕酵母菌进化和生物技术应用、活性污泥等项目，在微生物基因组学、微藻和微生物工业生物技术等学科与专业展开联合研究，并探索应用在食品工业、药品、化学品及农业等广泛领域。

3. 中泰气候与海洋生态联合实验室为普吉游船倾覆事故救援提供技术支撑

该实验室由中国国家海洋局与泰国自然资源环境部于 2013 年 6 月合建，旨在开展海啸、海平面变化等海洋灾害和海洋生态系统保护研究，提供快速预测和预警服务。2018 年 7 月，两艘载有中国游客的游船在泰国普吉岛附近海域发生倾覆事故。为配合泰国海军救援，联合实验室积极支持普吉海洋生态研究中心，每天提供风、海浪、海流的预报，以及漂流轨迹预测。普吉海洋生态研究中心及时把这些海上预报信息传递给泰国军方，为海上失踪人员搜救提供了有力的支撑。

4. 中泰海洋与水产中心开始面向全球招生

该中心由中国海洋大学与泰国农业大学于 2017 年共同设立，是由中国 – 东盟海上基金支持的中国 – 东盟海水养殖联合研究中心项目下设立的研究、培训与示范基地之一。中心以探索联合办学、加强与东盟国家高校科研合作、构建“一带一路”教育共同体为目标，2018 年已开始面向全球招收硕士研究生。中心采取研究生在双边共同注册学籍、共同制定培养方案、符合各自条件件后由两校分别授予学位的联合培养模式。

5. 华为曼谷开放实验室顺利运行

该实验室是华为公司投资 1500 万美元于 2017 年 6 月建立的全球第 7 个开放实验室。实验室运行一年来，吸引了来自泰国和东南亚其他国家的信息通信技术行业机构、数据运营商、设备厂商共同开发或测试产品，成为助力泰国实现数字化转型，构建开放合作创新的新平台。

（二）中泰技术转移工作新进展

中泰技术转移主要有两大平台，即位于南宁的中国 – 东盟技术转移中心和位于曼谷的中国科学院曼谷创新中心。这两大平台相互配合，进展如下。

为深度融合两大平台资源，共同打造中泰技术转移孵化创新基地，中国 – 东盟技术转移中心 2018 年联合中国科学院申报的广西创新驱动发展专项“中泰技术转移孵化创新平台建设项目”获批立项，项目资金 1800 万人民币。作为两大平台融合的开始，中国 – 东盟技术转移中心 2019 年将派员长期入驻中国科学院曼谷创新中心。

中国 – 东盟技术转移中心 2018 年继续承办了第 6 届中国 – 东盟技术转移与创新合作大会。该大会已形成了稳定的政府间合作渠道和创新网络，日益成为中国和东盟国家开展科技合作的重要平台。由该中心牵线的“中泰热带亚热带蔬菜抗病种质创新及优良品种示范项目”获得广西科技厅 300 万元人民币支持。中心还成功推荐了广西林科院在清迈等地实施山地油茶种植示范项目，为中泰区域合作创新提供有力支撑。

中国科学院曼谷创新中心成立一年来，已在泰国打响了中国科学院品牌，除泰国政府部门外，已有泰国大型企业主动登门寻求合作，如与泰国 SCG 集团在化工材料领域的合作项目，以及在智慧建筑、机器人、大数据、清洁能源、医疗设备等领域的战略合作。该中心 2018 年最具期待的项目当属将中国科学院近代物理研究所自行设计、拥有自主知识产权的大型癌症放射疗法设施——医用重离子加速器引入泰国，目前正同朱拉隆功医院等泰国医疗机构洽谈合作事宜。该医用重离子加速器技术由我国几代科学家历经几十年艰苦研发而成，被誉为“国之重器”，中国也因此成为继美国、日本和德国之后第 4 个掌握重离子治疗技术的国家。

（三）中泰科技园区合作

2018 年 9 月，由清华启迪控股和泰国数字经济促进署（DEPA）合建的首个中泰数字孵化器——启迪之星（泰国・曼谷）正式揭牌，定址于 DEPA 内。前期合作将通过创业培训输出等形式营造创新创业氛围，后续逐步从孵化器过渡到科技城。孵化器将重点孵化先进数字科技企业，着力帮助入孵企业在大数据分析、人工智能等方面加速发展。11 月，中国科学院泰国高技术产业基地揭牌。该基地将以泰国正大集团和广西建工集团在泰国罗勇府设立的泰中工业园区为依托，促进包括中国科学院下属机构在内的企业、科研机构来泰国技术投资，推荐落户产业基地，形成聚集效应，并发展壮大。

（四）中泰科技人文交流

“中泰一家亲”也充分体现在中泰科技人文交流上，上到泰国王室成员、科技部长，下到科研人员、留学生都有频繁的互访交流。

在科研人员的交流上，中国科技部、商务部主办的面向发展中国家的各类科技培训班，几乎每班都有来自泰国的学员，如面向可持续发展的科技创新政策与管理培训班、食用菌栽培技术培训班、精密智能数控制齿机床技术国际培训班等。

在“发展中国家杰出青年科学家来华工作计划”上，目前有 3 名泰国青年科学家在华工作，并获专项经费支持。该计划自 2014 年实施以来，已有 11 名泰国青年科学家接受邀请来华参加工作。

2018 年，泰国专家关国兴因在促进泰国同中国西部地区的中医交流、泰语教学等方面的杰出贡献，荣获2018年中国政府友谊奖。

三、中泰科技创新合作的特点

（一）政府间科技合作起到引领和示范作用

中泰政府间科技合作包括中泰政府间科技合作联委会和两国科技部合作联委会两大机制，所支持的合作项目始终聚焦双方重点关切问题，注重为泰国“东部经济走廊”高新技术园区建设提供支撑，如为中泰高铁提供支撑的中泰铁路系统联合研究中心，聚焦生物技术研究的中泰微生物联合实验室，开展技术转移的中国－东盟技术转移中心，聚焦前沿科学的等离子与核聚变联合研究，促进空间技术应用的遥感合作等。为进一步促进中泰政府间科技合作，泰国2018年首次在华派驻公使衔科技参赞，使中国成为美国和欧盟之后的第三个泰国科技外交派驻国。

（二）中国科技发展经验启迪泰国科技体制改革

中泰同属发展中国家，都面临着经济发展提能升质，跨越“中等收入陷阱”的共同挑战。中国科技能力的快速提升给予泰国巨大的震撼和鼓舞，在泰国科技体制改革中借鉴中国经验成为泰国政界和科技界的共识。泰国将重新整合国家科技管理体系，形成新的科技部。组建新部门注重学习中国经验，特别是中国科学院如何集科研、高教和高新产业于一体的经验。

（三）泰国发展数字经济倚重中国数字企业

在建设“数字泰国”进程中，以华为、阿里巴巴、京东等为代表的中国互联网企业受到倚重。中国公司给泰国带来了大数据、云计算、智慧城市、物联网等先进理念、技术和经验，正在帮助泰国构建数字化体系，在利用互联网精准扶贫、物流和供应链系统、培育初创企业、电商发展、人才培训等众多领域与泰方展开全方位的合作。

（四）中泰科技交流日益扩展

2018年，中国驻泰国使馆联合中国科学院和泰国科技部在曼谷成功举办了中国科学院科技创新成果巡展，近30件中国科学院全球领先的科技创新成果和上百项技术集中亮相，19家中国科技企业带来了对接泰国目标产业的实用技术、产品和服务，14家泰国科研机构展出了具有本土特色的科学技术。

（五）诗琳通公主在促进中泰科技合作中起到独特作用

泰国诗琳通公主热衷于促进中泰科技创新合作，特别注重促进中泰在基础应用研究和人才培养领域的合作。诗琳通公主关注的中泰等离子聚变基础研究，促成了中国 2018 年向泰国核技术研究所赠送 HT-6M 托卡马克装置。诗琳通公主关注的中泰联合极地科考，促成了 8 名泰国极地科考人员访问中国南极科考站，2018 年 11 月泰国科学家乘中国“雪龙号”再次前往南极开展科学研究。诗琳通公主倡导设立的“中国科学院大学 – 泰国政府奖学金”资助了 52 名泰国留学生赴华攻读博士、硕士学位。

（执笔人：曹周华）

缅　　甸

2018年，缅甸政局总体平稳，社会经济有所发展。在科技发展方面，缅甸政府高层日益认识到科技创新驱动发展的重要作用，对科技创新在促进经济社会发展和改善民生中所发挥作用的认识逐渐提高，强调加强并鼓励吸引外资投资教育和科技，陆续发布了《缅甸科学技术与创新法》和《缅甸可持续发展规划》等法律和规划。在体制机制建设、政策规划，以及信息通信技术、电子金融和商务、新能源、生态环境保护、农业、水产业等领域科技应用继续取得明显进步。信息通信技术进一步得到广泛应用，移动渗透率加速发展，促进了缅甸各领域发展进步，催生了一些新的创新企业孵化器、初创企业及新业态。在电力需求急剧增长、供应严重不足的情况下，新能源特别是太阳能在离网农村地区得到广泛推广应用，微电网建设取得突破。在农业上，高新技术的应用主要体现在移动通信技术在市场信息、大数据和物流方面逐步应用，农业机械、育种和种植技术，以及加工、仓储和物流方面依然落后，制约了资源优势的发挥。

一、缅甸科技管理、发展政策和规划

缅甸民盟政府2016年上台后公布了12项国家经济政策，包括大力发展人力资源和职业技术培训，加强知识产权建设，出台保护知识产权的体系和方法，努力提高创新能力和高科技水平等强调促进科技创新发展的内容，将原来的科技部合并到教育部，保留了研究创新司、职业技术教育培训司和原科技部管理的技术大学、计算机大学等66所理工类大学。农业畜牧和灌溉部、自然资源和环境保护部、交通和通信部、卫生和体育部、电力和能源部、建设部、工业部等行业主管部门分别对行业科技发展进行管理。

（一）颁布《缅甸科学技术与创新法》

2018年6月，缅甸总统温敏签署总统令，发布了《缅甸科学技术与创新法》。该法共10章31条，包括名称与意义、目的、组建国家科学技术和创新理事会、理事会的职责和权利、成立科学技术和创新各委员会及其职责与权利、成立研究创新司、研究创新司的职责、使用预算、设立和管理基金、技术交易及综合等。

根据该法，缅甸将组建由联邦层级人士任主席、教育部部长任副主席，主管科技的部长或副部长和其他开展科技创新工作的政府部门或非政府组织官员，以及科技和创新领域著名专家为成员的人数在30名以内的国家科学技术和创新理事会，负责制定相关政策；指导、支持、鼓励和协调政府部门、政府组织、非政府组织、高校、科学和工业产业开展科技创新研究和研发工作；完善教育制度，培养各领域的专家；为国内外科技创新研究机构、高校和其他组织开展沟通合作制定相关计划；组建相关科学、技术和创新工作的组织、省邦和联邦区级工作委员会，并指示和规定工作职责；举办并出席国内外科学、技术和创新工作研讨会、培训班等；定期向联邦政府提交有关国内外技术交易的建议；向科学、技术和创新领域杰出的专家和创新人员颁发奖金、荣誉奖状等奖励；制订相关计划，组织在国外的科学家参与缅甸的科学、技术和创新工作；设立科学、技术和创新基金，组建能够接收、保管、使用和记录该基金的基金管理组织；每年向联邦政府提交理事会的工作情况等。

《缅甸科学技术与创新法》明确将缅甸科学与技术研究司改组为研究创新司，继承缅甸科学与技术研究司的动产、不动产、权益与职责，执行理事会日常工作。研究创新司的职责包括开展可再生能源与电子技术专业持续发展研究工作；使用化学技术、纳米技术和其他技术，开展能生产高价值产品的研究工作；开展科学、技术和创新基础研究和应用研究工作；每年举行和出席科学、技术和创新国内外研讨会和培训班等；根据理事会制定的政策开展技术交易工作；成立科学、技术和创新园、博物馆，执行理事会或教育部指示的科学、技术和创新研究与发展工作等。

组建联邦层级的国家科学技术和创新理事会，将有助于克服缅甸多年来各部门各自为政开展科技活动、没有科技发展的顶层设计和综合协调机构、缺乏高位推动和统筹协调、科技发展乏力的情况。有利于改善缅甸科技创新发展的综合协调和对外科技交流合作，也反映出随着缅甸对外开放和社会经济的发展，上层和社会大众对科技创新重要性的认识不断提升。

（二）发布《缅甸可持续发展计划》

2018年8月，缅甸计划财政部发布了《缅甸可持续发展计划》，围绕3个支柱、5个目标、28个策略和251个行动计划，设定了缅甸到2030年确保经济、社会和环境领域发展之间的平衡、可持续发展目标。《缅甸可持续发展计划》提供了一个长期和平、繁荣和民主的国家愿景，旨在实现真正包容性和转型经济增长所必需的政策和机构的一致性，重振改革并推动行动。为解决发展挑战提供切实可行的途径，同时为人民提供更多机会。缅甸要充分发挥个人和公民的潜力。特别指出，缅甸政府认识到自然环境是缅甸社会、文化和经济可持续发展的基础。因此，缅甸政府致力于建立一个国家发展框架，通过系统地将环境因素纳入其政策和项目的设计和实施，为后代树立环境可持续性的概念。《缅甸可持续发展计划》的理念是，如果没有健全的环境治理，快速的经济发展风险会进一步加剧现有的环境问题，如砍伐森林使红树林流失、非法野生动植物贸易、不受管制的矿物开采、空气和水污染、废物增加和气候变化。

《缅甸可持续发展计划》指出，缅甸特别容易受到气候变化的影响，经历了广泛的自然灾害，如沿海风暴、洪水和干旱。因此，国家的发展战略必须对这些气候脆弱性敏感，以便社会、经济和文化生活尽可能地适应不断变化的气候。

二、缅甸主要科研机构

（一）研究创新司

2016年，缅甸民盟上台执政后，原科技部被合并到教育部，但仍然以教育部科技口形式存在，教育部部长直接主管科技工作，副部长分管科技口，包括职业技术教育培训司、研究创新司、技术促进协调司、替代教育司和缅甸民族语言司等。

研究创新司既是政府部门，又是缅甸的国家科研机构，相当于国家科学院，成立于1947年，总部位于仰光茵雅湖畔，先后隶属于国家计划统计部、工业部、教育部、科技部，2016年重新划归教育部。研究创新司共设10个部门，员工近1000人，包括国家标准与质量部、国家分析部、可再生能源与电子技术研究中心、化学技术研究中心、知识产权部、材料科学研究部、生物技术研究部、信息通信技术研究部、原子能部和管理总部。在仰光总部有国家分析部实验室、化学技术研究中心、可再生能源与电子技术研究中心等，有员工近400人；在曼德勒附近有生物技术研究部、材料科学研究部，共有员工500人；知识产权部和原子能部目前主要在内比都，有员工100人，正在考虑在仰光设立知识产权局。研究创新司目前的工作重点为推动为中小企业服务的研发、高品质基础设施和知识产权立法保护3个方面。

（二）农业研究司

缅甸农业畜牧和灌溉部下属的农业研究司是缅甸农业科研的主要力量，下设7个处室，有700多名工作人员，包括400多名专家，还设立了农民教育频道，专门向农民群体宣传相关农业知识。农业研究司的主要工作包括：通过生物技术开发具有良好区域适应能力和气候适应能力的高产、高品质杂交作物品种；研究有更高经济效益的种植模式和生产技术；向农民提供改良品种和经实践的优质种子；传授收割技术以提高生产力、竞争力。其研究活动主要分为作物改良和作物管理两大块。目前，农业研究司已经取得的作物改良品种成果主要有水稻、玉米等谷物和油料作物、豆类、工业和园艺作物，共200多种，与澳大利亚国际农业研究中心（ACIAR）和国际半干旱热带作物研究所（ICRISAT）、日本国际协力机构（JICA）等开展了提高干旱地区豆类农作制度、稻米系统的多样性和鉴定、优质稻种子的出产和分配系统、节水农业科技和杂交水稻发展等合作。

（三）林业研究所

缅甸林业研究所是在联合国开发计划署（UNDP）和联合国粮食与农业组织（FAO）的帮助下于1978成立的，1988年至今隶属于缅甸林业司开展研究开发活动，在全国共设有8个研究站点。研究所的职责目标是提供林业和森林活动的各方面技术信息，以提升森林和林地的贡献率。1978—2014年，已发表300多篇论文，其中大部分为针对天然林保护、促进种植业和木材利用行业发展的应用研究。正在开展的国际合作研究活动包括与亚太地区林业培训中心的“加强缅甸林业的可持续和适当发展及扩展利益相关者的能力和资源”（2013—2018年），与日本高知市牧野植物园的“植物资源的可持续利用——重点进行掸邦药用植物普查和后续评估”，与日本广岛大学的“评估当地社区和生物多样性间共同利益的标准和指标”，与韩国国家植物园的“缅韩种子技术与植物多样性保护合作项目”等。

三、缅甸科技进展

（一）农业科技

缅甸60%的人口以农业生产为生，农业产值占缅甸GDP的37.8%，23%的出口收入来自农业。因此，缅甸农业的发展与创新对于国民经济的增长和百姓生活质量的改善至关重要，政府高度重视农业科技发展。

2018年6月，缅甸政府发布了在亚洲开发银行和联合国粮食与农业组织帮助下制定的今后 5 年农业发展规划，包括政府管理、生产力、市场链接与竞争力三大支柱，旨在从战略和国家层面为农业的发展和创新创造有利条件。缅甸农业增长的空间被认为是巨大的，然而也面临着包括农村地区基础设施有限、土地使用权问题复杂、农业生产率低下等客观挑战。该规划确定了缅甸农业发展在短期、中期和长期的优先领域；明确要结束对稻米的过度依赖，加强行业监测，促进生产，提高区域和全球竞争力；通过对基础设施和加工能力的投资，将缅甸转变为高质量农产品的出口国，打开更多样化的海外市场。

随着移动互联网技术的快速应用，缅甸农业领域出现了一些科技创新模式和企业。例如，农业科技与金融融合的 Impact Terra 公司于 2018 年融资 300 万美元支持缅甸农业数字化，帮助缅甸小农户获得数字科技带来的红利。Impact Terra 开发的应用程序 Golden Paddy 为小农户提供当地作物价格、天气预报（如洪水和干旱警告）的信息，并将农民与小额信贷的提供方连接起来。近年来，Impact Terra 支持推动“缅甸智能农业项目”（SAM），利用遥感技术向农民提供有关作物时间、害虫管理和灌溉的建议，与卫星分析公司 Satelligence 合作，评估卫星图像，以获取有关农作物性能的信息。长期目标是根据缅甸农民生产生活中的数据建立信用评估框架，促进缅甸农民获取金融服务的可行性和成功率。

缅甸最大科技孵化器 Phandeeyar 与著名农业企业 Proximity Designs 联合发起农业科技创业支持计划（Tech for Farm），共同主办了以“Tech for Farm”为主题的 2018 年创业挑战赛，并邀请农业与科技领域的资深从业者为年轻创业者担任导师。这是 Phandeeyar 与 Proximity Designs 第二次组织这样的挑战赛。

成立于 2017 年的 Tun Yat 是缅甸国内第一家致力于为农民提供拖拉机和收割机租赁服务的农业初创技术公司，获得了科技孵化器 Phandeeyar 主办的创业挑战赛大奖，并于近期获得了亚洲开发银行湄公河流域农业技术挑战赛第 3 名。Tun Yat 的主要做法是采购一批高质量的农业机械，为中低收入的农民提供更实惠和可靠的服务。此外，Tun Yat 也将那些想要赚取额外收入的拖拉机和收割机所有者对接到需要拖拉机服务的农场主，实现双赢。

Green Way 是一家新兴的社会企业，由缅甸耶津农业大学的两位农学家创办，通过收集应用程序帮助农民与农学家建立直接联系，帮助农民解决害虫防治、肥料、作物生产等诸多常见问题。已经有超过 80 000 名农民注册这一移动互联网助力农业知识分享与问答服务，覆盖缅甸全国 330 个乡镇中的 323 个，促进了“移动农业”与知识问答模式在缅甸的兴起。

（二）缅甸太阳能光伏应用快速发展

截至 2017 年年底，缅甸共有 5400 万人口，城市化率为 35%，65% 的人口生活在农村。根据缅甸农业畜牧和灌溉部农村发展司的数据，缅甸农村地区只有

16% 的家庭与电网连接。随着缅甸经济的快速发展，太阳能光伏应用成为缅甸应对电力不足的重要途径和农村地区快速发展的潜力市场。

据《缅甸时报》报道，优玛微电力（Yoma Micro Power）及其合作伙伴，由加拿大政府、挪威投资基金 Norfund 和在新加坡上市的优玛战略控股（Yoma Strategic Holdings）支持的国际金融公司（IFC），通过债务和股权筹集，募集了 2800 万美元资金，利用太阳能微型发电厂和微型电瞓发电，为缅甸农村的电信塔供电。优玛战略控股持有优玛微电力 35% 的股份，而 Norfund 和 IFC 将各持有 30%，剩下的 5% 将由优玛微电力的首席执行官兼项目负责人 Alakesh Chetia 先生持有。优玛微电力的官员称，为了实现“数百个电信塔和农村社区的电气化”，该项目将有可能在 2022 年前扩大到 2000 多个太阳能微型发电厂。

优玛微电力生产的太阳能电力将主要供应到需要建设电信塔的地方。在电力连通过程中，附近的村庄也将获得电力。优玛微电力的这个项目将主要在统称为缅甸干燥地带的实皆、马圭和曼德勒实施，之后还会延伸到整个缅甸。2017 年，该公司已经在实皆建成了 10 座发电站，共有 4 个离网村庄多达 700 人用上了电。在没有电网电力供应覆盖的地区，优玛微电力将提供利用太阳能的小型电网和小型输电线路、柴油和储能系统。同时，那些租用电信塔的人将会支付费用来接收信号，目前最低价格为每月 5000 缅甸元，今后会随着使用情况而增加。

（三）航空航天

2018 年 8 月 30 日，缅甸卫星系统建设领导委员会主席、副总统敏瑞在内比都主持召开了缅甸卫星系统建设领导委员会第 4 次工作协调会。缅甸卫星系统建设领导委员会由副总统领导，包括 13 名成员，目前在落实该委员会的 7 项工作职责。在缅甸卫星系统建设领导委员会的管理下成立了由交通和通信部部长领导，包括 9 名成员的工作委员会。该工作委员会不仅在落实其 6 项工作职责，为了有助于缅甸卫星系统建设领导委员会的工作，还成立了 3 个分委员会：缅甸卫星系统技术分委员会、缅甸卫星系统法律与惯例分委员会和租用缅甸卫星转发器分委员会。

副总统敏瑞表示，将分 3 个阶段建设缅甸卫星系统。第一阶段是租用他国的卫星转发器，目前正在租用 Myanmar Sat-1 卫星。第二阶段是与其他国家共同拥有卫星。为了实现这一目标，缅甸交通和通信部下属的信息技术与网络安全司和美国 Intelsat GlobaJ Sales & Marketing Limited 已于 2018 年 6 月 1 日签署了协议。根据协议，该项目将耗资约 1.56 亿美元。缅甸将在 2018 财年分 2 次支付款项的 30%，在 2018—2019 财年分 4 次支付 50%，在 2019—2020 财年分 2 次支付剩余的 20%。缅甸将于 2019 年 6 月开始使用双方共同拥有的 Myanmar Sat-2 卫星。第三阶段是缅甸发射完全属于自己的卫星。缅甸将在使用的卫星频道增多、技术经验丰富、能够自行控制的时候才开展这一阶段的工作。由于卫星发射费用过高，将优先发射经济实惠的地球观测小型卫星。日本北海道大学已向缅甸表达合作意愿。此外，为了成立航天局、颁布航天法和发射地球观测小型卫星，缅甸也将成立相关委员会。敏瑞还表示，缅甸卫星系统建设领导委员会目前已经举行了 3 次会议，做出了 16 项决策，其中，已经落实了 13 项决策，有 3 项还在落实当中。由于正在执行的工作需要时间，应该规定时间来完成工作。

（执笔人：苏　哲）

印　　度

2018 年是本届印度人民党莫迪政府执政的最后一年，印度科技领域出台了一些新举措，取得了一些新进展。

一、主要举措

科技投入保持平稳增长。2018—2019 财年印度科技部预算 1232 亿卢比，空间研究组织 1078 亿卢比，原子能局 1397 亿卢比，同比分别增长 6.1%、18.0%、5.7%。印度科技部 2018 年年初发布的《研发统计报告 2017—2018》显示，2014—2015 年印度全社会研发投入为 8532 亿卢比，占 GDP 比例为 0.69%，其中，中央政府投入占比 50%，地方政府投入占比 8%，企业投入占比 38%，高校投入占比 4%。预计 2017—2018 年全社会研发投入约 1.1 万亿卢比。

加快新兴领域布局。大力支持新一代信息技术发展，2018 年年底内阁正式批准启动信息物理系统跨学科国家计划（NM-ICPS），5 年预算 366 亿卢比，推动大数据、物联网、深度学习、机器人等相关领域科技研发、人才培养、技能培训及创新创业，并将统筹全印度相关科技和产业资源，建设 15 个技术创新中心、6 个应用创新中心和 4 个技术转化研究园。计划实施量子计算国家计划（QuST），研究量子计算机、量子通信、量子加密及相关量子技术，加快追赶前沿技术步伐，首批遴选了 53 个建议项目。推进人工智能发展，发布《人工智能国家战略》（讨论稿）征求公众意见，加强对人工智能重要作用的宣传，消解民众对人工智能影响就业的顾虑。采取公私合营方式建设了首个人工智能研究所。推动区块链技术发展，投入 500 万美元开发电子政务区块链，在土地注册、健康档案、化肥补贴等领域尝试应用相关技术。组织科研人员培训 CRIPSR 基因编辑操作技术，推动新基因技术发展。启动第二轮重大创新与技术研发计划（IMPRINT），计划投入 100 亿卢比，在先进材料、纳米科技等 10 个领域支持一批总投资在 2000 万卢比以上的科研项目，按 1∶1 的比例给予项目实施单位配套支持。

推进人才培养引进。新设立杰出研究者奖（SERB-A），奖励在参与政府科研项目中表现优秀的年轻科学家。启动教师卓越研究计划（TARE），支持 500 名青年教师与印度国家级科研机构合作，开展科学研究，每人每年提供 500 万卢比科研经费。鼓励优秀学生从事科研的 INSPIRE 计划，共支持 5 万名高中生参加科学营活动，提供 1 万个科学专业本科和研究生奖学金名额、1000 个博士研究生奖学金。鼓励中学生开展创新的 INSPIRE 奖，共收到 25 万人申请，5 万余人获奖。先进合作研究访问学者计划（VAJRA）累计支持来自 13 个国家的 43 名科学家在印度研究机构开展访问研究。

推动创新创业发展。深入实施阿塔尔创新使命计划（AIM），体系架构不断完善。阿塔尔小匠实验室（ATL）旨在培养中学生创新精神，遴选了 2500 多所学校，计划每所学校投入 200 万卢比建设 100 平方米以上的创新工坊；实施阿塔尔小匠创新马拉松赛，3 万多名学生参与。2018 年，2600 多个机构申请阿塔尔孵化中心（AIC）和孵化器规模化（EIC）项目支持，最终 72 个 AIC 和 10 个 EIC 获得支持。启动阿塔尔新印度挑战（ANIC）与阿塔尔大挑战（AGC），分别投入 1000 万卢比和 3 亿卢比，旨在促进具有重大经济与社会影响的产品创新，已发布 17 个 ANIC 项目，涉及新能源、饮用水、人工智能等领域。

加强科研基础设施建设。继续实施科技设施改善计划（FIST），支持高校改善设施，提高人才培养质量和科研条件。筹备建设全球第三个 LIGO 引力波探测器，计划在 2025 年前建成。计划新建望远镜加入全球瞬变现象观测网（GROWTH），专门观测瞬变天文事件。启动建设科研设施管理与网络（SRIMAN），计划将所有政府支持的原价值 100 万卢比以上的科研设备纳入网络实现共享。

推动科研便利化。着手建设印度科技门户网（India S&T Portal），为学生、科学家和全社会打造一站式科技项目和活动信息平台。科学与工程研究委员会（SERB）支持的所有基础研究项目全部实现网上办理，惠及数千科学家。支持大学生从事科研的 INSPIRE 计划也实现了网上办理和无纸化，惠及 10 多万名学生。支持高校改善科研设施的 FIST 计划也引入了网络系统。

二、重点领域发展动态

航空航天：推迟 3 年的“月船二号”月球探测器取得重要进展，着陆推进器试验成功，预计于 2019 年发射。GSLV-Mk Ⅲ重载火箭将重达 3 吨的通信卫星送入地球同步轨道。GSLV-F11 低温发动机热试验成功，着手研发半低温火箭发动机。用于载人航天的宇航员逃逸系统试验成功。军用通信卫星 GSAT-6A、导航卫星 IRNSS-11、民用通信卫星 GSAT-11 和 GSAT-29 发射成功。Rustom-2 长航时无人机试飞成功，14 座涡轮螺旋桨小型客机 Saras 首飞成功。飞机平行显示器、航天器热障涂层喷涂等技术研发取得新突破。

生物医药：设计并合成能诱发癌细胞死亡的新药物——代沙瑞博（Disarib），靶向治疗癌症效果突出。发现黑色素瘤和色素沉着调节蛋白、帕金森病相关蛋白，为研发作用于不同位点的药物分子提供了可能。研发出新型抗血栓生物制品——聚乙二醇链激酶。研发的前列腺癌靶向药 Yonsa 获得美国 FDA 批准。成功研发出快速、高效、便捷的结核病电化学检测设备，电化学方法快速诊断早期慢性肾炎与侵入性曲霉病、早期预测阿尔兹海默病智能系统研发取得重要进展。利用生物资源设计出首个可持续分子键盘锁。研制出治疗登革热的阿育吠陀药物，预计 2019 年上市。

信息科技：研制出新一代超级计算机 Pratyush，运算速度较 2014 年提高了 5 倍，在全球超级计算机 500 强的排名从第 368 位上升至第 30 位。基于 RISC-V 开源指令集架构，研制出性能优于 Cortex 5A 的印度第一个工业级微处理器。成功构建了 5 个量子位的处理器。投资 15 亿卢比建设关键基础设施网络安全与网络防御跨学科中心。

新能源：太阳能发电总装机容量达到 20 吉瓦。总部设在新德里的国际太阳能联盟（ISA）正式成立，60 个国家签署了框架协议，32 个国家被批准加入。ISA 已与联合国开发计划署、世界银行、气候议会等国际组织签署合作协议，启动实施了太阳能规模化应用计划和规模化项目实惠金融计划，印度将提供 14 亿美元贷款用于支持 15 个发展中国家的 27 个太阳能项目。实施太阳能技术使命计划，建设卓越中心网络，完善太阳能技术创新系统，支持太阳能生产、储能及应用技术研发。新型锂电池技术获得突破并建成了示范性生产线。利用煤炭和热电厂废气等资源生产甲醇研发项目启动。研发出世界上最薄能源电池材料，可应用于下一代电池生产。

三、国际科技合作情况

2017—2018 年，印度开展了 250 个联合研究项目、30 个联合研讨会，人员交流达 700 人次。

中印科技交流合作稳步推进。印度科技企业家代表团和印度青年科学家代表团赴华参加中国 – 南亚博览会、南亚青年科学家中国行，并举办中印技术转移专场对接活动，签署了多项合作协议。由云南省科学技术情报研究院（中国南亚技术转移中心）与中印贸易中心（中印技术转移中心）共同举办，印度外交部、中小企业部和中国驻印度大使馆支持的“第 3 届中印技术转移、创新合作与投资大会”于 2018 年 12 月在印度举办，中印 150 多名代表参会，亚欧科技创新合作中心与中印技术转移中心等签署多项科技创新及投资合作备忘录。印度软件和服务业企业行业协会（NASSCOM）分别与大连、贵阳、徐州市政府签订合作协议，建设 IT 走廊，在物联网、大数据等领域开展合作。临沂市拓普公司与印度阿盖尔公司、萨姆科技学院签署科技、人才合作协议，并在萨姆科技学院建设了中印联合研发中心。阿里巴巴、腾讯、小米等中国企业及风投资本继续在印度投资科技型初创企业。

更加注重与科技大国开展实体合作。印度与美国、法国、德国、俄罗斯、加拿大等国依托印美科技论坛（IUSSTF）、印美教育基金（USIEF）、印法先进技术研究促进中心（IFCPAR）、印德科技中心（IGSTC）、印俄科技中心（IRSTC）、印度－加拿大研究所（SICI）等联合科技中心（独立实体），深入开展人员交流与合作研究。2018 年，印度与英国启动建设印英清洁能源联合中心，与韩国共同在印度建设印韩研究与创新中心（IKCRI），与意大利合作在可再生能源、生命科学等领域共建印意卓越中心。

继续加大对周边及发展中国家的科技援助。印度加大技术与经济合作计划（ITEC）实施力度，2017—2018 财年向 161 个发展中国家提供 300 多种课程、10 500 个奖学金名额。2018 年，专门面向非洲国家的拉曼（Raman）奖学金提供了 200 个奖学金名额，专门面向南亚周边国家的印度科学与研究资助金（ISRF）支持 48 名来自斯里兰卡、尼泊尔、孟加拉、阿富汗、不丹、缅甸六国的研究者在印度开展短期研究。积极利用不结盟运动及发展中国家科技中心（NAM S&T Centre）、环孟加拉湾多领域经济技术合作倡议（BIMSTEC）推动与有关国家的科技交流合作。

（执笔人：单祖华）

以 色 列

2018 年，以色列财政政策稳健、经济增长强劲，全年 CPI 上涨约 1.2%，失业率为 4.1%。科技创新在以色列经济发展中贡献突出。根据全球经济论坛发布的《全球竞争力报告 2018》，以色列的创新公司成长和应对风险能力在全球 140 个国家中排名第一，风险投资贸易回报性排名第二，颠覆式创新能力排名第三。目前，超过 350 家跨国企业在以色列设立研发中心，其研发投入在以色列国家研发投入中的作用举足轻重。

一、科技与教育投入

（一）科技研发投入

根据以色列中央统计局数据，2017 年，以色列国家民用研发投入为 577.98 亿谢克尔，相较 2016 年增长 6.8%。2017 年以色列人均研发投入为 6588 谢克尔，相较 2016 年增长 8.3%。高技术企业仍是以色列研发投入主体，全年投入 498 亿谢克尔，占全国研发投入的 86.0%，高等教育研发投入占比 11.4%，政府投入占比 1.6%，私立与非营利机构研发投入占比 1.0%。

（二）教育投入

以色列人才和科技资源的人均拥有率全球领先。根据以色列中央统计局最新数据，2017 年以色列国家教育支出 1028 亿谢克尔，占 GDP 的 8.1%，国家教育投入增长 4.7%，同比 2016 年下降了 0.2 个百分点。人均教育投入增长 2.7%，2016 年、2015 年分别为 2.8% 和 1.5%。以色列现有全国授予本科以上学位的高等院校 62 所，其中，大学 9 所，高职院校 32 所，师范学院 21 所，高等教育入学率约 51%。政府、地方机构和非营利组织对教育经费投入占全国教育经费支出的 77.5%，家庭教育经费支出占 22.5%。

二、创新署支持系列创新活动

2015 年 8 月，以色列国会通过组建创新署的法令。2016 年 1 月，以色列经济部首席科学家办公室和产业研发中心两家机构合并组建以色列创新署。2017 年，创新署正式运转，5 月发布第一项重要管理政策，规定创新署资助的中小企业（年营业额小于 7000 万美元）返回资助金由每年 3.5% 降到 3.0%，允许跨国公司对创新署支持研发的专利在支付少量技术转移费前提下进行境外技术转移。该政策将进一步促进以色列创新技术与境外的合作，也使创新署运转机制更加灵活。2018 年，创新署工作全面展开，并取得了一批务实的成果。

（一）夯实以色列创新优势领域的世界领先地位

2018 年 3 月，以色列国会通过总投入超过 10 亿谢克尔的《以色列数字健康计划》。该计划由以色列总理府办公室会同财政、卫生、司法、经济、科技、创新等相关机构和部门共同制定，旨在支持以色列健康领域的企业、研究机构继续开展医疗健康与数字技术研究，为以色列经济发展提供新的强大引擎，让以色列医疗健康技术走向世界。内塔尼亚胡总理表示，该计划对以色列具有历史性意义，以色列未来数字医疗工业前景将比网络技术更加广阔。

6 月，以色列创新署、卫生部、司法部通过 3000 万谢克尔的数字健康试点计划，鼓励以色列企业、科研机构开展更多的创新技术研究和推广。被确定支持的企业将收到 20% ～ 50% 的研发经费支持，针对颠覆性的有可能引领世界趋势的技术，最多可获得 60% ～ 75% 的经费支持。企业只有在产品成功上市取得收益后，才能向以色列创新署申请返回一定比例的技术使用费。

8 月，以色列创新署、经济产业部、国家网络指挥办启动了总投入 9000 万谢克尔的未来 3 年《网络科技计划》，旨在继续确保以色列在网络创新领域的国际领先地位，应对未来不断变化的网络科技环境。具体计划将包括投资有巨大潜力的技术研发、支持技术测试与示范、市场化推广 3 个主要部分。

（二）加大对国企和新生产业的扶持力度

2018 年 6 月，以色列财政部、创新署启动了总投入 1000 万谢克尔的《工业示范计划》，旨在加速以色列国企工业改革，进一步适应数字化时代的需要。通过该计划，以色列国企将与私人企业更好地融合，传统的核心技术将有效升级。该计划主要支持以色列科技公司到国企中去应用它们的创新技术，通过技术升级提升国企竞争力。

9月，以色列创新署启动了食品科技孵化器项目，将在未来8年内在北部地区投入1亿谢克尔带动以色列食品科技的快速发展。被选孵化器将收到每年60万谢克尔的运行补助，入选的创新企业可得到最多500万谢克尔的创新支持经费。新的孵化器将合并已存在的18个食品领域孵化器，鼓励支持其他国家企业和机构通过投资、技术合作等方式共同推进孵化器建设。该项目将在嘉利利湖上游地区形成食品科技创新生态系统，为当地带来新的经济活力。

（三）积极支持极端正统犹太人企业家创新创业项目

以色列经济产业部前期已投入2500万谢克尔支持以色列极端正统犹太人创新创业项目。2018年7月，以色列经济产业部宣布将延长2年的资金支持期。以色列创新署极端正统犹太人管理部门主要推动该项目的具体实施，旨在使极端正统犹太群体更好地融入以色列创新环境，为以色列经济和高新技术发展带来新的活力。该计划被作为以色列政府增加高新科技产业技术人员数量的一项重要政策举措。被支持的极端正统犹太人所有企业，第一年可获得最多250万谢克尔的支持，第二年累计可达到450万谢克尔。创新署还会提供企业家培训、市场咨询等相关服务。

（四）注重创新技术发展与应用方面的国际合作

以色列创新署自2018年1月以来，已与19个国家和地区联合发布了国际合作项目，中国科技部及江苏、上海、山东、广东、浙江、深圳、香港等地与以色列均有产业研发合作。以色列与亚洲、欧洲、美国等地的合作已逐步展开。例如，与印度政府成立联合研发基金，目前已支持4个联合研发项目；吸引欧盟委员会创新基金首次直接投资以色列风险投资公司；与美国印第安纳州签署联合研发协议，进一步推动以色列电子部件、化学产品、运输设备领域的创新需求；与日本、韩国通过路演等方式加强VR及AR技术合作等。

三、高新企业融资并购及高技术产业发展情况

以色列高新企业融资额近6年来连创新高。1995—2018年，平均每年投资约6.2亿美元。2018年前3个季度投资量创同期历史新高，达到近37.2亿美元。

根据以色列风险投资协会（IVC）研究中心最新统计结果，2018年上半年以色列高新企业并购交易额62.2亿美元，共有58家企业被并购。其中，以色列电子和工业产品制造商Orbotech被美国半导体制造商KLA-Tencor以34亿美元并购，美国Cisco公司并购以色列电视软件公司价格也超过10亿美金，这两家并

购额占据了上半年总并购额的近 73%。

根据以色列中央统计局《统计数据摘要（2017）》，2014 年以色列高新企业生产总值 1212 亿谢克尔，占以色列商业总产值的 20.4%；高新企业雇员 29.7 万人，占以色列总就业人口的 9.1%，雇员平均月工资 2.1 万谢克尔。

高新技术产业是以色列最重要的产业。以色列政府通过实施《鼓励产业研发法》和技术孵化器计划、建立风险投资基金和科技产业园区、吸引跨国公司投资、提供出口补贴等政策，推动高新技术产业发展。根据以色列中央统计局数据，2014 年以色列的高新技术产业（不含钻石）产值占工业总产值达 49%。雇员人数占工业雇员总数的 27%。以色列的电子信息、生命科学、半导体、纳米技术、国土安全、军工电子、清洁技术（包括水技术、新能源和其他环境技术）等行业在世界上具有技术优势。以色列政府积极发展可再生能源、新水源开发、干细胞研究与应用、先进教育设备及技术、反恐设备及技术 5 个新兴的高科技行业。

2018 年以色列高新技术产业机遇与挑战并存。前 3 个季度数据显示，2018 年以色列高新技术产业发展速度比 2017 年更快，最大特点是人工智能技术的“大规模”爆发。2018 年，中国、韩国和日本在以色列的投资也持续增长。在过去两年中，外国投资占以色列科技公司投资的 77%，美国仍是最主要的投资者，占募集总资金的 35%，中国、英国、日本和德国各占总投资的 3% 左右。值得注意的是，跨国公司研发投入占以色列国家民用研发投入的 50%。

以色列 IVC 研究中心数据显示，美国总统特朗普的税制改革在以色列尚未产生影响，但对这些公司的税收结构产生了一些不确定性。“人才、多学科能力和企业家精神”仍然是以色列吸引国外跨国公司的最主要原因，包括苹果、脸书和亚马逊在内的企业都将继续选择在以色列成长，并继续雇佣当地雇员。2018 年，也看到了以色列的边缘竞争，全球竞争和工人短缺给以色列高新技术企业发展带来了挑战。以色列创业公司和成长型科技公司正在海外雇用约 8 万名工程师和程序员，以弥补以色列技术人才短缺。

（执笔人：李向宾　崔玉亭）

哈萨克斯坦

一、科技投入情况

（一）研发投入

根据哈萨克斯坦统计局官网数据，2017 年哈萨克斯坦国内生产总值 453.1013 万亿坚戈，研发投入 688.842 亿坚戈，研发投入比上年增加 3.4%，研发投入占 GDP 的 0.13%。

按研发经费投入领域统计，基础研究领域占研发投入总额的 15.4%，应用研究占 59.4%，试验开发领域占 24.9%。

按研发经费来源统计，国家财政预算 209.614 亿坚戈，私营企业领域 286.650 亿坚戈，高等教育领域 131.795 亿坚戈，非商业领域 60.782 亿坚戈。

按主要科研方向投入统计，自然科学 224.283 亿坚戈，工程技术 314.594 亿坚戈，医学 32.783 亿坚戈，农学 65.280 亿坚戈，社会科学 16.508 亿坚戈，人文科学 35.394 亿坚戈。

（二）科研院所和科研人员情况

2017 年哈萨克斯坦科研院所数量为 386 个，比 2016 年增加 3 家，主要集中在阿拉木图市（131 个）和阿斯塔纳市（62 个）。按照科研院所性质统计，国有 101 家，高校所有 99 家，企业所有 146 家，非商业组织 40 家。

2017 年全国研发工作人员总计 22 081 人，其中，科研人员 17 205 人（包括科学博士 1818 人，哲学博士 597 人，专业领域博士 380 人，副博士 4562 人，硕士 4109 人等）。

二、政府颁布的主要科技政策、规划和项目

（一）国情咨文中科技与创新相关内容

2018 年，哈萨克斯坦总统纳扎尔巴耶夫两次发表国情咨文，其中均涉及科技与创新相关政策内容。

1 月发表的国情咨文中，总统提出国家未来发展 10 项任务，其中有 7 项明确要求发挥创新引领作用。

第一，强调新技术应成为工业化过程的引导力量，提出工业化需更具创新性，要大力发展工业 4.0 技术模式，优选本国支柱产业进行数字化改造试点。第二，要求建立综合的信息技术平台，并要利用先进技术大力发展绿色技术和可替代清洁能源，到 2030 年使哈萨克斯坦可替代能源占比达到 30%。第三，提出智能技术是哈萨克斯坦农业综合体取得突破性发展的机遇。第四，在交通和物流任务中，要求大规模推广利用包括区块链在内的数字技术。为实现交通系统智能化，要充分利用大数据技术。第五，要求采用新技术、新材料建设高质量、生态和节能型住宅。第六，在人才培养任务方面，要求建立覆盖全国各层级教育机构的符合现代标准的教育体系。第七，要求将阿斯塔纳建成哈萨克斯坦智慧城市的标杆，使城市成为地区发展、创新和提高生活质量的火车头。

10 月初，总统罕见地在一年当中发表第二次国情咨文《提升哈萨克斯坦公民福祉：提高收入和生活质量》，其中关于发展科技创新的论述主要有如下几点。

第一，充分发挥农工综合体潜力，主要任务是提高农工领域劳动生产率，到 2022 年前加工农产品出口量提高 2.5 倍。政府计划在未来 3 年额外增加至少 1000 亿坚戈的投入。第二，强调特别注重创新和服务业的发展，必须确保未来经济领域的发展，如替代能源、新材料、生物医学、大数据、物联网、人工智能、区块链等。第三，在 5 年内，教育、科学和理疗支出增至占 GDP 的 10%，主要用于该领域改革的实施，确保极大改善公共服务质量。第四，强调发展医疗领域数字化建设，在 2020 年前完成公民电子健康护照，利用已经建立的心脏和神经外科医疗集群的经验，2019 年在阿斯塔纳建立国家科学肿瘤中心。

（二）哈萨克斯坦教育科学部 2018—2020 年科学研究和科技开发项目

2018 年 2 月，哈萨克斯坦教育科学部正式启动 2018—2020 年科学研究和科技开发项目，旨在解决国家发展中具有战略意义的问题。项目总体目标是要促进提高哈萨克斯坦科研工作、科技实力、科研机构和科研人员的水平和竞争力。参加本次评选的项目申请共计 4488 项，其中 1096 项获选。

该项目的目的是落实总统关于2017年国情咨文相关要求，落实《2016—2019年加速国家工业创新发展规划》和《2016—2019年哈萨克斯坦教育和科学发展规划》实施目标。

计划资助总额286亿坚戈，主要包括7个优先发展领域，包括自然资源合理利用，能源工程，信息、通信和宇航技术及相关自然科学领域，生命科学和健康，21世纪教育、人文科学领域基础和应用研发，农工业综合体及农产品深加工、食品安全和可持续发展，国防和国家安全。

（三）重点领域科研成果商业化项目

该项目由哈萨克斯坦科学基金组织实施。项目申报重点领域为动力工程和机械制造、生命科学和健康、自然资源合理利用和深加工技术。

2018年在线接收项目申请共计431份，其中353份申报材料合格。符合申报要求的项目，将进一步提交独立专家评审，审核项目技术指标和经济指标。每个项目申报金额不得超过3亿坚戈，具体拨付金额由科学基金审核后报国家最高科学委员会核定。

（四）创新项目补助计划

为落实哈萨克斯坦《国家科研成果商业化法》相关措施，2018年哈萨克斯坦投资发展部和国家技术发展署继续实施创新补助计划。该计划旨在提高本国科研成果商业化水平，通过技术转移，引进国外先进技术设备，提高哈萨克斯坦企业技术创新能力，增强产品国际市场竞争力。

补助类型为3类，分别是技术商业化类（最高补助2亿坚戈）、企业创新技术开发类（最高补助4亿坚戈）和行业技术发展类（最高补助5亿坚戈），每种项目资助经费拨付不超过36个月。

国家技术发展署与申请人关于购置新技术成本资助比例最高达到50%，企业获得技术授权成本资助达70%，企业用于提高技术能力资助高达85%。因为企业申报该类创新补助自行配备基金的比例比原来大幅提高，可有效缩减虚假申报的风险。

三、主要国民经济领域科技创新发展动态及国际合作情况

（一）农业数字化建设

2018年，哈萨克斯坦大力推动农业数字化建设工作，保障在未来5年内使

农产品出口增长 2.5 倍，并提高农业劳动生产率。

根据哈萨克斯坦农业部的数据，在农业生产数字化框架内，将在全国建立至少 20 个数字化农场和 4000 个数字化推动型农场。数字化建设以农场为重点，贯穿农产品生产和销售全过程。

在数字化建设过程中，将利用加拿大、土耳其、澳大利亚、德国和美国等国家快速在线贷款、气象分析和预测、收成规划和价格监测等方面的经验。农业部将通过自动化手段解决农场在信息收集、咨询、学习培训等初始阶段中出现的困难。

2019 年将进行春季田间相关业务在线贷款试点项目。2020 年将开展全面关于农业经营、农技、种子繁育和畜牧等领域的在线咨询。

2018 年，农业部启动全国农业用地电子化地图项目，目前已经制定 2370 万公顷耕地电子地图，计划年末完成全国耕地地图电子化，这是实施精准农业的重要因素之一。2019 年年中，将在个别州启动土地供应电子化试点工作，年末计划建立开放的土地地块图。实施自动化还将解决农场在生产阶段的困难，如补助的获取、缺乏农业化学分析数据及准确的气象数据等问题。

（二）核能领域

哈萨克斯坦就输出核反应堆铀燃料问题与美国和俄罗斯开展合作。2018 年，美国爱达荷国家实验室、橡树岭国家实验室，以及俄罗斯松树核技术和设备科研开发公司与哈萨克斯坦国家核中心就该中心核反应堆的放射性核燃料运返俄罗斯的项目开展合作。

2018—2020 年国家核中心重点研究项目。2018 年，哈萨克斯坦教育科学部与国家核中心签署完成 4 项科研项目工作合同，在此框架下，国家核中心未来 3 年主要从事的研究方向为：用铅—锂共晶在热核反应堆惯性约束中获取氚的技术研发；通过研究型脉冲热中子反应堆获取的活性区域材料熔融物的性质和特征；热核反应堆首层围壳备选材料表面的热成像测量方法研发及其材料在托科马克上的应用；辐射铍干式净化方法的改进。

（三）生态环保领域

哈萨克斯坦水文气象局对其开发的 AirKZ 移动应用程序进行更新，实现 140 个生态站点的数据共享，24 小时实时监测空气主要污染物浓度变化动态。

哈萨克斯坦与德国联合对阿拉木图机动车二氧化碳排放情况进行评估，确定繁忙城市交通干线土壤中有害元素和重金属积蓄水平。基于研究数据提出改进阿拉木图城市交通污染现状措施。

哈萨克斯坦生物多样性保护与合理利用状况持续改善。

2018 年在阿斯塔纳召开的有关森林景观恢复问题国际研讨会，首次提出将在中亚各国家和地区层面积极响应“波恩”倡议，恢复退化林地和无林地。据统计，近 10 年哈萨克斯坦森林恢复面积达 50 万公顷，全国森林覆盖率提高 0.2%，达到 4.7%。

为保障苗木供应，在东哈萨克斯坦州建立林苗综合体，企业采用瑞典封闭根系种植技术，年出苗量达 300 万株；为预防火灾，在额尔齐斯河沿岸带状森林引进德国火灾预警信息技术系统。

在保护动植物多样性领域积极与国际组织开展合作，建立人工动植物繁育场，开展珍稀物种调查，扩大国家公园面积等。

在渔业领域，采取积极措施应对非法捕鱼，保护鱼类生物多样性，特别是对野生鲟鱼的保护。

（四）新材料领域

在氢能源技术领域取得进展。哈萨克斯坦古米廖夫国立欧亚大学专家研发氢能源领域项目，针对粒度组成与金属陶瓷复合材料的初始组分对固体氧化物燃料电池的烧结动力、导电率和极化电阻的影响进行研究。通过烧结薄膜预制件成功制备无损样品，基于样品组装的燃料电池的比功率在 900 ℃、850 ℃和 800 ℃时分别达 1.2、0.88、0.6 Wt/cm^2。这一指标与国际水平相当。基于上述研究，该项目获得了新的纳米级氧化还原催化剂，研发基于低频核 – 壳的多空薄膜制备技术。

东哈萨克斯坦州国立大学研发出基于金属固定凝胶和保护性聚合物纳米粒子的催化系统，用于多氯联二苯的还原脱氯。该研究主要用于对哈萨克斯坦安装变压器和电容器所在地土壤和底部沉积层含多氯联二苯污染水平进行定量评价，确定催化活性和催化的最佳温度及净化方案。

研发出用于发动机燃料的高辛烷值添加剂生产的新型纳米金属催化剂。哈萨克斯坦索克里斯基燃料、催化剂和电化学研究所研发出用于生产汽车燃料高辛烷值添加剂的新型纳米金属烷值添加剂。该催化剂可增强石蜡和芳香族化合物异构化指向，促进汽油辛烷值的增长。

（五）宇航领域

2018 年，哈萨克斯坦总统访问美国期间，与美国签署系列空间活动领域合作文件，其中包括哈萨克斯坦国防和航空航天工业部与美国资源部合作意向书，促进双方在地球遥感空间技术领域和发展空间数据基础设施领域开展互惠合作。

美国地质局将参加哈伊犁—巴尔喀什湖地区的水资源状况监测项目。美国将在哈萨克斯坦首都组织地面设施建设用于接收 LandSat-7 和 LandSat-8 卫星的遥感数据。同时，美国将积极参与哈萨克斯坦紧急状况和灾害监测相关项目。哈萨克斯坦宇航之路股份公司与美国海克斯康地理空间公司签署合作备忘录，拟在现代地理空间信息技术和项目资金的组织化管理方面开展合作，提高哈萨克斯坦地球遥感航天系统的效率。哈萨克斯坦与美国就关于建立多种卫星通信系统及其产品和服务、领用美国环境系统研究所平台开展航天检测合作等签署合作备忘录。

哈萨克斯坦参与俄罗斯超重型火箭研制项目。根据被批准的在哈俄拜科努尔航天综合体开展进一步合作的方案，双方明确将建造超重量级别航天火箭纳入哈俄未来联合航天项目的主要方向。此外，哈俄还计划合作建造用于发射小型卫星的超轻火箭和在拜科努尔生产相关火箭零部件。

（执笔人：苗雪婷）

澳大利亚

2018年以来，特别是8月澳大利亚新任总理斯科特·莫里森就职以来，高度重视科技创新，强调通过科技创新保证澳大利亚经济实现可持续增长和繁荣。莫里森政府任命了新的联邦工业与科技创新部部长，同时大幅增加政府科技投入，加快实施重大科研创新战略和科技计划，鼓励产学研结合，扶持创新和创业。

一、2018年全球创新排名小幅提升

世界知识产权组织和美国康奈尔大学发布的《2018年全球创新指数》报告中澳大利亚的全球创新排名有了小幅提升，从2017年的第23名上升到第20名。报告表明，澳大利亚在人力资本和研究能力，尤其是高等教育、电子政府和创业便利性等领域保持优势。另外，报告指出澳大利亚知识与技术产出水平低于其他国家，理工科毕业生数量偏少，在创新联系、大学和行业合作研究、商业企业的研究人才，以及高科技和信息通信技术服务出口水平等方面相对薄弱。

澳大利亚联邦政府就业和创新事务部助理部长赛瑟尔表示，澳大利亚全球创新排名的提高，是《国家创新和科学议程》取得的成果。澳大利亚联邦政府将继续推动《国家创新和科学议程》，并致力于促进创新，支持全经济领域的科学研究。赛瑟尔表示，《国家创新和科学议程》是一个重要的长期规划，它支持企业创造并抓住技术和科学进步所带来的机会。《国家创新和科学议程》下的合作研究中心计划自制订以来已提供46亿澳元资金，支持工业界、研究机构和社区之间建立了近300个合作项目。

二、发布《2030 创新发展战略》

澳政府创新咨询机构“创新与科学理事会”（ISA）发布了澳大利亚《2030 创新发展战略》。该战略在 2015 年《国家创新和科学议程》基础上提出了五大紧迫任务和 30 条具体建议，强调创新人才培养、增加企业研发投入、提高研发效率、加强政府对创新的支持、培育创新文化和雄心。澳大利亚希望借此在 2030 年跻身世界创新国家前列，并通过创新保持经济可持续繁荣。

该战略指出，科技创新有助于满足澳大利亚国民不断增长的公共服务需求，并解决最大的环境和社会挑战，改善国民健康状况，增强公共安全，促进环境与能源可持续发展并创造就业机会。战略建议实施各项国家创新使命项目，如拯救大堡礁（政府已宣布投入 7000 万澳元）、氢能示范城、干细胞研究、2 亿澳元基因组使命项目、人工智能和机器学习项目等。战略围绕创新人才培养、增加企业研发投入、提高研发效率、加强政府对创新的支持、培育创新文化和雄心五大紧迫任务提出了 30 条建议。这些建议重点在于政府如何为澳大利亚创新体系有效运作做出贡献，包括政府发挥好促进系统创新的催化剂作用，提供支持关键创新活动的经费，并利用好国际创新资源与资金。战略建议，投资开发评估机制对澳大利亚创新绩效开展高效及时的评估，开发一整套创新指标和方法，全面理解创新，并将其与经济、社会和环境效益密切联系在一起。

该战略的出台，一方面回答了澳大利亚社会公众对《国家创新和科学议程》实施情况的关切；另一方面也为澳大利亚执政党下一步抓住机遇抢占创新发展高地提供了行动指南。战略指出，澳大利亚正在进行一场全球创新竞赛，尽管其研发投入，成果转化和科学、技术、工程与数学（STEM）教育方面还落后于全球同行，但随着该战略的发布，澳大利亚在科技创新领域的各项成绩有望实现大幅擢升。

三、宣布 2018 年度全球联系基金资助项目清单

2018 年 10 月，澳大利亚联邦工业与科技创新部宣布了 2018 年度全球联系基金（GCF）资助项目清单。本轮清单里有澳大利亚 60 多家高等院校、科研院所和初创企业获得联邦 63 个合作项目经费支持。

GCF 是澳大利亚总额达 11 亿澳元的《国家创新和科学议程》的重要组成部分，于 2016 年设立，总额达 490 万澳元，执行期 4 年。GCF 旨在促进澳大利亚高等院校、科研院所、中小企业参与国际合作，协同培育经济增长点，加速创新成果产业化，增强企业的创新能力和全球市场竞争力。GCF 由澳大利亚技术与工

程院管理，联邦工业与科技创新部提供资金。该基金重点资助先进制造、食品和农业、医疗技术和制药、矿业技术设备、石油天然气勘探等领域。

GCF 由两类资金构成：一类是培育资金（priming grants），提供不超过 7000 澳元的国际旅费，帮助高等院校、科研院所与中小企业寻求国际科研合作伙伴；另一类是对接资金（bridging grants），为澳大利亚高等院校、科研院所与中小企业在产品开发、市场测试和商业化活动中提供不超过 5 万澳元的种子基金，助其加速创新成果转化进程。

四、发布全国机器人产业发展路线图

澳大利亚政府首席科学家艾伦·芬克尔在澳大利亚国会大厦发布澳大利亚首个全国机器人产业发展路线图。路线图由澳大利亚国家机器人视觉中心牵头，企业科研机构和政府部门参与制定的机器人产业发展规划，是澳大利亚支持机器人产业蓬勃发展，在国民经济各领域推广自动化技术的重要行动纲领。

路线图称澳大利亚是世界上率先使用自动化码头的国家，无人驾驶运煤车在煤矿中得到广泛应用，澳大利亚科研人员正在开发用于大堡礁保护工作的空中和水下机器人。澳大利亚拥有 1100 多家机器人公司，雇用了 5 万多名员工，每年为澳大利亚经济创造 120 亿澳元的产值。基于机器学习、大数据和人工智能的机器人技术是自然世界和数字世界的交汇点，是第四次工业革命即工业 4.0 时代的核心，同时是澳大利亚实现年均经济增长 2. 5% 的关键。路线图从产业培育、人才培养、政府扶持、科研开发和文化建设等方面提出 4 点建议。

一是激励各地成立机器人领域的高新技术企业，鼓励跨国公司在澳大利亚投资，加强中小企业员工相关技能培训。

二是在澳大利亚普及工业 4.0 技能，加强就业人口的技能培训，在大学增设技能证书课程，实现人才培养的跨越发展。

三是政府通过制定伦理、法律、管理和标准框架促进各地区机器人产业发展，在政府服务中采用机器人。

四是建立机器人研发集群，鼓励风险投资与产业化并鼓励机器人在社会科学领域应用。

今后 5 年，澳大利亚政府将持续投入 2000 万澳元支持机器人领域的研发和产业化，扩大机器人在制造业、专业服务、医疗保健、公共安全、采矿业、农业、航天和基础设施建设等领域的应用，促进澳大利亚经济持续增长。

五、澳大利亚设立国家航天局

2018年5月，澳大利亚政府在新财年政府预算中追加4100万澳元用于成立国家航天局。澳大利亚航天局总部设在首都堪培拉的联邦工业与科技创新部大楼内。该局首要职能是围绕创造就业制定宏观政策，综合协调全国航天事业并统筹国际合作。该局还将致力于在维多利亚州打造澳大利亚航天教育基地，在西澳州打造澳大利亚航天测控地面站与卫星数据传输分析中心，将南澳州作为澳大利亚发展航天产业的商业化基地，将新南威尔圭州作为澳大利亚航天科研基地。澳大利亚航天局业务重点将聚焦卫星数据地面服务、卫星通信与气象观测。遥感和南极与赤道科研观测等，航天发射将不作为该局业务重点。未来10年，澳大利亚将持续在航天领域投入120亿澳元。

六、斥资2210万澳元支持可再生能源制氢研究

澳大利亚可再生能源署（ARENA）近日宣布，已向可再生能源制氢创新研究专项拨款2210万澳元，用以推动澳大利亚向世界出口清洁氢能。氢能专项将聚焦利用太阳能、风能与生物质能等可再生能源制氢技术的研发。承担项目的团队分别来自澳大利亚国立大学、麦考瑞大学、莫纳什大学、昆士兰科技大学、皇家墨尔本理工大学、新南威尔士大学和联邦科工组织等。

可再生能源署的报告称，随着世界经济向低碳经济转型，氢能将扮演越发重要的角色，特别是亚洲地区的需求将大幅增加，澳大利亚对该地区出口清洁的可再生能源前景广阔。未来10年，随着日本和韩国等国家寻求可再生能源转型，全球对氢能的需求也会增加，到2030年氢能出口可为澳大利亚创造2800个就业岗位，每年带来17亿澳元的收入。氢能专项将有助于开发整合新兴绿色制氢技术，支持澳大利亚科学家的相关研究工作，为推动氢能成为下一个大型出口行业提供创新技术支撑。

澳大利亚拥有丰富的太阳能和风能资源，并且是全球最大的液化天然气出口国，在出口可再生能源方面，具有得天独厚的优势。

目前，中澳火炬创新园所在的新南威尔士大学的两个项目获得氢能专项中230万澳元的经费，将与深圳凯豪达等企业开展高效、低成本的光伏电解制氢系统研究和生物质能制氢研究。

（执笔人：吴　玮）

埃　　及

2018 年，埃及推行经济改革初见成效，2017/2018 财年 GDP 增长率达到 5.3%，较上一财年（4.2%）有大幅提升。在 2018 年全球竞争力指数排行榜上，埃及位列第 94 名，相较 2016 年的第 115 名进步很快。在科技创新方面，根据世界知识产权组织（WIPO）发布的全球创新指数显示，埃及从 2017 年位列第 105 名提升到 2018 年的第 95 名，反映出埃及科技创新能力有明显进步。2018 年，在科技发展和创新方面，埃及围绕《2030 埃及国家科技创新战略》（STI-EGY 2030）通过采取出台激励科技创新的政策，强化科研管理，培育有利于科技创新发展的环境，同时结合发展经济和保障民生的需要大力促进能源、水、卫生、农业食品、环境、电子、制药、卫生、信息技术、交通、航天等领域的科技创新及相关产业发展。

一、科技创新发展环境

（一）出台支持科技创新的政策

2018 年 3 月，埃及议会通过了激励科技创新的法令。该法令对科技创新的主体进行了界定，对涉及科技创新的经费和奖励予以税收减免，并对科研项目所需的物资和设备进口免除关税。

（二）加强科技创新统筹发展，优化科研管理

2018 年，为统筹埃及科技创新发展，提升社会科技创新意识，埃及政府组织召开了第 1 届全国科技大会。大会以“发挥埃及潜能”为主题，议题包括：审视埃及《2030 可持续发展战略》和《2030 埃及国家科技创新战略》等框架下的科研优先发展方向；加强埃及科研创新与社会需求结合，为国家大项目服务；

促进埃及社会产学研合作发展；确定埃及发展科研基础设施、组织架构和国家研究能力的最佳机制；确保国家对科研的支持及重视科技在新埃及建设中发挥的作用；展示埃及近期科技发展成果；讨论重点领域和交叉、前沿学科发展及相关政策。埃及总统塞西和时任总理伊斯梅尔等政要出席了大会。在会上，塞西发表演讲强调科技发展对埃及克服当前的挑战和取得大国地位至关重要，称埃及会重视和全力支持科技发展。

为提升效率、培育有利于科技创新发展的环境，埃及公立科技部门采取了一系列具体措施。科技发展基金是埃及公立研发活动最主要的经费管理和资助机构。为提高资金管理和利用效率，科技发展基金提出了对各研究单位使用经费进行统一管理的机制，并建设统一的经费管理数据库。电子研究所是隶属于埃及高教科研部的 11 个埃及最重要的科研机构之一。为鼓励和保护计算机技术创新，电子研究所设立了创新技术支持中心，开设了注册和保护计算机技术创新知识产权的网站。

（三）发展科技园区

以科学技术应用城、“Smart Village”为代表的科技园区为埃及促进产学研结合发展发挥了重要作用。目前，埃及正在兴建的大型科技园区包括在埃及新行政首都项目中的“Knowledge City”、电子研究所附属电子科技城、艾因夏姆斯大学在开罗市郊“Obour City”建设的“Fusion 科技城”等。埃及为吸引企业投资科技园区出台了一系列激励措施，其中包括入驻科技园区的企业可获得 50% 的税费减免。

二、科技创新发展

（一）能源

1. 可再生能源

根据埃及可再生能源战略，到 2035 年可再生能源发电量将占埃及发电总量的 53%。目前，据估计埃及的风能、太阳能、水力发电项目总装机容量已达 3900 兆瓦。

埃及在 Benban 兴建的大型太阳能发电项目已获得 20 亿美元投资，预计到 2022 年将获得共计 60 亿美元的投入。中标该项目的 32 家公司已有 28 家投入项目建设，其中，Infinity Solar、ACWA Power、Alfanar、Acciona4 家公司的工程进展最快，Infinity Solar 已完成太阳能电池板的安装，准备并网发电。

在风电方面，西门子 Gamesa 公司获得了埃及可再生能源局划拨的土地，在 Ras Ghareb 和苏伊士湾建设装机容量分别为 180 兆瓦和 650 兆瓦的风电场，同时，该公司还在和埃及可再生能源局就后续建设总装机容量达 2000 兆瓦的项目进行洽谈。

为配合可再生能源发电项目，埃及也在兴建储能项目。2018 年 9 月，中国电力建设集团和埃及电力公司签署了 Ataqa 抽水蓄能电站项目合作协议。该项目投资额为 26 亿美元，由 8 个发电机组组成，总装机容量 2400 兆瓦。

2. 核能

埃及于 2017 年年底与俄罗斯签署了在 EL Dabaa 建设核电项目的合作协议。该电站由 4 个发电机组组成，总装机容量 4800 兆瓦，预计投入使用后可满足埃及 400 多万户家庭的用电需求。据报道，美国通用电气公司于 2018 年 10 月获得了为该项目设计、建造汽轮机的合同。

3. 清洁燃煤发电

埃及获得中国的资助与支持，在 AL Hamrawein 建设埃及第一座清洁燃煤电站，该电站由 6 个发电机组组成，每个机组装机容量达 1000 兆瓦。上海电气、东方电气等中国企业与埃及电力公司就此项目签署金额达 44 亿美元的合同。

（二）水资源

水资源匮乏是埃及面对的重大挑战。近年来，随着埃及人口的增长和尼罗河上游国家更多分享水资源诉求的上升，这一问题更加严峻。发展水资源利用技术和应用被埃及视为关系可持续发展的头等大事。

埃及计划投入 1.635 亿欧元扩建 Kafr EL-Sheikh 污水处理项目，其中，0.770 亿欧元由欧洲投资银行注资。该项目工程包括铺设 694 公里管道和建设 52 个抽水站，将惠及 84 000 多名居民。

过去 3 年，科威特阿拉伯经济发展基金为埃及提供了 48 项总金额共 33 亿美元的贷款，其中，22 亿美元用以支持能源、水、工业、农业和交通领域的项目，包括建设世界最大的，日处理能力达 500 万立方米的污水处理厂。该项目处理 Bahr Al-Baqr 排水渠所排放的水，用以支持在苏伊士运河东岸开垦 33 万费丹[①]土地，加上 Sahl Al-Tina 和 Qantara Sharq 地区已经开垦的 7 万费丹土地，将有 40 万费丹土地受益于该项目。

---

① 1 费丹约等于 0.42 公顷。

除水资源循环利用外，埃及也在大力发展海水淡化项目。目前，埃及正在兴建 19 个大型海水淡化厂，其中包括 2017 年开始在 Ain Sokhna 建设，号称世界最大的（日处理能力可达 16.4 万立方米）海水淡化厂。据称，其中 6 个海水淡化厂项目于 2018 年年底完成。

（三）信息通信技术

埃及信息通信产业过去两年增长率达 12.5%，贡献了埃及 GDP 的 3.5%，出口额达 32.6 亿美元。2018 年第一季度，埃及信息通信产业同比增长 14%，是增长最快的领域之一。2018/2019 财年，埃及通信部制定了埃及信息通信产业增长达到 10%，为埃及 GDP 贡献 3.1% 的目标。

为促进信息通信产业发展，带动青年创新创业，埃及将电子研究所及电子科技城发展项目列为围绕《2030 埃及国家科技创新战略》开展的一项重点项目。该项目一方面能提升电子研究所的软硬件条件和科研创新能力；另一方面依托电子研究所发展电子科技城（包括孵化器与产业园）促进信息通信技术领域的创新创业。现在，电子研究所及电子科技城已有智能电表、博物馆安全系统、电子神经元等项目签约，并接受埃及科研技术院资金支持，计划支持第一批 15 个初创企业，每个企业资助 20 万埃镑。

埃及于 2017 年年底发布了电子商务国家战略。2018 年，埃及与尼日利亚、几内亚、科特迪瓦、利比亚等非洲国家签署了关于电子商务的合作协议。埃及还参与了阿拉伯国家数字经济战略（Joint Arab Vision for the Digital Economy）。

在 2018 年开罗信息通信展开幕式上，埃及总统塞西宣布启动非洲电子游戏与数字应用计划，提出培训 1 万名非洲专业人才，建立 100 个初创企业的目标。

（四）电动汽车

埃及政府制定了到 2030 年将空气中 PM_{10} 浓度降低 50% 的环境保护目标。为实现这一目标，埃及能源部称将结合政策行政手段和引入私企推动电动汽车在埃及的发展。目前，埃及已经在亚历山大引入了 15 辆电动公交车，并计划在新行政首都使用电动公交车。埃及 Revolta 公司计划在 7 个城市建 65 个电动车充电站，该项目得到了施耐德公司的支持。同时，埃及相关部门正在就 2019 年在埃及建设电动车充电基础设施的计划与来自中国、意大利、德国的公司洽谈。

（五）航天与空间技术研究

出于对自然资源利用、国家安全的关注及维护大国地位的考虑，埃及高度重视航天技术和遥感应用。最近几年，埃及在中国支持下正在开展中埃卫星总装集成测试中心和埃及二号遥感卫星（MisrSat-2）等项目合作。埃及航天城项目是围绕《2030埃及国家科技创新战略》开展的重点项目。2018年5月，经过双方多次互访交流，中国国家航天局和埃及国家遥感空间科学局签署了埃及航天城合作备忘录。

三、国际合作

国际合作是《2030埃及国家科技创新战略》关于培育有利于科技创新环境方面的重要内容，也是埃及科研技术和资金的重要来源。目前，埃及科技发展基金与13个国家合作开展了联合资助研究。另据埃及科研技术院介绍，2015—2018年，埃及科研工作者与来自193个国家的研究人员开展了32 853项合作研究。

2018年，埃及与欧盟的科技合作取得了突出的成绩。欧盟已为和埃及的双边合作投入了13亿欧元，其中，54%的经费涉及基础设施项目，主要为可再生能源、水、卫生、废弃物处理和环境等领域。目前，欧盟采纳了单方面支持埃及的“2017—2020框架”，预计为它们的双边合作投入4.32亿～5.28亿欧元。2018年4月，埃及与欧盟签署了开展能源战略合作的谅解备忘录。2018—2022年，双方将展开战略、政策、技术、科研和产业方面的合作，欧盟将支持埃及在能源、可再生能源领域的发展，帮助埃及发展为地区能源枢纽。2017年，埃及与欧盟达成协议加入了地中海地区研究与创新计划（PRIMA）。PRIMA由欧洲和地中海周边的19个国家参加，计划获得4.94亿欧元投入，埃及承诺将在10年间为该计划投入3000万欧元。2018年2月，借助PRIMA，埃及启动了面向农业、环境和水资源的科研项目征集。2018年2月，埃及和欧盟合作的太阳能聚热应用项目（MATS）在埃及落成。该项目技术来自意大利新技术发展署（ENEA），由埃及、意大利、法国、德国、英国参与建设。自2011年起，欧盟为此项目投入了1200万欧元，预计此项目投入运行后，每年可生产300万千瓦时电能和89亿瓦时的热能。

2018年，埃及投资与国际合作部与美国国际开发署签署了总金额共计4500万美元的5项赠款协议，其中面向科技合作的一项赠款金额为500万美元。

埃及与美国、英国、德国、法国、加拿大等西方发达国家都进行联合办学合作。目前，继与日本合作设立埃及－日本科技大学后，埃及与韩国合作在Beni-Suef建设埃及－韩国技术大学，该项目计划于2022年完成，预计2019年能够完成一半工程。除与发达国家合作外，埃及还与中国和俄罗斯在能源、航天等领域开展了大型项目合作，此外，埃及还积极面向阿拉伯和非洲国家开展科技创新合作，包括：埃及与阿盟合作建设跟踪、评价阿拉伯国家科技创新发展的网络体系，提出设立支持非洲和阿拉伯地区青年在电子信息领域创新创业的阿拉伯 - 非洲基金，启动非洲电子游戏与数字应用计划等。

（执笔人：尹盛鑫）

第四部分

附　　录

本部分主要介绍了最新的科技统计数据，其中包括研发投入、研发人员、专利、科技论文等。

科技统计表

附表 1-1　2018 年、2017 年主要经济体世界竞争力排名

经济体	2018 年	2017 年	经济体	2018 年	2017 年
美国	1	4	马来西亚	22	24
中国香港	2	1	新西兰	23	16
新加坡	3	3	冰岛	24	20
荷兰	4	5	日本	25	26
瑞士	5	2	比利时	26	23
丹麦	6	7	韩国	27	29
阿联酋	7	10	法国	28	31
挪威	8	11	捷克	29	28
瑞典	9	9	泰国	30	27
加拿大	10	12	爱沙尼亚	31	30
卢森堡	11	8	立陶宛	32	33
爱尔兰	12	6	葡萄牙	33	39
中国大陆	13	18	波兰	34	38
卡塔尔	14	17	智利	35	35
德国	15	13	西班牙	36	34
芬兰	16	15	斯洛文尼亚	37	43
中国台湾	17	14	哈萨克斯坦	38	32
奥地利	18	25	沙特阿拉伯	39	36
澳大利亚	19	21	拉脱维亚	40	40
英国	20	19	塞浦路斯	41	37
以色列	21	22	意大利	42	44

续表

经济体	2018 年	2017 年	经济体	2018 年	2017 年
印度尼西亚	43	42	秘鲁	54	55
印度	44	45	斯洛伐克	55	51
俄罗斯	45	46	阿根廷	56	58
土耳其	46	47	希腊	57	57
匈牙利	47	52	哥伦比亚	58	54
保加利亚	48	49	乌克兰	59	60
罗马尼亚	49	50	巴西	60	61
菲律宾	50	41	克罗地亚	61	59
墨西哥	51	48	蒙古	62	62
约旦	52	56	委内瑞拉	63	63
南非	53	53			

数据来源：瑞士洛桑国际管理学院《2018 年世界竞争力年鉴》。

附表 1-2　2018 年、2017 年主要经济体全球竞争力排名

经济体	2018 年	2017 年	经济体	2018 年	2017 年
美国	1	1	新西兰	18	16
新加坡	2	2	卢森堡	19	22
德国	3	3	以色列	20	20
瑞士	4	4	比利时	21	19
日本	5	8	奥地利	22	21
荷兰	6	5	爱尔兰	23	23
中国香港	7	7	冰岛	24	24
英国	8	6	马来西亚	25	26
瑞典	9	9	西班牙	26	25
丹麦	10	11	阿联酋	27	27
芬兰	11	12	中国大陆	28	28
加拿大	12	10	捷克	29	29
中国台湾	13	13	卡塔尔	30	32
澳大利亚	14	15	意大利	31	31
韩国	15	17	爱沙尼亚	32	30
挪威	16	14	智利	33	34
法国	17	18	葡萄牙	34	33
斯洛文尼亚	35	35	格鲁吉亚	66	67

续表

经济体	2018 年	2017 年	经济体	2018 年	2017 年
马耳他	36	36	南非	67	62
波兰	37	37	克罗地亚	68	66
泰国	38	40	阿塞拜疆	69	65
沙特阿拉伯	39	41	亚美尼亚	70	72
立陶宛	40	38	黑山	71	73
斯洛伐克	41	39	巴西	72	69
拉脱维亚	42	42	约旦	73	71
俄罗斯	43	45	塞舌尔	74	84
塞浦路斯	44	43	摩洛哥	75	77
印度尼西亚	45	47	阿尔巴尼亚	76	80
墨西哥	46	44	越南	77	74
阿曼	47	61	特立尼达和多巴哥	78	76
匈牙利	48	48	牙买加	79	78
毛里求斯	49	49	黎巴嫩	80	75
巴林	50	46	阿根廷	81	79
保加利亚	51	51	多米尼加	82	82
罗马尼亚	52	52	乌克兰	83	89
乌拉圭	53	50	马其顿	84	—
科威特	54	56	斯里兰卡	85	81
哥斯达黎加	55	54	厄瓜多尔	86	83
菲律宾	56	68	突尼斯	87	86
希腊	57	53	摩尔多瓦	88	87
印度	58	63	伊朗	89	88
哈萨克斯坦	59	59	博茨瓦纳	90	85
哥伦比亚	60	57	波黑	91	90
土耳其	61	58	阿尔及利亚	92	92
文莱	62	64	肯尼亚	93	93
秘鲁	63	60	埃及	94	94
巴拿马	64	55	巴拉圭	95	96
塞尔维亚	65	70	危地马拉	96	91
吉尔吉斯斯坦	97	100	赞比亚	118	115
萨尔瓦多	98	98	冈比亚	119	119
蒙古	99	95	斯威士兰	120	116

续表

经济体	2018 年	2017 年	经济体	2018 年	2017 年
纳米比亚	100	99	喀麦隆	121	118
洪都拉斯	101	103	埃塞俄比亚	122	120
塔吉克斯坦	102	97	贝宁	123	122
孟加拉	103	102	布基纳法索	124	—
尼加拉瓜	104	101	马里	125	121
玻利维亚	105	—	圭亚那	126	123
加纳	106	104	委内瑞拉	127	117
巴基斯坦	107	106	津巴布韦	128	124
卢旺达	108	107	马拉维	129	129
尼泊尔	109	108	莱索托	130	126
柬埔寨	110	109	毛里塔尼亚	131	128
佛得角	111	105	利比亚	132	130
老挝	112	110	莫桑比克	133	125
塞内加尔	113	111	塞拉利昂	134	131
科特迪瓦	114	—	刚果民主共和国	135	127
尼日利亚	115	112	布隆迪	136	135
坦桑尼亚	116	114	安哥拉	137	—
乌干达	117	113	海地	138	133
赞比亚	118	115	也门	139	135
冈比亚	119	119	乍得	140	134
斯威士兰	120	116			

注："—"表示数据为零、暂无、无法获得或太少。以下皆同。

数据来源：世界经济论坛《全球竞争力报告 2018》。

附表 2 2018 年全球创新指数排名

经济体	得分	名次	收入群组	名次	所属地区	名次	创新效率	名次
瑞士	68.40	1	高收入	1	EUR	1	0.96	1
荷兰	63.32	2	高收入	2	EUR	2	0.91	4
瑞典	63.08	3	高收入	3	EUR	3	0.82	10
英国	60.13	4	高收入	4	EUR	4	0.77	21
新加坡	59.83	5	高收入	5	SEAO	1	0.61	63
美国	59.81	6	高收入	6	NAC	1	0.76	22

续表

经济体	得分	名次	收入群组	名次	所属地区	名次	创新效率	名次
芬兰	59.63	7	高收入	7	EUR	5	0.76	24
丹麦	58.39	8	高收入	8	EUR	6	0.73	29
德国	58.03	9	高收入	9	EUR	7	0.83	9
爱尔兰	57.19	10	高收入	10	EUR	8	0.81	13
以色列	56.79	11	高收入	11	NAWA	1	0.81	14
韩国	56.63	12	高收入	12	SEAO	2	0.79	20
日本	54.95	13	高收入	13	SEAO	3	0.68	44
中国香港	54.62	14	高收入	14	SEAO	4	0.64	54
卢森堡	54.53	15	高收入	15	EUR	9	0.94	2
法国	54.36	16	高收入	16	EUR	10	0.72	32
中国大陆	53.06	17	中高收入	1	SEAO	5	0.92	3
加拿大	52.98	18	高收入	17	NAC	2	0.61	61
挪威	52.63	19	高收入	18	EUR	11	0.64	52
澳大利亚	51.98	20	高收入	19	SEAO	6	0.58	76
奥地利	51.32	21	高收入	20	EUR	12	0.64	53
新西兰	51.29	22	高收入	21	SEAO	7	0.62	59
冰岛	51.24	23	高收入	22	EUR	13	0.76	23
爱沙尼亚	50.51	24	高收入	23	EUR	14	0.82	12
比利时	50.50	25	高收入	24	EUR	15	0.70	38
马耳他	50.29	26	高收入	25	EUR	16	0.84	7
捷克	48.75	27	高收入	26	EUR	17	0.80	17
西班牙	48.68	28	高收入	27	EUR	18	0.70	36
塞浦路斯	47.83	29	高收入	28	NAWA	2	0.79	18
斯洛文尼亚	46.87	30	高收入	29	EUR	19	0.74	27
意大利	46.32	31	高收入	30	EUR	20	0.70	35
葡萄牙	45.71	32	高收入	31	EUR	21	0.71	34
匈牙利	44.94	33	高收入	32	EUR	22	0.84	8
拉脱维亚	43.18	34	高收入	33	EUR	23	0.69	39
马来西亚	43.16	35	中高收入	2	SEAO	8	0.66	48
斯洛伐克	42.88	36	高收入	34	EUR	24	0.74	28
保加利亚	42.65	37	中高收入	3	EUR	25	0.79	19

续表

经济体	得分	名次	收入群组	名次	所属地区	名次	创新效率	名次
阿联酋	42.58	38	高收入	35	NAWA	3	0.50	95
波兰	41.67	39	高收入	36	EUR	26	0.69	42
立陶宛	41.19	40	高收入	37	EUR	27	0.63	58
克罗地亚	40.73	41	中高收入	4	EUR	28	0.70	37
希腊	38.93	42	高收入	38	EUR	29	0.59	74
乌克兰	38.52	43	中低收入	1	EUR	30	0.90	5
泰国	38.00	44	中高收入	5	SEAO	9	0.71	33
越南	37.94	45	中低收入	2	SEAO	10	0.80	16
俄罗斯	37.90	46	中高收入	6	EUR	31	0.58	77
智利	37.79	47	高收入	39	LCN	1	0.60	68
摩尔多瓦	37.63	48	中低收入	3	EUR	32	0.89	6
罗马尼亚	37.59	49	中高收入	7	EUR	33	0.66	47
土耳其	37.42	50	中高收入	8	NAWA	4	0.75	25
卡塔尔	36.56	51	高收入	40	NAWA	5	0.57	81
黑山	36.49	52	中高收入	9	EUR	34	0.63	56
蒙古	35.90	53	中低收入	4	SEAO	11	0.72	30
哥斯达黎加	35.72	54	中高收入	10	LCN	2	0.68	43
塞尔维亚	35.46	55	中高收入	11	EUR	35	0.63	57
墨西哥	35.34	56	中高收入	12	LCN	3	0.59	72
印度	35.18	57	中低收入	5	CSA	1	0.65	49
南非	35.13	58	中高收入	13	SSF	1	0.55	83
格鲁吉亚	35.05	59	中低收入	6	NAWA	6	0.58	79
科威特	34.43	60	高收入	41	NAWA	7	0.74	26
沙特阿拉伯	34.27	61	高收入	42	NAWA	8	0.47	104
乌拉圭	34.20	62	高收入	43	LCN	4	0.64	51
哥伦比亚	33.78	63	中高收入	14	LCN	5	0.50	94
巴西	33.44	64	中高收入	15	LCN	6	0.54	85
伊朗	33.44	65	中高收入	16	CSA	2	0.82	11
突尼斯	32.86	66	中低收入	7	NAWA	9	0.63	55
文莱	32.84	67	高收入	44	SEAO	12	0.31	124
亚美尼亚	32.81	68	中低收入	8	NAWA	10	0.80	15
阿曼	32.80	69	高收入	45	NAWA	11	0.51	92

续表

经济体	得分	名次	收入群组	名次	所属地区	名次	创新效率	名次
巴拿马	32.37	70	中高收入	17	LCN	7	0.61	64
秘鲁	31.80	71	中高收入	18	LCN	8	0.47	100
巴林	31.73	72	高收入	46	NAWA	12	0.55	84
菲律宾	31.56	73	中低收入	9	SEAO	13	0.61	62
哈萨克斯坦	31.42	74	中高收入	19	CSA	3	0.44	111
毛里求斯	31.31	75	中高收入	20	SSF	2	0.47	105
摩洛哥	31.09	76	中低收入	10	NAWA	13	0.61	65
波黑	31.09	77	中高收入	21	EUR	36	0.50	97
肯尼亚	31.07	78	中低收入	11	SSF	3	0.69	41
约旦	30.77	79	中低收入	12	NAWA	14	0.65	50
阿根廷	30.65	80	中高收入	22	LCN	9	0.51	91
牙买加	30.39	81	中高收入	23	LCN	10	0.57	80
阿塞拜疆	30.20	82	中高收入	24	NAWA	15	0.49	99
阿尔巴尼亚	29.98	83	中高收入	25	EUR	37	0.44	110
马其顿	29.91	84	中高收入	26	EUR	38	0.47	103
印度尼西亚	29.80	85	中低收入	13	SEAO	14	0.61	66
白俄罗斯	29.35	86	中高收入	27	EUR	39	0.37	119
多米尼加	29.33	87	中高收入	28	LCN	11	0.60	71
斯里兰卡	28.66	88	中低收入	14	CSA	4	0.58	78
巴拉圭	28.66	89	中高收入	29	LCN	12	0.54	86
黎巴嫩	28.22	90	中高收入	30	NAWA	16	0.50	98
博茨瓦纳	28.16	91	中高收入	31	SSF	4	0.39	118
坦桑尼亚	28.07	92	低收入	1	SSF	5	0.72	31
纳米比亚	28.03	93	中高收入	32	SSF	6	0.41	116
吉尔吉斯斯坦	27.56	94	中低收入	15	CSA	5	0.45	106
埃及	27.16	95	中低收入	16	NAWA	17	0.66	45
特立尼达和多巴哥	26.95	96	高收入	47	LCN	13	0.43	114
厄瓜多尔	26.80	97	中高收入	33	LCN	14	0.51	93
柬埔寨	26.69	98	中低收入	17	SEAO	15	0.61	60
卢旺达	26.54	99	低收入	2	SSF	7	0.31	125

续表

经济体	得分	名次	收入群组	名次	所属地区	名次	创新效率	名次
塞内加尔	26.53	100	低收入	3	SSF	8	0.60	70
塔吉克斯坦	26.51	101	中低收入	18	CSA	6	0.60	67
危地马拉	25.51	102	中低收入	19	LCN	15	0.56	82
乌干达	25.32	103	低收入	4	SSF	9	0.45	108
萨尔瓦多	25.11	104	中低收入	20	LCN	16	0.43	112
洪都拉斯	24.95	105	中低收入	21	LCN	17	0.47	101
马达加斯加	24.75	106	低收入	5	SSF	10	0.69	40
加纳	24.52	107	中低收入	22	SSF	11	0.51	90
尼泊尔	24.17	108	低收入	6	CSA	7	0.45	107
巴基斯坦	24.12	109	中低收入	23	CSA	8	0.66	46
阿尔及利亚	23.87	110	中高收入	34	NAWA	18	0.42	115
喀麦隆	23.85	111	中低收入	24	SSF	12	0.58	75
马里	23.32	112	低收入	7	SSF	13	0.59	73
津巴布韦	23.15	113	低收入	8	SSF	14	0.60	69
马拉维	23.09	114	低收入	9	SSF	15	0.52	89
莫桑比克	23.06	115	低收入	10	SSF	16	0.52	88
孟加拉	23.06	116	中低收入	25	CSA	9	0.53	87
玻利维亚	22.88	117	中低收入	26	LCN	18	0.43	113
尼日利亚	22.37	118	中低收入	27	SSF	17	0.50	96
几内亚	20.71	119	低收入	11	SSF	18	0.47	102
赞比亚	20.66	120	中低收入	28	SSF	19	0.45	109
贝宁	20.61	121	低收入	12	SSF	20	0.35	123
尼日尔	20.57	122	低收入	13	SSF	21	0.36	120
科特迪瓦	19.96	123	中低收入	29	SSF	22	0.28	126
布基纳法索	18.95	124	低收入	14	SSF	23	0.28	126
多哥	18.91	125	低收入	15	SSF	24	0.36	121
也门	15.04	126	中低收入	30	NAWA	19	0.36	122

注：收入分组依据世界银行（2013年7月）划分法。地区划分依据联合国划分法：EUR＝欧洲；NAC＝北美；LCN＝拉美和加勒比海地区；CSA＝中亚和南亚；SEAO＝东南亚和大洋洲；NAWA＝北非和西亚；SSF＝撒哈拉以南非洲地区。

数据来源：世界知识产权组织、美国康奈尔大学和欧洲工商管理学院《2018年全球创新指数》。

附表 3　主要经济体研发总支出（2016 年或最新数据）

经济体	国内研发总支出					
	当前购买力平价/亿美元	经费来源占比/%		执行部门占比/%		
		企业	政府	企业	高等院校	政府
澳大利亚	211.9853[a,e]	—	—	53.43[a,e]	30.63[a,e]	12.70[a,e]
奥地利	136.2546[p]	53.39[b,p]	30.68[b,d,p]	71.42[p]	23.51[p]	4.58[p]
比利时	130.8793[p]	58.60[a]	22.51[a]	69.71[p]	20.17[p]	9.51[p]
加拿大	260.7198[p]	40.60[p]	33.08[p]	50.91[p]	41.04[p]	7.55[p]
智利	15.2389[b,p]	35.84[b,p]	46.42[b,p]	38.51[b,p]	41.84[b,p]	13.16[b,p]
捷克	61.6223	39.54	35.62	61.14	20.45	18.16
丹麦	80.6359[e]	59.36[a]	29.38[a,p]	65.82[e]	31.64[e]	2.19[e]
爱沙尼亚	5.0146	48.24	37.60	51.49	35.53	11.43
芬兰	65.4688	54.76[a]	28.89[a]	65.84	25.14	8.16
法国	621.6275[p]	54.04[a]	34.81[a]	63.61[p]	21.95[p]	12.88[p]
德国	1181.5851	65.22	28.52[d]	68.16	18.04[b]	13.80[d]
希腊	29.0436	40.22	42.57	42.21	31.89	25.02
匈牙利	31.6039	49.72[a]	34.62[a]	74.14[d]	11.15[d]	13.41[d]
冰岛	3.5328	35.03	34.15	63.03[d]	32.12	4.85
爱尔兰	39.9500[e]	48.39[a]	25.92[a]	70.70[e]	25.18[e]	4.12[e]
以色列	135.3623[e]	34.26[a,d]	12.83[a,d]	85.58[d,e]	11.71[d,e]	1.70[d,e]
意大利	299.1592[p]	49.99[a]	37.98[a]	58.26[p]	25.54[p]	13.21[p]
日本	1686.4491	78.09	15.02[e]	78.75	12.32	7.55
韩国	793.5428	75.42	22.68	77.74	9.13	11.54
卢森堡	7.4112[p]	47.08[a]	47.67[a]	51.47[p]	18.64[p]	29.87[d,p]
墨西哥	110.2588[e,p]	20.67[e,p]	67.35[e,p]	30.55[e,p]	26.76[e,p]	36.46[e]
荷兰	174.9328[p]	20.04[a]	33.13[a]	56.94[p]	31.51[p]	11.55[p]
新西兰	21.9720[a]	47.08[a]	37.10[a]	49.81[a]	29.85[a]	20.34[a]
挪威	62.5584	43.20[e]	45.65[e]	53.27	32.58	14.15
波兰	100.3753[p]	39.00[a]	41.82[a]	65.67[b,p]	31.38[p]	2.51[b,p]
葡萄牙	40.0658[p]	42.65[a]	44.30[a]	47.84[p]	45.12[p]	5.39[p]
斯洛伐克	13.0628	25.06[a]	31.94[a]	50.36	27.71	21.44
斯洛文尼亚	13.5286[p]	69.21[a]	19.89[a]	75.62[p]	10.87[p]	13.49[p]
西班牙	200.0653	45.85[a]	40.93[a]	53.74	27.52	18.50

续表

经济体	国内研发总支出					
	当前购买力平价 / 亿美元	经费来源占比 /%		执行部门占比 /%		
		企业	政府	企业	高等院校	政府
瑞典	157.9552[p]	57.26[a]	—[c]	69.58[p]	26.82[p]	3.40[p]
瑞士	177.8796	63.48[a]	24.37[a]	70.99[a]	26.68[a]	0.88[a, d]
土耳其	189.6339	50.10[a]	27.56[a]	54.21	36.30	9.49[d]
英国	472.4452[p]	48.96[a]	27.67[a]	67.04[p]	24.56[p]	6.35[p]
美国	5110.8900[p]	62.32[d, p]	25.08[d, p]	71.17[d, e, p]	13.21[d, p]	11.55[d]
欧盟 28 个成员国（估值）	3919.5252[e]	54.65[a, e]	31.74[a, e]	64.19[e]	22.85[e]	11.95[e]
经合组织	12 376.3664[e]	61.60[e]	26.74[a, e]	69.18[e]	17.50[e]	10.92[e]
阿根廷	47.3330	18.24[e]	73.08	23.90	25.81	49.53
中国大陆	4512.0145	76.06	20.03	77.46	6.84	15.70
中国台湾	357.5693	77.74	21.32	77.58	9.00	13.12
罗马尼亚	21.8934	37.29[a]	41.69[a]	55.19	11.32	33.26
俄罗斯	398.8194	28.11	68.17	58.71	9.10	31.97
南非	58.1127	38.90[a]	44.61[a]	42.72[a]	30.54[a]	23.98[a]

注：a.2015 年数据；b. 序列中断；c. 统计数据为秘密；d. 定义不同；e. 估计值；p. 暂定值。

数据来源：经合组织《主要科技指标》数据库，2018 年 12 月。

附表 4　2016 年主要经济体研发支出与排名

经济体	总支出 / 亿美元	排名	总支出 GDP 占比 /%	排名	人均支出 / 美元	排名
美国	5110.89	1	2.74	11	1576.3	3
中国大陆	2359.36	2	2.11	15	170.6	34
日本	1554.47	3	3.14	6	1224.8	12
德国	1022.30	4	2.94	8	1235.7	11
韩国	598.10	5	4.23	2	1167.1	14
法国	554.17	6	2.25	14	830.9	18
英国	447.59	7	1.69	21	686.3	21
巴西	282.34[b]	8	1.17[b]	33	139.2[b]	37
加拿大	246.35	9	1.60	23	680.5	22
意大利	239.05	10	1.29	25	394.1	25

续表

经济体	总支出/亿美元	排名	总支出GDP占比/%	排名	人均支出/美元	排名
澳大利亚	234.24[a]	11	1.90[a]	20	980.1[a]	16
瑞士	229.21[a]	12	3.37[a]	3	2782.4[a]	1
中国台湾	167.51	13	3.16	5	711.6	20
瑞典	167.45	14	3.25	4	3.0	2
荷兰	157.97	15	2.03	18	927.6	17
西班牙	147.20	16	1.19	31	316.8	29
俄罗斯	140.75	17	1.10	34	96.1	44
以色列	135.08	18	4.25	1	1565.3	4
印度	133.06[a]	19	0.62[a]	47	10.3[a]	57
奥地利	120.64	20	3.09	7	1380.3	7
比利时	116.34	21	2.49	12	1027.6	15
丹麦	88.12	22	2.87	9	1500.0	5
土耳其	75.79[a]	23	0.88[a]	38	96.3[a]	43
挪威	75.63	24	2.04	17	1437.0	6
新加坡	70.12	25	2.26	13	1250.6	10
芬兰	65.55	26	2.75	10	1192.3	13
墨西哥	52.39	27	0.49	50	42.7	52
波兰	47.91[a]	28	1.01[a]	35	124.7[a]	39
阿根廷	39.85[a]	29	0.63[a]	46	92.5[a]	45
马来西亚	38.56[a]	30	1.30[a]	24	123.6[a]	40
爱尔兰	35.87	31	1.18	32	756.8	19
阿联酋	34.41	32	0.96	37	371.3	26
捷克	32.78	33	1.68	22	310.2	30
泰国	32.17	34	0.78	45	48.8	49
葡萄牙	25.97	35	1.27	28	252.0	31
中国香港	25.40	36	0.79	43	346.1	27
南非	25.34[a]	37	0.80[a]	41	46.1[a]	50
新西兰	22.43[a]	38	1.28[a]	27	491.7[a]	23
希腊	19.17	39	0.99	36	177.2	33
印度尼西亚	18.64	40	0.20	56	7.2	58
匈牙利	15.17	41	1.21	30	154.4	35

续表

经济体	总支出 / 亿美元	排名	总支出 GDP 占比 /%	排名	人均支出 / 美元	排名
智利	9.06	42	0.36	54	49.8	48
罗马尼亚	9.05	43	0.48	51	45.9	51
斯洛文尼亚	8.95	44	2.00	19	433.6	24
卡塔尔	8.39[a]	45	0.51[a]	49	344.8[a]	28
哥伦比亚	7.65	46	0.27	55	15.7	54
卢森堡	7.29	47	1.24	29	1265.9	8
斯洛伐克	7.09	48	0.79	44	130.6	37
沙特阿拉伯	6.09[c]	49	0.08[c]	60	20.8[c]	53
乌克兰	5.60[a]	50	0.61[a]	48	13.1[a]	55
克罗地亚	4.34	51	0.85	40	104.0	42
冰岛	4.21	52	2.08	16	1256.2	9
保加利亚	4.15	53	0.79	42	58.3	47
菲律宾	3.75[c]	54	0.14[c]	58	3.8[c]	60
立陶宛	3.62	55	0.85	39	126.3	38
爱沙尼亚	2.99	56	1.28	26	227.2	32
秘鲁	2.22[a]	57	0.12[a]	59	7.1[a]	59
哈萨克斯坦	1.95	58	0.14	57	11.0	56
拉脱维亚	1.22	59	0.44	53	62.0	46
塞浦路斯	0.89[a]	60	0.45[a]	52	105.2[a]	41
蒙古	0.05	61	0.04	61	1.5	61

注：a. 前 1 年数据；b. 前 2 年数据；c. 前 3 年数据。

数据来源：瑞士洛桑国际管理学院《2018 年世界竞争力年鉴》。

附表 5 主要经济体近年来研发支出 GDP 占比

单位：%

经济体	2011 年	2012 年	2013 年	2014 年	2015 年	2016 年
澳大利亚	2.12[e]	—	2.10[e]	—	1.88[e]	—
奥地利	2.67	2.91[e]	2.95	3.07[e]	3.05	3.09[p]
比利时	2.16	2.27	2.33	2.39	2.47	2.49[p]
加拿大	1.79	1.78[b]	1.71	1.72[b]	1.65	1.60[p]
智利	0.35	0.36	0.39	0.37[b]	0.38	0.36[b, p]

续表

经济体	2011 年	2012 年	2013 年	2014 年	2015 年	2016 年
捷克	1.56	1.78	1.90	1.97	1.93	1.68
丹麦	2.94	2.98	2.97	2.91	2.96[p]	2.87[e]
爱沙尼亚	2.31	2.12	1.72	1.45	1.49	1.28
芬兰	3.64	3.42	3.29	3.17	2.90	2.75
法国	2.19	2.23	2.24	2.28[b]	2.27	2.25[p]
德国	2.80	2.87	2.82	2.87	2.92	2.93
希腊	0.67	0.70	0.81	0.83	0.97	1.01
匈牙利	1.19	1.26	1.39	1.35	1.36	1.21
冰岛	2.48[b, e]	—	1.76[b]	2.00	2.17	2.08
爱尔兰	1.55[e]	1.57[e]	1.58[e]	1.53[e]	1.20	1.18[e]
以色列	4.01[d]	4.16[d]	4.15[d]	4.20[d]	4.27[d]	4.25[d, e]
意大利	1.21	1.27	1.31	1.34[e]	1.34	1.29[p]
日本	3.24	3.21	3.31[b]	3.40	3.28	3.14
韩国	3.74	4.03	4.15	4.29	4.22	4.23
卢森堡	1.46	1.27[b]	1.30	1.26	1.27	1.24[p]
墨西哥	0.51	0.49	0.50	0.53[e, p]	0.52[e, p]	0.49[e, p]
荷兰	1.90[b]	1.94[b]	1.95	2.00	2.00	2.03[p]
新西兰	1.23	—	1.15	—	1.26	—
挪威	1.63	1.62	1.65	1.71	1.93	2.03
波兰	0.75	0.88	0.87	0.94	1.00	0.97[p]
葡萄牙	1.46	1.38	1.33	1.29	1.24	1.27[p]
斯洛伐克	0.66	0.80	0.82	0.88	1.18	0.79
斯洛文尼亚	2.42[b]	2.57	2.58	2.37	2.20	2.00[p]
西班牙	1.33	1.29	1.27	1.24	1.22	1.19
瑞典	3.25	3.28[e]	3.31[e]	3.15[e]	3.27	3.25[p]
瑞士	—	3.19	—	—	3.37	—
土耳其	0.80	0.83	0.82	0.86	0.88	0.94
英国	1.67	1.60[e]	1.65	1.67[d]	1.67	1.69[p]
美国	2.77[d]	2.69[d]	2.72[d]	2.73[d]	2.74[d, p]	2.74[d, p]
欧盟 28 个成员国	1.88[e]	1.91[e]	1.92[e]	1.95[e]	1.96[e]	1.93[e]
经合组织	2.32[e]	2.31[e]	2.34[e]	2.36[e]	2.36[e]	2.34[e]

续表

经济体	2011 年	2012 年	2013 年	2014 年	2015 年	2016 年
阿根廷	0.57[p]	0.64[p]	0.62[p]	0.59[p]	0.62[p]	0.53[p]
中国大陆	1.78	1.91	1.99	2.02	2.06	2.11
中国台湾	2.90	2.95	3.00	3.00	3.04	3.16
罗马尼亚	0.50[b]	0.48	0.39	0.38	0.49	0.48
俄罗斯	1.01	1.03	1.03	1.07	1.10	1.10
新加坡	2.15	1.99	1.99	2.16	—	—
南非	0.73	0.73	0.72	0.77	0.80	—

注：b. 序列中断；d. 定义不同；e. 估计值；p. 临时数据。

数据来源：经合组织《主要科技指标》数据库，2018 年 12 月。

附表 6　主要经济体近年来研发人员统计（全时当量）

单位：人年

经济体	2011 年	2012 年	2013 年	2014 年	2015 年	2016 年
奥地利	61 170.50[d]	65 088.20[d, e]	66 186.10[d]	69 842.00[d]	71 396.00[d]	73 643.00[d, p]
比利时	62 894.68	67 005.00	67 899.00	72 794.00	77 520.00[b]	79 766.00[p]
加拿大	239 920.00	231 230.00	232 910.00	237 280.00	—	—
智利	13 052.05[d]	14 631.30[d]	13 228.33[d]	15 886.51[d]	15 261.45[d]	16 632.66[d, p]
捷克	55 696.94	60 329.44	61 975.86	64 443.50	66 433.40	65 782.99
丹麦	57 585.00	57 734.10	57 744.00	58 361.00	59 532.00[p]	60 290.00[e]
爱沙尼亚	5724.00	5855.00	5858.00	5789.90	5636.00	5771.89
芬兰	54 525.86[b]	54 046.62	52 972.10	52 130.20	50 367.20	47 429.00
法国	402 491.70	411 780.00[m]	416 687.35[m]	423 902.75[b]	428 642.89	—
德国	575 099.49	591 260.80	588 615.03	605 252.00	640 516.00	656 727.00[e]
希腊	36 913.33[b]	37 361.20[d]	42 187.62[d]	43 316.11[d]	49 658.00[d]	41 790.00[d]
匈牙利	33 960.00	35 732.00	38 163.00	37 329.00	36 847.00	35 757.00
冰岛	3244.00[b]	—	2736.28[b]	—	2941.32	3247.00
爱尔兰	21 591.00[e]	23 169.19[e]	24 129.30[e]	28 379.40[b, e]	35 170.00	36 087.00[e]
以色列	70 401.00[d]	77 143.33[d, e]	—	—	—	—
意大利	228 094.00	240 179.20	246 764.00	249 467.00	259 167.00	258 585.00[p]
日本	869 825.00[d]	851 132.00[d]	865 523.00[b, d]	895 285.00[d]	875 005.00[d]	872 340.00[d]
韩国	361 374.18	395 989.99	401 443.71	430 868.04	442 027.05	447 408.20
卢森堡	5190.83	4743.26[b]	4974.59	5242.60	5227.00	5196.00[p]

续表

经济体	2011 年	2012 年	2013 年	2014 年	2015 年	2016 年
墨西哥	73 436.14	58 849.40	59 073.10	—	—	—
荷兰	117 435.52[b]	122 215.08[b]	123 214.40	124 065.87	129 060.00	133 214.00[p]
新西兰	23 600.00	—	24 900.00	—	26 400.00	—
挪威	36 950.00	37 707.00	38 536.00	40 297.00	42 409.00	43 918.00
波兰	85 218.70	90 715.50	93 750.80	104 359.20	109 249.00	—
葡萄牙	49 599.10	47 554.20	46 711.18	46 877.55	47 999.00	50 912.00[p]
斯洛伐克	18 112.00	18 126.60	17 166.30	17 594.00	17 591.10	17 768.00
斯洛文尼亚	15 269.00[b]	14 974.00	15 229.00	14 866.00	14 225.00	14 357.00[p]
西班牙	215 078.80[d]	208 831.38[d]	203 302.03[d]	200 232.64[d]	200 866.00[d]	205 873.00[d]
瑞典	78 445.00[e]	81 272.00[e]	80 957.00[e]	83 473.00[e]	83 551.00[e]	90 690.00[p]
瑞士	—	75 475.81	—	—	81 451.05	—
土耳其	92 801.10[e]	105 121.76[e]	112 969.07[e]	115 444.15[e]	122 288.40[e]	136 953.50
英国	356 258.30[e]	356 484.40[e]	377 342.90[e]	396 280.80[e]	413 860.00	419 898.00[p]
欧盟 28 个成员国（估值）	2 612 979.47[e]	2 671 403.56[e]	2 711 409.94[e]	2 785 010.76[e]	2 885 829.79[e]	2 940 956.36[e]
阿根廷	69 568.00[p]	72 323.00	74 866.00	76 904.00	78 713.00	79 332.50
中国大陆	2 882 903.00	3 246 840.00	3 532 816.80	3 710 580.00	3 758 847.60	3 878 056.80
中国台湾	222 268.64	229 167.08	234 248.45	240 527.93	245 941.20	251 041.88
罗马尼亚	29 749.00	31 135.00	32 507.00	31 391.00	31 331.00	32 232.00
俄罗斯	839 183.00	828 401.00	826 733.00	829 190.00	833 654.00	802 317.00
新加坡	38 996.00	39 458.98	41 582.17	42 542.54	—	—
南非	30 978.43	35 050.30	37 956.48	38 465.00	41 054.50	—

注：b. 序列中断；d. 定义不同；e. 估计值；m. 低估或依据低估数据；p. 临时数据。

数据来源：经合组织《主要科技指标》数据库，2018 年 12 月。

附表 7　2016 年主要经济体研发人员统计

经济体	全时当量 / 万人年	排名	每千人研发人员数（全时当量）/ 人年	排名
中国大陆	387.81	1	2.80	36
日本	87.23	2	6.87	19
俄罗斯	80.23	3	5.48	25
德国	65.67	4	7.94	13
印度	52.82[a]	5	0.41[a]	55

续表

经济体	全时当量 / 万人年	排名	每千人研发人员数（全时当量）/ 人年	排名
韩国	44.74	6	8.73	8
法国	42.86[a]	7	6.45[a]	21
英国	41.99	8	6.44	22
意大利	25.86	9	4.26	29
中国台湾	25.10	10	10.66	1
印度尼西亚	25.10[a]	11	0.98[a]	50
加拿大	23.73[b]	12	6.69[b]	20
西班牙	20.60	13	4.43	27
巴西	19.96	14	0.97	51
荷兰	13.32	15	7.82	14
土耳其	12.23[a]	16	1.55[a]	45
泰国	11.24	17	1.70	43
波兰	10.92	18	2.84[a]	35
乌克兰	9.79	19	2.29	40
瑞典	9.07	20	9.07	6
马来西亚	8.24[a]	21	2.64[a]	37
瑞士	8.15[a]	22	9.89[a]	3
比利时	7.98	23	7.05	17
阿根廷	7.87[a]	24	1.82[a]	42
以色列	7.71[d]	25	9.69[d]	4
奥地利	7.36	26	8.43	10
捷克	6.58	27	6.23	23
丹麦	6.03	28	10.56	2
墨西哥	5.91[c]	29	0.50[c]	54
葡萄牙	5.09	30	4.94	26
芬兰	4.74	31	8.63	9
新加坡	4.51	32	8.05	12
挪威	4.41	33	8.38	11
希腊	4.12	34	3.81	31
南非	4.11[a]	35	0.75[a]	53
菲律宾	3.65[c]	36	0.37[c]	56
爱尔兰	3.61	37	7.61	16
匈牙利	3.58	38	3.64	32
罗马尼亚	3.22	39	1.64	44

续表

经济体	全时当量 / 万人年	排名	每千人研发人员数（全时当量）/ 人年	排名
中国香港	2.90	40	3.96	30
新西兰	2.64[a]	41	5.79[a]	24
保加利亚	2.51	42	3.52	33
哈萨克斯坦	2.30	43	1.30	47
立陶宛	2.24	44	7.79	15
阿联酋	1.79[b]	45	1.97[b]	41
斯洛伐克	1.78	46	3.27	34
智利	1.66	47	0.91	52
哥伦比亚	1.60[a]	48	0.33[a]	58
斯洛文尼亚	1.44	49	6.96	18
克罗地亚	1.02	50	2.43	39
爱沙尼亚	0.58	51	4.39	28
秘鲁	0.54[a]	52	0.17[a]	59
卢森堡	0.52	53	9.02	7
拉脱维亚	0.51	54	2.60	38
蒙古	0.35	55	1.12	49
约旦	0.33[a]	56	0.36[a]	57
冰岛	0.32	57	9.68	5
卡塔尔	0.30[a]	58	1.24[a]	48
塞浦路斯	0.12[a]	59	1.47[a]	46

注：a. 前 1 年数据；b. 前 2 年数据；c. 前 3 年数据；d. 前 4 年数据。

数据来源：瑞士洛桑国际管理学院《2018 年世界竞争力年鉴》。

附表 8　1950—2017 年诺贝尔物理学、化学、生理学或医学、经济学奖获奖统计

经济体	总数	总数排名	每百万人获奖数	每百万人获奖数排名
美国	291	1	0.89	6
英国	68	2	1.04	3
德国	34	3	0.41	11
法国	21	4	0.31	15
日本	18	5	0.14	18
瑞士	13	6	1.55	1
俄罗斯	10	7	0.07	23
瑞典	10	7	0.99	4

续表

经济体	总数	总数排名	每百万人获奖数	每百万人获奖数排名
荷兰	9	9	0.53	8
澳大利亚	8	9	0.33	14
加拿大	8	9	0.22	16
以色列	8	9	0.91	5
挪威	8	9	1.50	2
意大利	5	14	0.08	22
奥地利	4	15	0.45	9
比利时	4	15	0.35	13
丹麦	4	15	0.70	7
中国大陆	3	18	0.00	27
爱尔兰	2	19	0.42	10
中国台湾	2	19	0.08	21
阿根廷	1	21	0.02	24
中国香港	1	21	0.14	19
捷克	1	21	0.09	20
芬兰	1	21	0.18	17
印度	1	21	0.00	28
立陶宛	1	21	0.35	12
南非	1	21	0.02	25
土耳其	1	21	0.01	26

数据来源：瑞士洛桑国际管理学院《2018 年世界竞争力年鉴》。

附表 9–1 2016 年主要经济体专利统计（按申请人国籍统计）

经济体	申请数 / 件	排名	每十万居民申请数 / 件	排名	专利授予数（2014—2016 年均值）/ 件	排名	每十万居民有效数 / 件	排名
中国大陆	1 257 439	1	90.94	19	259 458	3	89.6	28
美国	521 802	2	160.94	12	263 297	2	677.7	10
日本	456 467	3	359.65	4	285 892	1	2098.7	1
韩国	233 786	4	456.20	3	118 992	4	1844.8	3
德国	177 073	5	214.03	9	90 017	5	735.0	8
法国	71 486	6	107.18	18	44 943	6	553.1	13

续表

经济体	申请数 / 件	排名	每十万居民申请数 / 件	排名	专利授予数（2014—2016 年均值）/ 件	排名	每十万居民有效数 / 件	排名
英国	52 909	7	81.13	20	22 197	10	272.3	22
中国台湾	51 767[a]	8	220.36[a]	8	39 875[a]	7	1123.8[a]	5
瑞士	47 000	9	564.53	2	23 059	9	2031.3	2
荷兰	39 058	10	229.35	6	18 332	12	648.2	11
俄罗斯	31 815	11	21.72	30	25 099	8	109.2	26
意大利	31 153	12	51.35	24	19 365	11	173.7	24
印度	25 845	13	1.97	56	5849	21	2.7	57
加拿大	24 653	14	68.10	22	13 959	13	333.2	17
瑞典	23 453	15	234.65	5	13 181	14	1043.7	6
以色列	15 108	16	175.06	11	6413	18	542.6	14
奥地利	13 869	17	158.68	13	7169	15	613.7	12
比利时	12 950	18	114.38	15	6884	17	416.3	16
芬兰	12 560	19	228.35	7	7030	16	1020.6	7
澳大利亚	11 735	20	48.64	25	6074	19	203.1	23
丹麦	11 727	21	205.48	10	5549	22	724.5	9
西班牙	10 807	22	23.26	28	6019	20	51.3	30
土耳其	8374	23	10.49	39	2279	27	13.8	45
巴西	7223	24	3.50	53	1393	31	4.4	54
新加坡	6722	25	119.88	14	2764	25	318.5	20
波兰	6144	26	15.99	34	3532	23	9.2	48
挪威	5902	27	112.14	17	3163	24	453.0	15
爱尔兰	5367	28	113.24	16	2506	26	322.7	19
沙特阿拉伯	4740	29	14.93	36	1060	35	18.0	42
南非	4090	30	7.32	43	1215	32	29.6	35
卢森堡	3450	31	598.96	1	1744	29	1645.3	4
新西兰	3069	32	65.94	23	1198	33	328.4	18
乌克兰	2743	33	6.43	44	1857	28	29.7	34
墨西哥	2404	34	1.96	57	878	38	5.3	53
捷克	2152	35	20.37	32	1131	34	28.7	36
中国香港	2133	36	29.07	27	971	36	99.6	27
马来西亚	1963	37	6.19	46	905	37	18.9	41
葡萄牙	1681	38	16.31	33	344	44	26.4	37

续表

经济体	申请数 / 件	排名	每十万居民申请数 / 件	排名	专利授予数（2014—2016 年均值）/ 件	排名	每十万居民有效数 / 件	排名
泰国	1601	39	2.43	55	212	47	2.8	56
匈牙利	1535	40	15.62	35	650	39	35.4	33
哈萨克斯坦	1527	41	8.62	40	1495[a]	30	19.4	40
罗马尼亚	1255	42	6.37	45	444	41	9.2	49
希腊	1227	43	11.34	38	497	40	15.9	43
印度尼西亚	1178[a]	44	0.46[a]	62	234	46	0.2	63
阿根廷	1143	45	2.62	54	386	42	3.2	55
智利	941	46	5.17	51	370	43	13.9	44
哥伦比亚	751	47	1.54	58	166	50	11.0	47
菲律宾	557	48	0.54	60	127	55	0.5	62
阿联酋	525[a]	49	5.73[a]	49	100[a]	57	6.8	51
斯洛文尼亚	462[a]	50	22.39	29	266[a]	45	77.9	29
斯洛伐克	458	51	8.44	41	165	51	21.5	39
保加利亚	428	52	6.00	48	131	54	7.9	50
塞浦路斯	336	53	39.44	26	174[a]	49	147.5	25
爱沙尼亚	275	54	20.90	31	116	56	36.5	32
冰岛	258	55	76.91	21	150	52	310.3	21
克罗地亚	255	56	6.11	47	72	59	12.0	46
拉脱维亚	255	56	12.95	37	210	48	40.9	31
立陶宛	219	58	7.63	42	149	53	24.9	38
秘鲁	154	59	0.49	61	39	62	0.6	61
卡塔尔	142	60	5.42	50	10[b]	63	5.4	52
约旦	141	61	1.46	59	52	60	1.3[a]	59
蒙古	114	62	3.65	52	90	58	0.7	60
委内瑞拉	62[b]	63	0.21[b]	63	44[b]	61	1.4	58

注：a. 前 1 年数据；b. 前 2 年数据。

数据来源：瑞士洛桑国际管理学院《2018 年世界竞争力年鉴》。

附表 9-2　2011—2013 年主要经济体三方专利族统计

经济体	2011 年		2012 年		2013 年	
	专利数 / 件	占比 /%	专利数 / 件	占比 /%	专利数 / 件	占比 /%
澳大利亚	314[b]	0.60[b]	314	0.59	316	0.56

续表

经济体	2011年		2012年		2013年	
	专利数/件	占比/%	专利数/件	占比/%	专利数/件	占比/%
奥地利	419	0.80	456	0.85	498	0.92
比利时	477	0.91	472	0.88	467	0.87
加拿大	576	1.10	583	1.09	593	1.10
智利	15	0.03	13	0.02	12	0.02
捷克	34	0.06	39	0.07	45	0.08
丹麦	308	0.59	322	0.60	331	0.61
爱沙尼亚	7	0.01	7	0.01	6	0.01
芬兰	238	0.45	248	0.46	258	0.48
法国	2555	4.86	2521	4.71	2466	4.57
德国	5537	10.54	5561	10.40	5525	10.23
希腊	11	0.02	10	0.02	10	0.02
匈牙利	43	0.08	44	0.08	43	0.08
冰岛	3	0.01	3	0.01	3	0.01
爱尔兰	70	0.13	72	0.14	73	0.13
以色列	369	0.70	396	0.74	412	0.76
意大利	672	1.28	679	1.27	685	1.27
日本	17 140	32.62	16 722	31.27	16 197	30.00
韩国	2665	5.07	2866	5.36	3107	5.75
卢森堡	23	0.04	21	0.04	20	0.04
墨西哥	17	0.03	18	0.03	20	0.04
荷兰	958	1.82	955	1.79	947	1.75
新西兰	51	0.10	56	0.11	61	0.11
挪威	116	0.22	118	0.22	119	0.22
波兰	62	0.12	71	0.13	78	0.14
葡萄牙	25	0.05	27	0.05	28	0.05
斯洛伐克	13	0.02	14	0.03	15	0.03
斯洛文尼亚	15	0.03	15	0.03	17	0.03
西班牙	246	0.47	243	0.45	240	0.44
瑞典	640	1.22	633	1.18	621	1.15
瑞士	1108	2.11	1154	2.16	1195	2.21

续表

经济体	2011 年		2012 年		2013 年	
	专利数 / 件	占比 /%	专利数 / 件	占比 /%	专利数 / 件	占比 /%
土耳其	41	0.08	41	0.08	452	0.08
英国	1654	3.15	1693	3.17	1726	3.20
美国	13 012	24.77	13 709	25.64	14 211	26.32
欧盟 28 个成员国	14 025	26.70	14 126	26.42	14 123	26.16
经合组织	49 433	94.09	50 101	93.69	50 390	93.33
阿根廷	9	0.02	9	0.02	9	0.02
中国大陆	1545	2.94	1715	3.21	1897	3.51
中国台湾	483	0.92	474	0.89	451	0.84
罗马尼亚	8	0.02	11	0.02	12	0.02
俄罗斯	100	0.19	109	0.20	111	0.21
新加坡	113	0.22	121	0.23	137	0.25
南非	44	0.08	44	0.08	44	0.08

注：根据国家（地区、组织）报告秘书处做出的估计或预测。

数据来源：经合组织专利数据库，2015 年秋季，未对之后的数据进行更新。

附表 10–1 2016 年主要经济体科技论文统计

排名	经济体	论文数 / 篇	排名	经济体	论文数 / 篇
1	中国大陆	426 165	14	澳大利亚	51 068
2	美国	408 985	15	土耳其	33 902
3	印度	110 320	16	波兰	32 978
4	德国	103 122	17	荷兰	29 949
5	英国	97 527	18	中国台湾	27 385
6	日本	96 536	19	瑞士	21 128
7	法国	69 431	20	马来西亚	20 332
8	意大利	69 125	21	瑞典	19 937
9	韩国	63 063	22	中国香港	18 583
10	俄罗斯	59 134	23	比利时	16 394
11	加拿大	57 356	24	捷克	15 963
12	巴西	53 607	25	墨西哥	14 529
13	西班牙	52 821	26	葡萄牙	13 773

续表

排名	经济体	论文数/篇	排名	经济体	论文数/篇
27	丹麦	13 471	46	斯洛伐克	5359
28	奥地利	12 366	47	克罗地亚	4056
29	以色列	11 893	48	斯洛文尼亚	3407
30	南非	11 881	49	保加利亚	2559
31	新加坡	11 254	50	立陶宛	2181
32	挪威	10 726	51	阿联酋	2181
33	希腊	10 725	52	约旦	1652
34	芬兰	10 545	53	菲律宾	1569
35	罗马尼亚	10 194	54	哈萨克斯坦	1564
36	泰国	9582	55	爱沙尼亚	1482
37	沙特阿拉伯	9232	56	卡塔尔	1311
38	阿根廷	8648	57	拉脱维亚	1257
39	印度尼西亚	7729	58	秘鲁	1008
40	新西兰	7465	59	塞浦路斯	973
41	乌克兰	7375	60	委内瑞拉	855
42	爱尔兰	6834	61	卢森堡	818
43	智利	6746	62	冰岛	652
44	匈牙利	6208	63	蒙古	112
45	哥伦比亚	6121			

数据来源：瑞士洛桑国际管理学院《2018年世界竞争力年鉴》。

附表10-2　2008—2018年发表SCI科技论文数20万篇以上国家（地区）论文数及被引情况

国家（地区）	论文数		被引用次数		篇均被引用次数	
	篇数	位次	次数	位次	次数	位次
美国	3 922 346	1	70 130 397	1	17.88	5
中国	2 272 222	2	22 723 995	2	10.00	16
英国	1 239 412	3	21 794 333	3	18.39	3
德国	1 042 716	4	17 452 258	4	16.74	7
日本	820 886	5	10 064 483	7	12.26	13
法国	728 211	6	11 707 974	5	16.08	9
加拿大	649 786	7	10 809 115	6	16.63	8
意大利	633 688	8	9 649 571	8	15.23	11
印度	559 822	9	4 925 388	14	8.80	18

续表

国家（地区）	论文数		被引用次数		篇均被引用次数	
	篇数	位次	次数	位次	次数	位次
西班牙	549 582	10	7 907 313	10	14.39	12
澳大利亚	545 752	11	8 474 129	9	15.53	10
韩国	521 368	12	5 491 701	13	10.53	15
巴西	409 878	13	3 454 699	17	8.43	19
荷兰	379 242	14	7 566 912	11	19.95	2
俄罗斯	327 019	15	2 128 475	25	6.51	22
瑞士	280 369	16	5 884 932	12	20.99	1
中国台湾	270 174	17	2 898 369	18	10.73	14
土耳其	267 377	18	1 912 240	29	7.15	21
伊朗	261 703	19	1 964 969	28	7.51	20
瑞典	252 797	20	4 474 392	15	17.70	6
波兰	249 385	21	2 198 772	22	8.82	17
比利时	208 838	22	3 782 846	16	18.11	4

数据来源：中国科学技术信息研究所《中国科技论文统计结果 2018》。

附表 11　2015 年主要经济体知识与技术密集型产业附加值 GDP 占比

排名	经济体	GDP 占比 /%	排名	经济体	GDP 占比 /%
1	爱尔兰	44.0	15	委内瑞拉	34.4
2	卢森堡	43.7	16	新西兰	34.1
3	瑞士	40.2	17	荷兰	32.9
4	以色列	39.7	18	新加坡	32.5
5	中国台湾	39.4	19	澳大利亚	31.5
6	美国	38.0	20	加拿大	31.1
7	比利时	36.9	21	法国	31.1
8	日本	36.4	22	匈牙利	30.8
9	丹麦	35.7	23	捷克	30.6
10	韩国	35.6	24	斯洛文尼亚	30.6
11	瑞典	35.5	25	奥地利	30.2
12	英国	35.3	26	芬兰	29.8
13	德国	35.1	27	挪威	28.8
14	中国大陆	34.7	28	巴西	28.5

续表

排名	经济体	GDP 占比 /%	排名	经济体	GDP 占比 /%
29	意大利	28.1	42	哥伦比亚	22.4
30	智利	27.2	43	秘鲁	21.8
31	西班牙	25.7	44	南非	21.3
32	罗马尼亚	24.8	45	希腊	21.2
33	葡萄牙	24.4	46	墨西哥	21.2
34	波兰	24.2	47	卡塔尔	20.5
35	马来西亚	24.0	48	印度	20.3
36	斯洛伐克	23.9	49	俄罗斯	19.9
37	约旦	23.8	50	印度尼西亚	18.6
38	泰国	23.2	51	阿联酋	18.5
39	阿根廷	23.1	52	乌克兰	18.3
40	保加利亚	23.0	53	土耳其	15.5
41	菲律宾	22.8	54	沙特阿拉伯	15.3

数据来源：瑞士洛桑国际管理学院《2018 年世界竞争力年鉴》。

附表 12-1 2011—2015 财年美国整体研发支出及来源情况

单位：亿美元

年份	总计	联邦政府	非联邦政府	企业	高等教育	其他非营利组织
2011	4261.60	1270.15	43.86	2664.21	131.04	152.35
2012	4336.19	1238.38	41.58	2757.17	143.00	156.07
2013	4539.64	1201.30	42.44	2971.67	153.78	170.45
2014	4754.26	1183.63	42.14	3183.82	162.17	182.50
2015（暂定数据）	4951.44	1209.33	42.80	3332.07	173.34	193.90

数据来源：美国《科学和工程学指标 2018》表 4-6。

附表 12-2 美国科学家和工程师数量统计（1993 年、2003 年和 2015 年）

就业领域	1993 年		2003 年		2015 年	
	科工学位	科工职业	科工学位	科工职业	科工学位	科工职业
总计 / 万人	703.6	330.3	957.9	481.7	1349.7	640.7
企业 /%	68.7	67.8	71.3	71.7	72.3	71.5
赢利企业	57.3	61.1	59.1	64.2	58.9	63.6
非营利组织	5.2	3.2	6.3	3.7	7.3	4.7

续表

就业领域	1993 年		2003 年		2015 年	
	科工学位	科工职业	科工学位	科工职业	科工学位	科工职业
个体户	6.2	3.5	5.9	3.9	6.1	3.2
院校 /%	16.8	17.8	15.6	15.9	15.8	17.2
4 年制院校	9.1	14.3	8.5	12.9	8.8	14.2
2 年制和预科	7.7	3.5	7.2	3.0	7.1	3.0
政府 /%	14.5	14.4	13.1	12.4	11.9	11.3
联邦政府	6.9	8.4	5.3	5.9	5.3	5.8
州和地方政府	7.7	5.9	7.8	6.5	6.5	5.5

注：学位指最高学位。

数据来源：美国《科学和工程学指标 2018》表 3-4。

附表 13-1　2012—2016 年德国国内研发支出统计

主体		2012 年	2013 年	2014 年	2015 年	2016 年
按执行主体分 / 亿欧元	企业	537.90	535.66	569.96	609.52	628.26
	国家和公益性私营机构	113.41	118.62	123.20	124.86	127.21
	高校	139.80	143.02	149.30	153.44	166.27
按来源分 / 亿欧元	企业	522.72	521.76	555.89	582.39	601.16
	国家	231.11	231.98	241.84	247.62	262.67
	公益性私营机构	3.07	2.46	2.63	3.19	3.32
	外国	34.20	41.10	4.211	54.62	54.58
总支出		791.10	797.30	842.46	887.82	921.74
占 GDP 比例 /%		2.87	2.82	2.87	2.92	2.92

数据来源：德国联邦教育与研究部数据平台。

附表 13-2　2011—2015 年德国研发人员统计（按所属部门）

单位：人年

部门	2011 年	2012 年	2013 年	2014 年	2015 年
经济部门	357 129	367 478	360 375	371 706	404 767
国家部门	93 663	95 882	98 161	101 005	101 717
高校部门	124 308	127 900	130 079	132 542	134 032
合计	575 100	591 261	588 615	605 253	640 515

数据来源：德国联邦教育与研究部数据平台。

附表 14-1　2015—2017 年欧盟及 12 个非欧盟国家研发支出统计

经济体	2015 年			2016 年			2017 年		
	总支出 / 亿欧元	人均支出 / 欧元	研发强度 /%	总支出 / 亿欧元	人均支出 / 欧元	研发强度 /%	总支出 / 亿欧元	人均支出 / 欧元	研发强度 /%
欧盟 28 个成员国	3020.96	594	2.04	3055.21	598.7	2.04	3181.08[p]	621.9[p]	2.07[p]
欧元区 19 个成员国	2248.49	664.1	2.13	2311.12	680	2.13	2427.58[p]	712.5[p]	2.17[p]
比利时	101.18	900.4	2.46	108.09[e]	955.6[e]	2.55[e]	113.36[p]	998.6[p]	2.58[p]
保加利亚	4.35	60.4	0.96	3.75	52.5	0.78	3.89[p]	54.7[p]	0.75[p]
捷克	32.50	308.4	1.93	29.63	280.8	1.68	34.33	324.5	1.79
丹麦	83.41	1473.7	3.06	87.97	1541.5	3.12	89.48[p]	1556.4[p]	3.06[p]
德国	887.82	1093.4	2.91	921.74	1121.7	2.92	990.52[e]	1200.3[e]	3.02[e]
爱沙尼亚	3.03	230.3	1.47	2.70	205.4	1.25	3.04	231.3	1.29
爱尔兰	31.33	669.8	1.19	32.43	686.2	1.19	30.91	646.1	1.05
希腊	17.04	156.9	0.96	17.54	162.7	0.99	20.33[p]	188.8[p]	1.13[p]
西班牙	131.72	283.6	1.22	132.60	285.5	1.19	140.52[p]	302[p]	1.2[p]
法国	498.39[p]	750[p]	2.27[p]	500.99[p]	750.8[p]	2.25[p]	—	—	—
克罗地亚	3.75	88.7	0.84	4.02	96	0.86	4.20[p]	101[p]	0.86[p]
意大利	221.57	364.5	1.34	231.72[b]	382[b]	1.37[b]	233.55[p]	385.5[p]	1.35[p]
塞浦路斯	0.85	100.7	0.48	0.99	116.5	0.53	1.09[p]	127.2[p]	0.56[p]
拉脱维亚	1.52	76.6	0.63	1.10	56.1	0.44	1.38[p]	70.7[p]	0.51[p]
立陶宛	3.90	133.4	1.04	3.28	113.4	0.84	3.72	130.5	0.88
卢森堡	6.62	1176.5	1.28	6.90	1198.1	1.3	6.95[p]	1176[p]	1.26[p]
匈牙利	15.11	153.3	1.36	13.72	139.5	1.2	16.73	170.8	1.35
马耳他	0.71	162.6	0.75	0.59	130.3	0.58	0.61	132.8	0.55
荷兰	136.96	810.4	1.98	141.44	833	2	146.76[p]	859.1[p]	1.99[p]
奥地利	104.99	1223	3.05	111.33[e]	1279.6	3.13[e]	116.79[p]	1331.3[p]	3.16[p]
波兰	43.17	113.6	1	41.12	108.3	0.96	48.34	127.3	1.03
葡萄牙	22.34	215.4	1.24	23.88	231	1.28	25.63[p]	248.6[p]	1.32[p]
罗马尼亚	7.82	39.4	0.49	8.18	41.4	0.48	9.45	48.1	0.5
斯洛文尼亚	8.53	413.5	2.2	8.12	393.4	2.01	8.01[p]	387.8[p]	1.86[p]
斯洛伐克	9.27	171	1.17	6.41	118.1	0.79	7.49	137.8	0.88
芬兰	60.71	1109.5	2.9	59.26	1080	2.74	61.73	1121.7	2.76

续表

经济体	2015 年			2016 年			2017 年		
	总支出 / 亿欧元	人均支出 / 欧元	研发强度 /%	总支出 / 亿欧元	人均支出 / 欧元	研发强度 /%	总支出 / 亿欧元	人均支出 / 欧元	研发强度 /%
瑞典	146.63	1504.3	3.26	151.41[p]	1537[p]	3.27[p]	158.11	1581.9	3.33
英国	435.74	671.7	1.67	404.27[e]	618.3[e]	1.68[e]	388.98[p]	591.1[p]	1.67[p]
冰岛	3.32	1007.5	2.12	3.81	1146	2.03	4.62	1364.7	2.13
挪威	67.28	1302.2	1.93	68.18	1308.5	2.03	74.74[p]	1421.4[p]	2.11[p]
瑞士	206.56	2507.6	3.37	—	—	—	—	—	—
黑山	0.14	22	0.37	0.13	20.6	0.32	—	—	—
北马其顿	0.40	19.5	0.44	0.42	20.3	0.43	0.36	17.2	0.35
塞尔维亚	2.90	40.7	0.87	3.08	43.6	0.89	3.42	48.6	0.93
土耳其	68.14	87.7	0.88	73.70	93.6	0.94	72.45	90.8	0.96
俄罗斯	134.37	—	1.1	—	—	—	154.56	—	—
美国	4532.61[d,p]	1410.6[d,p]	2.76[d,p]	—	—	—	—	—	—
中国（不含香港）	2032.02	147.8	2.06	—	—	—	—	—	—
日本	1298.19	1021.3	3.28	—	—	—	—	—	—
韩国	524.93	1029	4.22	—	—	—	—	—	—

注：b. 序列中断；d. 定义不同；e. 估计值；p. 临时数据。

数据来源：欧盟统计局。

附表 14-2 2015—2017 年欧盟及 11 个非欧盟国家研究人员统计

单位：人年

经济体	2015 年	2016 年	2017 年
欧盟 28 个成员国	2 883 419	2 955 989[e]	3 046 077[p]
欧元区 19 个成员国	2 048 768	2 102 883[e]	2 170 063[p]
比利时	77 520	79 109[e]	83 441[p]
保加利亚	22 492	25 060	23 290[p]
捷克	66 433	65 783	69 736
丹麦	60 243	62 869	62 911[p]
德国	640 516	657 894	681 552[e]
爱沙尼亚	5636	5772	6048
爱尔兰	32 052	29 726	30 316
希腊	49 658	41 790	48 226[p]

续表

经济体	2015 年	2016 年	2017 年
西班牙	200 866	205 873	215 713[p]
法国	428 643[p]	—	—
克罗地亚	10 645	11 536	11 853[p]
意大利	259 167	290 040[b]	291 516[p]
塞浦路斯	1246	1356	1485[p]
拉脱维亚	5570	5120	5378[p]
立陶宛	10 607	10 924	11 491
卢森堡	5227	5312[b]	5322[p]
匈牙利	36 847	35 757	40 432
马耳他	1422	1505	1481
荷兰	129 060	132 867	138 292[p]
奥地利	71 396	74 897[e]	77 880[p]
波兰	109 249	111 789	121 428
葡萄牙	47 999	50 406	54 091[p]
罗马尼亚	31 331	32 232	32 586
斯洛文尼亚	14 225	14 403	14 713[p]
斯洛伐克	17 591	17 768	19 011
芬兰	50 367	47 429	48 999
瑞典	83 551[e]	90 690[p]	89 268
英国	413 860	417 390[e]	424 510[p]
冰岛	2941	3247	—
挪威	42 409	43 918	46 989[p]
瑞士	81 451	—	—
黑山	673	624	—
北马其顿	2024	2107	1870
塞尔维亚	21 573	21 603	20 788
土耳其	122 288	136 953	153 552
俄罗斯	833 654	—	778 155
中国（不含香港）	3 758 848	—	—
日本	875 005	—	—
韩国	442 027	—	—

注：b. 序列中断；e. 估计值；p. 临时数据。

数据来源：欧盟统计局。

附表 15-1 2011—2016 年英国研发支出统计

执行部门	2011 年	2012 年	2013 年	2014 年	2015 年	2016 年
政府 / 亿英镑	13.21	13.91	15.03	13.91	13.21	13.35
研究理事会 / 亿英镑	10.35	8.04	8.14	8.19	7.71	8.37
企业 / 亿英镑	174.52	174.09	186.17	199.82	210.38	222.24
高等教育 / 亿英镑	71.17	71.33	75.93	78.35	80.03	80.35
非营利私营机构 / 亿英镑	5.26	5.20	4.89	5.49	63.4	6.99
总支出	274.52	272.57	290.15	305.77	317.66	331.30
GDP 占比 /%	1.67	1.60	1.64	1.65	1.67	1.67

数据来源：英国国家统计局。

附表 15-2 2012—2016 年英国研发人员统计

单位：人年

部门	2012 年	2013 年	2014 年	2015 年	2016 年
企业	160 115.8	177 947.6	192 220.8	206 153	209 584
政府	16 880.1	16 591.8	16 249.8	14 615	14 010^{p}
高等教育	173 498.5^{e}	177 767.2^{e}	183 022.8^{e}	186 724	189 809^{p}
非营利私营机构	5990^{e}	5036.3	4787.4^{e}	6368	6495^{p}
合计	356 484.4^{e}	377 342.9^{e}	396 280.8^{e}	413 860	419 898^{p}

注：e. 估计值；p. 暂定值。

数据来源：经合组织数据库。

附表 16-1 2013—2018 年加拿大研发支出统计

执行部门	2013 年	2014 年	2015 年	2016 年	2017 年	2018 年
联邦政府 / 亿美元	25.51	26.06	20.27	20.03	19.89	19.73
省政府 / 亿美元	2.99	3.07	2.85	2.89	2.78	2.77
省研究组织 / 亿美元	0.32	0.31	0.33	0.34	0.35	0.34
企业 / 亿美元	165.98	182.07	179.54	180.58	176.03	179.29
高等教育 / 亿美元	128.03	128.92	132.45	138.10	139.67	141.07
非营利私营机构 / 亿美元	1.58	1.53	1.59	1.56	1.36	1.37
总支出 / 亿美元	324.41	341.97	337.04	343.50	340.08	344.57
GDP 占比 /%	1.7	1.7	1.6	1.6	1.5	—

数据来源：加拿大统计局。

附表 16-2 2011—2015 年加拿大研发人员统计

单位：人年

类型	2011 年	2012 年	2013 年	2014 年	2015 年
研究人员	165 100	161 590	163 170	171 600	165 490
技术人员	53 710	47 840	48 640	48 250	51 310
支撑人员	21 110	21 800	21 100	26 240	28 780
合计	239 920	231 230	232 910	246 090	245 580

数据来源：加拿大统计局。

附表 17 2012—2017 年俄罗斯研发支出与人员统计

项目		2012 年	2013 年	2014 年	2015 年	2016 年	2017 年
研发人员 / 万人		72.63	72.70	73.23	73.89	72.23	70.79
联邦科技投入	基础研究 / 亿卢布	866	1122	1216	1202	1052	1170
	应用研究 / 亿卢布	2693	3131	3157	3192	2975	2609
	合计 / 亿卢布	3559	4253	4373	4394	4027	3779
	财政投入占比 /%	2.76	3.19	2.95	2.81	2.45	2.30
	GDP 占比 /%	0.53	0.60	0.56	0.53	0.47	0.41
科研内部经费	现行货币 / 亿卢布	6999	7498	8475	9147	9438	10 192
	GDP 占比 /%	1.05	1.06	1.09	1.10	1.10	1.11

数据来源：俄罗斯联邦统计局《国家统计年鉴 2018》。

附表 18 2012—2017 年中国研发支出统计

年份	科学技术支出 / 亿元	基础研究支出		应用研究支出		技术研究与开发支出		其他 *	
		支出 / 亿元	占比 /%	支出 / 亿元	占比 /%	支出 / 亿元	占比 /%	支出 / 亿元	占比 /%
2012	4452.63	361.69	8.12	1295.47	29.09	1089.46	24.47	1706.01	38.31
2013	5084.30	406.66	8.00	1463.93	28.79	1220.02	24.00	1993.69	39.21
2014	5314.45	471.07	8.86	1507.44	28.36	1318.32	24.81	2017.62	37.96
2015	5704.90	550.91	9.66	1589.43	27.86	1541.82	27.03	2022.74	35.46
2016	6563.96	569.69	8.68	1619.55	24.67	1592.56	24.26	2782.16	42.39
2017	7266.98	605.04	8.33	1575.66	21.68	1779.66	24.49	3306.62	45.50

* 其他包括在科技条件与服务、社会科学、科学技术普及、科技交流与合作、科学技术管理事务等方面的支出。

数据来源：中国财政部《全国一般公共预算支出决算表》。

附表 19–1　2012—2016 年韩国研发支出统计

单位：亿韩元

执行部门	2012 年	2013 年	2014 年	2015 年	2016 年
企业	432 229.26	465 599.16	498 544.65	511 364.21	539 524.71
政府	62 401.863	64 718.956	71 464.414	77 453.125	80 125.273
高等教育	52 769.284	54 803.225	57 669.609	59 988.725	63 398.879
非营利私营机构	7100.7537	7888.1494	9662.5954	10 787.6620	11 006.4340
合计	554 501.16	593 009.49	637 341.27	659 593.72	694 055.30

数据来源：经合组织数据库。

附表 19–2　2012—2016 年韩国研发人员统计

单位：人

部门	2012 年	2013 年	2014 年	2015 年	2016 年
研究机构	46 500	49 782	51 849	54 178	55 157
高等院校	184 281	181 284	187 087	185 113	185 737
企业	331 820	338 267	366 668	380 616	384 016
合计	562 601	569 333	605 604	619 907	624 910

数据来源：韩国统计局数据库。

附表 20–1　日本 2016 年研发支出统计

单位：亿日元

执行部门	企业	公立机构	大学	非营利组织	合计
企业	130 620.80	311.67	582.32	543.53	132 058.32
政府	1259.57	12 340.45	10 907.25	888.00	25 395.27
高等院校	27.29	40.29	9096.67	9.90	9174.15
非营利组织	91.82	64.35	219.82	875.60	1251.59
外国	1183.43	9.22	24.91	18.50	1236.06
合计	133 182.91	12 765.96	20 830.97	2335.54	169 115.38

数据来源：日本科学技术·学术政策研究所《科学技术指标 2018》。

附表 20–2　2018 年日本研发人员统计

单位：人

部门	研究人员	研究辅助人员	技术人员	其他支持人员	合计
企业	498 732	41 550	36 404	26 722	603 407
非营利组织	8253	1303	1637	1891	13 084